Niederspannungs-Leistungsschalter

Niederspannungs-Leistungsschalter

Herbert Franken

Springer-Verlag

Berlin · Heidelberg · New York 1970

HERBERT FRANKEN

Direktor i. R. der Firma Klöckner-Moeller GmbH
Bonn a. Rhein

Mit 181 Abbildungen

ISBN-13:978-3-642-87629-5   e-ISBN-13:978-3-642-87628-8
DOI:10.1007/978-3-642-87628-8

Vorwort

Störungen durch Kurzschlüsse auf der Niederspannungsseite einer Stromversorgungsanlage sind nicht ganz vermeidbar. Sie üben auf alle Anlageteile erhebliche thermische sowie elektrodynamische Belastungen aus und bergen damit die Gefahr von Betriebsunterbrechungen in sich. Die Einschränkung dieser Auswirkungen fordert ein schnelles Unwirksammachen der hohen Ströme, wobei die Lösungen dieses Problems auch wirtschaftlich sein sollen. Für die Erfüllung dieser Aufgaben sind die Niederspannungs-Leistungsschalter stark in den Vordergrund getreten.

Ihre Entwicklung hat im letzten Jahrzehnt dazu geführt, daß die Geräte trotz der auf den Nennstrom bezogenen wesentlich höheren Kurzschlußströme bei weitgehend niedrigerem Preis kleiner geworden sind. Sie sind bei richtigem Einsatz außerordentlich zuverlässig. Diese Entwicklung führte bis hin zur „sicherungslosen Kraftverteilung". Es gelang wie bei den Abschmelzsicherungen, das Ansteigen der Kurzschlußströme zu ihrem vollen Wert zu verhindern. Man schuf die „Begrenzungsschalter". Weiterhin ist die immer gleichmäßige Erzeugung der Grundelemente auf dem Fließband sowie die sorgfältige physikalische Durcharbeitung der Einzelprobleme bei ständigen umfangreichen Erprobungen kennzeichnend für den Stand der Entwicklung.

Unterschiedliche Einsatzbedingungen zwingen zu Varianten, so daß eine gute Wandlungsmöglichkeit der Grundgeräte Voraussetzung ist, um bei preiswerter Erzeugung und schneller Liefermöglichkeit zu bleiben.

Die Bedeutung, die die Geräte für die Energieversorgung vor allem im industriellen Produktionsbetrieb erlangt haben, rechtfertigt eine zusammenfassende Darstellung. Auch ist der Aufbau der Geräte von der 1964 erschienenen IEC-Empfehlung, Publikation 157–1, Part 1 „Circuit Breakers" und der darauf begründeten Neufassung von VDE 0660 „Bestimmungen für Niederspannungs-Schaltgeräte" Teil 1/3.68 beeinflußt worden. Es konnte nicht in Betracht kommen, das weite Gebiet der Schutzrelais zu behandeln, sondern nur die Relais, die üblicherweise mit den Leistungsschaltern zusammenarbeiten, also insbesondere die Relais für Überstrom- sowie Kurzschlußauslösung.

Bonn a. Rh., Herbst 1969

H. Franken

Inhaltsverzeichnis

1 Einleitung

Die *Schaltgeräte* zerfallen im wesentlichen in *zwei große Gruppen*, bei denen allerdings auch die Aufgabenstellung ineinander übergeht. Die eine Gruppe umfaßt die Geräte, die der *Steuerung der Stromverbraucher* dienen, sei es der Motoren, Wärmegeräte, Arbeitsmaschinen, Hebezeuge und dgl. Hierfür stehen zahlreiche Konstruktionsformen, z. B. Schütze, Nockenschalter usw. zur Verfügung. Bei ihnen ist es wichtig, daß sie die betriebsmäßig vorkommenden Ströme beherrschen und einschließlich der Schaltstücke eine verhältnismäßig große Zahl von Schalthandlungen zulassen, also eine hohe Lebensdauer aller Konstruktionselemente gewährleisten. Auch ist eine leichte Bedienbarkeit wichtig. Diese Geräte sind hinsichtlich ihres Schaltvermögens unterschiedlich entwickelt. Bei den sogen. „Lastschaltern" wird die Ausschaltfähigkeit von Überströmen nicht gefordert. Die „Motorschalter" müssen darüber hinaus alle bei gesundem Motor möglichen Ströme bis zum Motorstillstandsstrom beherrschen. Mit ihnen wird häufig in Form des Motorschutzschalters oder des Schützes mit thermischen Auslöseelementen auch die Schutzaufgabe für die Stromverbraucher im Rahmen des normalen Betriebes durchgeführt. Eine ausführliche Beschreibung der wichtigsten Motorschaltgeräte, der Schütze sowie des zugehörigen Motorschutzes s. FRANKEN (9 u. 10).

Die Schaltgeräte der zweiten Gruppe sollen nicht nur bei betriebsmäßigen Überlastungen *ausschalten*, sondern darüber hinaus auch die an ihrem *Einbauort größtmöglichen Kurzschlußströme*. Mit diesen Geräten werden weitgehend weitere Schutzelemente, z. B. solche gegen das Auftreten von Rückströmen und dgl. verbunden. .

Hohe Kurzschlußströme braucht ein Leistungschalter in seinem Leben jedoch nur selten, u. U. nie zu schalten. Die Frage der Lebensdauer der Geräte tritt dementsprechend zurück. Von einer „großen Schalthäufigkeit" ist deshalb in der Praxis keine Rede. Es genügen meistens einige tausend Schaltungen, und zwar nicht bei Kurzschlußströmen. Kleine Modelle werden aber auch für höhere Schaltzahlen gebaut. Die Notwendigkeit, auch relativ hohe Ströme, d. h. Leistungen auszuschalten, führte zu der Bezeichnung „*Leistungsschalter*". Der Umstand, daß sie diese Aufgabe in jedem Fall selbsttätig, auch ohne die Möglichkeit der Behinderung dieses Vorganges, z. B. durch den Bedienenden, erfüllen müssen, gab ihnen die Bezeichnung „*Selbstschalter*", also „*Überstrom-*

selbstschalter" usw. Mit Bezug auf das hier wesentlich verwandte Konstruktionselement, das sogen. „Schaltschloß" (s. S. 102) werden sie auch „Schloßschalter" genannt und sind nach VDE 0660 Teil 1/3.68 § 5 Geräte mit mechanischer Sperre und Rückstellkraft, deren Schaltglieder bei der Freigabe der Sperre in ihre Ausgangsstellung zurückkehren, also Freiauslösung besitzen, s. S. 102. Nach der Antriebsart unterscheidet man „Hand-" oder „Fernschalter", s. S. 104. Wesentlich ist ein hohes Ein- und Ausschaltvermögen, s. S. 38. Schnellauslöser leiten bei kurzschlußartigen Strömen die Ausschaltung ein. Meist wird den Geräten aber auch die Aufgabe des Überlastschutzes übertragen, s. S. 125. Dadurch entstehen z. B. *„Motorschutz-Leistungsschalter"*. Leistungsschalter befinden sich in erster Linie in den Energieverteilungsanlagen und damit gewissermaßen im Nervenzentrum der Produktionsstätten und der allgemeinen Stromversorgung. Die Beurteilung der Geräte geschieht nicht

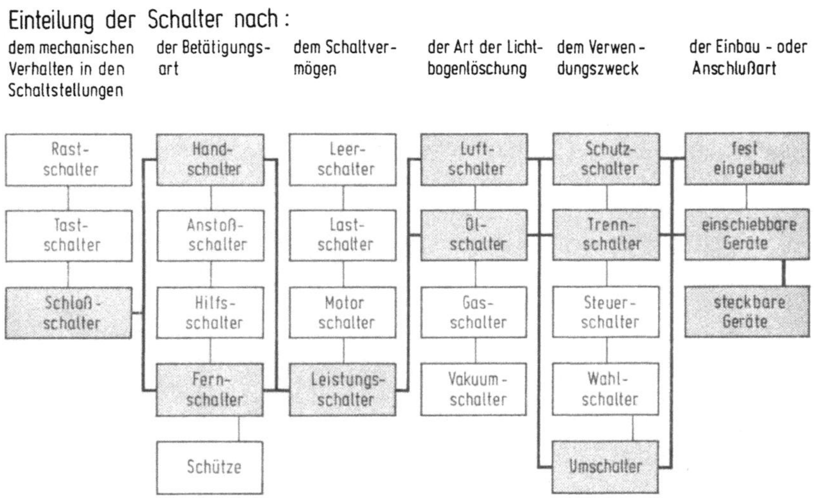

Abb. 1. Die Leistungsschalter im Gliederungsplan der Geräte
(Die für Leistungsschalter in Betracht kommenden Felder sind schraffiert)

nur nach dem Nennstrom, sondern vor allem auch nach dem Schaltvermögen, s. S. 44. VDE 0660 Teil 1/3.68 Tafel 26 und 27 enthält Mindestwerte für das Kurzschlußschaltvermögen in Zuordnung zum Gerätenennstrom, s. a. Tab. 2, S. 38. Es liegt im rohen Mittel bei dem 50-fachen Nennstrom.

Je nach der Art der Verwendung der Geräte wird noch eine Anzahl zusätzlicher Bedingungen gestellt, so z. B. bei der Verwendung im Maschennetz (s. S. 225) und als Sicherheitsschalter bei Arbeitsmaschinen, s. S. 259. Die Ausführung und Justierung der verwandten Auslöser und

Relais ist besonders auch durch die Forderung nach selektiver Ausschaltung hintereinander geschalteter Geräte beeinflußt. Die normalen Leistungsschalter sind für einen großen Einsatzbereich gebaut, s. S. 257. Von ihnen hängt weitgehend die Betriebssicherheit der Gesamtanlage ab.

Das in VDE 0660 Teil 1/3.68 behandelte Gebiet der Niederspannungs-Leistungsschalter schließt Wechselstrom-Geräte bis einschließlich 1 000 V und Gleichstrom-Geräte bis 3 000 V ein. Abb. 1 zeigt die Leistungsschalter im Rahmen der Schalter-Klassifizierung. Von den Leistungsschaltern unterschieden werden noch *„Leistungstrenner"*. Sie besitzen keine Stromauslöseelemente, stellen aber beim Ausschalten zum Schutze des Personals und der Anlage mindestens eine Trennstrecke in der Größe der für die Geräte geforderten Luftstrecke zwischen spannungsführenden Teilen her, s. S. 156.

Die *Leistungsschalter* erfüllen im allgemeinen auch alle Ansprüche bezüglich des Schaltvermögens, die man an einen *Motorschalter* zu stellen hat, d. h. sie können nicht nur die Kurzschlußströme ausschalten, sondern auch alle Motorströme bis zum Stillstandsstrom. Das hierzu gehörende Prüfprogramm kann höchstens einmal bei Geräten für sehr hohe Nennstromstärken, z. B. 3 000 A, nicht erfüllt werden, also bei Geräten, für deren Nennströme es praktisch überhaupt keine Niederspannungsmotoren mehr gibt. Wegen der Lebensdauer, insbesondere der der Schaltstücke, beschränkt sich jedoch der Einsatz in der Praxis bei größeren Motoren auf Anlagen mit geringer Schalthäufigkeit, also Motorgeneratoren, Pumpen, Kompressoren und dgl. Auch bei Geräten für kleinere Motorleistungen bleibt die Zahl der zulässigen Schaltspiele naturgemäß hinter der für Schütze zurück. Bei Schützensteuerungen ist der Leistungsschalter nur Vorschaltgerät.

Die *neuere Entwicklung* des Niederspannungs-Leistungsschalterbaues ist durch den Einsatz der kompakten isoliert gekapselten Leistungsschalter (molded-case Schalter) und ihre Ausdehnung auf größere Nennstromstärken > 1 000 A hinaus bestimmt, s. S. 159. Bei dem ständigen Wachsen der Leistungskonzentration in den Industrienetzen reichte das Schaltvermögen der Leistungsschalter herkömmlicher Bauart oft nicht mehr aus. Man enwickelte deshalb Geräte, bei denen die Kurzschlußströme gar nicht erst zu voller Höhe ansteigen und in kürzester Zeit ausgeschaltet werden, s. S. 175.

Die *Aufgabe der Kurzschlußstrombeherrschung* wies man in verzweigten Netzen, z. B. eines Industriebetriebes, ursprünglich in erster Linie der NH-Sicherung zu. Der Einsatz der Leistungsschalter beschränkte sich dabei im wesentlichen auf den als Hauptschalter an der Stromquelle. Die Gründe für den beschränkten Einsatz lagen in dem relativ hohen Preis, dem verhältnismäßig großen Raumbedarf und der Notwendigkeit, oberhalb dieser Geräte für die Entwicklung der Lichtbögen und den Abzug der Lichtbogengase noch mit einem nicht mehr aktiven Raumaufwand rechnen zu müssen. Die Entwicklung hat dazu geführt, daß man insbesondere durch Unterteilung der Lichtbögen in den Löschblechkammern Modelle mit ganz kurzen Lichtbogenzeiten bei geringer Lichtbogenarbeit entwickeln konnte. Hinzu kam die Anwendung der Preßstofftechnik, die die Konstruktionselemente wesentlich vereinfachte und ein weitgehendes Ineinanderfügen von Konstruktionsteilen des eigentlichen Gerätes mit seiner Kapselung, seinen Trennwänden und dgl. möglich machte. Diese Verminderung von Raumbedarf und Preis bei gleichzeitig im Verhältnis zum Nennstrom außerordentlich gestiegenem Kurzschlußschaltvermögen war nun der Grund, die Leistungsschalter auch weitgehend dort einzusetzen, wo man bisher im wesentlichen mit der NH-Sicherung arbeitete. Eine Gegenüberstellung der Eigenschaften von Sicherung und Leistungsschaltern s. S. 34 ff.

Dem gelegentlich geäußerten Wunsch, die Kurzschlußausschaltung den wichtigsten Schaltgeräten der Steuerungstechnik, den Schützen zu übertragen, standen grundsätzliche Schwierigkeiten gegenüber. Die Beherrschung eines hohen Ein- und Ausschaltvermögens hätte eine bedeutende Erhöhung der Kontaktkräfte notwendig gemacht, was aber den grundsätzlich an die Geräte gestellten Ansprüchen, z. B. bezügl. der Lebensdauer, kurzen Eigenzeiten und dgl. entgegenstand, s. FRANKEN (9, S. 167). Das Schützenprinzip ist mit dem der Leistungsschalter schlecht zu vereinen. Auch wäre bei Schützen dafür zu sorgen, daß die zum Einschalten verwandten physikalischen Kräfte beim Erreichen der Kontaktlage nicht durch Zusammenbruch der Netzspannung auf Werte zurückgehen, die eine exakte Schaltlage unmöglich machen. Bei den Geräten mit Sperre, wie sie die Selbstschalter darstellen, ist ein Höchstmaß von Betriebssicherheit auch beim Zusammenbruch der Hilfsspannungsnetze gegeben. Ferner kann man dabei die Kontaktdruckkräfte so hoch wählen, daß auch unter schwierigen Verhältnissen die Dauerbelastungsfähigkeit mit dem Nennstrom gewährleistet ist und außerdem die Wärme- und Kräftewirkungen höherer Kurzschlußströme ohne Beeinträchtigung der Betriebssicherheit ausgehalten werden. Nach dem heutigen Stand der Technik erscheint es wichtig, Geräte für hohe Schalthäufigkeit nur für die Erfüllung der Steueraufgabe einzurichten und den Kurzschlußschutz ausschließlich den Leistungsschaltern oder den Sicherungen zu übertragen.

2 Kurzschlußströme

Die Grundlagen für die Behandlung des Problems der Beherrschung der Kurzschlußströme liefern ihr Verlauf sowie ihre Auswirkungen auf die Anlagen bzw. die Schaltelemente selbst. Von den letzteren sind wesentlich die elektrodynamischen und thermischen Beanspruchungen der Bauteile. Diese Auswirkungen sind in erster Linie durch die Ströme bestimmt, also bei gleichen Leistungen und kleineren Spannungen größer als bei höheren Spannungen. Die *mögliche Höhe des Kurzschlußstromes* richtet sich nach der Leistungsfähigkeit der elektrischen Energiequellen, die in die Kurzschlußstelle einspeisen, und nach den Widerständen der Kurzschlußstromkreise. Je größer der Energiebedarf ist und je größer die Belastungsdichte, umso stärker sind die Ströme, umso schwieriger ihre Beherrschung und umso höher der erforderliche Aufwand. Die Bedeutung dieser Fragen ist für industrielle Anlagen besonders groß, weil sich hier die Stromverbraucher auf einem verhältnismäßig engen Raum zusammendrängen, also bei kürzesten Verbindungen und dementsprechend geringen Leitungswiderständen mit ergiebigen Energiequellen in Verbindung stehen.

Für die Beurteilung der Ansprüche an die Niederspannungs-Schaltgeräte, insbesondere solcher in Strahlennetzen, kommt man im allgemeinen mit einem bescheidenen Rüstzeug aus. Die Kurzschlußströme entstammen in erster Linie dem Stromversorgungssystem, aber auch, was weniger bekannt ist, liefern die Stromverbraucher u. U. nennenswerte Beiträge, s. S. 17. Außer den Strömen ist das Ausmaß der Stromkreis-Induktivität bestimmt durch den Leistungsfaktor, bzw. die Zeitkonstante von Bedeutung, ferner die Einschwingspannung, s. S. 82.

2.1 Aus dem Netz kommende Kurzschlußströme

Das Ausmaß dieser Kurzschlußströme muß im allgemeinen als bekannt vorausgesetzt werden. Trotzdem erscheint es notwendig, einige Punkte zu betonen, da die Kenntnis des Kurzschlußstromes allein für die Beurteilung der Geräte nicht ausreichend ist. Für die *Berechnung* der Kurzschlußströme in Drehstromnetzen mit Spannung bis 1000 V sind in VDE 0102 Teil 2/4.64 Leitsätze vorhanden. Der heute üblichste Fall ist die Speisung der Niederspannungsnetze über Transformatoren, die an leistungsstarke Hochspannungsnetze angeschlossen sind. Von ganz wenigen Ausnahmen abgesehen, werden also die Kurzschlußströme im

Niederspannungsnetz vom Verhalten der Generatoren nicht beeinflußt.
Erst wenn beim dreipoligen Kurzschluß mehr als der zweifache Generator-
Nennstrom zustande kommt, ist die Ankerrückwirkung nicht mehr zu
vernachlässigen. Für den Generatoreinfluß gilt VDE 0102/4.64 Teil 2 § 7
und Teil 1 § 5 und 6.

Der *Kurzschlußwechselstrom* I_k'' ist der betriebsfrequente Anteil am
Kurzschlußstrom und errechnet sich aus der Betriebsspannung und dem
Wechselstromwiderstand des Kurzschlußkreises, letzterer wiederum aus
der vektoriellen Addition aller Einzelwiderstände. Diese sind in Niederspannungsanlagen — im Gegensatz zu Hochspannungsanlagen — klein.
Deshalb sind selbst solche von Verbindungsstellen, Stromwandlern,
Schaltgeräten, Sicherungen und Trennlaschen von Bedeutung. Wenn
keine Generatoren von Einfluß sind, dann ist der Kurzschlußwechselstrom
während der gesamten Kurzschlußdauer praktisch konstant und damit
gleich dem Dauerkurzschlußstrom I_k. Zu dem betriebsfrequenten Anteil
des Kurzschlußwechselstromes I_k'' kommt noch ein Gleichstrom, der
langsam auf den Wert 0 abklingt.

$$i = \hat{I}_k'' \cdot \sin(\omega t + \alpha) - \hat{I}_k'' \cdot \sin\alpha \cdot \exp\left(-\frac{t}{T}\right). \tag{1}$$

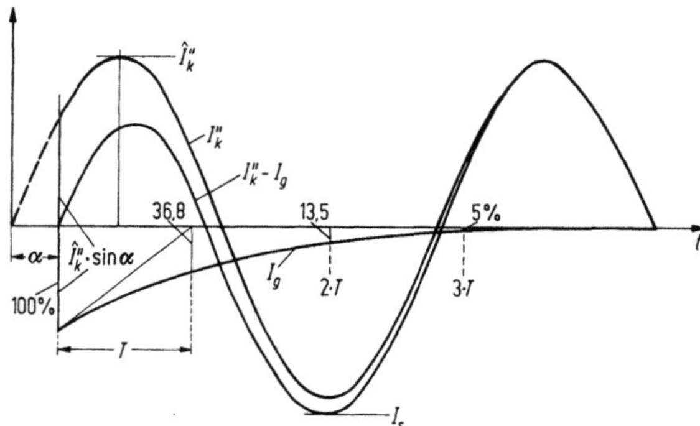

Abb. 2. Verlauf des Kurzschlußstromes im Wechselstromkreis — seine Komponenten
I_k'' Kurzschluß-Wechselstrom, I_g Gleichstromkomponente, I_s Stoßstrom-Höchstwert der Summe
$I_k'' - I_g$, T Zeitkonstante

Hierin ist α der Phasenwinkel des Stromes, bei dem der Kurzschlußstrom einsetzt, s. Abb. 2 und im dreiphasigen Kreis

$$I_k'' = \frac{1{,}1 \cdot U[\text{V}] \cdot 10^{-3}}{\sqrt{3} \cdot Z[\Omega/\text{Phase}]} \; [\text{kA}]. \tag{2}$$

Der Anfangswert des Gleichstromgliedes ist so groß, daß der Kurzschlußstrom mit der vor Eintritt des Kurzschlusses fließenden Stromstärke beginnt. Ist die Vorbelastung 0, dann beginnt auch der Kurzschlußstrom

mit dem Wert 0. Das Gleichstromglied verklingt langsam nach einer e-Funktion mit der *Zeitkonstanten* $T = L/R$, s. Abb. 2. Sie ist in Abhängigkeit vom Leistungsfaktor ausgedrückt

$$T = \frac{tg\,\varphi}{\omega} \quad (3) \qquad \text{und} \qquad \frac{R}{X} = \frac{1}{tg\,\varphi}, \qquad (4)$$

T abhängig vom $\cos\varphi$ für 50 Hz s. Tab. 1 und Abb. 3, den zeitlichen Verlauf des Gleichstromes für bestimmte $\cos\varphi$-Werte Abb. 4. Unter dem Einfluß dieses Gleichstromgliedes wächst der Strom vorübergehend über den betriebsfrequenten Anteil hinaus. Den höchsten dadurch entstehen-

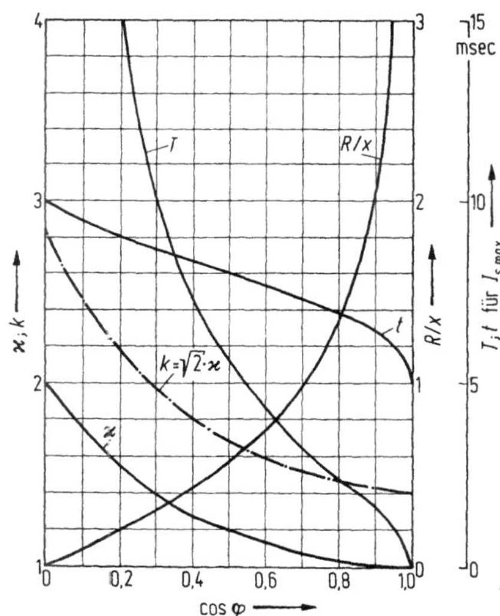

Abb. 3. Abhängig vom $\cos\varphi$: Stoßfaktor $\varkappa$, bezogen auf den Scheitelwert des Kurzschluß-Wechselstromes I_k'', desgl. k, bezogen auf den Effektivwert $= \sqrt{2}\cdot\varkappa$, die Zeit t, nach der der Stoßstrom auftritt, und T die Zeitkonstante bei 50 Hz

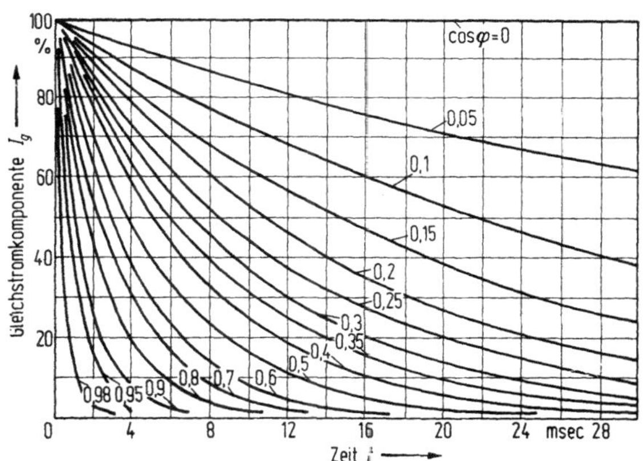

Abb. 4. Abklingen der Gleichstromkomponente bei 50 Hz je nach $\cos\varphi$

den Augenblickswert des Stromes bezeichnet man als *Stoßkurzschluß-strom* I_S. Im Maximum kommt er auf

$$I_\mathrm{S} = \varkappa \cdot \sqrt{2} \cdot I_\mathrm{k}''. \tag{5}$$

Hierin ist $\varkappa$ der vom $\cos\varphi$ abhängige Überhöhungsfaktor gegenüber dem normalen Scheitelwert von I_k''. Aus den Kurven Abb. 4 geht hervor, daß nur bei kleinem $\cos\varphi$ ein nennenswertes Gleichstromglied wirksam wird. Bei $\cos\varphi = 0.65$ ist z. B. der Stoßkurzschlußstrom im äußersten Falle rund 10 v. H. höher als der Scheitelwert des Kurzschlußwechselstromes. Die Addition von Gleichstromglied und Kurzschlußwechselstrom führt zu den Bildern der Abb. 5. Der Stoßkurzschlußstrom schwankt je nach der Phasenlage α des Kurzschlußwechselstromes im Augenblick der Einschaltung. Die höchsten Stoßkurzschlußströme treten auf, wenn $\alpha = -\varphi$ ist, also zur Zeit des Nulldurchganges der treibenden Spannung einge-

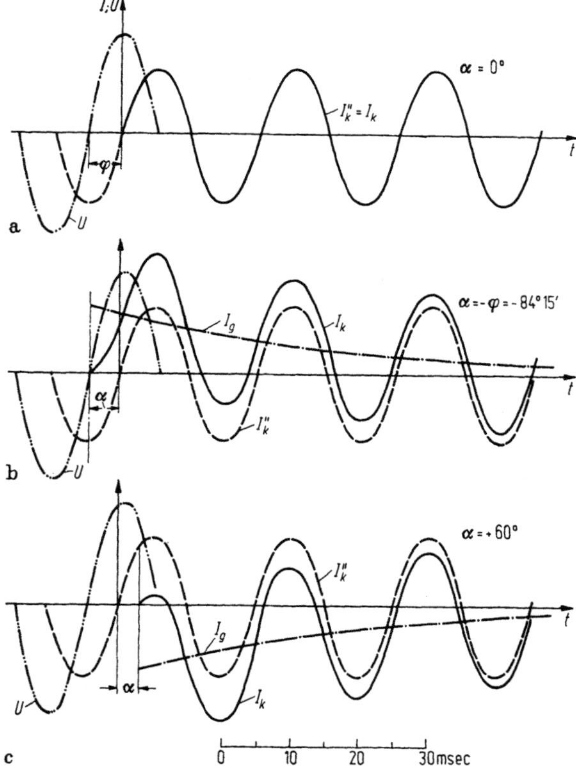

Abb. 5. Beispiele für den Einfluß der Gleichstromkomponente beim Einschalten von Wechselstrom und $\cos\varphi = 0,1$;

a) rein symmetrischer Strom, Einsatz beim Nulldurchgang, $\alpha = 0$; b) höchster asymmetrischer Strom, Einschalten bei $\alpha = -\varphi = -84° 15'$; c) Einschalten bei $\alpha = +60°$

schaltet wird, s. Abb. 5b für cos $\varphi = 0,1$. Den niedrigsten Stoßstrom
erhält man, wenn zu einem Zeitpunkt eingeschaltet wird, in dem betriebsmäßig der Strom durch 0 gehen müßte. Dann wird das Gleichstromglied 0 und der normale Scheitelwert des Kurzschlußwechselstromes
nicht überschritten. Die Einschaltzeit-
punkte zur Erzielung des höchsten und
niedrigsten Stoßstromes s. Abb. 6 Punkt 1
und 2. Bei cos $\varphi = 0$ und Einschalten im
normalen Strommaximum erreicht der
Stoßstrom seinen Höchstwert, weil das
Gleichstromglied nicht abklingt. Bei anderen beliebigen Einsatzpunkten (s. Abb. 6,
Punkt 3, und Abb. 5c) bleibt er hinter dem
Maximum zurück.

Tab. 1 und Abb. 3 enthalten neben
dem Verhältnis R/X abhängig vom cos φ
den höchstmöglichen Kurzschlußstrom,
ausgedrückt durch die Stoßfaktoren $\varkappa$
und k. Diese Faktoren sinken mit steigendem cos φ sehr schnell ab. Dabei bezieht

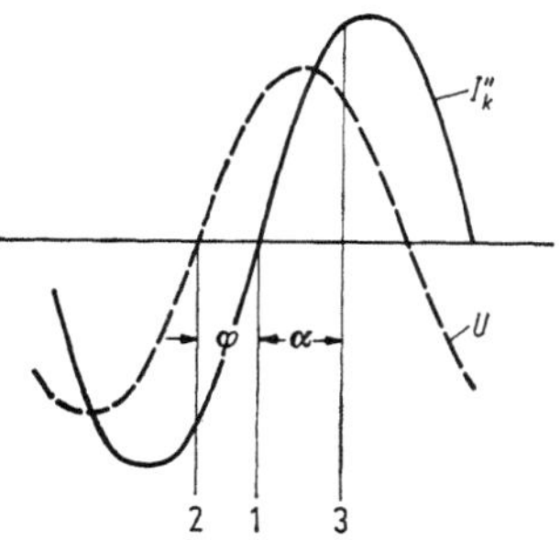

Abb. 6. Die Einschaltphasenlage des
Stromes zur Erzielung des kleinsten
(1, $\alpha = 0$) und größten Stoßkurzschlußstromes (2, $\alpha = -\varphi$), 3 beliebiger Einsatzpunkt, der Stoßstrom
liegt dabei zwischen den Werten für
1 und 2

sich $\varkappa$ auf den Scheitelwert, k auf den Effektivwert, also $k = \sqrt{2} \cdot \varkappa$. Der
theoretisch äußerst mögliche Stoßstrom bei cos $\varphi = 0$ würde gleich
dem $2 \cdot \sqrt{2}$ oder dem 2,828fachen Effektivwert des Kurzschlußwechselstromes sein. Da es aber ohne Ohmschen Widerstand nicht geht, kann
man bei Niederspannungsanlagen als äußerstes Maximum im allgemeinen
mit dem $1,75 \cdot \sqrt{2} = 2,5$fachen Effektivwert entsprechend etwa
cos $\varphi = 0,1$ rechnen. Weiterhin enthält Tab. 1 und Abb. 3 eine Angabe
über den Zeitpunkt, in dem das Maximum auftritt. Die Stromkurve verläuft dabei verhältnismäßig flach. Die Werte für die Zeitkonstante gelten
für 50 Hz. Bei abweichenden Frequenzen ist $\omega \cdot t$ konstant, also wird
bei steigender Frequenz die Zeit und auch die Zeitkonstante kleiner.
Die Frequenzänderung beeinflußt jedoch die Höhe des Überstromes
nicht.

Die Werte für die Stoßfaktoren nach Tab. 1 und Abb. 3 stimmen nur,
wenn beim dreipoligen Kurzschluß alle drei Pole genau gleichzeitig
Kontakt geben. Ist das zunächst nur bei zweien der Fall, dann entsteht
zuerst ein einphasiger Wechselstrom, der bei Kontaktgabe des dritten
Poles in Drehstrom übergeht. Dabei treten erneut Gleichstromglieder auf,
die weitgehend zu höheren Stoßfaktoren führen.

Der Stoßkurzschlußstrom ist vor allem für das Einschaltvermögen
der Schaltgeräte (s. S. 46) von Bedeutung. Da der Stromverlauf vom
Einsatzpunkt, bezogen auf die normale Spannungs- bzw. Stromkurve,

abhängt, entstehen die verschiedensten Stoßkurzschlußströme in den unterschiedlichsten Zeiten. Solche Bilder mit einer Hüllkurve s. Abb. 29, S. 54, und auch FRANKEN (2). Das bezieht sich zunächst auf Ein-Phasenstrom. Bei Drehstrom liegen die Verhältnisse aber genauso. Natürlich fällt der ungünstigste Einschaltzeitpunkt einer Phase nicht mit denen der beiden anderen zusammen. In einer der drei Phasen kann man immer mit einem Wert rechnen, der dem höchsten asymmetrischen Stoßstrom verhältnismäßig nahe kommt, s. Abb. 7. Die Ströme sind unabhängig von

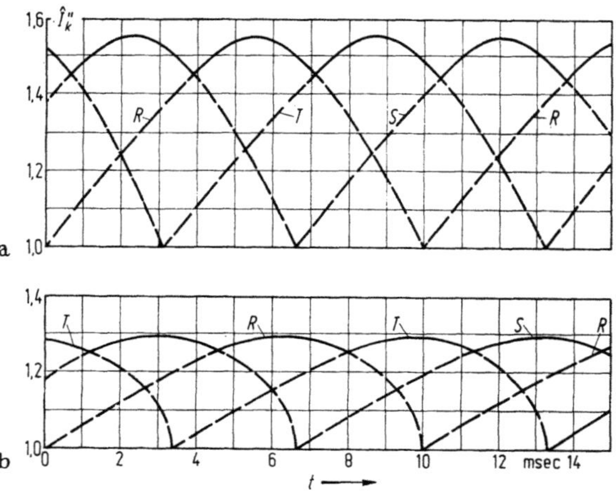

Abb. 7. Schwankungen der höchsten Stoßströme bei Drehstrom und gleichzeitigem Einsatz aller 3 Ströme, abhängig vom Einsatzzeitpunkt — unabhängig von der Zeit, in der sie nach diesem Zeitpunkt auftreten

a) $\cos \varphi = 0{,}2$, b) $\cos \varphi = 0{,}4$

t ist die Einsatz-Zeit nach Stromnulldurchgang bei Phase R

ihrer Richtung aufgetragen. Mit den höchsten Stoßströmen in einer Phase gehen annähernd halbierte in den anderen einher, dazwischen gibt es die unterschiedlichsten Zuordnungen. Die höchsten auftretenden Werte schwanken bei $\cos \varphi = 0$ zwischen 0,931:1, bei $\cos \varphi = 0.2$ ist es 0,94:1, bei $\cos \varphi = 0{,}4$ 0,97:1. Die genannten Werte erhält man, indem man die den einzelnen Einsatzpunkten zugeordneten Stoßströme aufträgt und die erhaltenen Kurven um jeweils 60° gegeneinander verschiebt. Diese Zahlen haben nichts mit dem Strom zu tun, der im Augenblick der Einschaltung fließt. Er beginnt bei $\cos \varphi < 1$ immer mit 0. Bei induktionsfreien Wechselstromkreisen treten naturgemäß sofort Werte zwischen 0 und dem Scheitelwert auf.

In *Drehstromnetzen* tritt der *größte Kurzschlußstrom* im allgemeinen bei dreipoligen Fehlern auf. Bei einpoligem Erdschluß in der Nähe von Transformatoren in Stern-Zickzack-Schaltung und geerdetem Sternpunkt sind höhere Erdkurzschlußströme möglich als sich bei der dreipoligen Kurzschlußstromberechnung ergeben, s. VDE 0102 Teil 2/4.64 § 5 a. Dagegen ist der zweipolige Kurzschlußstrom kleiner

Tabelle 1. *Abhängig vom* cos *φ: Die Faktoren ϰ u. k für den höchsten Stoßkurzschluß-strom* $I_{S\,max}$, *die Zeit t, nach der er auftritt, die Zeitkonstante T und das Verhältnis R/X für 50 Hz.*

cos φ		$I_{S\,max}$ $= \hat{I}_k'' \cdot \varkappa = I_k'' \cdot k$		t für $I_{S\,max}$ msec	Zeitkonstante T für 50 Hz msec	$R/\omega \cdot L$ $= R/X$
		ϰ	k			
0		2	2,83	10,00	∞	0
	0,05	1,86	2,63	9,71	63,6	0,0501
0,1		1,74	2,46	9,45	31,7	0,101
	0,15	1,63	2,31	9,22	21	0,152
0,2		1,54	2,18	9,01	15,6	0,204
	0,25	1,47	2,07	8,81	12,3	0,258
0,3		1,4	1,98	8,63	10,1	0,315
	0,35	1,34	1,89	8,45	8,52	0,374
0,4		1,29	1,82	8,28	7,29	0,436
	0,45	1,24	1,75	8,12	6,32	0,504
0,5		1,2	1,69	7,96	5,51	0,577
	0,55	1,16	1,64	7,8	4,83	0,659
0,6		1,13	1,59	7,64	4,24	0,750
	0,65	1,1	1,55	7,47	3,72	0,855
0,7		1,07	1,52	7,3	3,25	0,980
	0,75	1,05	1,49	7,11	2,81	1,13
0,8		1,03	1,46	6,91	2,39	1,33
	0,85	1,02	1,44	6,67	2,01	1,61
0,9		1,007	1,42	6,39	1,54	2,07
	0,95	1,001	1,42	6,00	1,05	3,04
1,0		1,0	1,41	5,00	0	∞

als der dreipolige und deshalb für die Bewertung der Geräte ohne Interesse. Wenn ein Generator von Einfluß ist, kann er aber größer als der dreipolige werden. Der Doppelerdschlußstrom ist kleiner als der zweipolige Kurzschlußstrom, er braucht im allgemeinen bei Anlagen bis 1000 V nicht berücksichtigt zu werden, ggf. wird er nach VDE 0102 Teil 1/9.62 § 6 berechnet. Bei einem zweipoligen Kurzschluß mit Erdberührung in unmittelbarer Nähe von Transformatoren in Stern-Zickzack-Schaltung kann der zum Sternpunkt des Transformators über Erde bzw. Nulleiter fließende Kurzschlußstrom größer sein als der dreipolige Kurzschlußstrom. Erfahrungen haben aber gezeigt, daß die mit solchen Fehlern verbundenen Licht-bögen sehr schnell zum dreipoligen Kurzschluß führen, dann geht der zum Stern-punkt fließende Strom praktisch auf 0 zurück, s. VDE 0102 Teil 2 § 5a.

Zur *Vereinfachung der Kurzschlußstromberechnung* addiert man vor allem bei komplizierten Kreisen oft nur die Impedanzen Z der Einzelabschnitte. Diese Methode ist natürlich mit Fehlern behaftet, weil das Verhältnis R/X bei den einzelnen Bahn-abschnitten unterschiedlich ist, z. B. bei Transformatoren klein, bei den Kabeln groß. Bei Differenzen im Phasenwinkel bis 35° geht aber der Fehler nicht über 5 v. H. hinaus. In der Praxis ist oft nur eine Widerstandssorte ausschlaggebend. Auch sind je nach der Anlage häufig die Transformatoren oder die Leitungswider-stände praktisch allein entscheidend. Letztere genügen oft zur überschläglichen Fest-stellung der möglichen Kurzschlußströme der Ausläuferschalter für motorische Anlagen. Für Schaltgeräte an der Hauptverteilung ist dagegen im allgemeinen nur der Transformatorenwiderstand ausschlaggebend.

Ein im *Dreieck eingeschalteter Widerstand* ist mit einem Drittel seines Phasen-Ohm-Wertes einzusetzen. Bei zusätzlichen Impedanzen auf der Oberspannungsseite der speisenden Transformatoren, wie überhaupt bei mehreren Kreisen, in denen *verschiedene Spannungen* herrschen, sind die Widerstände mit dem Quadrat der Netzübersetzung verkleinert auf der Unterspannungsseite einzusetzen. Ein Widerstand R_1 im Kreise der Spannung U_1 hat in einem Netz mit der Spannung U_2 die Wirkung $R_2 = R_1 \cdot (U_2/U_1)^2$.

Die *Transformatorenwiderstände* sind in erster Linie durch die Kurzschlußspannung U_k bestimmt. Aus ihr errechnet sich die Kurzschlußimpedanz Z_k. U_k ist der Blindanteil, U_r der Wirkanteil. Als auf U bezogene Größen werden sie mit u_k, u_x und u_r bezeichnet. Bei Drehstrom ist, wenn P_{NT} die Transformatoren-Nennleistung I_{NT} der Transformatorennennstrom und U_N der Nennwert der Netzspannung ist

$$Z_k = \frac{u_k[\text{v. H.}] \cdot U_N[\text{V}]}{100 \cdot \sqrt{3} \cdot I_{NT}[\text{kA}]} = \frac{u_k}{100} \cdot \frac{U_N^2[\text{V}]}{P_{NT}[\text{kVA}]} \,[\text{m}\Omega]; \tag{6}$$

$$I_{NT} = \frac{P_{NT}[\text{kVA}]}{U_N \cdot \sqrt{3}} \,[\text{kA}] = P_{NT} \cdot C, \tag{7}$$

C für 220 V u. 1 $\cdot U_N$ 2,63,   bei 1,1 $\cdot U_N$ 2,89;
      380 „ 1 $\cdot$ „ 1,52,   „ 1,1 $\cdot$ „ 1,67;
      500 „ 1 $\cdot$ „ 1,155,   „ 1,1 $\cdot$ „ 1,27;

$$I_k'' = I_{NT} \cdot \frac{100}{u_k} \cdot 1,1 = \frac{U_N \cdot 1,1}{\sqrt{3} \cdot Z_k} = \frac{P_{NT}[\text{kVA}]}{U_N \cdot \sqrt{3}} \cdot \frac{100}{u_k} \cdot 1,1,$$

bei 1,1facher Spannung. (8)

Richtwerte für die Kurzschlußspannung bei verschiedenen Drehstrom-Transformatoren s. DIN 40 502 ff. Bei steigendem u_k und gleicher Leistung bleibt u_r praktisch konstant. Es ändert sich also vornehmlich u_x. In Abb. 8 sind für 380 V und verschiedene Transformatorenleistungen sowie Kurzschlußspannungen die Widerstände verzeichnet. Bei 500 V sind sie 1,73mal so groß, bei 220 V nur 1/3. Die Ohmschen Widerstände sinken mit steigender Transformatorenleistung erheblich schneller als die induktiven. Sie sind bei großen Transformatoren vernachlässigbar klein, fast immer bei $u_k > 5$ v. H. Abb. 9 zeigt die Kurzschlußströme dieser Transformatoren bei 1,1facher Nennspannung. Der Kurzschluß-Leistungsfaktor fällt mit steigender Leistung — etwa nach den Werten der Abb. 10 — stark ab, desgl. natürlich mit steigender Kurzschlußspannung.

Diese Ströme werden durch *die weiteren Stromkreiselemente*, besonders durch Leiter aller Art gedämpft. Die Wirkwiderstände richten sich nach Länge und Querschnitt. Bei den Kabeln überwiegt im Gegensatz zu Freileitungen und Schienensystemen der Wirkwiderstand den Blindwiderstand, so daß der cos φ der Kurzschlußbahn unter seinem Einfluß steigt und der durch das Gleichstromglied beeinflußte Stoßfaktor sinkt und damit die dynamische Beanspruchung. Der Blindwiderstand ist bei Drei-Leiterkabeln für 1 kV mit etwa 80 mΩ/km vom Querschnitt unabhängig. Die Werte für Schienensysteme sind den Herstellerangaben zu entnehmen. Solche Stromschienen tragen bei großen Längen nicht unwesentlich zur Verminderung der Kurz-

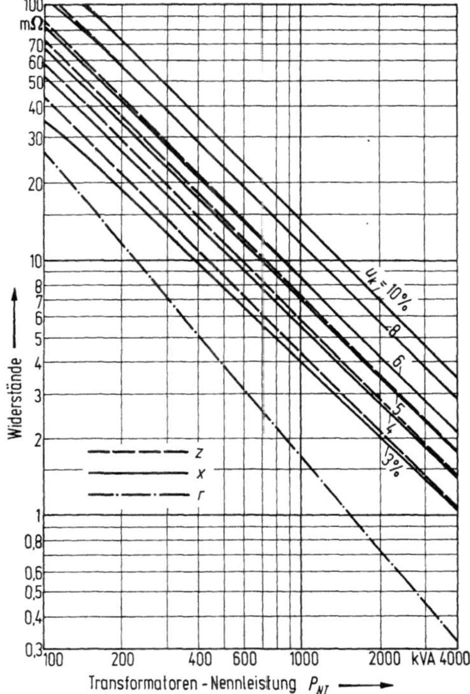

Abb. 8. Wirk- und Blindwiderstände von 380 V-Drehstrom-Transformatoren, abhängig von der Leistung P_{NT} und der Kurzschlußspannung u_k

Abb. 9. Kurzschlußströme I_k'' von Drehstromtransformatoren — abhängig vom Quotienten aus Transformatoren-Nennleistung und Kurzschlußspannung, bei 10 v. H. Überspannung

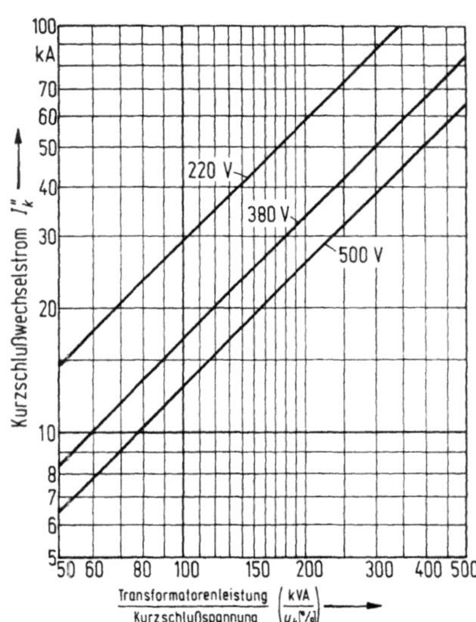

schlußströme bei. Abb. 11 zeigt den Kurzschluß-Leistungsfaktor für Vier-Leiter-
kabel (1 kV), papierisoliert. Er liegt bei Querschnitten bis 100 mm² bei fast 1, um
dann bei stärkeren Querschnitten abzusinken. Bei Gürtelkabeln liegen die Werte
etwas höher, bei Schienenverteilern mit veränderbaren Abgängen z. T. niedriger.

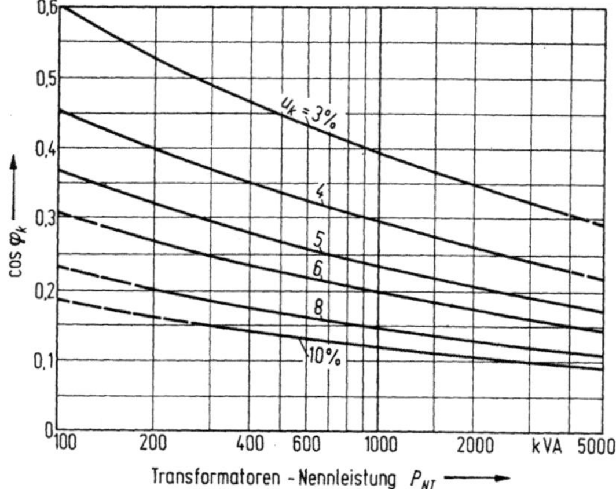

Abb. 10. Kurzschlußleistungsfaktoren cos φ_k bei Drehstromtransformatoren — abhängig von der
Transformatoren-Nennleistung P_{NT} und den Kurzschlußspannungen u_k unter Berücksichtigung
der Widerstandskomponenten von Abb. 8

Für den Einfluß der Kabel auf den Kurzschlußstrom gibt Abb. 12 ein Beispiel. Werte
für die Nullimpedanz (Z_0) findet man im allgemeinen nicht, über ihre Messungen s.
VDE 0102 Teil 2/4. 64. Bei Transformatoren wird sie zwischen den drei miteinander verbundenen Hauptleiterklemmen und dem Sternpunkt bestimmt. Über die
Nullimpedanzen von Vier-Leiterkabeln s. MARDERWALD.

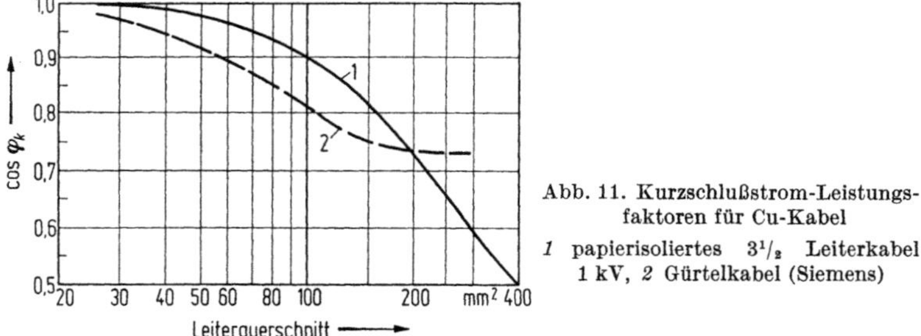

Abb. 11. Kurzschlußstrom-Leistungs-
faktoren für Cu-Kabel

1 papierisoliertes 3¹/₂ Leiterkabel
1 kV, 2 Gürtelkabel (Siemens)

Wenn der mit Transformator- und Leitungswiderständen ermittelte Kurzschlußstrom das Schaltvermögen der einzusetzenden Leistungsschalter um geringe
Beträge übersteigt, lohnt sich eine genaue Berechnung unter Einschluß aller Zu-
satzwiderstände der Kurzschlußbahn, um *nicht unnötig große Geräte* einsetzen zu
müssen. Es werden dann z. B. zweckmäßig die Widerstände kurzer Schienen, zusätzlicher Induktivitäten, Stromschleifen, die Stromverdrängung und dgl. in die
Rechnung einbezogen. Diese Einflüsse sind oft beträchtlich, aber der Berechnung

weniger gut zugängig. Eine solche weitere Quelle sind die Übergangswiderstände an Anschlußstellen und dgl. Sie werden aber meist mit einem zu hohen Mittelwert angegeben. So z. B. rechnet TITZE mit einem Durchschnittswert von etwa 0,5 mΩ je Schraubverbindung. Legt man diesen hohen Wert zugrunde, dann drücken z. B. 10 hintereinander liegende Kontaktverbindungen bei Transformatoren von 2000 kVA und 500 V die Kurzschlußströme um etwa 20 v. H. Bei niedrigeren Spannungen steigt naturgemäß der Einfluß noch ganz bedeutend. Er wächst also mit steigender Transformatorenleistung und sinkt bei gleicher Leistung und steigender Spannung. In Wirklichkeit liegen die Widerstände aber im Mittel erheblich niedriger und bringen kein so weitgehendes Absinken der Kurzschlußströme mit sich, es sei denn, daß

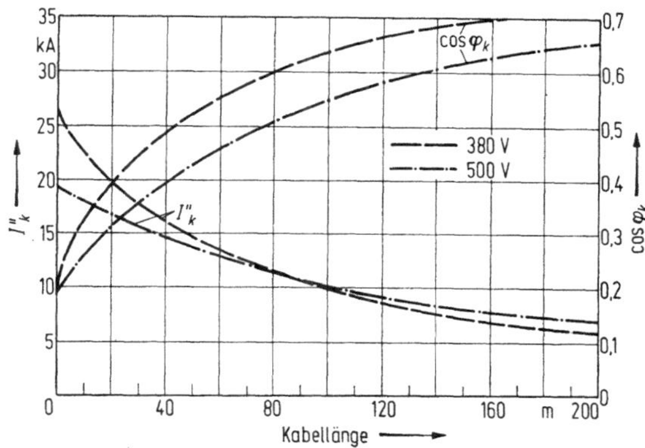

Abb. 12. Kurzschlußströme I_k'' und Leistungsfaktoren cos φ_k hinter 1000 kVA Drehstrom-Transformator, u_k = 6 v. H., abhängig von der Kabellänge bis zur Kurzschlußstelle (3 · 150²), r = 0,124 Ω · km⁻¹, x = 0,084 ₖ · km⁻¹

eine außergewöhnlich große Anzahl im Leitungszug vorhanden ist. Diese Werte schwanken natürlich in weitem Umfange und dementsprechend auch alle Angaben im Schrifttum. Es handelt sich um Beträge, die in den Bereich der µΩ gehören. Bei guten Kupfer-Schraub-Verbindungen ist z. B. der Spannungsabfall bei Nennstrom nur ≷ 2 mV, s. VOIGTLÄNDER (3). Unter günstigen Umständen bei sorgfältiger Ausführung sind die Widerstände außerordentlich niedrig, induktive Anteile hat der festzustellende Übergangswiderstand praktisch überhaupt nicht. Dabei ist, bedingt durch die Stromverdrängung und den Einfluß der Stahlschrauben, die Wechselstromresistanz höher als die Gleichstromresistanz. So z. B. geben NEMECEK und WINKLER 22 v. H. höhere Werte an. Bei der Verschraubung zweier Aluminiumschienen von 50·10 mm² mit einer 12 mm Schraube lagen die Mittelwerte bei den einzelnen Messungen roh bei etwa 10 µΩ, die Höchstwerte bei etwa 20, abgesehen von einigen Ausreißern bis zu 30. Mit steigendem Kurzschlußstrom stiegen die Werte etwas an, um bei Erreichen einer gewissen Erhöhung und weiterem Steigen des Stromes erheblich abzufallen. Mit steigender Erhöhung des Anzugsmomentes an der Schraube sinkt der Widerstand ab, von einem gewissen Wert an ist jedoch praktisch keine Änderung mehr festzustellen.

Von beachtlichem Einfluß auf die Kurzschlußströme ist auch die Berücksichtigung der Widerstände vorgeschalteter *NH-Sicherungen* und Schaltgeräte. Für letztere festgelegte höchste Wärmeverluste s. VDE 0660 Teil 4, § 41 Tafel 17. Im rohen Mittel kann man bei Nennströmen > 250 A betriebswarm mit einem Spannungsabfall von 100 mV bei Nennstrom rechnen. Die Widerstände *vorgeschalteter Schaltgeräte* sind naturgemäß von Erzeugnis zu Erzeugnis verschieden und die Angaben der Hersteller über die Impedanzen der Geräte noch spärlich, s. WINKLER, VOIGTLÄNDER (3), sowie PFEILER, STREUBER und VOLAND. Der Einfluß der Bahnwiderstände ist aber bei Geräten, deren Ausschaltvermögen den Mindestwerten von VDE 0660 entspricht, abgesehen von solchen ≤ 200 A bei 500 und auch bei 380 V noch sehr gering. Bei kleineren Nennströmen machen sich insbesondere die Auslöser und Relais mit Spulen bemerkbar. Dabei steigt der Wirkwiderstand, z. B. bei Auslösern für den halben Geräte-Nennstrom oft noch auf den 2- bis 4fachen Wert. Der Einfluß der Stromwandler ist bei Nennströmen ≥ 630 A nicht allzu groß, s. a. WINKLER.

Bei der Ermittlung der Kurzschlußströme als Grundlage für das geforderte Schaltvermögen einerseits und für die Auslösereinstellungen andrerseits kann man sich nicht darauf beschränken, die Sollwerte für die Widerstände der Wicklungen, Drosseln und dgl. einzusetzen. Es ist dringend notwendig, auf die festgelegten *Toleranzen Rücksicht* zu *nehmen.* Hierbei handelt es sich um nicht geringe Beträge. So ist bei dem Kurzschlußstrom von Synchrongeneratoren eine Abweichung vom gewährleisteten Wert um ± 25 v. H. zulässig und bei Transformatoren nach VDE 0532/8.64 § 62 bei der Nennkurzschlußspannung eine Toleranz von ± 10 v. H. Bei den Widerstandswerten für Leitungen, Kabel und dgl. sind offensichtlich nennenswerte Toleranzen nicht zu berücksichtigen.

Von besonderem Einfluß ist die *Netzform.* Bei Einspeisung über mehrere Transformatoren ist es von Bedeutung, wie diese zueinander geschaltet sind. Arbeiten sie auf eine gemeinsame Sammelschiene, so kommt die Summe der Kurzschlußströme der einzelnen Transformatoren in Betracht. Speisen sie das Netz dagegen an verschiedenen Punkten ein, so sind die dazwischen liegenden Kabel schon bei verhältnismäßig geringen Längen in der Lage, den genannten Summenwert bedeutend herabzusetzen. Für die Berechnung der Kurzschlußverhältnisse in *vermaschten Netzen* sind mehrere Verfahren entwickelt worden. Den meisten haftet der Nachteil an, daß für jeden Kurzschlußpunkt eine besondere Netztransfiguration durchgeführt werden muß. Das führt bei stark vermaschten Netzen zu umfangreichen Berechnungen. In solchen Fällen wird zur Bestimmung der Kurzschlußströme zweckmäßig ein Netzmodell (s. S. 25) benutzt.

Es ist im allgemeinen üblich, bei der Berechnung der Niederspannungs-Kurzschlußströme den Einfluß des *Hochspannungsnetzes* zu vernachlässigen. Bis zu Transformatorengröße von etwa 1000 kVA Nennleistung ist der Einfluß des übergeordneten Netzes in jedem Falle auch klein. Bei größeren Transformatoren kann die Berücksichtigung von Vorteil sein, s. VDE 0102 Teil 1/9.62 und 2/4.64 § 5b. Allzu hoch sollte man jedoch die Erwartung auch hier nicht schrauben. Verständlicherweise geht der Einfluß mit steigendem Kurzschlußstrom an der Hochspannungs-Sammelschiene und mit sinkender Trafogröße zurück, s. a. BRÜCKNER (3).

Neben den höchstmöglichen *Kurzschlußströmen* müssen auch *die kleinstmöglichen* berücksichtigt werden, Berechnung nach VDE 0102 Teil 2/4.64. Während der erstere Wert für die thermische und elektrodynamische Beanspruchung der Strombahn einschließlich der Erder maßgebend ist, ist der letztere wichtig für die Bemessung der Ansprechgrenzen und Auslösezeiten der Schutzeinrichtungen. Stark reduzierte Kurzschlußströme sind möglich, wenn die Fehlerstelle an einem Abgangskabel in großer Entfernung vom Einbauort der Anlage liegt oder wenn in Betriebszeiten mit geringerem Stromverbrauch ein Teil der parallel speisenden Transformatoren abgeschaltet ist. Vor allen Dingen sind aber die meist nicht vorherzusehenden Widerstände an der Fehlerstelle, insbesondere der Kurzschlußlichtbögen von Einfluß. Der Kurzschlußstrom geht dann auf geringere Werte als den bei metallischem Schluß möglichen zurück.

In *Gleichstromkreisen* sind die Beziehungen einfacher. Hier errechnet sich der Kurzschlußstrom aus der Spannung und der Summe der Ohmschen Widerstände, nicht der induktiven, des Kurzschlußkreises. Letztere tragen nur zum verlangsamten Stromanstieg nach einer e-Funktion bei, deren Zeitkonstante $T = L/R$ ist.

$$i = I_k[1 - (\exp - t/T)], \qquad I_k = \frac{U_n}{\varSigma R}. \tag{9}$$

Bei Vorbelastung mit I_{vb} ist

$$i = I_k - (I_k - I_{vb}) \cdot \exp(-t/T), \tag{10}$$

s. Abb. 13.

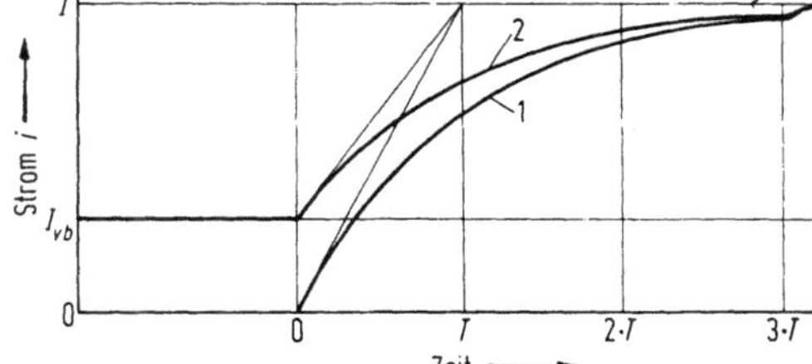

Abb. 13. Verlauf des Gleichstrom-Kurzschlußstromes

I = Höchststrom; *1* ohne, *2* mit Vorbelastung I_{vb}

2.2 Der Beitrag der Stromverbraucher zu den Kurzschlußströmen

Zu den aus den Netzverhältnissen errechneten Kurzschlußströmen können noch beachtliche Zuschläge hinzukommen, die durch die Stromverbraucher bedingt sind. Sie stammen aus der magnetischen Energie der induktiven Kreise sowie der Ladeenergie der kapazitiven, wobei die ersteren in der Hauptsache durch Motoren, die letzteren durch zur Phasenkompensation angewandte Leistungskondensatoren bedingt sind. Zum Beispiel wirken Asynchron-Motoren nach dem Zusammenbruch der Spannung so lange als Generatoren, bis die mit den Läufern verketteten magnetischen Flüsse abgeklungen sind. Dabei wird ein Teil der in den umlaufenden Teilen der Motoren und angetriebenen Maschinen gespeicherten magnetischen Energie wieder in elektrische zurückverwandelt. Inwieweit diese Werte von Bedeutung sind, hängt von der Schaltung ab. Wird in einer Anlage zwischen dem Transformator und den Motoren ein

Leistungsschalter eingebaut und hinter diesem ein vollständiger Kurzschluß angenommen, so wird der Schalter durch die in den Stromverbrauchern auftretenden Ströme nicht in Mitleidenschaft gezogen, auch
werden die Leitungen zwischen Schalter und Transformator nicht zusätzlich dynamisch oder thermisch beansprucht, s. Abb. 14a. Tritt dagegen bei der Anordnung nach Abb. 14b, bei der von einer Sammelschiene
mehrere Selbstschalter abgehen, ein solcher Kurzschluß hinter dem zur
Motorengruppe M_3 gehörigen Schalter auf, dann werden die hiermit
gleichzeitig kurzgeschlossenen Motorgruppen M_1, M_2, M_4 und M_5 die

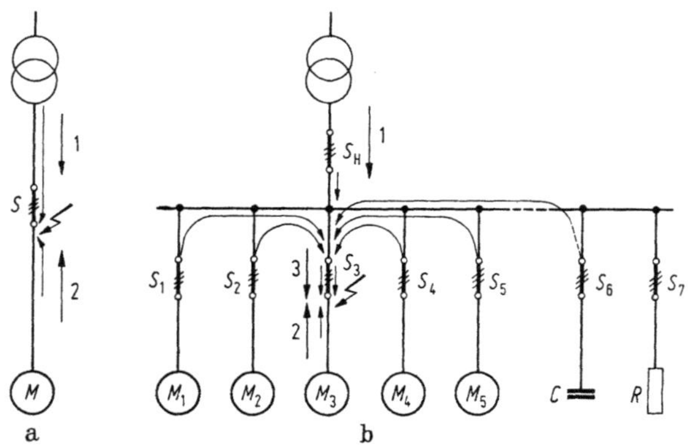

Abb. 14. Auswirkung der Motorkurzschlußströme auf den Gesamt-Kurzschlußstrom, bedingt durch
Schalterlage
a) Schalter vor Einzelmotor, b) desgl. in Motorengruppe
1 Transformatoren-Kurzschlußstrom, *2* Motorkurzschlußstrom, z. B. von Motor M3, bei b ist *3* die
Summe von Trafo-Kurzschlußstrom und dem der Motoren M1, 2, 4 und 5. Sie geht über den Schalter S 3

Entladeströme in diese Kurzschlußstelle hinein, d. h. über den Schalter
S_3 hinwegfließen lassen, während die Kurzschlußströme der Gruppe M_3
wiederum unmittelbar in die Kurzschlußstelle selbst einspeisen. Der
Schalter S_3 erfährt mithin gegenüber der Belastung durch den Netz-
kurzschlußstrom allein einen nicht unwesentlichen Zuschlag, während der
sekundäre Hauptschalter S_H von den Zusatzströmen nicht beeinflußt wird.
Die gleichen Verhältnisse treten auf, wenn sich an der Sammelschiene
noch Kondensatoren zur Blindleistungskompensation mit dem Schalter
S_6 befinden. Von einem Ohmschen Widerstand, Schalter S_7, wird selbstverständlich kein Beitrag geliefert.

Das *Ausmaß dieser Zusatzströme* ist durch die subtransienten Widerstände der Motoren und deren Verbindungsleitungen gegeben. Die Beanspruchungen der außer S_3 betroffenen Schalter durch diese Ströme
spielen schon bei Geräten, die nur Motorschaltvermögen haben, keine
Rolle, denn sie liegen im Bereich der Motoranlaufströme. Der zusätzliche
Einfluß auf den Schalter S_3 ist außer durch die auftretende Stromstärke
durch das Zeitmaß des Abklingens dieser Zusatzströme bestimmt und

deshalb für den Ausschaltvorgang bei den einzelnen Schaltergrößen deren Ausschaltverzug entscheidend. Die Stromspitzen klingen mit der Zeit fortschreitend ab. Bei einem kurzen Verzug des Schaltgerätes wird also der Einfluß dieser Motorströme größer sein als bei einem langen. Bei kleinen Motoren vermindern sich die Ströme sehr schnell, bei großen langsam. Das heißt, daß bei einem Transformator, hinter dem durchschnittlich große Motoren liegen, der Einfluß beim Ausschalten zahlenmäßig bedeutender ist als bei kleinen. Maßgebend ist das Verhältnis Motorleistung je Polpaar. Abklingfaktoren bei großen Hochspannungsmotoren, bezogen

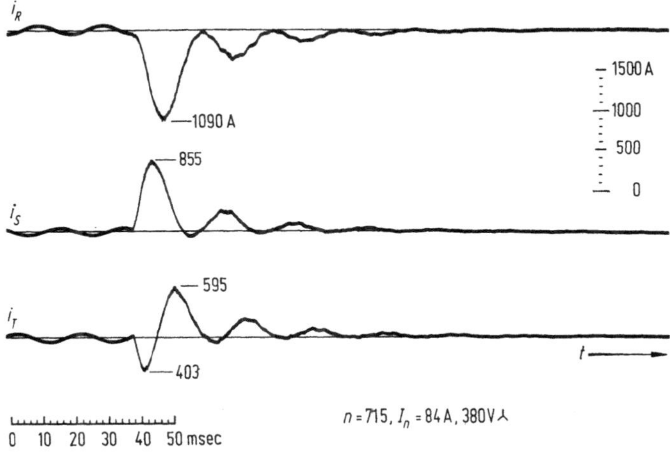

Abb. 15. Dreipoliger Kurzschluß eines 40 kW-Schleifringläufermotors

auf die Leistung je Polpaar s. VDE 0102 Teil 1/9.62 Abb. 12. Bei Niederspannungs-Asynchronmotoren kann man allgemein damit rechnen, daß Geräte mit verhältnismäßig großem Ausschaltverzug, z. B. über 20 bis 30 msec, beim Ausschalten durch diese Ströme kaum noch zusätzlich beansprucht werden. Beim Einschalten auf einen bestehenden Kurzschluß ist aber die Zusatzbelastung in jedem Fall voll wirksam.

Ein Beispiel für den *Stromverlauf* beim unmittelbaren Klemmenkurzschluß eines 40 kW Asynchron-Motors s. Abb. 15. Bei kleineren Motoren verklingt der Kurzschlußstrom noch schneller. Abb. 16 zeigt neben dem Ständerstrom in 1 Phase den Spannungsrückgang an ihr. Der Läuferstrom verläuft in ähnlicher Weise wie der Ständerstrom. Der Kurzschlußstrom ist zunächst so groß wie der Stillstandsstrom des Motors, wegen des Abklingens der Motorspannung geht er dann schnell zurück. Bei Belastung fallen nach dem Kurzschluß die Geschwindigkeiten der Motoren und damit auch die Ströme noch schneller ab. Es sinkt dann auch der

2*

Stoßstrom. Über den zeitlichen Ablauf der Ständerströme s. RÜDEN-
BERG (S. 103). Nach seinen Feststellungen muß man bei einer Kurzschlußspannung des Asynchron-Motors in Höhe von 1/5 der Netzspannung mit
einem Stoßkurzschlußstrom gleich dem 10fachen normalen Motorstrom
rechnen. Etwas anders liegen die Verhältnisse, wenn der Kurzschluß nur
2polig ist, also ein einphasiger Kurzschlußkreis zustande kommt und die
am Kurzschluß nicht beteiligte Leitung den Motor vom Netz aus weiter
speist. Dann treten außer den vorübergehenden Kurzschlußströmen noch

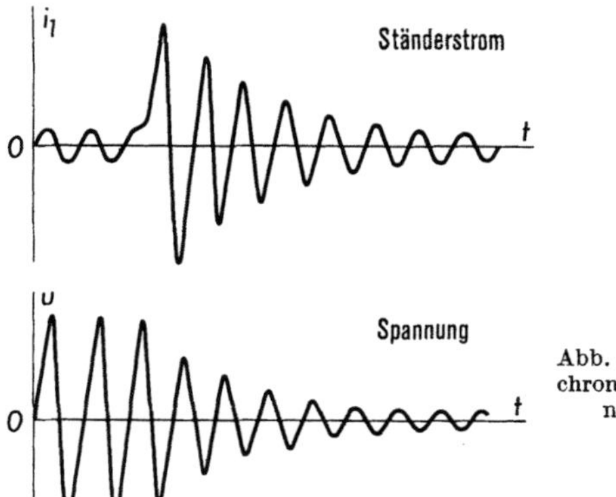

Abb. 16. Kurzschlußströme eines Asynchron-Motors und zugehöriger Spannungsabfall gegen Stern-Punkt

stationäre Ströme auf, die etwa halb so groß sind wie der 3polige Stillstandsstrom des Motors, s. RÜDENBERG (S. 104). Im generatorisch wirkenden Asynchron-Motor kann sich, da eine besondere Erregerwicklung
fehlt, kein transienter und auch kein 3poliger Dauerkurzschlußstrom
ausbilden. Rechnerische Unterlagen für die Berücksichtigung der Motoren bei der Kurzschlußstrom-Berechnung s. VDE 0102 Teil 1/9.62 § 8.
Dieser Teil bezieht sich aber auf Anlagen mit Nennspannungen $\geq 1\,\text{kV}$.
Teil 2/4.64 für Drehstromanlagen bis 1000 V macht zu diesen Fragen
leider noch keine Angaben. Im übrigen gilt der 3polige Kurzschlußstrom,
zuzüglich des Gleichstromgliedes. Die Stoßfaktoren sind dabei kleiner als
bei Wechselstromkreisen schlechthin, s. Abb. 17, Kurve 2 und 3 nach
KLOEPPEL und FIEDLER abhängig vom Quotienten R/X. Ein brauchbarer
Richtwert für Niederspannungsmotoren ist 1,2; s. a. NĚMEČEK und WINK-
LER. Bei *Synchronmotoren*, die Blindleistungen in das Netz liefern, wird
dieser Rückgang des Gleichstromgliedes jedoch durch den Belastungs-
strom im Augenblick des Kurzschlusses wieder aufgehoben. Es muß dann
mit der allgemein gültigen Kurve 1 gerechnet werden.

Die *auf Grund von Versuchen* im Schrifttum gemachten Angaben über
die *zu erwartenden Ströme* gehen weit auseinander, da sie von zu vielen
Einflüssen abhängig sind. Beim Einschalten auf einen Kurzschluß sind

die Ströme in jedem Falle hoch. Bei Messungen des Verfassers zeigten sich bei einem Lichtbogeneinsatz nach 10 ms an verschiedenen Motoren (von 5,7 bis 7,4 kW) nach Leerlauf bei 3poligem Kurzschluß noch Höchstwerte von 1,3 bis 1,55 mal Motorstillstandsstrom (im Mittel 1,5). Nach 15 msec ging bei kleinen Motoren zwischen 1 und 5 kW der Kurzschlußstrom fast auf 0. Bei Motoren mittlerer Größe (10 bis 50 kW) lag er im großen und ganzen beim Nennstrom, bei größeren Motoren wurde dieser Wert aber übertroffen. Über den Einfluß des Ausschaltverzuges

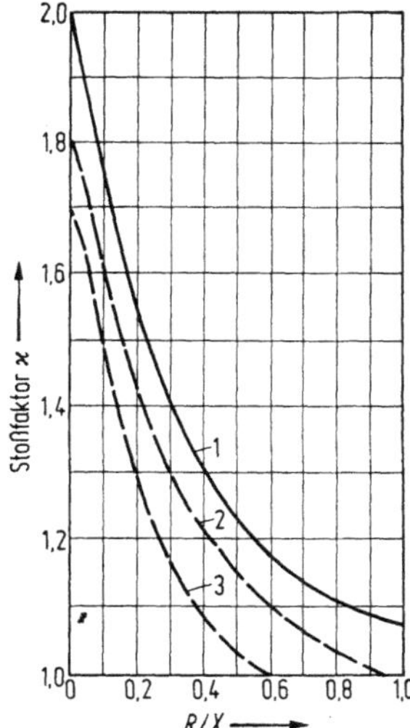

Abb. 17. Stoßfaktoren beim Kurzschluß von Asynchron-Motoren

1 zum Vergleich bei netzgespeistem induktivem Kreis entsprechend Abb. 3, *2* nach KLÖPPEL und FIEDLER bei Motoren mit 100 kW je Polpaar, *3* desgl. bei 10 kW je Polpaar

s. auch die Messungen von FABRIZI sowie LOEPER und VOLAND. Danach lagen die Stoßströme einzelner Motoren bzw. Motorgruppen zwischen dem 5- und 14fachen Motornennstrom bzw. deren Summe. In den USA (American Standard C37.19-1963, Abs. 19-3.26) rechnet man, wenn die Reaktanzen der Motoren nicht bekannt sind, bei Induktionsmotoren mit dem 3,6fachen, bei Synchronmotoren mit dem 4,8fachen Vollaststrom, für das Gleichstromglied wird dabei ein Zuschlag von 25 v. H. angesetzt.

Der *Einfluß* der Motor-Kurzschlußströme *auf den Gesamt-Kurzschlußstrom* ist vor allem, wenn der *Anschlußwert der Motoren* im Verhältnis zur Transformatorenleistung groß ist, beträchtlich. Schon bei einem Anschlußwert von nur 70 v. H. Transformatorenleistung ermittelte BOUVIER einen um 25 v. H. erhöhten Kurzschlußstrom. Bei einer Messung von LOEPER und VOLAND betrug der Stoßstrom von 4 Motoren etwa 55 v. H. des Gesamt-Stoßstromes, der des Zuleitungsnetzes nur etwa

40 v. H. NĚMEČEK und WINKLER berichten auf Grund russischer Arbeiten über eine Erhöhung des Stoßkurzschlußstromes um 90 v. H.

Wenn keine speziellen Angaben vorhanden sind und es sich nur um relativ kleine Motoren handelt, dürfte also eine Rechnung mit der 5-fachen Summe der Nennströme der eingeschalteten Drehstrommotoren zu einem brauchbaren Ergebnis führen. Bei größeren Motoren sollte der Wert auf mindestens den 6fachen erhöht werden, hinzu kommen noch die Gleichstromglieder, die wie gesagt mit etwa 20 bis 25 v. H. anzusetzen sind. Die Phasenverschiebung zwischen den Kurzschlußströmen einzelner Motoren geht nicht über 25 bis 30° hinaus. Die arithmetische Addition ist zulässig, die vektorielle ergab nur etwa 2 bis 3,5 v. H. niedrigere Werte.

In diesem Zusammenhang wird häufig der *Einwand* gemacht, daß die Leitungen zwischen Motor und Kurzschlußstelle außerordentlich strom-dämpfend wirken müssen. Das ist aber in Wirklichkeit nur in beschränktem Umfange der Fall. Wenn ein Motor einen Stillstandsstrom von 6mal Nennstrom hat, dann ist seine Kurzschlußspannung etwa 16 v. H. U_n. Die Zuleitungen im industriellen Betrieb müssen aber bei eingeschalteten Käfigläufern so bemessen werden, daß der Spannungsabfall, der durch den Nennstrom hervorgerufen wird, unter 1 v. H. liegt, weil anderenfalls bei den auftretenden Stillstandsströmen im Anlaufvorgang Spannungsab-fälle von 6 bis 10 v. H. zustande kämen, so daß Steuerungen mit Schüt-zen, Schaltrelais usw. nicht mehr mit der erforderlichen Sicherheit wirk-sam würden. 1 v. H. ist aber, bezogen auf die o. a. 16 v. H., nur ein be-scheidener Zuschlag.

Abb. 18 zeigt den Kurzschlußstromverlauf einer Anlage, gespeist aus einem Transformator 250 kVA, 220 V mit 5 Motoren zwischen 7,5 und 74 kW bei einem Gesamtanschlußwert von 173 kW. Es wurde der vom Transformator kommende Kurzschlußstrom *1*, der von den Motoren kommende Gesamtstrom *2* und der den Schalter, hinter dem der Kurz-schluß auftrat, durchfließende *3* ermittelt. Hier lagen die Zuschläge, die der vom Netz kommende Kurzschlußstrom durch die Motorströme erfuhr, im Mittel bei 30 v. H. (23,6—36,5 v. H.).

In gleicher Weise wie Motoren machen sich *Kapazitäten* bei der Be-anspruchung der Schalter im Kurzschlußfall bemerkbar, s. Abb. 14 An-schluß *6*. Beim Kurzschluß eines Kondensators liegen die Verhältnisse insofern schwieriger, als bei allen Vorgängen an Kondensatoren die auf-kommenden Ausgleichströme nicht vom Kondensator allein, sondern nur in Wechselwirkung mit den Netzwiderständen zustande kommen. Sie verlaufen bei Kurzschluß eines Kondensators und bei seinem Einschalten nach den gleichen Gesetzen. Unterschiedlich bei beiden Vorgängen ist die maßgebende Induktivität. Bei betriebsmäßigem Einschalten handelt es sich um die des Transformators und die der Leitungen, bei der Kurzschlußschaltung naturgemäß nur die des noch in Betracht kommenden Leitungsstückes. Die Induktivität bestimmt die Eigenfrequenz des Ausgleichsvorganges. Letztere ist im Kurzschlußfall also bedeutend höher als bei der normalen Einschaltung. Das Verhältnis dieser Eigenfrequenz zur Betriebsfrequenz ist für die Höhe des Einschaltstromes maßgebend,

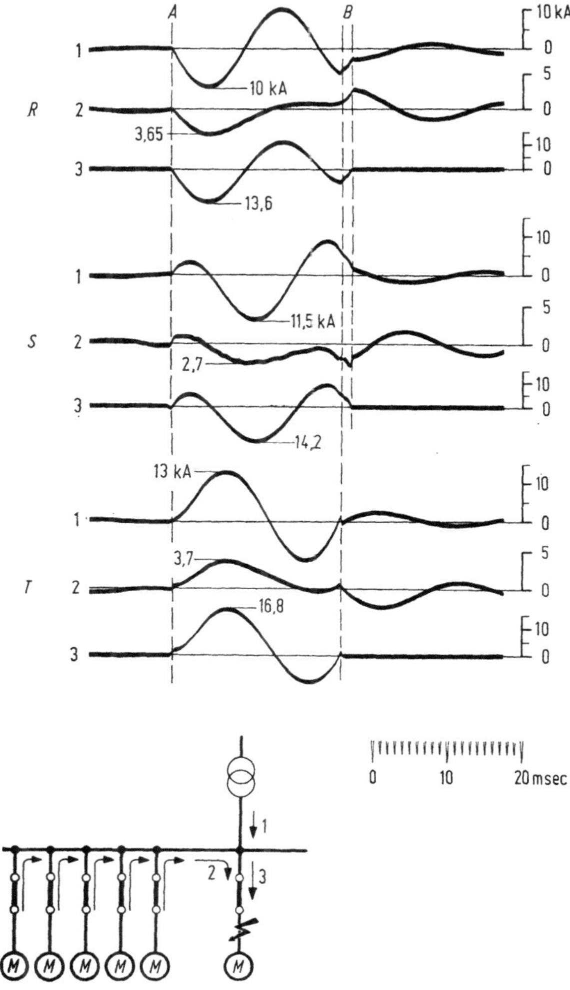

Abb. 18. Oszillogramm von Kurzschlußströmen bei Motoreinfluß

1 Trafokurzschlußstrom, *2* Motorenkurzschlußstrom, *3* Gesamtkurzschlußstrom, A Kurzschlußeinsatzpunkt, B Kurzschlußstelle abgeschaltet

Abb. 19a zeigt zunächst den Einschaltvorgang bei einem Kondensator
und daran anschließend die Stromstöße bei seinem Kurzschluß. Während
beim Einschalten die Stromspitzen etwa die Höhe des 8fachen Scheitelwertes des Kondensator-Nennstromes aufwiesen, gingen sie beim Kurzschluß und den angegebenen Leitungswiderständen bis über den 50-
fachen Wert hinaus, s. a. Abb. 19b mit anderen Maßstäben. Mit den an-

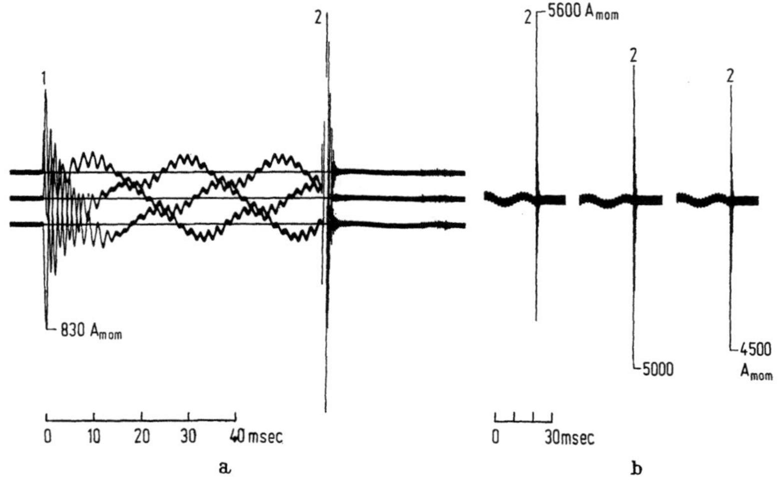

Abb. 19. Einschalten (1) und Kurzschließen (2) eines 50 BkVA-Kondensators I_{NC} 75 A, $U = 380$ V,
$L \sim 2{,}7 \cdot 10^{-6}$ H, $R \sim 15 \cdot 10^{-4}\ \Omega$
Bei a) und b) unterschiedliche Maßstäbe

gegebenen Leitungswiderständen erhält man eine Eigenfrequenz von
2 800 Hz, also im Verhältnis zur Netzfrequenz von 50 Hz fast den 56-
fachen Betrag, damit rechnerisch auch den 56fachen Strom. Diese
Stromspitzen beanspruchen den Schalter nur in dem Augenblick, in dem
er auf einen Kurzschluß eingeschaltet wird. Sie sind längst verklungen,
wenn die Motorströme an Bedeutung gewinnen.

2.3 Die Genauigkeit der Ermittlung

Die für den Kurzschlußstrom aus den Widerständen der Stromkreiselemente ermittelten Werte enthalten immer noch einen mehr oder weniger großen Sicherheitsfaktor, insbesondere, weil die Widerstände von
Sammelschienensystemen und dergl. nur schlecht erfaßt werden können.
Mit Rücksicht darauf glaubt man häufig, es sei vertretbar, auch ein Gerät,
das gar nicht für den vollen errechneten Wert bestimmt ist, einzusetzen.
Auch kann man immer wieder feststellen, daß die Ermittlung der Kurz-

schlußströme sehr oberflächlich vor sich geht und man dann auf den Gedanken kommt, deshalb seien noch einige Abschläge von dem etwa geschätzten möglichen Höchstwert durchaus zulässig. Dabei geht man davon aus, daß praktisch eine saubere Installation, vor allen Dingen im Bereich der eigentlichen Stromverteiler, also bis zu den Schienensystemen und den Abgangsschaltern sowie den hiervon ausgehenden Speisekabeln zu erwarten ist. Kurzschlüsse in diesen Bezirken sind in der Tat selten. Es ist aber wohl nicht zu verantworten, ein derartiges Risiko, auch wenn es mit einem geringen Grad von Wahrscheinlichkeit behaftet ist, zu übernehmen. Auf der anderen Seite weist die Berechnung der tatsächlich auftretenden Kurzschlußströme an allen Punkten einer Anlage auf dem Niederspannungsgebiet keine wirklichen Schwierigkeiten auf. Eine genaue Ermittlung der Kurzschlußströme, die alle Dämpfungswiderstände berücksichtigt, erlaubt die Gerätebeschaffung zu niedrigsten Kosten bei vollem Schutzwert. Wenn man alle Fehlermöglichkeiten studieren will, erfordert das natürlich eine gewisse Aufmerksamkeit und einen Zeitaufwand, besonders, wenn man u. a. auch damit zu rechnen hat, daß ein geerdeter Null-Leiter in den Kurzschlußbereich einbezogen ist. Ferner sind der Einfluß der Motoren, wie überhaupt der Stromverbraucher und nicht nur die Kurzschlußwechselströme, sondern auch die *Leistungsfaktoren* als Maßstab für die Stoßkurzschlußströme zu ermitteln. Sie sind für die Schalter außerordentlich wichtig und bestimmen deren Aus- und Einschaltvermögen (s. S. 55).

Bei verzweigten, insbesondere vermaschten Netzen lassen sich solche Feststellungen schnell mit einem *Netzmodell* machen und die Beanspruchungsmöglichkeiten der Schalter sowie die günstigsten Möglichkeiten für den Netzaufbau ermitteln. Man unterscheidet dabei zwischen Gleichstrom- und Wechselstrommodellen. Für die Niederspannungsnetze kommt man in fast allen Fällen mit der ersteren Art aus. Bei ihr werden mit Widerständen die Leitungsreaktanzen nachgebildet und auf diese Weise mit mehr oder weniger großer Genauigkeit der Lastfluß oder die Kurzschlußströme bestimmt. Will man mehr wissen, z. B. Spannungsverteilung, Phasenwinkel der Spannung, symmetrische und unsymmetrische Kurzschlußströme und dgl., dann treten die Wechselstrommodelle an ihre Stelle. Sie sind universell anwendbar und enthalten Bausteine, die zur Nachbildung aller Netzelemente, also auch der Generatoren, Transformatoren, Kondensatoren, Induktivitäten, Kapazitäten, Ohmschen Widerstände und dgl. dienen. Sie erlauben auch die Feststellung von Ausgleichsvorgängen, Einschwingspannungen und dgl. Die Impedanzen eines Niederspannungsnetzes können auch durch Messung bei Betriebsspannung ohne Betriebsunterbrechung ermittelt werden. Das geschieht durch Feststellung der Spannungsänderung beim Zu- oder Abschalten einer Meßbelastung, s. DENZEL und VIERFUSS sowie STREUBER.

2.4 Die höchsten Kurzschlußströme
und ihre Begrenzung durch die Netzgestaltung

Man hätte erwarten können, daß mit der Steigerung des Stromverbrauches und dementsprechend dem Anwachsen der Kraftwerk- und Transformatorenleistungen sowie der Vermaschung, kurzum gesagt mit der höheren Energiedichte, auch die Kurzschlußströme auf der Niederspannungsseite stark angewachsen wären. Erfreulicherweise hat aber die Praxis gezeigt, daß die Steigerung im Sekundärnetz mit der Steigerung der Energiedichte nicht in gleichem Maße einhergegangen ist, s. Abb. 20 nach MANGOLD und WILHELMS. Zur *Begrenzung der Kurz-*

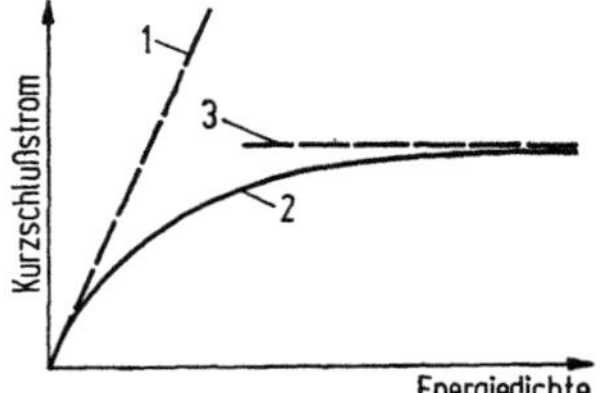

Abb. 20. Kurzschlußstrom und Energiedichte in Niederspannungsnetzen nach MANGOLD und WILHELMS

1 bei starrer Netzkupplung möglicher Strom, *2* tatsächliche Grenze, *3* Endwert etwa 50 kA$_\text{eff}$

schlußströme, d. h. der Drosselung gegenüber den der steigenden Energiedichte proportionalen Werten, unterteilt man die Trafoleistungen, setzt Trafos mit hoher Streuspannung ein, verzichtet oberhalb bestimmter Grenzen auf sekundäre Parallelschaltung, bildet Teilnetze, unterteilt die Sammelschienensysteme, macht die Verbrauchergruppen nicht zu groß, d. h. steigert die Zahl der Unterverteiler, setzt durch Verwendung von „Schienenverteilern mit veränderbaren Abgängen" Schienensysteme anstelle von Kabeln ein, verlegt einpolige Leitungen mit größerer Induktivität, baut Drosseln ein und überlagert ein Netz höherer Spannung. Die Unterteilung der Transformatoren und Sammelschienensysteme hat den Vorteil, daß im Kurzschlußfalle nicht alle Transformatoren zusammen in die Kurzschlußstelle einspeisen können. Die Begrenzung der Kurzschlußströme durch die Wahl von Transformatoren mit möglichst großer Kurzschlußspannung scheitert in Niederspannungsnetzen in den meisten Fällen daran, daß mit starken Schwankungen der Netzbelastung gerechnet werden muß und die unterschiedlichen Spannungsabfälle an den Transformatoren bei Vollast zu große Unterschiede der Betriebsspannung zur Folge haben. Bei Drosseln ist ferner ihr nicht unbeträchtlicher Raumbedarf und Preis nachteilig. Der etwaige Einbau erfolgt vorzugsweise auf der Hochspannungsseite. Eine Übersicht über Maßnahmen zur Begrenzung der Kurzschlußströme durch Unterteilung nach TITZE, s. Abb. 21. Bei a) sind auf der Niederspannungsseite 2 Sammelschienengruppen *1* und *2* vorhanden, bei b) ist die Unterteilung durch Umschalter *3* wählbar gemacht, bei c) ist die Anordnung die gleiche wie bei a), aber zwischen den beiden Sekundärsammelschinen befindet sich noch ein Kuppelschalter *4*, der normalerweise offen ist, jedoch bei schwacher Last und Abschaltung von Transformatoren geschlossen werden kann. Bei d) ist gewissermaßen ein offener Ring vorhanden, der an einer oder mehreren Stellen durch Kuppelschalter *4* aufgetrennt werden kann. Letztere sowie umschaltbare Doppelsammelschienen- und Ringleitungssysteme ermöglichen es, bei Ausfall eines Transformators die Stromverbraucher auf einen anderen zu schalten und damit die Betriebsunterbrechung auf ein Mindest-

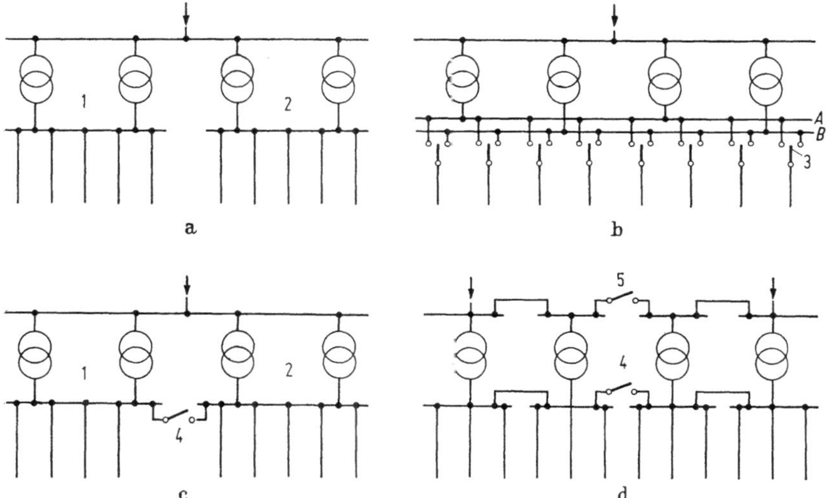

Abb. 21. Netzunterteilung zur Verringerung des Kurzschlußstromes nach TITZE
(Erläuterung im Text)

maß zu verkürzen. Bei der Feststellung übermäßig hoher Kurzschlußstromstärken ist also eine Überprüfung der Netzkonstellation vorteilhaft und aus wirtschaftlichen Gründen auch bei geringeren Höchstwerten zweckmäßig.

Mit den angegebenen Mitteln hat man angestrebt, einen Kurzschlußstrom von 50 kA$_{eff}$ nicht zu überschreiten und dieses Ziel auch weitgehend erreicht. Bei diesem Wert sollte aber nicht übersehen werden, daß er schon einen Stoßkurzschlußstrom von etwa 100 kA zur Folge hat. Natürlich gibt es auch Fälle, bei denen die Begrenzung in diesem Ausmaß nicht durchführbar ist, z. B. in der chemischen Industrie. Wenn es z. Z. auch noch verhältnismäßig wenige Stellen mit Werten bis 100 kA Kurzschlußstrom gibt, können es in nicht zu ferner Zukunft bereits viele sein. Hierauf muß die Niederspannungs-Schaltgerätetechnik vorbereitet sein. Es war also zu klären, ob mit vertretbarem Aufwand, z. B.

100 kA$_{\text{eff}}$, d. h. also ein Stoßkurzschlußstrom bis über 200 kA zu beherrschen ist. Daß Ströme dieser Größe für alle Anlagenteile eine sehr große thermische, vor allem aber auch dynamische Beanspruchung darstellen, ist ohne weiteres ersichtlich. Auf den Schalter bezogen bedeutet das, daß Stromkräfte von einigen 100 kp Schaltstücke auseinanderzudrücken versuchen. Also ist es schwer, die Schweißgrenze in der angegebenen Höhe zu halten. Ausreichende Gegenkräfte erfordern einen großen Aufwand, die Geräte werden kompliziert und groß, auch wird die Lebensdauer entsprechend vermindert. Die Lösung des Problems ist im wesentlichen in der auf S. 175 ff. behandelten Richtung zu suchen, indem man die hohen Kurzschlußströme gar nicht zur Entwicklung kommen läßt und sie unterbricht, ehe sie eine zerstörende Wirkung ausüben können. Jedenfalls wird die Vergrößerung der Geräte in der altherkömmlichen Form in Richtung auf die genannten hohen Stromwerte wirtschaftlich kaum durchzuführen sein.

Eine optimale Lösung der Kurzschlußstrom-Frage braucht nicht identisch zu sein mit der nach dem Netz, bei dem die Stromversorgung möglichst unterbrechungslos mit konstanter Spannung vor sich geht. Die Erfüllung dieser Forderung hängt ebenfalls von der Netzform ab, hierfür empfehlen sich „mehrseitig" versorgte Netze. Beim einseitig versorgten Netz ist die Reserve nur durch einen Reserve-Transformator möglich, bei mehrseitig versorgten wird sie von den noch intakt gehaltenen Einspeisungen durchgeführt. Das mehrseitig versorgte Niederspannungsnetz erscheint vorzugsweise als Maschennetz. Um bei diesen Netzen im Kurzschlußfalle nur die kurzschlußbehafteten Teile herauszutrennen, müssen die Schalter bzw. Sicherungen entsprechend selektiv ausgewählt werden. Hinzu tritt der „Maschennetzschalter", s. S. 225.

2.5 Die in den verschiedenen Versorgungsbereichen auftretenden Kurzschlußströme

Hierfür lassen sich nur rohe Anhaltspunkte geben. Die Entwicklung ist — insbesondere auch in den Wohnbezirken — mit Rücksicht auf die hohen Anschlußwerte bei der wachsenden Elektrifizierung für Haushalte steigend. In modernen Wohnhaus-Großbauten muß man mit Werten bis 10 kA rechnen, desgl. in Geschäfts- und Bürohäusern sowie kleineren und mittleren Industriebetrieben. Für Schwerpunktstationen in nicht vermaschten städtischen Verteilungsnetzen gab man noch bis vor verhältnißmäßig kurzer Zeit 20 kA an. Dieser Wert ist aber mittlerweile überholt. Schon bei einer Trafo-Einzelleistung von 630 kA steigt er auf etwa 25 kA. Da das Bestreben zu noch größeren Einheiten geht, muß man mit etwa 40 kA rechnen. In Stadtnetzen ist jedoch der tatsächliche Kurzschlußstrom erfahrungsgemäß nur 70 bis 80 v. H. des aus der Trafo-Leistung errechneten Wertes, s. PFEIFFER und WEHRLE. Bei Schwerpunktstationen im Maschennetz kommt man bis 40 kA, bei Industrienetzen mit Hochspannungsanschluß und Eigenversorgung bis 50 kA und mehr, s. a. BRÜCKNER (3), DRUBIG (2) und THORING.

2.6 Die Auswirkungen der Kurzschlußströme

Die Auswirkungen der Kurzschlußströme liegen wesentlich in *zwei Richtungen*. Einmal handelt es sich um die durch sie in allen Anlageteilen, Leitungen, Geräten, Stromverbrauchern und dgl. hervorgerufene Wärmeentwicklung, ferner um die elektro-dynamischen Wirkungen, die zu starken mechanischen Beanspruchungen der Stromkreiselemente führen. Beide Wirkungen steigen mit dem Quadrat der Stromstärke, wobei die dynamischen vor allem durch die auftretenden höchsten Stromspitzen, die thermischen durch $\int i^2 \cdot dt$ wirksam werden. Aufgabe der Leistungsschalter ist es, Kurzschlußströme so schnell zu unterbrechen oder zu begrenzen, daß diese Auswirkungen in ungefährlichen Grenzen bleiben. In der gleichen Weise wie die Anlageteile werden auch die Konstruktionselemente der zur Beherrschung der Kurzschlußströme bestimmten Geräte beansprucht. Die Fragen der mechanischen und auch der thermischen Kurzschlußfestigkeit sind in VDE 0103/1.61 behandelt.

Die dort gemachten Angaben über die *Erwärmung* beziehen sich auf homogene Körper wie Sammelschienen, Leitungen, Wicklungen und dgl. Bei Schaltgeräten ist die Frage schwieriger. Deren Erwärmung unterscheidet sich von der elektrischer Maschinen, weil statt einer gleichförmigen zusammenhängenden Masse ein aus mehreren Stücken zusammengesetzter Strompfad vorhanden ist, der den Wärmefluß in Richtung des Leiters zuläßt. Die Temperatur der einzelnen Glieder ist davon stark abhängig und an jeder Stelle verschieden. Elemente, deren Temperatur hoch gehalten werden soll, wie z. B. bei Bimetallauslösern, wechseln in der gleichen Strombahn mit solchen, deren Erwärmung gewisse Grenzen nicht überschreiten soll. Oft findet eine Aufheizung durch benachbarte Elemente höherer Arbeitstemperatur statt oder umgekehrt — auch wenn es nicht erwünscht ist — eine Abkühlung. Bei der Berechnung der Wärmewirkungen durch Kurzschlußströme liegen die Verhältnisse insofern etwas günstiger, weil in den in Betracht kommenden kurzen Zeiten im allgemeinen kein Wärmeaustausch zwischen einzelnen Körpern stattfindet, sondern es sich lediglich darum handelt, die in dem betreffenden Stromelement entwickelte Wärme von seiner Masse aufnehmen zu lassen. Bei den Berechnungen kommt in der Praxis noch hinzu, daß man nicht von der normalen Raumtemperatur ausgehen kann, sondern mit z. T. beträchtlichen Vorerwärmungen rechnen muß. Im übrigen geht man im allgemeinen zunächst von einer konstanten Stromstärke aus, während in Wirklichkeit im Wechselstromkreis der Kurzschlußstrom im Anfang durch das Gleichstromglied beeinflußt wird. In VDE 0103/1.61 Abb. 12 findet man Angaben für die Berücksichtigung der zusätzlichen Belastung mittels eines Multiplikators. Bei hohen Kurzschlußströmen ist mit Rücksicht auf die Erwärmungsverhältnisse auch eine Nachprüfung der Leitungsquerschnitte notwendig.

Als Charakteristikum für die Belastbarkeit mit Bezug auf die Erwärmung dient der „*Nennkurzzeit-*" oder „*Ein-Sekundenstrom*" s. VDE 0103/1.61 § 8 b und VDE 0660 Teil 1 § 13t. Das ist der Strom, den das Gerät eine Sekunde lang aushalten kann. Für andere Zeiten ist dann unter Voraussetzung konstanter Wärmeentwicklung umzurechnen. Für kleinere Schaltgeräte wäre statt eines Ein-Sekundenstromes die Ermittlung eines Stromes basierend auf einer kleineren Zeit zweckmäßig, denn es ist nicht bei jeder Konstruktion zulässig, auf einen konstanten i^2t-Wert umzurechnen, besonders, wenn einzelne lokale Wärmequellen in Betracht kommen, die im Zeitraum von einer Sekunde schon einen Wärmetransport erfahren können, der aber bei kleineren Zeiten nicht mehr in Rechnung gesetzt werden kann.

Der für die *Wärmeentwicklung* in den einzelnen Anlageteilen maßgebende Stromverlauf bis zum Ausschalten des Kurzschlußstromes, der sich zunächst entsprechend S. 6 ff. bzw. S. 17 entwickelt, wird *durch die Schaltgeräte selbst beeinflußt.* Das geschieht einmal durch die Ausschaltzeit, dann aber auch, weil die einzelnen Konstruktionselemente sowie die beim Ausschalten auftretenden Lichtbögen die Stromstärke, insbesondere bei den Schnell- und Begrenzungsschaltern (s. S. 175) vermindern. Dieser Einfluß wird ausgedrückt durch das Wärmeintegral $\int i^2\, dt$. Es ist bei unverzerrtem Wechselstrom über der Zeit aufgetragen eine Gerade mit einer überlagerten, zunächst negativen Wechselstromkomponente doppelter Frequenz, s. Abb. 22, Kurve *1*. In der Praxis wird diese Kurve im Anfang durch den Einfluß der Gleichstromglieder, je nach dem Einsatzpunkt des Stromes, bezogen auf seinen normalen Stromnulldurchgang, zuerst geschwächt, um dann stark anzusteigen. So z. B. verläuft sie beim Einschalten eines Stromkreises mit $\cos \varphi = 0{,}2$ und $\alpha = -\varphi$ nach Kurve *2*. Durch den Ausschaltprozeß, insbesondere den verminderten Durchlaßstrom (s. S. 185) wird das Integral dagegen ermäßigt, so z. B. nach Kurve *8*. Es ist bei Drehstromkreisen in den einzelnen Phasen unterschiedlich je nach Einsatzpunkt und Ausschaltzeit. Die Höchstwerte sollten in den Preislisten zu finden sein. Wichtig ist dabei das Verhältnis des Integralwertes zu dem des unbeeinflußten Stromes einer Halbwelle. Eine übermäßige Erhitzung der Bestandteile des Stromkreises im Kurzschlußfall hat natürlich auch eine Verschlechterung ihrer mechanischen Festigkeit zur Folge.

Die *elektrodynamischen* Wirkungen zwischen parallelen Leitern behandelt VDE 0103/1.61 Tafel 3. Die höchste Beanspruchung ist die bei 2poligem Kurzschluß. Für den Aufbau der Geräte selbst und ihre elektromechanische Festigkeit sind die Einwirkungen der Stromkreisteile aufeinander mit den unterschiedlichsten Formen und in den unterschiedlichsten Lagen zueinander maßgebend. Bei ihrem Studium muß man von der Beziehung zwischen zwei Teilelementen beliebiger räumlicher Lage zueinander ausgehen, wie sie bereits 1824 von Ampère ermittelt wurden,

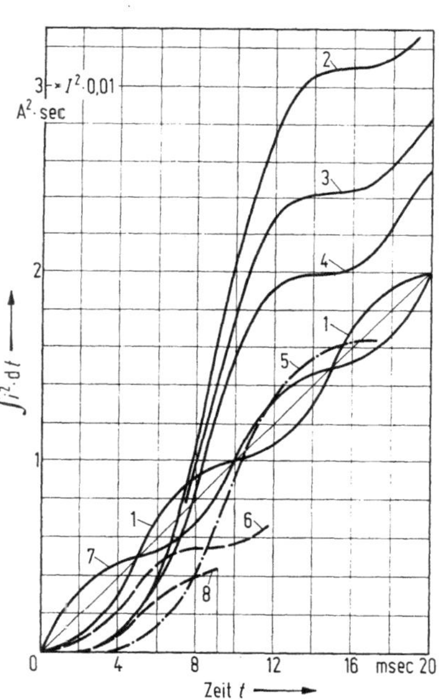

Abb. 22. Wärmeintegral i^2dt

1 bei unbeeinflußtem Wechselstrom, $\cos\varphi = 1$, Einschalten bei Spannungsnulldurchgang; *2—7* mit Einfluß eines Gleichstromgliedes, dabei: *2* $\cos\varphi = 0{,}2$, Einschalten bei Spannungsnulldurchgang, desgl. *3* $\cos\varphi = 0{,}3$, *4* desgl. $\cos\varphi = 0{,}4$, *5*, desgl. $\cos\varphi = 0{,}2$, Einschalten 90° el. nach Spannungsnulldurchgang, *6* desgl. $\cos\varphi = 0{,}3$, *7* desgl. $\cos\varphi = 1$; *8* bei Begrenzungsschalter (s. S. 175), I_D annähernd 50 v. H.

s. z. B. Westphal (S. 369). Hieraus ableitbare Zusammenhänge zwischen einzelnen Elementen und Leiterstücken sowie Elementen untereinander in der verschiedensten Anordnung können aus Raumgründen hier nicht aufgeführt werden. Über die dynamischen Abstoßkräfte an Kontaktstellen s. S. 49.

Der *Nennstoßstrom* ist das Maß für die erreichte Kurzschlußfestigkeit gegen die elektrodynamischen Einwirkungen. Er ist nach VDE 0660 Teil 1 § 13t der größte zulässige Augenblickswert des unbeeinflußten Kurzschlußstromes in der höchst-beanspruchten Strombahn, dessen Kraftwirkungen das Schaltgerät aushält, ohne beschädigt oder in seiner Wirkungsweise gestört zu werden. Besondere Anforderungen bezüglich der Höhe des Nennstoßstromes sind nicht gestellt. Es ist aber selbstverständlich, daß die für Leistungsschalter in § 68 Tafel 26 und 27 festgelegten Mindestwerte für das Ein- und Ausschaltvermögen auch als solche für den Nennstoßstrom gelten. Natürlich müssen alle Glieder einer Anlage einen entsprechend hohen Wert aufweisen, nicht nur der Leistungsschalter.

Überschlag- oder Störlichtbögen sind möglich bei verschmutzten Kriechstrecken, Lösen von Stromübergangsstellen als Folge von Schalthandlungen, atmosphärischen Entladungen und dgl. Der Lichtbogen kann dabei von Leitung zu Leitung zwischen den Polen oder von einem Pol zur Erde überspringen. Wesentlich ist, daß meist ein beträchtlicher Lichtbogenwiderstand zustande kommt, der den auftretenden Kurzschlußstrom begrenzt. Die Lichtbogenenergie kann zusätzliche Isolierungen zerstören, wodurch der Bogen veranlaßt wird, sich auszubreiten. Sie kann aber auch den ursprünglichen Schluß beseitigen, indem der Bogen verlöscht. Man muß fast immer damit rechnen, daß der Bogen von dem Punkt der Entstehung fortwandert, z. B. längs eines Sammelschienensystems. Er läuft dann mit hohen Geschwindigkeiten von der Kurzschlußstelle weg entlang den Schienen. Während des freien Laufs sind die Zerstörungen nicht groß, wohl können beachtliche Überdrücke entstehen. Die Wanderung der Bögen hört am Schienenende und auch an auf der Strecke angebrachten isolierenden Hindernissen, die dann bis zur Ausschaltung der Hitze der Lichtbögen ausgesetzt sind, auf, so daß große Zerstörungen möglich sind und in kurzer Zeit, z. B. 50 msec u. U. ein ausgedehntes System zerstört werden kann. Man kann annehmen, daß der Lichtbogen von Geräten und Schienensystemen auf die Schutzleitung überspringt, auch wenn er von einem Überschlag zwischen Phase und Phase ausging. Bei isolierten Schienen ist jedoch vorauszusetzen, daß sich der Bogen verhältnismäßig langsam von dem Fehlerpunkt aus fortbewegt. Die Bedingungen, unter denen die Lichtbögen gebildet werden, sind so unterschiedlich, daß die sich daraus ergebenden Größenordnungen des Stromes nicht vorauszusagen sind. Über die Erfassung solcher Bögen s. S. 282.

3 Die Mittel zur Ausschaltung von Kurzschlußströmen und der Begrenzung ihrer Auswirkungen

Die hierzu benutzten Mittel sind die Niederspannungs-Hochleistungs-(NH-) Sicherungen und die Leistungsschalter.

3.1 Niederspannungs-Hochleistungs-(NH-) Sicherungen

Diese Sicherungen haben hinsichtlich ihres Schaltvermögens, aber auch der Anpassung ihrer Auslösekennlinien an die praktischen Bedürfnisse bedeutende Fortschritte gemacht. Ihr Schaltvermögen ist sehr hoch und erreicht weitgehend 100 kA. Vielfach werden für kleinere und mittlere Nennstromstärken überhaupt keine Grenzen des Schaltvermögens mehr angegeben. VDE 0660 Teil 4 verlangt ein Schaltvermögen von 50 kA bei 500 V. Die Steigerung des Ausschaltvermögens wurde u. a. erreicht, weil es gelang, die Ausschaltlichtbögen gleichmäßig auf einzelne, parallel geschaltete Schmelzleiter zu verteilen. Für die Ermittlung des Nennschaltvermögens der Sicherung ist in VDE 0660 Teil 4, Tafel 26/27 der Leistungsfaktor bei Kurzschlußströmen ≤ 20 kA auf $0,2 \cdots 0,3$, bei höheren Strömen auf $0,1 \cdots 0,2$ festgesetzt.

Bei sehr hohen kurzschlußartigen Strömen ist die *Begrenzung* der auftretenden *Stromspitzen* durch die Sicherungen von großer Bedeutung. Wenn der Kurzschlußstrom genügend hoch über dem Sicherungs-Nennstrom liegt, kommt der Scheitelwert gar nicht erst zustande, s. Abb. 23. In der Schmelzzeit t_S, in der die Stromstärke bis auf den Betrag i_D den „Durchlaßstrom" angewachsen ist, wird schon das Maximum erreicht. Nach Ablauf der Schmelzzeit setzt die Lichtbogenzeit t_b ein. Durch den Einfluß der Lichtbögen, die durch ihre Kühlung in den Füllstoffen der Sicherung einen verhältnismäßig hohen Spannungsgradienten aufweisen, wird der Strom stark herabgedrückt, so daß er schnell erlischt. Der Durchlaßstrom kann noch etwas größer sein als der, der zur Zeit t_s fließt. Da der unbeeinflußte Stromverlauf von der Phasenlage α des Stromes beim Einsatz des Kurzschlusses abhängt, so hängt auch der Durchlaßstrom von dieser Phasenlage ab. Ein Beispiel für $\cos \varphi = 0,4$ oder $\varphi = 66°$ s. Abb. 24. Es ist also verständlich, daß wenn der Kurzschluß bei $\alpha = 180° - 66° = 114°$el auftritt, die Durchlaßströme etwa das Maximum erreichen. Oberhalb einer bestimmten Sicherungs-Nennstromstärke läßt sich bei gegebenem Kurzschlußstrom eine nachhaltige Strombegrenzung jedoch nicht mehr erzielen. Die NH-Sicherungs-Schmelzeinsätze vertragen, wenn sie nicht in einer besonderen wärmehemmenden Kapsel angebracht werden, dauernd etwa 125 v.H. des Nennstromes. Kurzschlußströme schalten sie selektiv ab.

Bei den Abschmelzcharakteristiken unterscheidet man „normal-flinke", „normal-träge" und „normal-träg-flinke" Einsätze. Die zulässigen Streubänder s. VDE 0660 Teil 4. Bei den „träg-flinken" Einsätzen können mäßige Überströme infolge vorübergehender ungefährlicher Überlastung oder bei Motorstillstand längere Zeit fließen. Bei etwa 6- bis 8fachem Überstrom geht die Charakteristik in die flinke über, so

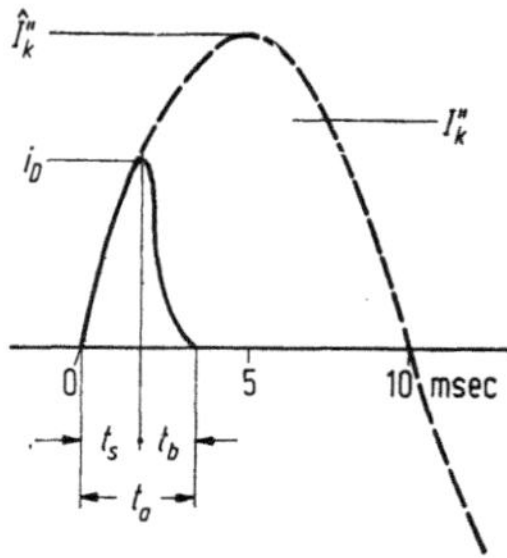

Abb. 23. Strombegrenzung durch Sicherungen t_s Schmelz-, t_b Lichtbogen-, t_a Gesamt-Ausschaltzeit, i_D Durchlaßstrom

$$= \sqrt{2} \cdot I_\mathrm{k}'' \cdot \sin (18 \cdot t_\mathrm{s})°$$

Abb. 24. Durchlaßströme bei einer NH-Sicherung 250 A gT und $\cos \varphi = 0,4$ 500 V ein-polig — abhängig von der Stromphasenlage α beim Einschalten

a) $I_\mathrm{k}'' = 40\ \mathrm{kA_{eff}}$; b) $I_\mathrm{k}'' = 25\ \mathrm{kA_{eff}}$

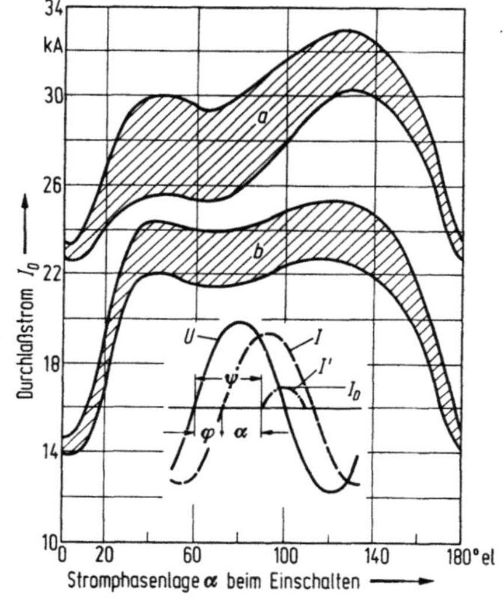

daß im Kurzschlußgebiet eine erhebliche Strombegrenzung eintritt. Sie eignen sich auch für Industrienetze mit besonders hoher Energiekonzentration, s. SEYSEN. Bei der „Bergbausicherung" B liegt der Knick tiefer. Bei etwa dem 7fachen Nennstrom wird eine Ausschaltzeit von höchstens 0,1 sec erreicht. Diese Form ist auch außerhalb des Bergbaus besonders geeignet für die Kurzschlußentlastung bei Schützen, Last- und Installations-Selbstschaltern sowie für den Kurzschlußschutz thermischer Primärrelais bei Schweranlauf usw., s. a. JOHANN und STUTZ. Diesem Zweck dienen aber in erster Linie die Sicherungen der Funktionsklasse a nach VDE 0660 Teil 4.

Bezüglich der Investition ist der Einsatz der Sicherungen zur Kurzschlußbeherrschung sehr ökonomisch. Es sind aber auch *Nachteile* festzustellen. Insbesondere kann der Schmelzeinsatz nicht zerstörungsfrei geprüft werden; das gilt sowohl für das Ausschaltvermögen als auch für die

Strom-Zeit-Charakteristik. Man muß sich also an entscheidenden Stellen der elektrischen Anlage auf die nur durch Modellversuche und Stichproben begründeten Herstellerangaben verlassen. Ferner kann der Schmelzeinsatz nur einmal schalten. Das bedeutet Zeitverlust und erfordert ein umfangreiches Lager solcher Einsätze. Die Hauptschwierigkeit besteht dabei darin, daß die Schmelzeinsätze verschiedene Baugrößen, Nennstromstärken und Kennlinien aufweisen. Das hat zur Folge, daß Elemente mit falscher Kennlinie, wenn nicht sogar Nennströmen und Schaltvermögen eingesetzt werden. Ferner ist die Gefahr der Verwendung „geflickter Sicherungen" groß, weil die Schmelzeinsätze oft fehlen. Das Abtrennen von Anlageteilen mit Hilfe von Sicherungen ist zum mindesten unbequem. Besonders im Drehstromnetz ist es unangenehm, daß sie nicht allpolig ausschalten. Bei Überlastungen schmilzt meist nur eine, bei einem allpoligen Über- oder Kurzschlußstrom schmelzen im allgemeinen nur zwei Einsätze. Auch beim zweipoligen Kurzschluß beobachtet man meistens nur das Ansprechen eines einzigen Schmelzeinsatzes. Das sind Umstände, die Unfallgefahren herbeirufen können und unangenehme Folgen für die Betriebssicherheit in sich bergen. Der Ein-Phasenlauf, und zwar nicht nur einzelner Maschinen, sondern eines ganzen Netzteiles ist möglich. Die Folgeerscheinungen sind bekannt, die Motoren werden überlastet. Auch gibt es noch Ausgleichströme zwischen einzelnen Motoren, die zu unübersichtlichen Belastungen führen.

Es kommen aber auch noch andere Momente hinzu, die nicht durch die thermische Belastung der Motorwicklung gegeben sind. Zum Beispiel ist bei Hubwerken der Rücklauf in der falschen Richtung möglich, weil das Drehmoment vermindert wird. Eine ausführliche Darstellung dieser Probleme s. FRANKEN (10, S. 6—19). Das bei Ein-Phasenlauf zustande kommende Spannungsdreieck hat, auch weitgehend unzulässige Auswirkungen in bezug auf die Steuerspannung, z. B. von Schützen.

Um diese Folgeerscheinungen des unkontrollierten Ausfalls von Sicherungen, insbesondere in einzelnen Polen zu verhüten, ist es möglich, die *Sicherungen zu überwachen.* Oft genügt es, daß der Sicherungsausfall gemeldet wird, in anderen Fällen ist es notwendig, die Meldung unverzüglich steuerungstechnisch weiterzugeben, um z. B. bestimmte Anlageteile allpolig abzuschalten, eine Notspeisung zuzuschalten oder den Ablauf einer Produktion an einer bestimmten Stelle zu stoppen. Zur Betätigung der Überwachungseinrichtung können nach der Unterbrechung des Schmelzleiters wirksam werdende Auslösevorrichtungen oder Schaltzustandsgeber dienen. Es ist aber auch eine Sicherungsüberwachung mit handelsüblichen kleinen Motorschutzgeräten, Einstellstrom < 1 A, möglich, die von der Wirksamkeit der Anzeigevorrichtung am Sicherungseinsatz unabhängig ist. Dabei wird eine Strombahn des Schutzgerätes parallel zur Sicherung geschaltet. Mit den Hilfsschaltgliedern dieses Gerätes kann der Schaltzustand der Sicherungen gemeldet oder eine allpolige Ausschaltung veranlaßt werden. Erforderlich ist, daß der Innenwiderstand des Gerätes viel größer ist als der der Sicherung, s. STUTZ und MACHAT (3). Ein Nachteil liegt darin, daß bei der Herausnahme der Schmelzeinsätze der Stromkreis nicht wie vermutet getrennt und mindestens ein Hinweis erforderlich ist. Bei der Weiterentwicklung von Sicherungstrennern wurde es möglich gemacht, daß der Parallelschluß zur Sicherung nur so lange bestehen bleibt, wie der Sicherungseinsatz eingebaut und der Trenner geschlossen ist. Auch hat man parallel zu legende Relaisanordnungen entwickelt mit Widerständen von > 15 MΩ, so daß keine gefährlichen Berührungsspannungen auftreten können. Auch allpolig abgeschmolzene Einsätze haben nicht die Eigenschaften eines „Trenners". Die nach dem Abschmelzen verbleibenden Restwiderstände liegen bei 10^4 bis 10^5 Ω. Ferner ist das Einsetzen von Sicherungen ohne Kombination mit Schaltern nicht immer ohne Gefahr für den Bedienenden und das Material, s. JOHANN und STUTZ. Weiter ist noch von Bedeutung, daß der Grenzstrom einer Schmelzsicherung verhältnismäßig hoch über deren Nennstrom liegt, während er bei Leistungsschaltern nahe an den Nennstrom herangelegt werden kann. Auch ist bei niedrigeren Kurzschlußströmen der Unterschied in den Ausschaltzeiten, z. B. beim 10-fachen Nennstrom, gegenüber dem beim Leistungsschalter beachtlich, d. h. größer, weil die Schmelzzeit im Gegensatz zur Schaltzeit der Schnellauslöser stromabhängig ist.

Bei Drehstromverteilungen werden NH-Sicherungen auch zu einem dreipoligen schaltbaren Baustein, dem *Sicherungs-Trenner* zusammengefaßt. Diese Geräte sind zunächst nur zum lastlosen Trennen verwendbar, es werden aber auch Sicherungs-Lasttrenner gebaut mit einem gewissen Schaltvermögen, das jedoch über die Beherrschung der Motorströme nicht hinausgeht.

3.2 Leistungsschalter

Der Einsatz von Leistungsschaltern bietet gegenüber dem der Sicherungen *Vorteile*. Das Schaltvermögen und insbesondere auch die Auslösecharakteristik ist nachprüfbar. Die Ausschaltung erfolgt im Gegensatz zu Schmelzsicherungen immer allpolig und verhütet damit den Einphasenlauf von Motoren. Bei geringen Überströmen sowie auch im Gebiet mäßiger Kurzschlußströme sind die Ausschaltzeiten kürzer als die der Schmelzsicherungen. Die Auslösecharakteristik ist in allen Polen die gleiche. Die Überlast- und Kurzschlußcharakteristik ist fabrikseitig richtig zugeordnet und die Auslösegenauigkeit groß. Auch unter schwersten Überlastbedingungen ist die Betätigung gefahrlos. Das setzt bei einem Leistungsschalter voraus, daß er den Kurzschlußbedingungen an der Einbaustelle in jeder Beziehung gewachsen, also nicht selbst noch wieder auf die Unterstützung durch andere Elemente, z. B. eine NH-Sicherung angewiesen ist. Nach Behebung einer Störung besteht unmittelbare Wiedereinschaltbereitschaft ohne Ersatz von Teilen des Gerätes. Das ist wichtig, weil eine ganze Anzahl von Störungen nur lokaler Natur ist. Sie können schnell behoben oder durch Abtrennen einzelner Leiterteile vorübergehend unwirksam gemacht werden, während die Anlage im übrigen arbeitsfähig bleibt. Die sofortige Wiedereinschaltbereitschaft ist deshalb von hoher wirtschaftlicher Bedeutung. Ein Leistungs-Selbstschalter erfüllt sie o. w., während bei Sicherungen die Auswechselung der Schmelzeinsätze gegen solche der richtigen Charakteristik und Stromstärke schon allein wegen der Notwendigkeit des Herbeiholens die Stromunterbrechungszeit verlängert. Die Schaltstellungen können in einfacher Weise sichtbar gemacht werden. Die an den Leistungs-Selbstschaltern angebauten Hilfsschaltglieder erlauben eine Signalisierung und Verriegelung mit anderen Antrieben, eine Möglichkeit, die die Sicherungen nicht o. w. bieten, die aber in den Steuerungen von besonderer Bedeutung ist, denn schließlich ist es für den Steuerungsablauf und die Zulässigkeit irgendwelcher Schalthandlungen wesentlich, ob die Energiezufuhr in Ordnung ist oder nicht. Leistungsschalter erlauben bei Anbau von Arbeitsstrom- und Unterspannungsauslösern jederzeit eine Fernauslösung. Wesentlich ist noch, daß die Leistungsschalter gleichzeitig „Trenner" (s. S. 156) sind, also in der Ausschaltstellung einen gesicherten und entsprechend großen Kontaktspalt aufweisen, was bei den Sicherungen, solange der abgeschmolzene Schmelzeinsatz eingesetzt ist, nicht der Fall ist. Bei den Schaltern ist kein Sicherungslager erforderlich. Dabei sind die Ansprüche an den Raumbedarf, insbesondere bei der Kompaktbauform (s. S. 158) recht bescheiden. Strombegrenzende Schalter (s. S. 175) verringern wie die NH-Sicherungen die thermischen und dynamischen Auswirkungen der Kurzschlußströme.

Die *VDE-Bestimmungen* fordern bei den Leistungsschaltern ein Schaltvermögen, das dem möglichen Kurzschlußstrom an der Einbaustelle entspricht. Das notwendige Kurzschlußschaltvermögen ist in Bezug zu der geforderten Strombelastungsfähigkeit, im Gegensatz beispielsweise zu den Verhältnissen bei einem Motorschalter, nicht eindeutig festzulegen. So richtet sich z. B. bei einem Gerät unmittelbar hinter einem Transformator das Strombelastungsvermögen nach seinem Nennstrom, die auftretenden Kurzschlußströme sind aber in erster Linie durch seine Kurzschlußspannung bedingt. Unter diesen Umständen bliebe nichts anderes übrig, als die Zuordnung des Schaltvermögens zur Dauer-Strombelastungsfähigkeit auf Grund von Erfahrungstatsachen festzulegen. Deshalb enthält VDE 0660 Teil 1 Tafel 26 und 27 dem Gerätenennstrom zugeordnet einen Mindestprüfstrom, s. Tab. 2. Dieses Schaltvermögen wird unter Zugrundelegung einer bestimmten Schaltfolge und eines bestimmten Leistungsfaktors, bzw. bei Gleichstrom einer Zeitkonstanten ermittelt, s. Tab. 2. Das von den einzelnen Herstellern erreichte Schaltvermögen liegt oft über den Mindestwerten, so daß die Herstellerangaben zu beachten sind. Zur Erzielung einer größeren Reserve wird der Zyklus gelegentlich auch ausgedehnt. Er kann aber auch noch weiter eingeschränkt werden. Das Minimum bei der Prüfung des Kurzschluß-Schaltvermögens ist eine Ausschaltung und nach einer Pause eine Ein-Ausschaltung (O—CO). Der Hersteller muß dann das Prüfrezept angeben. Im übrigen werden die gleichen Bedingungen wie beim Normalzyklus vorausgesetzt. Bei dem Mindestwert wird unterstellt, daß der Betrieb nach der Schadenbeseitigung zwar vorläufig fortgesetzt werden kann, daß aber, um neue Kurzschlußausschaltungen zuzulassen, die Überholung oder der Ersatz der Schalter notwendig ist. Das Schaltvermögen nach dem Mindestzyklus kann natürlich nur dann größer sein als das VDE-Schaltvermögen, wenn nicht andere Einflüsse als die Zahl der Schaltungen entscheidend sind, also nicht etwa bei einem vergrößerten Ausschaltstrom die Lichtbögen über den Lichtbogenraum hinaustreten oder die thermischen Auslöseelemente in Verbindung mit den Schnellauslösern diesem Strom nicht gewachsen sind oder elektro-

Tabelle 2. *Leistungsschalter Ein- und Ausschaltprüfung nach VDE 0660 Teil 1/3.68.*

| Nennstrom I_N A | Mindestprüfstrom | | Induktivität | | |
	Gleichstrom kA	Wechselstrom kA	Gleichstrom Zeitkonstante L/R in msec	Wechselstrom Leistungsfaktor $\cos \varphi$ [1])	bei Prüfströmen kA
$\leqq$ 25 A	1,5	1,5		0,7	$\leqq$ 5
40	2	2		0,5	> 5···10
63	3	3	$13^{\pm 15 \text{v.H.}}$	0,3	> 10···20
100	5	5		0,25	> 20···50
160	—	8		0,2	> 50
200	8	10			
250	—	15			
400	15	20			
$\geqq$ 630	15	25			
Sonderwerte für Bahnanlagen und -Fahrzeuge					
$\leqq$ 200	2		$30^{\pm 15 \text{v.H.}}$		
= 400	4		30		
$\geqq$ 630	5		80		
	und 15		13		

Prüfschaltfolge: O—t—CO—t—CO; O Ausschalten, CO Ein- und Ausschalten, t Pause 15 sec … 3 min.   [1]) Zul. Abweichung: —0,05.

dynamische Wirkungen, z. B. unzulässige Abhebungen die Erhöhung des Schaltvermögens unmöglich machen.

Die jetzt geltenden *Leistungsfaktoren* sind durch die IEC-Empfehlung 157-1 und die Neufassung von VDE 0660 bei Geräten höherer Nennstromstärken gegenüber den früher geltenden erheblich gesenkt worden. Die vom Leistungsfaktor abhängigen Gleichstromglieder treten deshalb nachhaltiger in Erscheinung, s. Tab. 1 und Abb. 3, S. 7. Beim Schalten auf einen bestehenden Kurzschluß muß damit gerechnet werden, daß sie in mindestens einem Leiter in voller Höhe auftreten. Beim Einschalten ist es deshalb unter allen Umständen notwendig, die dadurch bedingten hohen Stoßkurzschlußströme zu beherrschen, soweit man keine Strombegrenzung (s. S. 175) betreibt. Beim Ausschalten des Kurzschlußstromes kommt es dagegen hinsichtlich der Unsymmetrie des Ausschaltstromes auf die Zeitverzögerung an, die zwischen dem Einsatz des Kurzschlußstromes und dem Beginn des Unterbrechungsvorganges liegt. Bei $\cos \varphi = 0{,}3$ und mehr tritt die höchste Spitze nach etwa 8,6 msec auf, s. Tab. 1 und Abb. 3. Bei noch niedrigeren Leistungsfaktoren steigt die Zeit noch, aber selbst bei $\cos \varphi = 0{,}1$ erreicht man erst 10 ms. Bei dem heutigen Bestreben, mit möglichst kurzen Eigenzeiten zu arbeiten, kommt man aber auch beim Ausschalten schnell in den Bereich des noch wirksamen Gleichstromgliedes. Bei einem niedrigen Schaltvermögen wie z. B. 5 kA und weniger werden höhere Leistungsfaktoren, und zwar 0,7 als ausreichend angesehen. Es ist hierbei angenommen, daß derartig kleine Geräte nicht unmittelbar hinter die Transformatoren kommen, sondern in Ausläuferkreise mit günstigerem Leistungsfaktor. Sollten in Sonderfällen beim Kurzschluß in unmitelbarer Nähe eines Transformators niedrigere Leistungsfaktoren als die für die Prüfung festgelegten vorkommen, dann ist eine Sondervereinbarung erforderlich.

In der Ausgabe VDE 0660 vom Jahre 1952 waren keine Leistungsfaktoren unter 0,4 festgelegt, weil sich bei einem niedrigeren $\cos \varphi$-Wert die wiederkehrende betriebsfrequente Spannung, die bei $\cos \varphi = 0{,}4$ schon 92 v. H. des Scheitelwertes ausmacht, nicht mehr wesentlich erhöht. Die Kurzschlußleistungsfaktoren, abhängig von der Trafogröße bei unterschiedlichen Kurzschlußspannungen, s. Abb. 10. Mit steigender Kurzschlußspannung sinken sie stark ab. Andererseits begrenzt aber die Kurzschlußspannung den Kurzschlußstrom. Beim unmittelbaren Transformatorenkurzschluß liegen die Kurzschlußströme im Verhältnis zum Nennstrom relativ niedrig. Wenn u_k nur $= 3$ v. H. ist, liegt das Maximum bei 33, und dabei ist der Leistungsfaktor verhältnismäßig hoch, s. Abb 10. Also liegt bei hohen Kurzschlußströmen der Leistungsfaktor hoch. Das Bild ändert sich natürlich, wenn ein Abgangsschalter, von dem etwa dasselbe Kurzschlußschaltvermögen verlangt wird, niedrigeren Nennstrom hat, z. B. steigt es bei 1/3 Nennstrom auf das 3fache. In diesem Falle gilt der cos φ, der z. B. vorher bei einem Verhältnis Kurzschlußstrom zu Trafonennstrom = 15 in Höhe von 0,2 lag, beim Schalter für das Verhältnis 3 mal 15 = 45. Die niedrigen Leistungsfaktoren rücken damit in den Bereich eines hohen Kurzschlußstromes im Verhältnis zum Nennstrom. Geht man entsprechend Abb. 25 bei der Betrachtung des Leistungsfaktors vom Kurzschlußstrom aus, dann gewinnt man ein anderes Bild. In der Abbildung sind die Leistungsfaktoren für 4 verschiedene Trans-

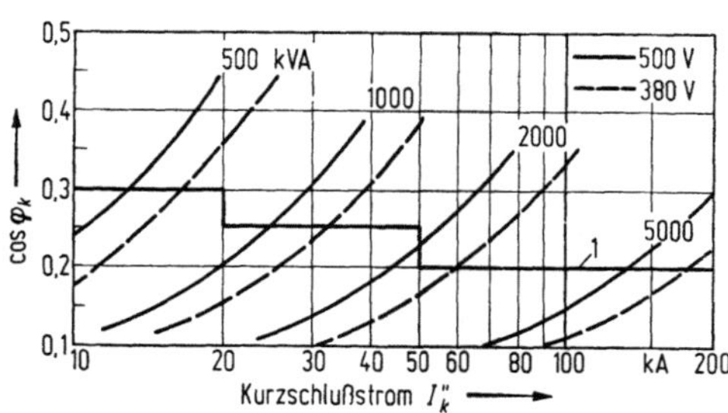

Abb. 25. cos φ_k abhängig von den Trafo-Kurzschlußströmen bei Kurzschlußspannungen 3–10 v. H.
1 festgelegte Werte für Schalterprüfung nach VDE 0660 Teil 1/3.68.
Es sind die Widerstände von Abb. 8 zugrunde gelegt

formatorengrößen für den Bereich von u_k = 3 bis 10 v. H. aufgetragen. Durch diese Kurven hindurchgelegt ist eine Treppenlinie, wie sie sich für die Abhängigkeit zwischen Schalterprüfstrom und Leistungsfaktor aus VDE 0660 Teil 1/3.68 ergibt, s. Tab. 2. Sie liegt jeweils zur Hälfte unter und über der Prüfgrenzlinie. Die Eckpunkte der VDE-Treppe decken sich in etwa mit 6 v. H. u_k. Über die Auswirkung der niedrigen Werte auf das Schaltvermögen s. Abb. 31, S. 55. Bei dieser Frage ist weiterhin zu bedenken, daß jedes an den Transformator zwischen Kurzschlußstelle und Trafoklemme eingebaute Kabelstück geeignet ist, die Leistungsfaktoren des Kreises ganz gewaltig zu erhöhen, s. das Beispiel Abb. 12, S. 15. Der Kurzschlußleistungsfaktor 0,17 steigt bei 380 V und 30 m Kabel schon auf 0,45, bei 500 V allerdings erst auf 0,35, gleiche Leitungen vorausgesetzt.

Für die *Kennzeichnung des Ausschaltvermögens* gilt heute, entsprechend IEC-Publikation 157-1, der symmetrische Kurzschlußstrom als Effektivwert unter Angabe des zugrundegelegten Leistungsfaktors. Früher ging man in einigen Ländern von dem höheren asymmetrischen, also dem Stoßkurzschlußstrom aus. Dabei wurde auch das Nennausschaltvermögen als Scheinleistung angegeben. Die im Ausland häufig noch übliche Angabe des asymmetrischen Ausschaltstromes bei Niederspannungs-Schaltgeräten hat nur dann die Bedeutung eines Vergleichswertes, wenn auch der Ausschaltverzug des Gerätes genannt ist. Für die Asymmetrie bei gegebenem symmetrischem Schaltvermögen ist der Leistungsfaktor entscheidend. Die meisten ausländischen Bestimmungen sind bezügl. der bei der Prüfung einzusetzenden Faktoren und auch des zugrunde zu legenden Prüfzyklus den IEC-Empfehlungen angepaßt. Der

Prüfzyklus ist von beträchtlichem Einfluß auf die Leistungsermittlung. So stieg z. B. bei Messungen von HILLEBRAND und REISS (2) das Ausschaltvermögen eines Gerätes, das bei Prüfungen mit dem Zyklus O—O—O—CO—CO entsprechend VDE 0660/1952 nur auf 25 kA kam, mit dem Zyklus O—CO und einer zusätzlichen Schaltung nach 5 Minuten Pause auf Grund der NEMA-Publikation AB 1/1964 sowie der italienischen Norm 17-5. IX 1957 geprüft auf 35 kA. Einige Länder führen auch in ihren neueren Arbeiten den in der IEC-Empfehlung enthaltenen Parallelwiderstand (s. S. 242) zur Prüfreaktanz für eine Aufnahme von 0,6 v. H. des Prüfstromes auf, der aus guten Gründen in VDE 0660 Teil 1/3.68 nicht aufgenommen wurde. Es gibt auch Unterschiede bei den Prüfspannungen. Für Deutschland gilt berechtigterweise die 1,1-fache Nennspannung, s. a. METZGER (2).

Weitere Unstimmigkeiten sind bei der *Angabe des Einschaltvermögens* möglich. Aus dem der Prüfung zugrunde gelegten Ausschaltvermögen und dem dabei eingestellten Leistungsfaktor erhält man unter Berücksichtigung des Gleichstromgliedes den höchsten Kurzschluß-Stoßstrom, der im Einschaltaugenblick auftreten kann, s. S. 8. Man kann nun das Einschaltvermögen gesondert angeben, wie es VDE 0660 als Momentanwert des Kurzschlußstromes, also als Stoßstrom definiert, z. B. bei $\cos \varphi = 0,3$ aus dem Ausschaltstrom multipliziert mit $1,4 \cdot \sqrt{2} = 1,98$ errechnen, s. Tab. 1. Erfahrungsgemäß werden aber die dadurch aufkommenden kA-Werte (bei $\cos \varphi = 0,3$ z. B. statt 20 kA etwa 40 kA) in der Praxis verwechselt. Natürlich kann je nach Prüfanlage und Konstruktion der tatsächliche Wert des Einschaltvermögens über den Wert des Ausschaltvermögens, multipliziert mit den angegebenen Faktoren, hinausgehen. Das kann schon allein durch den subtransienten Überwert der Prüfanlage (s. S. 248), aber auch weil die Konstruktion höhere Werte zuläßt, der Fall sein. Trotz alledem muß in diesem Fall darauf geachtet werden, daß keine Begriffsverwirrung eintritt.

Im *Ausland* sind *Bestrebungen* im Gange, ein- und dasselbe Gerät hinsichtlich seines Schaltvermögens *durch unterschiedliche Prüfmaßstäbe verschieden zu bewerten.* Der Ausgangspunkt der Diskussion liegt in den bisher in den USA vorhandenen Vorschriften NEMA AB 1-1964 für die molded-case-Geräte, die im wesentlichen als Sicherungsersatz vor den Schützensteuerungen angesehen werden. Von ihnen verlangte man, daß sie zwar den Kurzschlußfall beherrschten, danach sollten sie im allgemeinen ausgewechselt werden. In Deutschland baut man demgegenüber die Geräte in Kompaktbauweise (s. S. 158) seit vielen Jahren für den vollen Prüfzyklus und die Einhaltung normaler Bedingungen. Die verminderten Ansprüche haben in der internationalen Diskussion zu Vorschlägen für die Einführung zweier Kategorien geführt. Zunächst soll der Unterschied im Prüfzyklus O—CO—CO bzw. dem Mindest-VDE-Wert

O—CO bestehen, ferner, daß man hiernach sowie nach der Durchführung der Überlastschaltungen, also einer größeren Anzahl von Schaltungen mit Strömen, wie sie beim Ein- und Ausschalten eines Käfigläufers auftreten, und nach den mechanischen und elektrischen Lebensdauerversuchen nur noch eine verminderte Stromtragfähigkeit fordert. Dabei wäre es zweckmäßig, weil bei derartigen Geräten sehr häufig mit Schaltstückstoffen, die bei hohen Einschaltströmen das Leitmaterial aus der Oberfläche entfernen und lediglich schlechter leitende Stoffe zurückbleiben, nachdem nur Einschaltungen auf Kurzschlußströme vorgenommen wurden, zusätzliche Erwärmungsversuche durchzuführen.

3.3 Schaltkombinationen von Leistungsschaltern und Sicherungen

Eine solche Kombination kann eine zweifache sein. Entweder werden beide Elemente lediglich hintereinander geschaltet, wirken also selbständig und unabhängig voneinander in einer „Schaltkombination", oder die Sicherungen werden auch mit dem Leistungsschalter zusammengebaut — „Schaltgeräte-Kombination". Zur Erfüllung des Kurzschlußschutzes wird dabei die Sicherung dem Schalter vorgeschaltet. Sie soll dann das Schaltvermögen der Kombination erhöhen und von einer bestimmten Stromstärke an abschmelzen, ehe der Schalter ausgeschaltet hat, s. a. WIERNY (3). Bis zu diesem Punkt muß der Leistungsschalter allein die Ausschaltung übernehmen. Die Zuordnung bereitet jedoch Schwierigkeiten, weil die Sicherungscharakteristiken ein verhältnismäßig großes Streuband aufweisen und es auch für Sicherungen gleicher Größe und Nennstromstärke eine Anzahl unterschiedlicher Charakteristiken (s. S. 34) gibt. Es ist deshalb notwendig, die Herstellerangaben zu beachten. Im übrigen gilt das über die Schwierigkeiten des Sicherungs-Ersatzes auf S. 35 gesagte. Bei der Verbindung von Hochleistungs-Sicherungen und Leistungsschaltern ist es zweckmäßig, das Ansprechen des Schalters nicht nur von den Kurzschluß-Schnellauslösern, sondern auch von dem einer Sicherung abhängig zu machen, z. B. über eine Schlagvorrichtung an den Sicherungen, die auf die Auslösebrücke des Schalters oder einen Hilfsschalter und Hilfsauslöser einwirken. Im Gegensatz zu den rein durch Hintereinanderschaltung durchgeführten Schaltkombinationen der beiden Elemente wird dann bei Kurzschluß stets die allpolige Abschaltung des Netzes bewirkt. Sieht man von der mechanischen Verbindung zwischen Sicherung und Leistungsschalter ab, dann ist darauf zu achten, daß die Kennlinien so aufeinander abgestimmt sind, daß bei großen Kurzschlußströmen nicht nur die Sicherungen abschmelzen, sondern der Durchlaßstrom auch genügend groß ist, um über die Schnellauslöser den Leistungsschalter nachfallen zu lassen. Bei kleinen Kurzschluß- und Überlastströmen sollen dagegen die Sicherungen unbeteiligt bleiben und nur der Leistungsschalter ausschalten. In allen Fällen wird also — wenn man richtig verfährt — dreipolig ausgeschaltet. Über die Kombination von Schalter und Sicherung s. a. S. 173. Die Kombination der beiden Elemente sollte auch so sein, daß ihr Ausschaltvermögen gleich dem der Sicherung ist. Im übrigen hat die Entwicklung der Leistungsschalter dazu geführt, daß eine derartige Unterstützung bezügl. des Schaltvermögens im allgemeinen nicht mehr notwendig ist.

4 Die Grundlagen für den Schaltvorgang bei Leistungsschaltern

Zur Behandlung der Schaltvorgänge bedarf es der Festlegung einiger *Begriffe* und elektrischer *Kenngrößen*. Letztere können sowohl unbeeinflußt als auch beeinflußt sein.

Unbeeinflußte Kenngrößen sind solche, die auftreten, wenn der Leistungsschalter den Stromkreis weder durch Lichtbogenspannungen noch durch Widerstände, die dem Schalter eigentümlich sind, beeinflußt. Es sind also die Werte, die das Netz beim Einsatz eines Schalters ohne dessen innere Widerstände bieten würde.

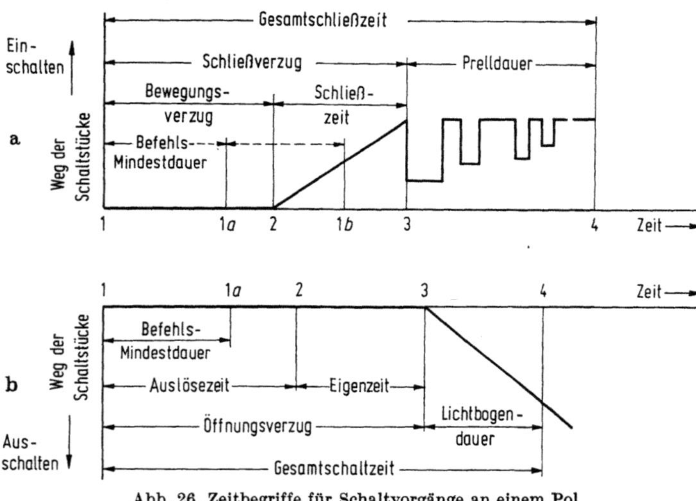

Abb. 26. Zeitbegriffe für Schaltvorgänge an einem Pol
a) Ein-Schalt-, b) Aus-Schaltvorgang nach VDE 0660 Teil 1/3.68 Bild 4 und 5

Beeinflußte Kenngrößen sind solche, die auftreten, wenn der Leistungsschalter den Stromkreis zusätzlich durch Lichtbogenspannungen und Impedanzen beeinflußt. Maßgebend für die Geräte sind die unbeeinflußten Werte.

Der *Einschaltstrom* ist der größte Augenblickswert des Stromes beim Einschalten des Schalters. In einem Mehrphasensystem gilt der größte Strom aller Phasen.

Der *Ausschaltstrom* kann ein konstanter sein, wenn er über einen Trafo ohne nennenswerten Einfluß eines Generators zustande kommt oder ein abklingender, wenn ein Generator eine Rolle spielt.

Leistungsfaktor und *Zeitkonstante* s. S. 7, 17 u. 38.

Für den Ablauf sind auch die in VDE 0660 Teil 1/3.68 § 19 festgelegten *Zeitbegriffe* wichtig, s. Abb. 26.

Dabei gilt beim *Einschaltvorgang:*

Der „Bewegungsverzug" ist die Zeit vom Beginn der Befehlsgabe bis zum Beginn der Schaltstück-Bewegung.

Die „Schließzeit" ist die Zeit vom Beginn der Schaltstückbewegung bis zur ersten Kontaktgabe.

Der „Schließverzug" ist die Zeit vom Beginn der Befehlsgabe bis zur ersten Kontaktgabe der Schaltstücke der erstschließenden Strombahn, also die Summe von Bewegungsverzug und Schließzeit.

Die „Prelldauer" ist die Zeit von der ersten bis zur endgültigen Kontaktgabe der Schaltstücke eines Schaltgliedes.

Die „Gesamtschließzeit" ist die Zeit vom Beginn der Befehlsgabe bis zum endgültigen Schließen aller Kontaktglieder.

Beim *Ausschaltvorgang* gilt in ähnlicher Weise:

Die „Auslösezeit" ist die Zeit vom Eintreten des die Auslösung verursachenden Zustandes bis die Sperrung aufgehoben oder die Rückstellkraft des Schalters freigegeben wird. Die Zeiten von zusätzlichen Verzögerungseinrichtungen werden in die Auslösezeit nicht eingerechnet.

Die „Eigenzeit" des Schalters ist die Zeit von der Freigabe seiner Sperrung bis zur Aufhebung des Kontaktschlusses der Schaltstücke der zuletzt öffnenden Strombahn.

Der „Öffnungsverzug" ist die Zeit vom Eintreten des die Auslösung verursachenden Zustandes bis zum Beginn des Öffnens der Schaltstücke der zuletzt öffnenden Strombahn, also die Summe von Auslösezeit und Eigenzeit.

Die „Lichtbogendauer" ist die Zeit vom Beginn des Öffnens der Schaltstücke in dem erstöffnenden Pol bis zum Ende des Stromflusses in allen Polen.

Unterschiedlich davon bezeichnet man als „Lichtbogenentwicklungszeit" bei Gleichstromschnellschaltern die Zeit vom Aufheben des Kontaktschlusses bis zum Höchstwert des beeinflußten Kurzschlußstromes.

Die „Gesamtausschaltzeit" ist die Zeit vom Eintreten des die Auslösung verursachenden Zustandes bis zum Ende des Stromflusses in allen Polen.

Bei mehrpoligen Schaltern braucht sie nicht die Summe von Öffnungsverzug und Lichtbogendauer zu sein. Für den Ein- wie für den Ausschaltvorgang maßgebend ist noch die „Befehlsmindestdauer", d. i. die kürzeste Zeit eines Ein- oder Ausschaltbefehls, die zum vollständigen Schließen oder Öffnen des Gerätes erforderlich ist. Sie kann auch gewollte Verzögerungszeiten enthalten.

Von der „Umschlagzeit" eines Umschalters spricht man, wenn er mit Unterbrechung arbeitet und versteht darunter die Zeit vom Öffnen der einen Schaltstelle bis zur ersten Kontaktgabe der anderen. Unter der „Überlappungszeit" eines Umschalters, der ohne Unterbrechung arbeitet, versteht man die Zeit vom endgültigen Schließen der einen Schaltstelle bis zum Öffnen der anderen.

Bei *Hilfsstromschaltern* weichen die Bezeichnungen nach VDE 0660 Teil 2 § 19 von den angegebenen etwas ab. Beim Einschaltvorgang bezieht man sich immer ausdrücklich auf den „Öffner" bzw. „Schließer" und spricht dann vom „Öffner-Aus-Verzug", dem „Schließer-Ein-Verzug" usw. Beim Ausschaltvorgang spricht man statt von der „Auslösezeit" vom „Bewegungsverzug", statt von „Eigenzeit" vom „Schließer-Aus-Verzug" und statt vom „Öffnungsverzug" vom „Öffner-Ein-Verzug". Unter der „Wischzeit" eines Wischers ist die Zeit zu verstehen, während der er bei Betätigung vorübergehend geschlossen oder geöffnet ist. Die „Laufzeit" eines verzögerten Hilfsstromschalters ist die Zeit, die vom Beginn der Befehlsgabe bis zum Erreichen der jeweils betrachteten Zwischenstellung verstreicht. Die „Ablaufzeit" ist die Zeit vom Beginn der Befehlsgabe bis zum Erreichen der Wirkstellung, die „Rücklaufzeit" die Zeit, die notwendig ist, um aus einer jeweilig betrachteten Stellung wieder in die Ausgangsstellung zurückzugelangen.

4.1 Das Einschalten auf den Kurzschluß

Beim Einschalten von Wechselstrom wächst der Stoßkurzschlußstrom, der den Maßstab für das geforderte Einschaltvermögen gibt, durch das Gleichstromglied je nach dem Leistungsfaktor u. U. auf fast den doppelten Scheitelwert des Kurzschlußwechselstroms an, s. S. 9. Die Schaltstücke dürfen unter seiner Einwirkung nicht verschweißen oder zu sehr abgenutzt werden. Die hohen Stoßströme beanspruchen das Kontaktsystem aber nicht nur wärmemäßig, sondern auch elektrodynamisch. Dabei liegen die Schwierigkeiten darin, daß beim ersten Berühren der Schaltstücke die Kontaktkraft noch nicht voll entwickelt ist, aber die elektrodynamischen Kräfte die Bewegung der Schaltglieder hemmen. Hinzu kommen etwaige Prellerscheinungen, verbunden mit einem mehr oder weniger großen Materialverschleiß. Jede dadurch beanspruchte Trennstelle wird während einer Abhebung und erneuter Kontaktgabe zu einer großen Wärmequelle. Die Stromdichte an den Engstellen erhöht sich beträchtlich. Die an den Berührungsstellen entwickelte Stromwärme teilt sich durch Wärmeleitung den übrigen Massen der Schaltstücke mit. Große Massen an beweglichen Systemen sind jedoch insbesondere bei schnell schaltenden Geräten nicht möglich, sie würden das Trägheitsmoment vergrößern und damit die Eigenzeiten steigern. Beim Einschalten von Gleichstromkreisen sind die Verhältnisse einfacher, da der Stromanstieg langsam vonstatten geht, s. S. 17. Die Bewältigung der Einschaltströme ist oft bedeutend schwieriger als die der Ausschaltströme. Sie hängt von den Kontaktkräften, dem Prellverhalten, der Einschaltgeschwindigkeit, den elektrodynamischen Gegenkräften, den Schaltstückstoffen und dem Abreißvermögen ab. Beim Einschalten muß die Kontaktdruckkraft schnell erreicht werden. Das bedingt Unabhängigkeit der Einschaltgeschwindigkeit vom Bedienenden. Die Geräte sollten deshalb Schnelleinschaltung durch Sprung-, Speicher- oder zügig wirkende Fernantriebe erhalten. Bei solchen für größere Stromstärken ist das unerläßlich.

Für das Einschaltvermögen ist wesentlich, welche Stromstärken bei der Kontaktgebung auftreten dürfen, ohne daß sie ein *Verschweißen* zur Folge haben. Außerdem ist naturgemäß auch die Kurzschlußfestigkeit ruhender Schaltstücke bei geschlossener Bahn von Interesse. Arbeiten auf letzterem Gebiet s. ERK (2), sowie WOLLENECK. Bei den Erwärmungsvorgängen, die zum Verschweißen führen können, ist die Temperatur des zuerst erreichten Berührungspunktes maßgebend. Unter der Voraussetzung, daß Strom- und Wärmefluß gleiche Wege gehen, also keine Wärme nach außen abgegeben wird, besteht zwischen der Temperatur im Kontaktgebiet und dem Spannungsabfall an der Kontaktstelle ein einfacher Zusammenhang. Die gemachte Voraussetzung ist bei den

Schaltstücken in der Praxis genügend genau erfüllt. Auf Grund dieser Beziehungen tritt beispielsweise bei Silber die Schmelztemperatur bei einem Kontaktspannungsabfall von 350 mV auf, bei etwa 90 mV wird das Material schon weitgehend entfestigt, so daß bei gleicher Kraft die Übergangsfläche wächst. Der Kontaktspannungsabfall ist aber bei gegebenem Stoff durch die *Kontaktkraft* bedingt, denn von ihr hängt die wirkliche Berührungsfläche ab, so daß sie auch für das Schweißverhalten von Bedeutung ist. Neben der Kontaktkraft ist für die Größe der Übergangsfläche das Entfestigen bzw. das Schmelzen des Kontaktstückstoffes maßgebend. Unterhalb der Entfestigungsspannung treten keine Haltekräfte auf. Nach den erwähnten Gesetzen muß die Temperatur in allen Berührungspunkten die gleiche sein, ganz unabhängig, ob es sich um viele oder wenige, kleine oder große Flächen handelt. Eine hohe Wärmeleitfähigkeit ist dabei von Vorteil, während eine hohe spezifische Wärme sich kaum auswirkt, weil der Gleichgewichtszustand im Bruchteil einer ms erreicht wird. Vom Kontaktspannungsabfall hängt also die Grenzstromstärke sowohl für die Entfestigung wie die Verschweißung ab. Damit ist auch die Haftkraft wesentlich durch die Kontaktkraft bedingt. Durch Verunreinigungen (Hautwiderstände) an der Schweißstelle kann sie vermindert sein, s. ERK und WESTHOFF sowie KUHN und RIEDER. Erstere untersuchten auch die Festigkeit der Verschweißung bei verschiedenen Kontaktwerkstoffen. Daß sich der Übergangswiderstand unter dem Einfluß des Tunneleffektes nach wenigen Perioden verringert, z. B. durch den Übergang von einer quasimetallischen Berührung, etwa durch absorbierte Gase, zur rein-metallischen, ist für den Einschaltvorgang (Verschweißen) nicht mehr von Bedeutung. Die Tatsache, daß das Verschweißen unterhalb der Schmelztemperatur einsetzt und erst nach Überschreiten eines ganz bestimmten Stromes dann spontan eine intensive Verschweißung einsetzt, wobei die zum Trennen dieser Schaltstücke erforderlichen Kräfte sehr rasch hohe Werte annehmen, führte zur Festlegung zweier Grenzstromstärken.

Die Stromstärke, bei der die ersten mikroskopisch festgestellten Schmelzerscheinungen an den Kontaktstellen auftreten, nennt man die „Schmelz-Grenzstromstärke" und die, bei der die Kontaktstücke intensiv verschweißen, so daß zu ihrem Auseinanderreißen eine „Schweißkraft" erforderlich ist, die „Schweiß-Grenzstromstärke". Bei dieser Unterscheidung muß man natürlich eine gewisse Grenze annehmen, z. B. 0,5 kp, denn Kräfte bescheidenster Art kann man auch bei der Schmelzgrenzstromstärke ermitteln.

Durch *Prellschläge* der Schaltstücke aufeinander wird der Schweißstrom herabgesetzt. Für den Prellvorgang ist u. a. die Schaltgeschwindigkeit sehr wichtig, außerdem aber noch eine große Anzahl anderer Einflüsse, z. B. die Kontaktkraft, die Massen usw., s. FRANKEN (9, S. 21).

Die Prellbilder ändern sich bei ein- und demselben Modell von Schaltung zu Schaltung. Sie werden vor allem ungleichmäßig bei Schwankungen der Schaltgeschwindigkeit. Diese scheiden bei den Leistungsschaltern durch die Schnelleinschaltung aus. Weiterhin ist für die Prellbilder wesentlich, daß bei der jeweils ersten Berührung der Schaltstücke naturgemäß die der Druckkraft entsprechende Kontaktfläche noch nicht zur Verfügung steht. Dadurch ist eine plastische Verformung des ersten Berührungspunktes durchaus denkbar, besonders wenn die Kontaktfläche beim letzten Schaltprozess angerauht wurde. Bei den Prellvorgängen zeigen sich Erscheinungen, die mit der Theorie schwer zu vereinbaren sind, so z. B. wurde angenommen, daß die Amplitude jeder nachfolgenden Abhebung infolge der Dämpfung kleiner sein muß als die der vorhergehenden Abhebung. Das ist aber häufig nicht der Fall, s. Erk (2). Der Bewegungsablauf der Prellschwingungen wird auch durch die Strombelastung stark verändert, s. Franken (9, S. 26). Die Prellungen können u. a. durch die magnetische Kontaktkraftverstärkung (s. S. 52) oder durch Zusatzmassen, die vor der Kontaktgebung auf das Schaltstück aufschlagen, gemildert werden. Die Messung der Prellvorgänge bei den Modellprüfungen bietet einige Schwierigkeiten, s. Franken (9, S. 261). Über den Einfluß unterschiedlicher Schaltstückwerkstoffe beim Einschalten prellender Schaltglieder s. Erk und Finke.

Die Erfahrung hat gezeigt, daß die beherrschbaren Stromstärken der Wurzel aus der *Kontaktdruckkraft* proportional sind, s. z. B. Franken (9, S. 31). Eine einfache Überlegung ließe diese Beziehung nicht erwarten, da der Übergangswiderstand sich meistens umgekehrt proportional mit der Druckkraft und nicht mit ihrer Wurzel verändert. Diesen Widerspruch klärte Hilgarth auf. Die Wirkung erhöhter Kontaktkräfte beruht im wesentlichen auf einer Vergrößerung der Übergangsfläche und dementsprechender Herabsetzung des Übergangswiderstandes. Wesentlich ist dabei die Vergrößerung der plastischen Druckfläche, die später durch die thermische Einwirkung und die Verminderung der Festigkeit noch vergrößert werden kann. Fehling (2) fand bei gleicher Stromlast und 100 kp Kontaktkraft nur eine unendliche Zahl sogen. Wärmenester, während bei 60 kp die Oberfläche zerstört war. Bei Geräten für höhere Stromstärken ist die Parallelschaltung mehrerer Einzelelemente für die Kontaktgebung vorteilhaft, denn die Erfahrung hat gezeigt, daß die Konzentration sehr hoher Ströme auf einen Übergangspunkt eine Grenze findet. Mit der Einführung von Parallelkontaktstellen verbessern sich die Wärmewirkungen. Hierzu stellt u. a. Rieder (1) noch fest, daß durch Unterteilung eines Kontaktstückes mit überwiegendem Engewiderstand die Schweißfläche erhalten bleibt, während der Widerstand sinkt. Oft genügt deshalb nach Unterteilen der Kontaktfläche bei gleichem Kontaktwiderstand oder auch bei gleicher Kontaktkraft eine geringere Öffnungskraft. Erheblich verbessert werden die Verhältnisse, wenn die Schaltstücke beim Einschalten eine *Relativbewegung* ausführen.

Eine hohe Kontaktkraft ist aber nicht allein maßgebend. Es muß auch darauf geachtet werden, daß sie nicht durch die Stromführung und die dadurch bedingten *elektrodynamischen Kräfte* unnötig *geschwächt* wird. Vor allem die im Augenblick der Schaltstückberührung durch den Kurzschlußstrom auftretenden versuchen, die Schaltstücke entgegen der Antriebs- und Kontaktkraft zu öffnen — *„Kontaktabhebung"* — wodurch oft ihr Verschweißen verursacht wird. Die Gegenkräfte sind hauptsächlich durch hohe Feldkonzentration an den punktförmigen Kontakt-

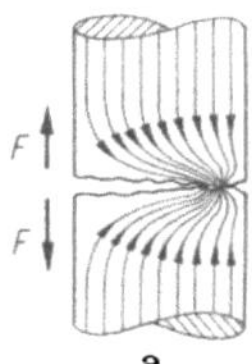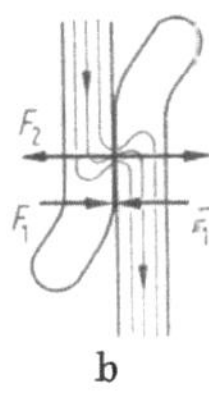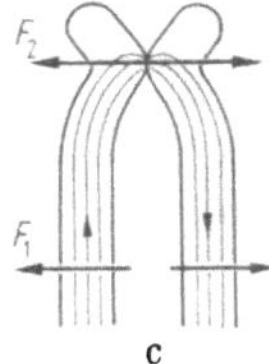

Abb. 27. Kräfte am Kontaktpunkt
a) punktförmiger Übergang, b) gleichgerichtete Strom-Zu- und Abgangsfäden, c) desgl. entgegengerichtete
F_1 Kräfte durch die Zuleitungen F_2 durch den Kontaktpunkt

stellen bedingt. Bei den Strombegrenzungsschaltern (s. S. 175) strebt man von einer gewissen Stromstärke an zum Gegenteil. Das geschieht dann aber mit Vorkehrungen zur endgültigen Wiedertrennung. Über das Ausmaß der abstoßenden Kräfte entscheidet die Form der Schaltstücke, insbesondere das Verhältnis des Zuführungsquerschnittes zur Übergangsfläche. Da der Querschnitt eines Leiters grundsätzlich die Induktivität mit bestimmt, sind die Kräfte an den Trennstellen hiervon abhängig. An der Berührungsstelle kommt es dann noch auf den Durchmesser der kleinen wirklichen Berührungspunkte an, s. Abb. 27a. Die abstoßenden Kräfte, hervorgerufen durch den punktförmigen Übergang, können durch die übrige Stromführung in der Gegend des Kontaktpunktes verstärkt oder geschwächt werden. Bei der Anordnung b wirken der abhebenden Kraft die Stromfäden der beiden Schaltglieder entgegen. Bei dem Bild c sind umgekehrt die von den Stromfäden der Zuführung herkommenden Kräfte F_1 der abhebenden Kraft am Kontaktpunkt F_2 gleichgerichtet. Bei Stromkräften, die den Kontaktkräften entgegenwirken, wird es immer eine Grenze geben, an der sich die beiden aufheben und die Kontaktkraftrichtung in das Gegenteil verkehrt wird. Es ist in dieser Beziehung ein großer Unterschied zwischen dem Verhalten eines Motorschalters und eines Leistungsschalters. Ein Motorschalter, bei dem man mit Stromspitzen, wenn man sie hoch ansetzt, nur bis zum etwa 20fachen Scheitelwert des Nennstromes rechnen muß, hat vielleicht nur eine Kontaktkraftminderung von 10 v. H. Das gleiche Gerät bei einem Kurzschlußwechselstrom in Höhe des 50fachen Gerätenennstromes und einem Stoßstrom, der nahe an den 100fachen Gerätenennstrom herankommt, hätte dann bei 25fachem Stromquadrat eine Gegenwirkung zur Kontaktkraft in Höhe von $25 \cdot 10$ v. H. Die Kontaktkraft würde also schon aufgehoben, ehe der Spitzenwert erreicht wird. Daraus erkennt man, wie wichtig diese Probleme für Leistungsschalter sind.

Die *Berechnung* dieser Kräfte ist sehr schwierig, da die Größe der wirklichen Berührungsflächen nicht genau feststeht und andererseits der Verlauf der Stromfäden an diesen Stellen entscheidend ist. Die Gestaltung der Umgebung und weniger die der Gesamtstromleiter ist maßgebend. Die übliche Methode zur Berechnung besteht darin, die Veränderung der Selbstinduktion an der Schaltstelle und die daraus resultierenden Kräfte zu ermitteln. Man geht dabei von einem idealisiert angenommenen Stromverlauf aus. Bemerkenswert ist, daß die Kräfte um so größer werden, je kleiner die Schaltstückberührungsfläche ist. Das magnetische Feld wird dann konzentrierter und die Änderung der magnetischen Energie bei Schaltstückbewegung infolgedessen größer. Im Schrifttum sind nun zahlreiche Angaben vorhanden, die alle von einer bestimmten Formgebung ausgehen, die mit der Praxis nicht allzu viel zu tun hat. Auf eine einfache Formel gebracht ist

$$F = 1{,}02 \cdot 10^{-2} \cdot A \cdot (i/\mathrm{kA})^2 \, [\mathrm{kp}] \tag{11}$$

Dabei hängt A z. B. von der Breite des Schaltstückes, dem Verhältnis des Außendurchmessers zu dem der Übergangsstelle, ihrer geometrischen Form und dgl. ab. HÖFT (2) gibt für A Werte verschiedener Autoren für unterschiedliche geometrische Verhältnisse an. Obwohl die Zahl und Größe der Engestellen eines Flächenkontaktes von der Kontaktkraft abhängt und damit das elektrische Strömungsfeld sehr unterschiedlich ist, ergibt nach EINSELE (2, S. 103ff) das Experiment $A = 5$, praktisch unabhängig von der Art des Flächenkontaktes und der Kontaktkraft bei üblichen mittleren Verhältnissen. Weitere Beziehungen auf Grund von Messungen s. BEER (2) und ROTH (S. 496).

Die abstoßenden Stromkräfte vermindern sich erheblich, wenn die Zahl der Übergangspunkte wächst. Dann stehen sich an den einzelnen Stellen Stromfäden gegenüber, die nur noch einen Bruchteil der Gesamtstromstärke ausmachen. Bei n Übergangsstellen werden die Kräfte an den einzelnen Kontaktstellen um n^2 kleiner, die Gesamtkraft sinkt also auf $1/n$ des Ausgangswertes, s. a. BABIKOW. An parallelen Übergangsstellen ändern sich dagegen die Abhebekräfte wesentlich, wenn zwei Kontakt-

stücke, z. B. nach Abb. 28a mit unterschiedlichen Federkräften auf-
liegen. Im Grenzfall hätte ein Schaltstück die volle Stromstärke zu tragen, so daß gegenüber dem Fall der gleichmäßigen Verteilung der doppelte
Strom und die 4fache Abhebekraft auftreten würde. Bei der Anwendung
paralleler Kontaktmesser und dgl. ist es deshalb außerordentlich wichtig
anzustreben, daß eine einzige Federkraft beide Kontaktstücke bewegt.
Anderenfalls kann die Abhebekraft an einer Kontaktstelle erheblich anwachsen, dagegen die Kompensationskraft sinken. Zu den abstoßenden

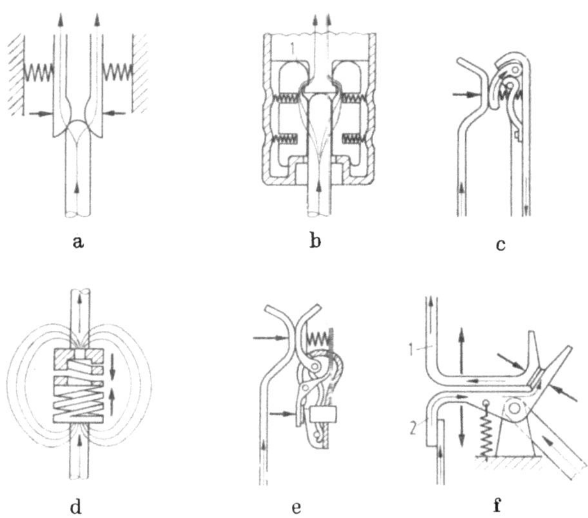

Abb. 28. Kompensation der elektrodynamischen Abhebekräfte
a) Parallelkompensation; b) Tulpenkontakt, Kontaktstücke *1* mehrfach radial angeordnet;
c) Schleifenkompensation; d) Solenoid-Kontakt; e) magnetische Kontaktkrafterhöhung nach
A. MÜLLER; f) elektrodynamische Kontaktkraftverstärkung (nach MÜLLER und SCHMELCHER)

Kräften an der Kontaktstelle treten bei großen Strömen noch die durch
Dampfbildung, Spratzen der Schaltstückstoffe und die etwaige Selbst-
einschnürung des Lichtbogens (pinch-effect) hervorgerufenen, dann
noch die, die aus der Stromschleife der gesamten Kontaktbahn herrüh-
ren, in erster Linie Kräfte auf Traversen bzw. Schalthebel. Ihre Berechnung ist wegen der gerade in der Nähe der Traversen möglichen Feld-
verzerrungen verhältnismäßig schwierig. Die Kräfte hängen sehr stark von
der Form der Schleife ab. Werte für mittlere Verhältnisse der Höhe im
Verhältnis zur Schleifenbreite s. KESSELRING (S. 97). Diese Kräfte und
damit die schaltstückabhebenden sind klein, wenn die Schleife flach verläuft, d. h. bei möglichst geradlinigen Strombahnen. Noch besser ist es,
wenn man die Ausschaltrichtung entgegen derjenigen der elektrodynamischen Wirkungen legt. Ein Beispiel hierfür s. ROTH (S. 497). Zu

4*

den Stromkräften im Berührungspunkt und denen der Gesamtstromschleife kommen noch weitere, die von den Zuleitungen ausgehen, je nach ihrer Lage können sie kraftverstärkend oder -vermindernd wirken. Es ist zu beachten, daß bei Wechselstrom die Kräfte nicht gleich bleiben, sie pulsieren mit der doppelten Netzfrequenz und verlaufen nach einer Sinus-Quadratkurve. Entscheidend sind die auftretenden Stoßkurzschluß-Wechselströme, s. S. 8. Im übrigen stehen für diese Kräfte *Kompensationsmittel* zur Verfügung, ja, man geht noch weiter und strebt dahin, daß die Stoßkurzschlußströme die Kontaktkräfte nicht nur nicht vermindern, sondern sie noch möglichst erhöhen. Das wird durch ebenfalls auf elektrodynamischer Wirkung beruhende Gegenkräfte erreicht. Alle diese Kraftentwicklungen, sowohl die abhebenden wie die anziehenden werden durch i^2 bedingt. Die Kompensationswirkungen sind auch wesentlich durch die Form der Schaltstücke, insbesondere der Stromzuführungen gegeben. Schon zwei parallele Leiterstücke, zwischen denen die Gegenschaltstücke liegen, entwickeln zusätzliche Druckkräfte auf die Übergangsstelle, s. Parallelkompensation in Abb. 28a. Je länger diese Kontaktstücke sind, desto eher werden Abhebungen vermieden. Eine besonders wirksame Form dieser Parallel-Kompensation ist der Tulpen- oder Lamellenkontakt, bei dem das Schaltstück von einer größeren Anzahl derartiger Parallelglieder umschlossen wird, s. Abb. 28b. Die Schleifenkompensation nach Teilbild c wirkt dadurch, daß die Schleife versucht, sich unter Stromeinwirkung auszudehnen. Dabei werden die Schaltstücke gegeneinander gedrückt. Es wird auch versucht, die Kompensation nicht nur durch die benachbarten Stromelemente, sondern durch die Form der Gesamtbahn zu erreichen, s. ROTH (S. 497). Unabhängig von der Form der Kontaktschleife kann man eine Kontaktdruckerhöhung durch vom Hauptstrom abhängige magnetische Wirkungen erzielen, s. z. B. Abb. 142, S. 211, und Abb. 28e nach A. MÜLLER. Eine Anordnung nach MÜLLER und SCHMELCHER, bei der ohne zusätzliche Magnete die elektrodynamischen Kräfte der Strombahnen aufeinander wirksam sind, s. Abb. 28f. Das Anschlußstück *1* und der Schalthebel *2* sind gegensinnig vom Strom durchflossene parallele Leiter, auf die die elektrodynamischen Kräfte abstoßend wirken. Sie übertragen sich als zusätzliche Kontaktkraft auf den Schaltpunkt. Diese Zusatzkraft tritt nur dann wesentlich in Erscheinung, wenn sie zur Kompensation der Kontaktabhebekräfte bei Kurzschlußströmen gebraucht wird. Wenn keine dynamische Öffnung eintritt, spricht man von kompensierten Schaltern.

Man könnte natürlich auch die Kontaktkräfte im Gerät entsprechend erhöhen, d. h. aber auch die Antriebskräfte verstärken. Dieser Weg ist jedoch nicht weit gangbar, denn die Kontaktkräfte sowie die elektrodynamischen Wirkungen haben natürlich im Augenblick der Kontaktgabe *Einfluß auf die* erforderlichen *Bedienungskräfte*, sie gehen in das Einschaltdrehmoment ein. Ferner wirken sie auf Schalthebel, Traversen und dgl., erfordern deren Verstärkung oder verringern bei gleicher Konstruktion die Lebensdauer. Auch würden erhöhte Kontaktkräfte beim Schalten von Betriebsströmen übermäßige Kräfte notwendig macher. Den abstoßenden Kräften stehen noch *elektrostatische anziehende* gegenüber, bedingt durch Fläche, Spannungsabfall, Dielektrizitätskonstante und Abstand der Kondensatorflächen. Diese sind aber meistens unbedeutend. Die *Einschränkung der abhebenden Kräfte* ist insbesondere *bei kleineren Geräten* oft verhältnismäßig schwierig, weil die Anwendung zusätzlicher, die dynamischen Wirkungen aufhebender Elemente nicht möglich ist. Einen weitgehenden Einfluß in dieser Richtung hat aber die Ausbildung der Schaltstücke selbst, so z. B. ihr Krümmungsradius sowie der Winkel, mit dem sich das feste und bewegliche Schaltstück berühren. Letzterer wirkt sich dadurch aus, daß die entstehenden Stromschleifen anders geformt sind. Untersuchungen mit unterschiedlichen Kontaktformen s. STOTZKE.

Für die beherrschbare Stromstärke ist auch noch die *Abreißenergie* des Systems wichtig, denn wenn sich auch eine Verschweißung in einem gewissen Umfang nicht vermeiden läßt, so kommt es sehr darauf an, inwieweit die Schweißstellen mechanisch wieder getrennt werden können. Für bestimmte Konstruktionen wurde der Einfluß dieser Abreißenergie ebenfalls in Höhe ihrer Quadratwurzel ermittelt, s. FRANKEN (2). Im Sinne der Abreißkräfte können auch die elektrodynamischen Kräfte wirken, nachdem sie vorher die Kontaktkraft geschwächt und die Schweißgefahr erhöht haben. Es kommt oft vor, daß bis zu einer bestimmten Stromstärke ein Gerät nicht verschweißt, bei höherer aber zusammenbackt, während es oberhalb einer noch höheren Stromstärke durch starke Repulsion wiederum nicht mehr verschweißt.

Die *Beherrschung großer Kurzschlußströme beim Einschalten* wird auch durch die Verwendung von *Schaltstücken*, die aus *Werkstoffen* mit hoher Lichtbogen- und Schweißfestigkeit bestehen, erleichtert. Der Werkstoff muß dabei für jede Konstruktion und die Betriebsbedingungen besonders ausgewählt werden, s. S. 98 sowie RIEDER (1). Die richtige Wahl der Stoffe, bzw. die Beachtung der *dynamischen Wirkungen* allein bringt aber nicht das optimale Ergebnis, sondern sie müssen von dem mechanisch-dynamischen Verhalten der Gesamt-Konstruktion unterstützt werden. Dabei ist z. B. Elastizität und Trägheitsmoment der bewegten Teile genauso wichtig wie die Kontaktkraft, s. BERGOLD und FAIKUS. Der Flächendruckkontakt muß entweder mit sehr hohen Kontaktkräften oder als Schleifkontakt arbeiten, damit sich außer den anfänglichen Berührungsstellen weitere Auflagepunkte einstellen. Technisch einfacher zu verwirklichen sind Linienkontakte. Sie stellen eine gute Mittellösung zwischen Einzelpunkt- und Flächenkontakten dar, s. HILLE-

BRANDT und REISS (1). Um ein erhöhtes Einschaltvermögen bei gleichen statischen Drücken zu erreichen, geht man von Einzellinien-Schaltstücken auf eine Anordnung mit einer größeren Anzahl von untereinander unabhängigen und dann in ihrem spezifischen Kontaktdruck zur Berührungsstelle definierten Liniendruck-Schaltstücken über. Die beweg-

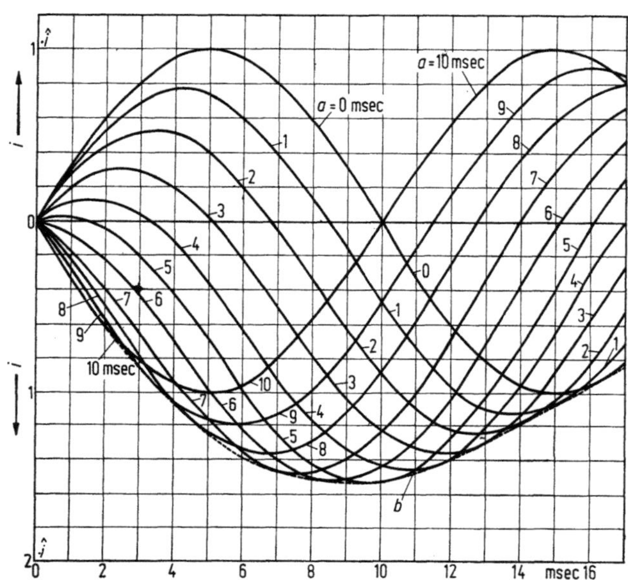

Abb. 29. Stromverlauf bei verschiedenen Einsatzzeiten (a) nach Stromnulldurchgang und 50 Hz bei cos φ = 0,2 Hüllkurve dazu (b)

lichen müssen natürlich eine gewisse Anfangs-Kontaktkraft, die sogen. Vorspannkraft erhalten, die durch eine dynamische Kontaktdruckverstärkung gesteigert werden kann.

Maßgebend sind *die auftretenden Stromspitzen*, besonders in Wechselstromkreisen. Sie sind außer vom Kurzschlußwechselstrom vom cos φ abhängig, s. Abb. 3 und Tab. 1. Eine Kurvenschar für unterschiedliche Einsatzzeiten nach Stromnulldurchgang und cos φ = 0,2 mit zugehöriger Hüllkurve (b) s. Abb. 29. Hüllkurven des je nach Einschaltphasenlage auftretenden Stromverlaufes bei verschiedenen cos φ-Werten s. Abb. 30. Beim Motorstromkreis ist der Verlauf ein etwas anderer. Es handelt sich dabei um keinen idealen Wechselstromkreis mit konstanten induktiven und Ohmschen Widerständen. Die höchsten, beim normalen Einschaltvorgang auftretenden Ströme liegen etwa 50 v. H. über den mit den Stoßfaktoren nach Abb. 3 errechneten Werten, s. FRANKEN (2). Weitere Steigerungen treten bei Umschaltvorgängen und dgl. auf, s. FRANKEN (9, S. 37).

Die in VDE 0660 Teil 1/3.68 gegenüber den früheren Werten für die
Prüfung von Leistungsschaltern erheblich niedriger festgesetzten Leistungsfaktoren (s. Tafel 2, S. 38) haben einen großen Einfluß auf das
Schaltvermögen der Geräte. In dem Beispiel Abb. 31 sei *1* die abhängig
vom Leistungsfaktor mit Rücksicht auf die Gleichstromglieder errechnete

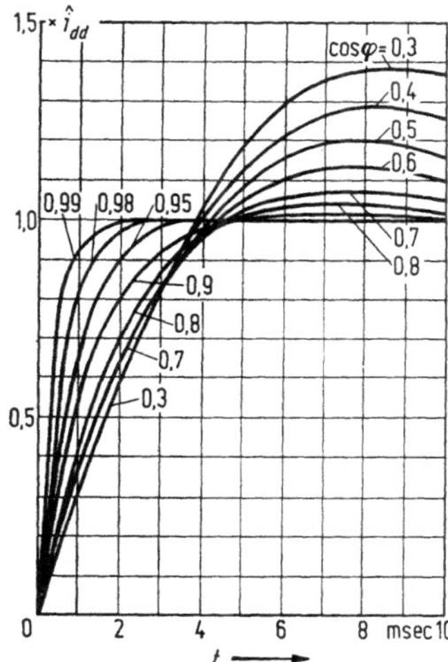

Abb. 30. Hüllkurven der Wechselstrom-
einschaltströme bei 50 Hz, abhängig
vom cos φ

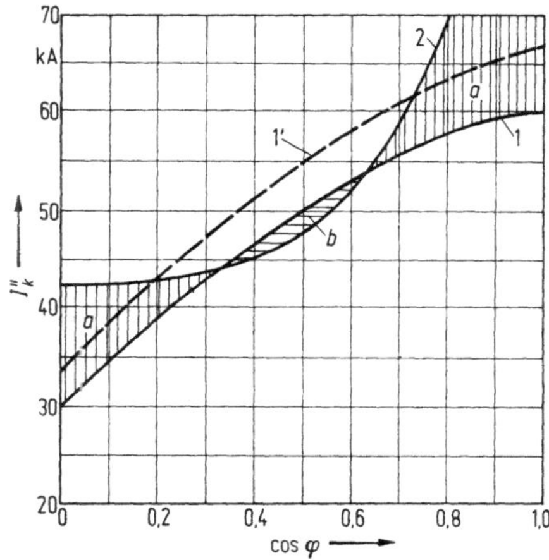

Abb. 31. Beispiel für die Ausnutzbarkeit eines
Drehstrom-Leistungsschalters, abhängig vom cos φ
1 Grenzkurve für I_k'' bedingt durch das dynamische
Verhalten, bezogen auf den gleichen Stoßkurzschlußstrom; *1'* desgl. für einen höheren Wert; *2* Grenzkurve, bedingt durch das Ausschaltvermögen
a Gebiet, in dem das Ausschaltvermögen (*2*), *b* das
Einschaltvermögen (*1*) nicht ausgenutzt werden
kann

Grenzkurve des Schalters für das Einschaltvermögen. Sie entspricht einem
gleichbleibenden Stoßkurzschlußstrom. Die Kurve *2* gibt ein Maß für die
zulässigen Kurzschluß-Ausschaltströme unter der Annahme, daß $U \cdot I_k'' \cdot$
sin φ konstant sein muß. Die ausnutzbaren Grenzen werden durch die
Mindestwerte, jeweils nach den Kurven *1* oder *2* gebildet. Dabei wäre in
den Abschnitten *a*, cos φ $\leq$ 0,35 und $>$ 0,6, das Einschaltverhalten, bei
b, cos φ 0,35 ... 0,6, das Ausschaltvermögen entscheidend, s. a. HILLE-
BRAND und REISS (1). Durch Steigerung der Werte für das Einschaltverhalten auf *1'* könnte das Ausschaltvermögen bei niedrigen cos φ-Werten
weitgehender ausgenutzt werden. Die Kurven zeigen, daß man die Ansprüche an die Leistungsfaktoren bei der Prüfung nicht unnötig steigern
soll. Das in der Praxis erreichte Schaltvermögen bei cos φ = 0,25 gegenüber einem solchen bei 0,4 schwankt etwa zwischen 80 und 90 v. H.,

s. u. a. KÖNIG. Das Verhältnis wird bei steigendem Nennstrom der Geräte meist etwas größer, bei Geräten niedriger Stromstärke kommen auch noch kleinere Verhältniszahlen vor. Die nachteiligen Wirkungen eines verminderten $\cos \varphi$ sind natürlich nicht von Bedeutung, wenn man die Schaltstücke zum Aufbau eines Begrenzungsschalters verwendet, s. S. 175. Anders liegen die Verhältnisse bei Geräten, die selektiv durch Unterschiede in der Ansprechzeit gestaffelt sind, s. S. 165. Dabei wäre es u. U. in erhöhtem Maße möglich, daß die vorgeschalteten Geräte, die auf Grund der Zeitstaffelung noch kein Auslösekommando erhalten haben, ihren Kontaktapparat vorzeitig öffnen und nach Verklingen der Stoßspitze wieder schließen. Das führt aber zu einem erheblichen Verschleiß der Schaltstücke. Beim Ausschaltvorgang ist der Einfluß des $\cos \varphi$ in dem in Frage stehenden Bereich nicht so groß, denn der hier wichtige $\sin \varphi$ ändert sich bei kleinen $\cos \varphi$-Werten nur noch um geringe Beträge.

Betriebsmäßig hohe Einschaltströme entstehen vor allem beim Einschalten von *Kondensatoren*, s. S. 24. Sie können leicht den Bereich der höchsten Motorströme übersteigen, bleiben jedoch weit unter dem der Netzkurzschlußströme. Ihre Eigentümlichkeit besteht darin, daß sie im Einschaltaugenblick in praktisch voller Höhe sofort auftreten. Bei *Gleichstrom* liegen die Verhältnisse einfacher. Der stets langsame Übergang von einer Belastung zur anderen läßt das Einschaltproblem gegenüber dem Ausschaltproblem zurücktreten.

Zur *Steigerung des Einschaltvermögens* wendet man also hohe Kontaktkräfte, sich abwälzende Schaltstücke und starke Rückzugfedern an, damit ggf. kleine Schweißstellen an den Abreißschaltstücken während des Ausschaltens aufgerissen werden. Dem dient auch die Wahl geeigneter Schaltstückstoffe, bei denen sich solche Verschweißungen leicht lösen lassen. Ferner kommen Anordnungen von Magneten und Stromschleifen, die den Abhebekräften entgegen wirken, in Betracht, insbesondere Wahl einer Einschaltgeschwindigkeit, die schnell volle Kontaktlage ermöglicht, aber nicht so hoch ist, daß sie zur Prellung führt.

4.2 Das Ausschalten des Kurzschlußstromes

Der Ausschaltvorgang, d. h. die wirksame Lichtbogenlöschung, entscheidet über das Schaltvermögen der Leistungsschalter im Kurzschlußfalle. Die Probleme, die die Aufgabe, einen Lichtbogen bei einigen 10 kA sicher zu löschen, umfassen, werden von der physikalischen Theorie noch nicht restlos beherrscht. Das Experiment steht noch weitgehend im Vordergrund. Dabei ist zu beachten, daß die Ansprüche bei den einzelnen Schalthandlungen zwischen „Leer"- und „Überlast" schwanken und darüber hinaus verlangt wird, daß die Geräte noch nach Jahren plötzlich die volle Funktion mit dem Kurzschlußstrom übernehmen sollen.

Wesentliche *zusätzliche Begriffe und Kenngrößen* für den Ausschaltvorgang sind:

Die *Wiederkehrende Spannung* ist bei Wechselstrom die Einschwingspannung (s. u.), bei Gleichspannung die an den Klemmen des Schalters unmittelbar nach dem Erlöschen des Lichtbogens auftretende. Bei mehrpoliger Unterbrechung bezieht man sie meistens nur auf die Spannung an dem zuerst öffnenden Pol.

Bei Wechselstromkreisen kommen noch hinzu:

Die *Einschwingspannung* ist die Spannung, die an einem Schalterpol, unmittelbar, nachdem der Strom in ihm unterbrochen ist, auftritt. Sie besteht aus dem betriebsfrequenten Spannungsanteil und einer überlagerten Ausgleichspannung, die je nach den Eigenschaften des Schalters und des Stromkreises als eine abklingende Schwingung mit einer oder mehreren Frequenzen oder aperiodisch verläuft.

Die *Einschwingfrequenz* (f_e) der Einschwingspannung ist eine aus derem zeitlichen Verlauf ermittelte Frequenz, die für den Verlauf der Einschwingspannung kennzeichnend ist, s. S. 86.

Der *Überschwingfaktor* der Einschwingspannung (γ) ist das Verhältnis ihres Höchstwertes zum Augenblickswert ihres betriebsfrequenten Anteils.

Die *Anfangssteilheit* der Einschwingspannung (S) im Mehrfrequenzenkreis ist die aus dem zeitlichen Verlauf der Einschwingspannung ermittelte Steilheit, die für deren Anfangsverlauf kennzeichnend ist.

Leistungsfaktor und Zeitkonstante, s. S. 7, 17 u. 38.

Der *kritische Strombereich* ist ein Bereich der Ausschaltströme, in dem die Löschzeiten ein Maximum erreichen, das wesentlich größer ist als die Löschzeit bei dem Nennausschaltvermögen oder bei dem sogar die Ausschaltung unterbleibt.

Neuzündung beim Ausschalten ist das Wiederentstehen eines Stromflusses nach einer stromlosen Pause.

Wiederzündung das Wiederentstehen nach einer Pause von höchstens 1/4 Periode der Betriebsfrequenz und *Rückzündung* das Wiederentstehen nach einer längeren Pause.

Beim *Nahkurzschluß* liegt die Kurzschlußstelle praktisch unmittelbar hinter dem Schalter. Beim *Abstandskurzschluß* befindet sich zwischen dem Schalter und der Kurzschlußstelle eine Leitung solcher Länge, daß deren Induktivitäten und Kapazitäten einen wesentlichen Einfluß auf den Kurzschlußstrom und den Verlauf der Einschwingspannung haben, s. S. 87. Auszuschalten ist bei Wechselstrom-Geräten der „Kurzschlußwechselstrom", s. S. 6.

Zur Durchführung des Ausschaltvorganges gibt es *zwei verschiedene Zielsetzungen.* Beim Ausschalten von *Gleichstrom* gilt es, den Lichtbogen soweit zu beeinflussen, daß er seine Existenzmöglichkeit verliert. Dazu muß sein Spannungsbedarf, die „Bogenspannung", größer werden als die des treibenden Netzes. Das kann z. B. geschehen durch Verlängerung des Lichtbogens. Dieser Prozeß ist bei Gleichstrom der einzig mögliche, seine Anwendung aber nicht auf Gleichstrom beschränkt. Demgegenüber steht die *spezifische Wechselstromlöschung,* s. S. 73.

Zur Beurteilung der Ausschaltvorgänge ist die *Lichtbogencharakteristik,* d. h. die Verteilung der Lichtbogenspannung über die Bogenlänge von Bedeutung. Durch die Wanderung der Elektronen und Ionen im

Lichtbogen häufen sich vor der Anode negative und vor der Kathode positive Teilchen an und verursachen einen konzentrierten Anoden- und Kathoden-Spannungsabfall. Den Verlauf des Spannungsabfalles am Lichtbogen s. Abb. 32. Für den gesamten Spannungsabfall wurden empirische Gleichungen angegeben, und zwar schon 1883 von FRÖHLICH (Gl. 12):

$$U_\mathrm{b} \approx \alpha + \beta \cdot l \tag{12}$$

Hierin ist α der Spannungsverlust der Bogenfußpunkte. Er liegt je nach Schaltstückstoff bei etwa 15 bis 20 V. Der Wert β ist auf den Einheitswert der Bogenlänge bezogen und nur in beschränktem Umfang konstant, bei kurzen Bögen größer als bei langen. Dieser Säulengradient steigt wegen der zunehmenden Verluste durch axiale Wärmeleitung zu den Elektroden

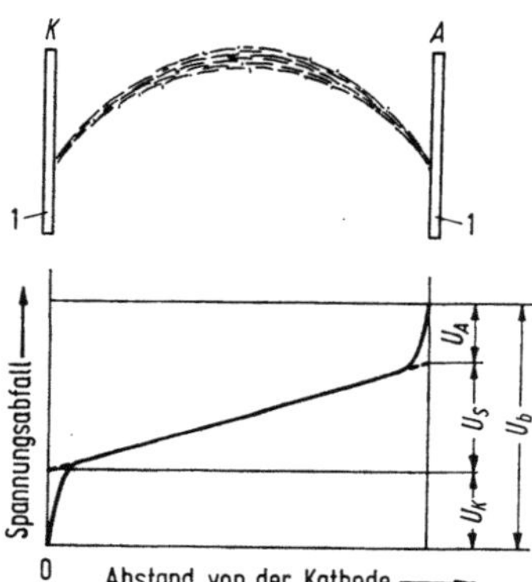

Abb. 32. Spannungsabfall am Lichtbogen
A Anode, K Kathode, U_A = Anoden-, U_K = Kathoden-, U_s = Säulenabfall, U_b = U_A + U_K + U_s = Gesamtspannungsabfall, 1 Elektroden

hin an, s. RIEDER (2, S. 109). Für kleinere Stromstärken, etwa unterhalb 100 A, kommen zu beiden Gliedern der Gleichung noch Zusatzglieder, umgekehrt proportional der Stromstärke, Gl. (13) nach AYRTON (1893).

$$U_\mathrm{b} \approx a + b + \frac{c + d \cdot l}{i} \tag{13}$$

Für Kurzschlußkreise sind die Auswirkungen der Konstruktionen mit der Gl. 12 meistens schnell übersehbar. Bei höheren Strömen über etwa 1 kA erfordert sie aber noch ein Zusatzglied, das mit steigender Stromstärke anwächst. Der Bogen verhält sich dann ähnlich einem Ohmschen Widerstand. Das Zusatzglied wird in erster Linie durch die eigenmagnetische Kompression der Bogensäule bedingt. Es wird weitgehend proportional dem Strom angegeben. Im Schrifttum finden sich aber auch Werte mit einer höheren Strompotenz bis 2, s. DZIMIANSKI und JONES, LOH (1) und A. L. MÜLLER. Die umgekehrt proportional dem Strom abklingenden

Glieder der Gleichung (13) spielen bei dem erforderlichen Spannungsbedarf des Lichtbogens kurz vor und nach dem Stromnulldurchgang, d. h. der sogen. „Löschspannung" eine Rolle, ferner bei Hilfsstrom-Schaltgliedern. Beim Ausschaltvorgang selbst handelt es sich im wesentlichen um die mit α bzw. a bezeichnete Summe des Anoden- und Kathodenabfalls. Tritt diese mehrfach auf, z. B. bei einer größeren Anzahl hintereinander geschalteter Lichtbogenstrecken, dann multipliziert sich dieser Wert entsprechend. Weiterhin ist der Wert β bzw. b des Spannungsgradienten wichtig. Er wächst bei verstärktem Wärmeentzug aus der Bogensäule, s. S. 61. Für die Löschung des Lichtbogens ist es notwendig, die Summe der zu seiner Aufrechterhaltung erforderlichen Spannungen auf einen höheren Wert zu treiben als die Netzspannung, so daß der Bogen nicht mehr existenzfähig ist. Dabei ist nicht allein die elektromagnetische Kraft der Stromquelle ausschlaggebend, sondern auch die Spannung der Selbstinduktion des zu öffnenden Kreises. Sie entwickelt sich auf Grund der mit der Induktivität behafteten magnetischen Trägheit, die sich einer schnellen Verminderung und erst recht Unterbrechung des Stromes widersetzt. Sie ist durch das Produkt aus dem Selbstinduktionskoeffizienten und der Hälfte des Stromquadrates gekennzeichnet. Die Schwierigkeiten wachsen also in starkem Maße mit der Höhe des zu unterbrechenden Stromes.

Bei den *Löschmethoden* ist wesentlich, welcher der Einzelwerte (α, β, l) der Gleichung 12 für die Lichtbogencharakteristik beeinflußt wird. Die Lichtbogenentwicklung erfolgt in der Lichtbogenkammer. Sie muß die Elemente der einzelnen Schaltpole so zuverlässig voneinander trennen, daß Überschläge des Bogens nach benachbarten spannungsführenden oder auch geerdeten Bauteilen vermieden werden. Für die Kammern sind hitzebeständige Werkstoffe erforderlich. Ferner müssen sie eine dem hohen Schaltvermögen des Gerätes entsprechende Wärmekapazität besitzen. Das gleiche gilt von den Schaltstücken.

Die *Bogenverlängerung* geschieht durch das schnelle Herstellen eines größeren Kontaktspaltes, weiterhin durch Hochtreiben des Lichtbogens an sogen. Lichtbogenhörnern, verbunden mit einer Aufweitung der Lichtbogenschleife, s. Abb. 33a. Die Bewegung der Bögen wird in erster Linie durch das vom Strom erzeugte magnetische Eigenfeld bewirkt. Hinzu kommt der Einfluß der Konstruktionselemente der Strombahn außerhalb der Lichtbogenkammer und der Zuleitungen zum Gerät. Es ist wichtig, daß die Magnetfelder, die durch die Stromführungsteile bedingt werden, hinsichtlich ihrer Wirkung mit der des Lichtbogeneigenfeldes gleichgehen. Die Wirkung kann durch magnetische Zusatzblasung (s. S. 68) verstärkt werden. Mit ihr kann man hohe Lichtbogengeschwindigkeiten erreichen. Der Hauptnachteil dieser Anordnung liegt darin, daß für die Lichtbogenentwicklung viel Raum zur Verfügung gestellt werden muß, ja, daß sich oft die Bogenentwicklung noch oberhalb des Gerätes abspielt und ein Abstand von benachbarten Elementen notwendig ist. Jeder Bogen verharrt, im Gegensatz zu einer weit verbreiteten Auffassung, selbst bei sehr schneller Öffnung des beweglichen Schalterpoles zunächst in einem *stabilen Zustand — Stehzeit*. Diese Zeit ist besonders lang

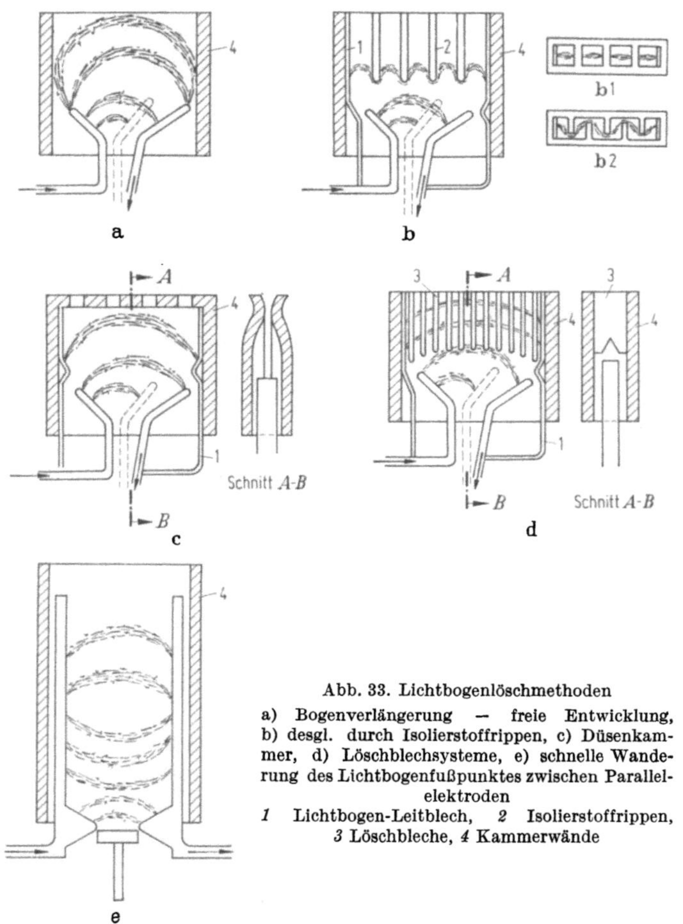

Abb. 33. Lichtbogenlöschmethoden
a) Bogenverlängerung — freie Entwicklung, b) desgl. durch Isolierstoffrippen, c) Düsenkammer, d) Löschblechsysteme, e) schnelle Wanderung des Lichtbogenfußpunktes zwischen Parallelelektroden
1 Lichtbogen-Leitblech, *2* Isolierstoffrippen, *3* Löschbleche, *4* Kammerwände

bei Schaltstücken aus Sinterstoffen, sie können sie bis zu 10 msec anwachsen lassen. Günstiger sind in dieser Beziehung homogene Stoffe. Über den Einfluß der Ausschaltstromstärke, der magnetischen Feldstärke und der Trenngeschwindigkeit auf diese Lichtbogen-Beharrungszeit s. UNGER. Bei entsprechenden Formen der Schaltstücke und Gestaltung der Blasfelder erreicht die Lichtbogenbeharrungszeit ein Mindestmaß. Erst nach einer gewissen Laufstrecke werden die Laufgeschwindigkeiten hoch. Die damit einsetzende stärkere Kühlung erhöht den Spannungsbedarf der Bogensäule bei gleichzeitig sinkendem Strom. Scharfe Krümmungen in der Fußpunktbahn sind zu vermeiden, da sonst die Bewegung verzögert wird und der Bogen leicht festbrennt. Unter diesem Gesichtspunkt gesehen ist auch große Wärmekapazität der Schaltstücke nicht besonders vorteilhaft. Die Lichtbogenverlängerung auf kleinem Raum wird durch den Einbau von Isolierstoffstegen oder Keilen in den Kammern bewirkt, s. Abb. 33b. u. b1. Dabei vermindert sich die Bauhöhe. Man kann den Bogen auch im Zickzack führen, wenn die Platten Schlitze erhalten, die abwechselnd auf verschiedenen Seiten liegen bzw. die Schlitze oder Wände überhaupt gegeneinander versetzt werden, s. Abb. 33b 2.

Die Vergrößerung der Lichtbogenspannung durch *Erhöhung des Spannungsgradienten* wird durch intensive Kühlung erreicht, z. B. bei Sicherungen durch die Sandfüllung. Bei Luftschaltern ist wesentlich die Berührung mit Isolierstoffteilen oder Kühlblechen. Eine Möglichkeit hierzu bietet u. a. eine Ausgestaltung der Kammerwände derart, daß der Bogen mit ihnen in innige Berührung kommt. Hierzu gehören z. B. die Düsenkammern, Kammern aus Isolierstoffen, deren lichte Weite nach dem Ende zu in einem engen Spalt in Form einer Düse ausläuft, s. Abb. 33 c. Ferner ist der Gradient eines wandernden Bogens größer als der eines ruhenden. Der Unterschied wächst mit der Wanderungsgeschwindigkeit, weil immer frische, kalte Gasteilchen, die ionisiert werden müssen, in den Bogen eintreten. Deshalb steigert auch magnetische Blasung den Spannungsgradienten, desgl. wachsender Druck, sowohl in Luft als auch in Öl. Für die Spannungsgradienten gibt z. B. EINSELE (1) bei Strömen von einigen 10^3 bis 10^4 A in Keilkammern 5 bis 10, in Düsenkammern 20 bis 30 und in Löschblechkammern [s. nächsten Absatz] 60 V · cm^{-1} an.

Besonders günstige Löschverfahren werden durch die *Unterteilung der Lichtbögen* erzielt — die *Vielfachunterbrechung*. Sie ist die Grundlage eines ökonomischen Leistungsschalteraufbaues und kann in zweierlei Weise vor sich gehen, entweder schaltet man eine größere Anzahl Unterbrechungsstellen hintereinander, dann wird bei n Unterbrechungsstellen der Wert a, der den Spannungsverlust der Bogenfußpunkte ausdrückt, auf das n-fache gesteigert. Durch diese Einrichtung kommt man mithin mit erheblich kürzeren Bögen aus. Die andere Methode zur Anwendung der Vielfachunterbrechung besteht darin, daß, wenn der Lichtbogen zunächst an einer Kontaktstelle entstanden ist, er durch die Magnetkräfte in ein System von parallel geschalteten sogen. „Löschblechen" hineingetrieben wird, s. Abb. 33d. Das ist das heute üblichste Mittel. Solche Kammern werden als „Löschblech-" oder „Deionkammern" bezeichnet. In ihnen wird der Bogen in verhältnismäßig kurze Teillichtbögen aufgeteilt. Die Gleichstromausschaltung läßt sich also schon durchführen, wenn eine genügend große Anzahl solcher Elektroden vorhanden ist und damit die erforderliche Bogenspannung erreicht wird. Bei Wechselstrom kommt man bei gleicher Spannung mit weniger Blechen aus, weil die Aufteilung hier vor allen Dingen eine hohe Festigkeit gegen die Wiederzündung bietet, s. S. 78. In jedem Fall wächst das Schaltvermögen beim Einsatz von Löschplatten beträchtlich an. Außerdem wird eine unerwünschte Ausbreitung des Bogens verhindert. Das ist insbesondere mit Rücksicht auf den Wunsch nach Kapselung der Geräte anzustreben. Die Bleche bieten weiter den Vorteil einer ziemlich konstanten Lichtbogenspannung, die so abgestimmt werden kann, daß einerseits ein schnelles Löschen erzielt wird, aber andrerseits die Isolation der im Stromkreis liegenden Induktivitäten wie z. B. der Maschinen- und Trafowicklungen nicht überbeansprucht wird. Die Löschblechkammer wurde zuerst im Jahre 1912 von DOLIVO-DOBROWOLSKY angegeben.

Der *Ausbildung dieser Löschblechsysteme* sind in den letzten Jahren zahlreiche Untersuchungen gewidmet worden, s. BURKHARD (1, 2, 3). Beim Öffnen der Schaltkontakte wandert der Bogen, entweder durch eigenen Auftrieb oder zusätzliche magnetische Blasung (s. S. 68) zwischen die Löschbleche, vielfach zunächst auf Lichtbogenhörner. Ihre Ausbildung kann das Eintreten der Lichtbögen in die Löschanordnung begünstigen. Die je Spalt beherrschbare Spannung hängt von verschiedenen Parametern wie Strom, Blechdicke, Abstand sowie Art der Kammerwände, Magnetfeldstärke usw. ab. Entscheidend für die Wirkungsweise des Gesamtsystems sind weiter Form und Zahl der Bleche sowie die Lage zu den Schaltstücken und dgl. Zunächst ist die Löschblechkammer umso wirksamer, je mehr Bleche sie enthält, aber die Wirkung hängt auch vor allem davon ab, ob der Bogen gewillt ist, überhaupt in das Blechsystem einzutreten, sich dort zu teilen und zu kühlen. Damit er sich schnell aufteilen kann, darf er nicht an den Blechunterkanten stehenbleiben. Der Eintritt wird wesentlich durch die von den Stromzuführungen abhängigen dynamischen Einwirkungen sowie etwaige zusätzliche magnetische Blasfelder begünstigt. Entgegen wirken aerodynamische Kräfte, d. h. der beim Ausschalten entstehenden Gasdruck. Es wäre zunächst für einen Bogen selbstverständlich, stehenzubleiben, da mit dem Eintritt in das Plattensystem sein Spannungsbedarf ansteigt. Wenn er trotzdem in die Bleche eintritt, geschieht das deshalb, weil er durch die Löschblechplatten thermisch gestört wird. Die Berührung mit den kalten Platten führt zum Wärmeentzug aus der Bogensäule und damit zur Verschlechterung der Leitfähigkeit des Plasmas. Hiergegen versucht sich der Bogen durch radiale Zusammenziehung und damit Erhöhung der Stromdichte und Temperatur sowie eine dementsprechend höhere Leitfähigkeit der Säule zu wehren. Fürs erste wölbt er sich aber um die einzelnen Bleche herum, während die freiliegenden Säulenabschnitte sich bewegen können,

s. Abb. 34a. Das dauert so lange, bis der um eine Unterkante liegende Bogenabschnitt einen Spannungsabfall hat, der größer ist als der, den er braucht, wenn er zwischen den Blechen steht, s. Abb. 34b. Dann bilden sich Teillichtbögen und die Kräfte, die ihn auf das Blechpaket zutrieben, treiben ihn hinein. Über diese Kräfte und ihre Abhängigkeit von der Plattenbreite, -Zahl, -Form, -Länge und dgl. s. DOMONKOS (2 u. 3) und BURKHARD (1). Die Auftreffgeschwindigkeit des Bogens auf die Bleche ist der Ausdruck der auf ihn wirkenden Kräfte. Je höher sie ist, umso größer ist die Einschnürung, der Energieentzug und die Zusammenziehung des Bogens und

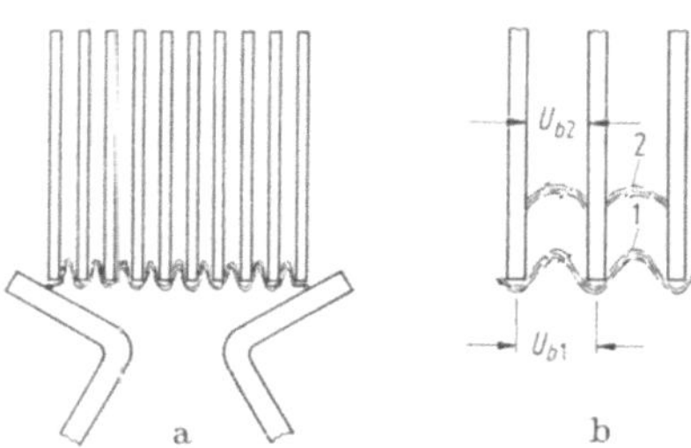

Abb. 34. Eintritt des Lichtbogens in das Löschblechsystem

a) Bogen beginnt mit der Einwölbung in die Blechspalten, b) Voraussetzung für den Eintritt $U_{b1} > U_{b2}$
1 Bogen vor, *2* nach dem Eintritt

um so enger können die Bleche zueinander stehen, s. BURKHARD (3, Bild 10). Die Kühlwirkung der Bleche ist durch ihre Wärmeleitfähigkeit, Wärmekapazität, also ihre Dicke bei einem bestimmten Stoff gegeben; sie ist aber auch davon abhängig, in welchem Abstand sich die Löschbleche gegenüberstehen. Der Bogen kann sich andererseits umso leichter in den Raum zwischen zwei Blechen hinein wölben, je größer deren Abstand ist. Bogenschleifen mit einer zum Aufteilen ausreichenden Brennspannung können auch bei sehr kleinen Blechabständen entstehen, jedoch nur so lange, wie der Durchmesser des Lichtbogens unmittelbar vor dem Aufteilen kleiner ist als der Blechzwischenraum. Er wird von der Stromstärke und der Kühlwirkung der Bleche bestimmt und verringert sich mit abnehmendem Blechabstand sowie zunehmender Blechdicke. Man kann einer jeden Löschblechanordnung einen bestimmten Stromwert zuordnen, bis zu dem die Aufteilung noch möglich ist. Durch kleine Abstände wird der Spannungsgradient der um das Löschblechsystem herum liegenden Bogenschleife gesteigert, was in gewissem Umfang den Nachteil, der durch Behinderung der Schleifenausbildung eintritt, ausgleicht, s. BURKHARD (1). Die Erhöhung des Schaltvermögens einer Löschblechkammer geht also nicht unbedingt mit ihrer Vergrößerung einher. Insbesondere bei einem Gleichstromlichtbogen ist es für eine bestimmte Stromstärke bei Unterschreitung eines Löschblechmindestabstandes möglich, daß der Bogen ohne sich aufzuteilen an den Löschblechunterkanten stehen bleibt und schließlich die ganze Kammer zerstört. Dagegen zeigt sich bei Wechselstrombögen, daß der Mindestabstand bei weitem unterschritten werden darf und trotzdem eine Aufteilung zu erzielen ist. Das liegt daran, daß in der Nähe des Stromnulldurchganges kleine Stromwerte und damit auch immer wieder kleine Lichtbogendurchmesser vorliegen. Der Wechselstrombogen bleibt dann so lange vor der Kammer stehen, bis entsprechend seinem zeitlichen Verlauf ein genügend kleiner Momentanwert des Stromes erreicht wird und es zur Aufteilung kommt. Bei zu geringen Blechabständen wandert der Bogen mithin erst bei Nulldurchgang in das System hinein. Dabei vermindert sich

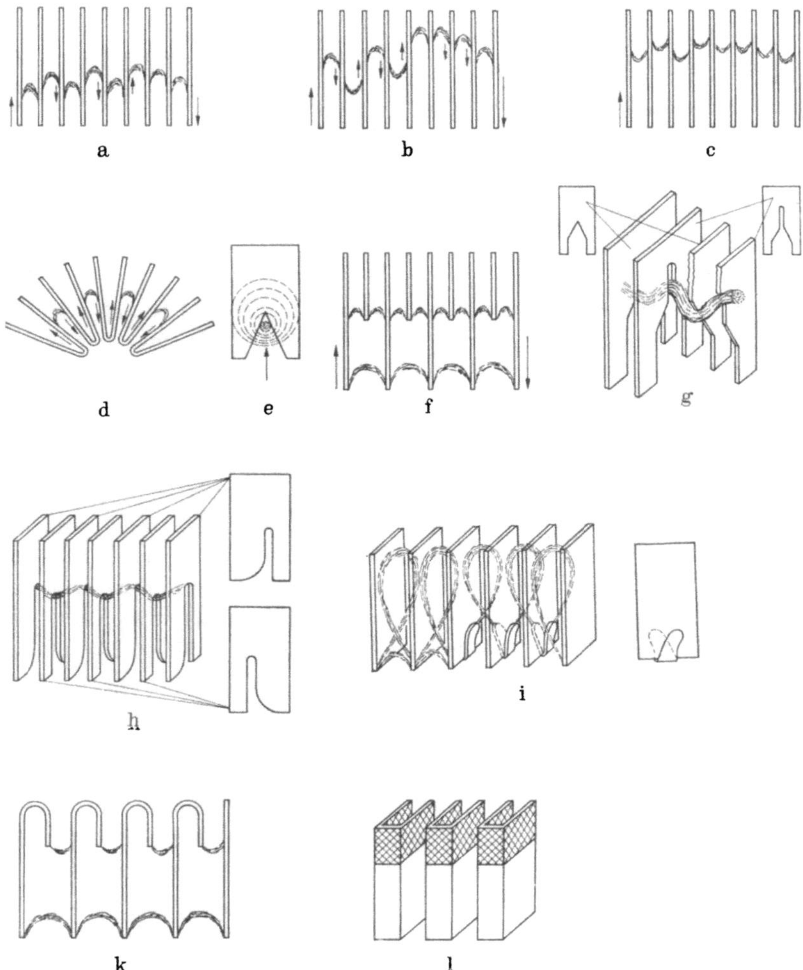

Abb. 35. Ausführungsformen von Löschblechsystemen (Erläuterungen im Text)

auch die Gefahr, daß er wieder nach unten aus dem Blechsystem herausgedrückt wird. Man muß dann in Kauf nehmen, daß der Wechselstrombogen u. U. bis zu 9 ms am unteren Blechrand verharrt. Ein solches Verhalten ist natürlich bei schnell-wirkenden Geräten nicht zu gebrauchen. Die rasche Einwanderung des Bogens in die Bleche bedeutet eine recht erhebliche Entlastung der Blechunterkanten. Weiterhin ist wesentlich die *Form und Anordnung* der Bleche. Die rechteckigen sind nicht die optimalen.

Abb. 35a zeigt parallele Bleche, zwischen denen die Lichtbögen bei geringer Geschwindigkeit etwas nach oben gewölbt aufsteigen. Dabei kann es vorkommen daß der Bogen in einigen Spalten zurückbleibt, z. B. durch Ablagerungen auf Blechen. Dann entsteht eine Stromschleife mit entgegengesetzter Richtung, und Teilbögen können in unerwünschter Richtung wandern, s. Abb. 35b. Bei hohen Fußpunktgeschwindigkeiten ist es möglich, daß sich Teilbögen nicht in der Wanderrichtung, sondern entgegengesetzt wölben, s. Bild c. Um das Rückwandern einiger Bogenstücke zu verhindern, werden statt flacher V-förmig-gebogenene Bleche verwandt, bei denen die Wanderungstendenzen immer gleich sind, Bild d. Bei diesem System ist aber auf dem gleichen Raum nur eine weniger häufige Unterteilung möglich. Eine besonders schnelle Einwanderung in das Blechsystem erhält man durch die Verdichtung des treibenden Feldes an der offenen Seite eines z. B. V-förmigen Ausschnittes, s. Bild e. Bei gleicher Entfernung des Bogens vom Plattenrand ist die entstehende Kraftwirkung erheblich größer als bei einem einfachen rechteckigen Blech. Zur Beschleunigung der Einwanderung erhalten die Bleche oft auch verschiedene Längen. Der Lichtbogen stößt dann zunächst nur auf einen Teil der Bleche. Ihr Abstand ist groß genug, so daß er sich mit genügendem Spannungsabfall in den Spalt einwölben kann. Bei der Fortbewegung trifft er auf weitere Bleche und wird weiter aufgeteilt (f). Einem ähnlichen Prinzip dient die Anordnung nach g. Die Ausschnitte der aufeinanderfolgenden Bleche sind hier verschieden. Zunächst werden die Bleche mit einem V-förmigen Ausschnitt, das ist jedes zweite Blech, erreicht. Der Bogen kann sich dann noch in dem verlängerten Spalt der Zwischenbleche bewegen, und es erfolgt eine nochmalige Unterteilung. Auf diese Art steht zur Schleifenbildung und damit zur Aufteilung der doppelte Blechabstand zur Verfügung, während im aufgeteilten Zustand ein kleinerer wirksam ist. Damit kann der Widerspruch, nach dem einerseits ein möglichst geringer Blechabstand von Vorteil ist, auf der anderen Seite für die Ausbildung des Bogens jedoch ein ausreichender Raum zwischen den Blechen zur Verfügung stehen muß, gelöst werden. Nach dem Bild h werden durch spiegelbildlich unterschiedliche Bleche die Bögen zunächst verlängert und der Spannungsbedarf bei gleicher Spaltweite erhöht. Bis zur Bildung von Fußpunkten ist der Verlauf ein zickzack-förmiger. Bei kleinem Bogenabstand beobachtet man, daß sich die Bogenschleife mit der von ihr umschlossenen Fläche um 90° dreht und sich dann in einer Windung parallel zwischen die Bleche legt („Solenoid-Bogen", Bild i). Das ermöglicht eine bedeutende Lichtbogenverlängerung bei kleinem Elektrodenabstand, s. LATOUR. Die bei den drei rechten Blechen angebrachten Nasen, die spiegelbildlich zueinander liegen, verstärken die Wirkung. Die Anordnung k läßt den Bogen zunächst mit genügender Spaltweite einwandern. Nach einer gewissen Wanderstrecke wird sie jedoch durch das U-förmige Abbiegen des Bleches verringert, und die Stromschleife wölbt sich nach unten. Dadurch verhütet man das Austreten des Lichtbogens aus einem verhältnismäßig niedrigen Blechpaket, wobei gleichzeitig noch die Lichtbogenarbeit sinkt. Bei der Anordnung nach Bild l sind die Bleche oben mit Isolierstoffen abgedeckt, eine Wanderung des

Bogens über das Ende der nicht-isolierten Blechseite hinaus ist nicht möglich. Die Kanäle zwischen den U-förmigen Blechen nutzt man zur Abkühlung.

Die *Zahl der Löschplatten* muß größer sein als die treibende Spannung, dividiert durch die Werte der Teillichtbögen, in erster Linie der Fußpunktspannungen. Bei Wechselstrom wird sie jedoch weitgehend nur unter dem Gesichtspunkt der Verhinderung der Wiederzündung (s. S. 78) gewählt. Dabei muß man aber damit rechnen, daß die Potentialverteilung nicht gleichmäßig ist. Bei 500 V und Strömen von einigen 10 kA kommt man auf 10 bis 14 Löschbleche, s. BURKHARD (1) und SCHMELCHER (6, Teil 1).

Wenn *Wärmeleitfähigkeit und Kapazität der Bleche* nicht ausreichen, um die vom Lichtbogen übertragenen Wärmemengen aufzunehmen, kommt es zu Abschmelzungen. Die Gefahr besteht z. B., wenn sie zu dünn sind oder die Einwanderungsgeschwindigkeit zu klein ist oder bei Wechselstromlichtbögen die Verweilzeit vor den Blechen zu groß ist. Ein dickeres Blech vermag mehr Wärme zu entziehen als ein dünnes und damit den Bogendurchmesser stärker zu verkleinern sowie Stromdichte und Spannungsgradienten zu erhöhen. Es ist klar, daß unter diesen Umständen die zweckmäßige *Dicke der Bleche* mit der zu bewältigenden Stromstärke steigt. Nach BURKHARD (3) kommen z. B. unter der Voraussetzung, daß die Abrundung der Blechkanten nach einer Schaltung mit der höchsten Stromstärke als zulässig angesehen wird, ein V-förmiger Ausschnitt aber keine Veränderung erfahren darf, bei 3 kA Bleche von 1 mm Stärke, bei 11 kA 1,5 mm und bei 30 kA 2 mm in Betracht.

Die notwendige Forderung, das *Herausschlagen der Lichtbögen* aus dem Löschblechsystem am anderen Ende des Systems zu vermeiden, erfordert zunächst eine gewisse Blechlänge. Sie ist von der Stromstärke abhängig. Oberhalb eines bestimmten Wertes wird die Wanderungsgeschwindigkeit so hoch, daß ein Heraustreten der Bögen durch die magnetischen Kräfte aus den Blechzwischenräumen nicht mehr zu verhindern ist, wenn nicht undiskutable Blechlängen angewandt werden. Das einfachste ist dann der Abschluß der Lichtbogenkammer nach oben, so daß die Gase in andere Bahnen gezwungen werden, z. B. nach vorne, s. COHN (1). Auch bringt man oberhalb der Bleche Metallgitter an, durch die eine gute Kühlung der auftretenden Gase erreicht wird. Andere Lösungen s. Abb. 35k und l. Die thermische Beanspruchung der Isolierplatten bei l ist nicht so entscheidend, da sehr hohe Kurzschlußströme bei einem Gerät nur selten auftreten. Bei den betriebsmäßigen Ausschaltungen wird die Wanderung des Lichtbogens nicht bis hierhin führen. Die Anordnung hat noch den Vorzug, daß in Bogenachsrichtung gesehen immer ein Lichtbogenraum mit einem elektrisch kurzgeschlossenen wechselt, durch den die heißen Gase ungehindert abströmen können, s. BLANCPAIN und BONNEFOIS.

Die Löschbleche werden vorwiegend aus *ferromagnetischen Stoffen* hergestellt. Bei Kupferblechen gelingt die zur Fußpunktbildung nötige Spaltung der Bogensäule in den Blechzwischenräumen schlechter. Es hat sich gezeigt, daß auf nicht-magnetischem Material wie z. B. Kupfer auch mit einem Abdrängen der Teillichtbögen an die Kammerwände gerechnet werden muß, was naturgemäß leicht zu Anschmelzungen der Wände führt. Bei magnetisierbaren Stoffen wandert der Lichtbogen dagegen mehr zur Mitte. Außerdem bewegt er sich nach der Aufteilung verhältnismäßig schnell in das Innere des Blechpaketes und die Gefahr, daß er es verläßt, ist geringer. Der Grund liegt in der größeren magnetischen Permeabilität. Hinzu kommen noch aus den Stromfäden innerhalb der Bleche auf den Fußpunkt wirkende Kräfte, s. BURKHARD (2). Auch von der Art der Metalldämpfe hängt der Wanderungs- und Löschprozeß ab. Es wurde deshalb vorgeschlagen, die Löschbleche z. B. aus Mischwerkstoffen wie Silber-Kadmiumoxyd herzustellen, die den Lauf des Lichtbogens bremsen, so daß man insbesondere bei Gleichstromschaltern die Lichtbogenkammern niedriger halten kann, ohne Gefahr zu laufen, daß der Bogen auf der anderen Seite der Kammer austritt. Die Wanderungsgeschwindigkeit ist auch verschieden, je nach den Überzugsstoffen, mit denen die Platten zur Oberflächenbehandlung versehen sind, bei homogenen Werkstoffen, z. B. Silber, ist sie am größten, s. a. S. 70 und BURKHARD (2), sowie EIDINGER und RIEDER.

Das *Ausschalten sehr kleiner Ströme* bringt in Verbindung mit dem Löschblechsystem u. U. aber auch bei freier Entfaltung des Lichtbogens Schwierigkeiten bezügl. seiner Verlängerung. Die Stromkräfte der Schleife sind dann gering und es kann geschehen, daß der Bogen nicht mehr in das Plattensystem eindringt bzw. nicht die nötige Länge erreicht. Man muß dann abhängig vom Strom erheblich gesteigerte Lichtbogenzeiten in Kauf nehmen und kommt bei einem sonst relativ schnell wirkenden Schalter leicht auf mehrere Halbwellen eines Wechselstromkreises. Um dem zu begegnen, macht man die Lichtbogenkammer im Bereich der Lichtbogenentstehung verhältnismäßig klein, um für Abkühlung und auf diese Weise eine wirksame Entionisierung des Raumes zwischen den Schaltstücken zu sorgen, oder man versucht es mit zusätzlichen Blaseinrichtungen (s. S. 68), die aber angesichts der geringen Ströme schwierig auszuführen sind.

Einzelheiten über die nach Stromart und -Stärke zweckmäßige Ausbildung von Löscheinrichtungen, s. z. B. FEHLING (6). Die einzelnen Löschmethoden werden naturgemäß auch kombiniert, so z. B. bei einem Gleichstromschalter Bogenverlängerung, Bogenaufteilung und Kühlung zur Löschung benutzt. *Bei sehr hohen Kurzschlußstromstärken* kann der Löschvorgang in Löschkammern durch mangelnde Kühlung beeinträchtigt werden, wenn die Kammern in verhältnismäßig kurzen Zeitabständen immer wieder starken Lichtbögen ausgesetzt sind. Der Grund liegt darin, daß der Energietransport vom Bogen zu den Löschblechen und der umgebenden Kammerwand hauptsächlich durch Wärmeleitung vollzogen wird, die naturgemäß nur bei einem großen Temperaturunterschied zwischen Plasma und Kühlmittel funktioniert. Wenn dieser Umstand eine bedeutende Rolle spielt, dann ist u. U. die Verlängerung der Bögen das wirksamere Mittel zur schnellen und sicheren Erlangung der notwendigen Löschspannungen, s. FEHLING (6).

Sowohl die Bogenverlängerung als auch der Einsatz von Löschblechen wird wirkungsvoll durch die *magnetische Blasung* unterstützt, sei es die elektromagnetische Zusatzblasung oder die Eigenblasung auf Grund der Formung der Strombahn. Die Einwirkung eines Magnetfeldes auf einen leicht beweglichen Leiter, wie ihn der Lichtbogen darstellt, geschieht in dreifacher Hinsicht. Zunächst, wie schon gesagt, lichtbogenverlängernd, dann aber auch noch durch bessere Kühlung, indem das Feld den Bogen in die noch nicht erwärmten Luftmassen drängt oder bei Ölgeräten an den Rand der Gasblase. Hinzu kommt noch eine Verminderung der Ionenerzeugung, indem das magnetische Feld die Höchstgeschwindigkeit des einzelnen Elektrons begrenzt und auf diese Weise die Stoßionisation vermindert. Mit dem Einfluß der magnetischen Blasung befaßt sich u. a. DOMONKOS (1), mit dem Verhalten des Lichtbogens im Magnetfeld, z. B. der Geschwindigkeit und dem Einfluß auf den Spannungsgradienten, EIDINGER und RIEDER.

Bei der *Durchführung der magnetischen Blasung* stößt man auf einige Schwierigkeiten. Wenn die Deionisierung das Maß der Ionisation erreicht, entstehen unstabile, unruhige Lichtbögen. Die Ionisation des Luftspaltes ist durchaus nicht immer eine einheitliche. Es gibt Stellen stärkerer und schwächerer Ionenkonzentration. Die durch die magnetische Blasung erzielten Feldstärken hängen vom Strom ab und damit auch die auf den Bogen wirkenden Kräfte, die Bewegungs- und in deren Gefolge die Lichtbogenzeiten. Bei kleinen Stromstärken und geringen Bogenlängen kann der Bogen u. U. vom Magnetfeld nicht in Bewegung gesetzt werden. Eine wirksame Blasung erfordert einen möglichst schmalen Blasmagnet-Luftspalt. Wichtig ist die Lage der Blasspule. Am kräftigsten sind zwar die Felder, wenn die Spule in einer Parallelebene zur Schaltebene direkt hinter dem Polschuh liegt; dann entwickeln sich aber auch starke Streufelder, die in der Lage sind, den Bogen an die Wand der Lichtbogenkammer zu ziehen. Unter diesem Gesichtspunkt gesehen ist die Lage der Blasspule in der Schaltebene hinter dem Schaltstück vorteilhafter. Die Spulen stellen natürlich eine nicht zu vernachlässigende Wärmequelle dar. Sie werden deshalb oft so angeordnet, daß sie nur während des Ausschaltvorganges Strom führen, d. h. solange nur ein Abreißschaltstück noch Kontakt gibt (s. Abb. 36a) oder auch erst im Laufe der Bogenentwicklung zugeschaltet werden, s. z. B. Abb. 36 b. Hiermit ist außerdem eine Zweiteilung des Bogens verbunden. Bei c liegt eine Zusatzspule zwischen Haupt- und Abreißschaltstück. Bei Durchführung der magnetischen Blasung werden die Pole des Magnetkernes durch aufgesetzte Bleche verlängert, um dem Blasfeld eine wirksame Form zu geben und u. U. die Polschuhe so ausgestaltet, daß nur einzelne Lichtbogenabschnitte der Ablenkung unterworfen werden, so daß damit z. B. eine

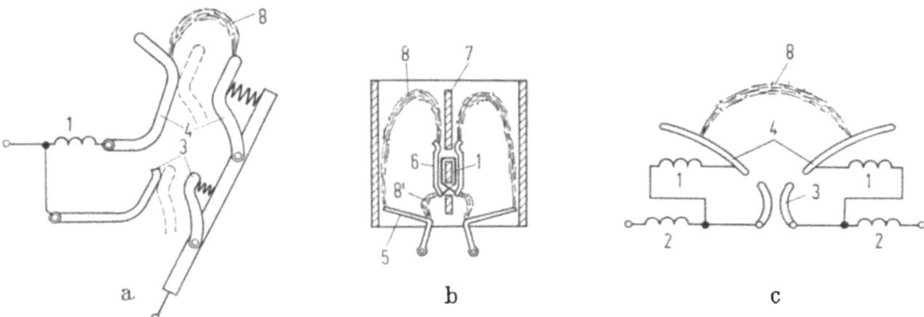

Abb. 36. Erst nach bzw. bei Bogenentwicklung wirksam werdende Blaseinrichtungen (Erläuterung im Text)

1 Blasspule nur beim Ausschalten, *2* auch im Betrieb stromführend, *3* Hauptschaltstücke, *4* Abreißschaltstücke, *5* Haupt- und Abreißschaltstücke, *6* Zwischenschaltstücke, *7* Isoliertrennwand, *8* und *8'* Lichtbögen

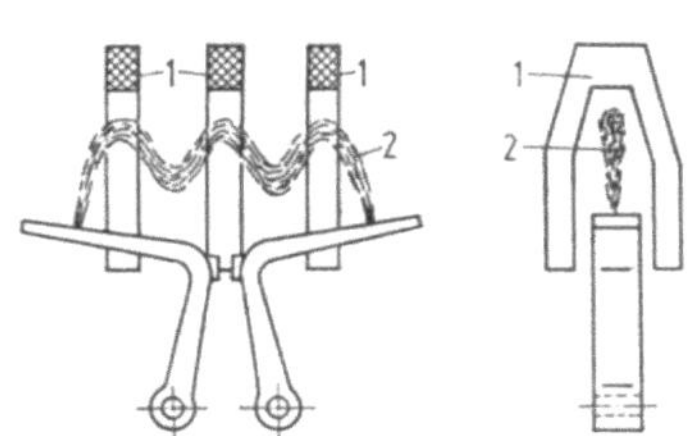

Abb. 37. Verlängerung des Lichtbogens durch Ablenkung einzelner Teile (nach ERK)

1 U-förmiges Eisenpaket, *2* Lichtbogen

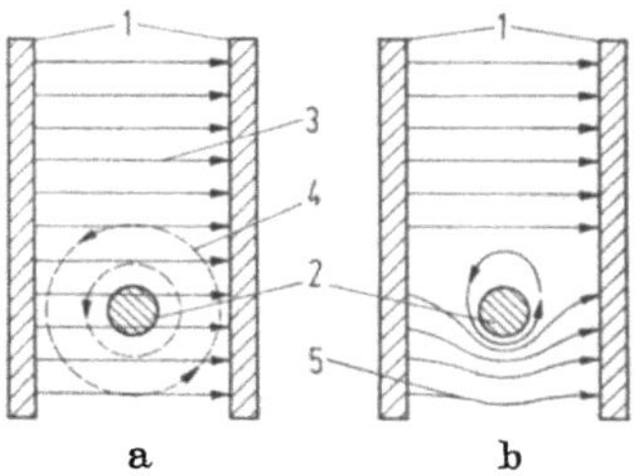

Abb. 38. Magnetfelder im Blasraum
a) Einzelfelder, b) Gesamtfeld
1 Polschuhe, *2* Lichtbogenquerschnitt, *3* Blasmagnetfeld, *4* Lichtbogenfeld, *5* resultierendes Feld

wellenförmige Gestalt des Bogens erzielt wird, s. ERK (1) und Abb. 37. Das vom Lichtbogen erzeugte Eigenmagnetfeld und das vom Blasmagneten zusätzlich geschaffene wirken derart, daß sie sich unterhalb des Bogens addieren und oberhalb des Bogens mehr oder weniger aufheben. Dadurch entsteht eine resultierende Kraft nach oben, die den Lichtbogen rasch von den Schaltstücken wegtreibt, s. Abb. 38. Schwierigkeiten entstehen bei starken Blasfeldern und schneller Zunahme der Bogenlänge, z. B. bei Elektroden mit großem Öffnungswinkel. Dann kann es vorkommen, daß der Bogen bei kleinem Kontaktspalt an den Fußpunkt zurückspringt, s. WALTER. Wichtig ist auch, zu verhüten, daß der Lichtbogen auf die Rückseite der Schaltstücke überspringt. Auch hier hilft die Ausbildung des Blasfeldes. Eine dazu geeignete Formgebung der Schaltstücke s. z. B. FRANKEN (9, Abb. 27, S. 48). Es hat sich gezeigt, daß die Bögen auf den Oberflächen homogener Werkstoffe, also reinen Metallen oder Legierungen, bei denen die beiden Komponenten ineinander gelöst sind, sehr schnell abwandern, s. ERK und SCHRÖDER. Im Gegensatz dazu sind bei nicht-homogenen Werkstoffen, das sind Mischwerkstoffe wie Silber-Kadmiumoxyd und dgl., die Lichtbogenfußpunkte nur erheblich langsamer in Bewegung zu bringen. Sie setzen sich bevorzugt auf der höher-schmelzenden Komponente fest. Das Verdampfen der niedrig-siedenden kühlt die höher-siedende. Die austretenden Dampfstrahlen, die wegen ihrer relativ niedrigen Temperatur wieder fast als reine Nicht-Leiter anzusehen sind, hüllen die einzelnen Lichtbogenfußpunkte auf der höher-siedenden Komponente ein und stabilisieren sie.

Zu außerordentlich hohen Lichtbogenwanderungsgeschwindigkeiten führten Untersuchungen über das Verhalten der *Bögen* bei hohen Strömen *zwischen Parallelelektroden in sehr engen Spalten* s. FEHLING (6) und Abb. 33e, S. 60. Dabei ist die Bogenbewegung nicht nur vom thermischen Auftrieb der heißen Bogengase abhängig, sondern bei großen Stromstärken noch mehr von den durch die vom Lichtbogenstrom in den parallelen Zuleitungen bedingten magnetischen Feldern. Hierbei stieg auch der Spannungsgradient mit wachsendem Strom außerordentlich stark an, s. BRON, DOMONKOS (1), ERK (1), KUHNERT, SCHÜTTE. Diese Wirkungen hat man durch die sogen. Fußpunktbeblasung verstärkt, s. Abb. 39a. Hierbei stehen sich in der Praxis zwei Magnetkörper mit sehr engen Luftspalten und darin befindlichen Laufschienen senkrecht gegenüber. Das kann durch einfache Eisenumhüllungen der Schienen geschehen, mit Erregung durch den Laufschienenstrom oder aber auch durch Magnete mit Zusatzerregung (s. Abb. 39b), s. ANGELOPOULOS, BÜCHNER, ERK (1), FECHANT, WEGESIN. Beim Abheben des Kontaktbügels entstehen zunächst zwei Lichtbögen, und zwar jeweils zwischen einer Laufschiene und dem Kontaktbügel 6. Sie vereinigen sich zu einem zwischen den Laufschienen brennenden Bogen. Die Luftspaltform muß dem Verwendungszweck jeweils besonders angepaßt werden. Mit parallelen Flanken und sehr geringer Spaltweite erreicht man die schnellste Lichtbogenwanderung und den steilsten Anstieg der Bogenspannung. Jedoch ist diese Form nicht unter allen Bedingungen die vorteilhafteste. Die Schiene muß selbstverständlich von der Vorderkante des umschließenden Eisenbleches zurücktreten. Auch können die Magnetwicklungen durch unterteilte Laufschienen im Zuge der Lichtbogenwanderung zugeschaltet werden, s. Abb. 39c. Es sind auch Anordnungen durch Querablenkung untersucht worden, s. BÜCHNER.

Andere Lösungen halten den Fußpunkt fest. Der Lichtbogen entwickelt sich dann senkrecht zu ihm, z. B. nach Abb. 39d ohne Laufschienen. Diese Ausbildung ist u. a. durch eine von SCHMITZ angegebene Löschkammer ermöglicht, bei der der Lichtbogen in ein System isolierter Bleche eintritt, aber so, daß es nicht zu Lichtbogenfußpunkt-

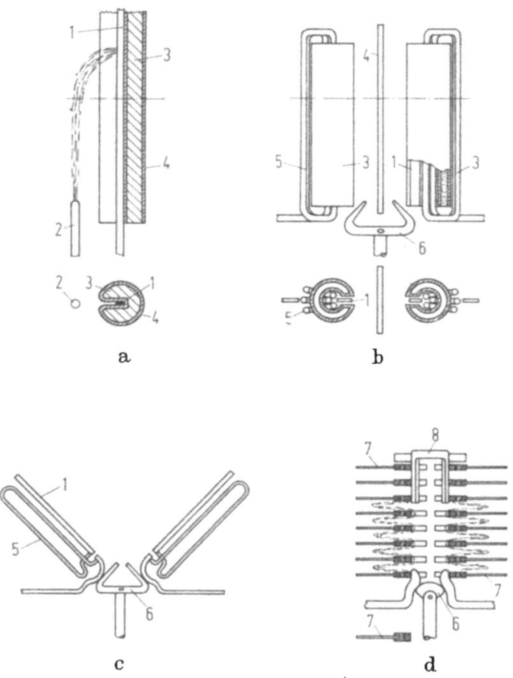

Abb. 39. Lichtbogen-Löscheinrichtungen mit magnetischer Fußpunktbeblasung und in engen Spalten
a) nach WEGESIN, b) und c) nach BÜCHNER, d) nach SCHMITZ

1 Laufschienen, *2* bewegliches Gegenkontaktstück *3* Eisenkern *4* Isolation *5* Blasspule *6* Kontaktbrücke *7* Löschplatten am Kopf isoliert *8* Bogenbegrenzer

bildungen kommt, sondern lediglich die Bogenlänge vergrößert wird, s. ferner WEGMANN und WEGESIN. Der Bogen wandert unter der Einwirkung des von ihm selbst erzeugten Feldes auf die Löschhörner und zwischen die angedeuteten Platten. Da die Anwendung steil ansteigender Lichtbogenspannungen eine sichere Begrenzung der Spannungshöchstwerte erfordert, um gefährliche Überspannungen zu vermeiden, setzt der in der Höhe verschiebbare Bügel *8* mehr oder weniger Platten außer Funktion. Grundsätzlich ist die schleifenförmige Aufweitung des Bogens auch durch künstliche Gas- oder Flüssigkeitsströmungen quer zur Achse möglich. Bei Schnellschaltern müßte eine solche Strömung aber schon vorhanden sein, wenn sie noch geschlossen sind, da in den erforderlichen kurzen Zeiten eine wirksame Strömung nicht erzeugt werden kann.

Ein Lichtbogen in einem *radialen Magnetfeld* führt zwei Drehbewegungen aus, eine um die Achse des Systems und eine zweite um die eigene Achse des Bogens. Der Bogen wandert also nicht auf einem Kreis, sondern auf einer Spirale, s. BRON.

Die Ausschaltbedingungen werden durch *Parallelwiderstände*- und *-Kapazitäten* zu den Kontaktspalten erheblich erleichtert. Widerstände parallel zum Schalter oder auch im Kurzschlußfall bei ähnlicher Wirkung parallel zur Stromquelle haben zur Folge, daß die Spannung nicht in voller Höhe wiederkehrt. Das Öffnen der Schaltstrecke bewirkt dann aber keine endgültige Abtrennung, es ist ein weiteres in Reihe liegendes Schaltglied ohne Parallelwiderstand notwendig. Dieser Umstand schränkt die Vorzüge wieder ein. Bei dem zweiten Öffnungsvorgang sind die Verhältnisse erheblich günstiger. Der Ausschaltstrom ist kleiner und der Leistungsfaktor höher bzw. bei Gleichstrom die Zeitkonstante kleiner, s. ZÜHLKE (S. 10). Diese Aufteilung des Bogens auf Strecken ohne und mit Parallelwiderstand wurde auch schon innerhalb einer Deion-Kammer an den Löschblechen vorgeschlagen. In gleicher Weise wirken auch Kapazitäten parallel zur Stromquelle oder zum Kontaktspalt. Die Einschwingfrequenzen (s. S. 84) werden unter dem Einfluß solcher Zusatzkapazitäten herabgesetzt, die Spannungs-Anstiegssteilheit wird kleiner und dem Schaltlichtbogen die Möglichkeit gegeben, trotz noch bestehender Restleitfähigkeit endgültig zu verlöschen. Von der Anwendung von Parallelwiderständen wird vor allem auch bei Gleichstrom Gebrauch gemacht, s. BURSTYN (S. 37 ff) und SCHMELCHER (6, Teil 2).

In einem Gleichstromkreis entwickelt sich der Kurzschlußstrom nach der auf S. 17 angegebenen Gl. (9). Nach ihr wächst er auf seinen stationären Wert $I_k = U/R$ an. Über die Verminderung dieses Stromes beim Ausschalten unter der Voraussetzung, daß die Lichtbogenspannung von der Zeit abhängig ist, s. S. 181. Für den Fall, daß die Lichtbogenspannung entsprechend der Gl. 13, S. 58, bei kleineren Stromstärken wesentlich vom Stromverlauf abhängt, ist ein grafisches Verfahren zweckmäßig, s. RÜDENBERG (S. 344) und FRANKEN (9, S. 53). Mit Rücksicht auf die entstehenden Überspannungen sollte die Löschspannung des Lichtbogens die zweifache Betriebsspannung nicht überschreiten. Sobald die Lichtbogenspannung größer wird als die Netzspannung, wird di/dt negativ. Der letztere Vorgang ist also nicht mehr von den Verhältnissen des Stromkreises, sondern nur noch von der Lichtbogenlöschung und der Netzspannung bestimmt. Das gilt jedoch nur mit einer gewissen Einschränkung. Die höchste Spannung tritt meistens vor dem Ende des

Schaltvorganges auf. Das ist auf die vernachläßigten kapazitiven Einflüsse zurückzuführen.

Die Lichtbogen- oder *Schaltarbeit* drückt sich in folgender Beziehung aus:

$$A = \int\limits_0^{t_b} U_b \cdot i \cdot dt = \int\limits_0^{t_b} U \cdot i \cdot dt - \int\limits_0^{t_b} i^2 \cdot r \cdot dt + L \cdot i_0^2/2, \qquad (14)$$

worin t_b die Lichtbogenzeit und i_0 der Strom beim Abriß des Bogens ist. Die im letzten Glied der Formel zum Ausdruck kommende magnetische Energie trägt also sehr zur Erhöhung der Schaltarbeit bei, sie wird vollständig in Wärme umgesetzt, s. a. EINSELE (2, S. 110).

Bei allen Stromarten muß darauf geachtet werden, daß die Geräte auch verhältnismäßig niedrige Stromstärken bewältigen können. Die

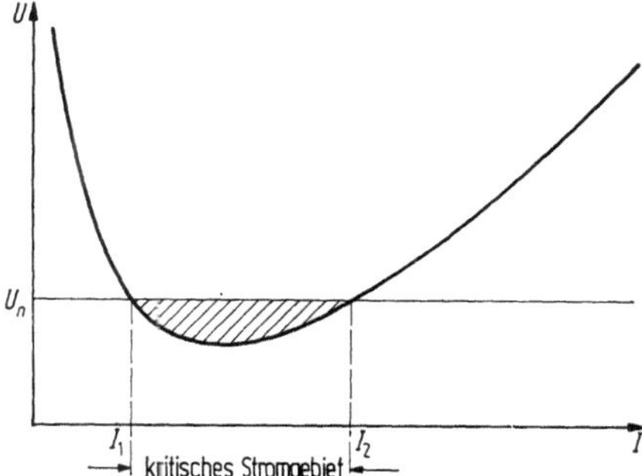

Abb. 40. Kritisches Stromgebiet beim Ausschalten von Gleichstrom
U = erforderlicher Spannungsbedarf des Lichtbogens

hier entstehenden Schwierigkeiten sind durch die Möglichkeit gegeben, daß die Mittel, die zur Leistungsbeherrschung verwandt werden, bei geringeren Stromstärken nicht zur Wirkung kommen, z. B. die Lichtbögen nicht in das Blechpaket hineingetrieben werden. Dabei kann es vorkommen, daß bei weiterem Absinken der Ströme die Schaltbedingungen wegen des größeren Spannungsbedarfs der Lichtbögen wieder gegeben sind, so daß sich nur ein kritisches Stromgebiet ergibt, s. Abb. 40. VDE 0660 Teil 1/3.68 § 69 a3 fordert deshalb zusätzliche Prüfungen, wenn ein solcher Strombereich zwischen 0 und dem höchsten Prüfstrom zu erwarten ist. Im übrigen ist man in dieser Hinsicht auf die Angaben des Herstellers angewiesen.

Die *spezifische Wechselstromlöschung* geht von dem Gedanken aus, daß jeder Lichtbogen im Augenblick des Stromnulldurchganges vorübergehend seine Existenz verliert und es sich wesentlich darum handelt, ob er nach diesem Nulldurchgang, einem Vorgang, der in Wirklichkeit eine endliche Zeit, wenn auch von sehr kleiner Dauer, umfaßt, unter dem Einfluß der dann herrschenden Spannung zur Wiederzündung kommt oder nicht. Es ist also für die Entionisierung der Bogensäule zu sorgen. Bei der Wechselspannung kommt dabei zugute, daß nach dem Polwechsel ein neues Kathodenfallgebiet aufgebaut werden muß. Beim gesetzmäßigen Stromnulldurchgang und der Phasenverschiebung φ herrscht eine Spannung $= \hat{U} \cdot \sin \varphi$, s. Abb. 41a. Das ist bei einem hochinduktiven Kreis die volle Scheitelspannung. Da aber auch schon verhältnismäßig geringe Luftstrecken eine hohe Durchschlagfestigkeit aufweisen, so kann selbst dann die notwendige Festigkeit der Schaltstrecke gegeben sein. Andererseits gelingt es aber nur unter großem Aufwand, Geräte so durchzubilden, daß sie erst bei Stromnulldurchgang einen Kontaktspalt herstellen (s. S. 91), so daß man in jedem Falle zunächst mit dem Auftreten eines Lichtbogens mit dem Spannungsabfall u_b entsprechend Abb. 41b zu irgendeinem Zeitpunkt im Rahmen der Stromhalbwelle rechnen muß. Es ist klar, daß der Zustand der Schaltstrecke von der vorher geleisteten Lichtbogenarbeit abhängt. Deshalb ist der Kontaktspalt bei Stromnulldurchgang bereits ionisiert und dadurch seine Spannungsfestigkeit herabgesetzt. Vorteilhaft ist demnach eine verhältnismäßig geringe Lichtbogenspannung und damit geringe Lichtbogenarbeit. Es wird dann nur ein kleines Gasvolumen ionisiert und die Schaltstücke nicht merklich erwärmt. Das ist also genau das Gegenteil von dem, was man bei der Gleichstromlösung zu machen hat, bei der die schnelle Erzeugung einer möglichst hohen Lichtbogenspannung von Vorteil ist. Aber auch eine verhältnismäßig hohe Lichtbogenspannung kann bei Wechselstrom gewisse Vorzüge haben. Sie entspricht einem hohen Ohmschen Widerstand, naturgemäß in gasförmigem Zustand, der in den Stromkreis eingeschaltet ist. Dadurch verbessert sich der Phasenverschiebungswinkel ganz bedeutend und die wiederkehrende Netzspannung wird kleiner, s. Abb. 41c. Noch wichtiger für die Erzielung günstiger Schaltbedingungen ist aber die Tatsache, daß jeder auszuschaltende Stromkreis einen Schwingungskreis bildet. Das hat zur Folge, daß die wiederkehrende Spannung nicht schlagartig ansteigt, s. S. 84. Dadurch wird z. B. aus dem Spannungsverlauf nach Bild b ein langsamer nach d.

Für die Frage der *Wiederzündung des Schaltlichtbogens* sind demnach *zwei Größen*, die wiederkehrende Spannung und das Ausmaß der Ionisierung des Spaltes, also seine Wiederverfestigung *entscheidend*. Der erstere Wert wird durch die betriebsfrequente Spannung, die in diesem Augenblick vorhanden ist, und die überlagerten Einschwingvorgänge (s. S. 85) bedingt. Die Anstiegsgeschwindigkeit der elektrischen Festigkeit und die der Spannung bzw. ihr Spitzenwert entscheiden über Zündung und Nicht-Zündung. Solange die wiederkehrende Spannung unterhalb der Kurve der Wiederverfestigung der Schaltstrecke liegt, ist eine

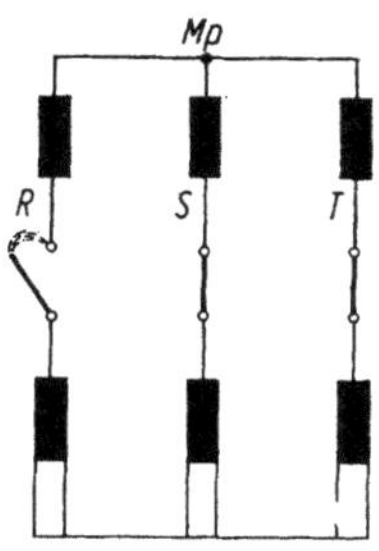

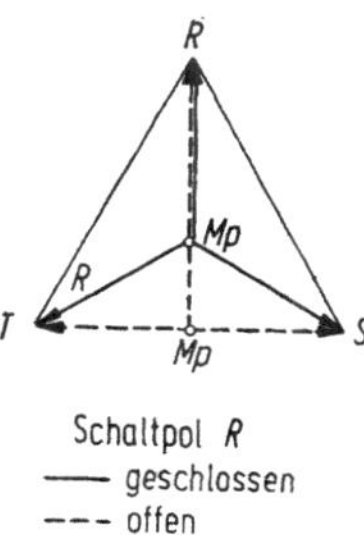

Abb. 42. Spannungsverteilung nach Abtrennung des erstlöschenden Poles (R); —————— Schaltpol R geschlossen, — — — — — desgl. offen

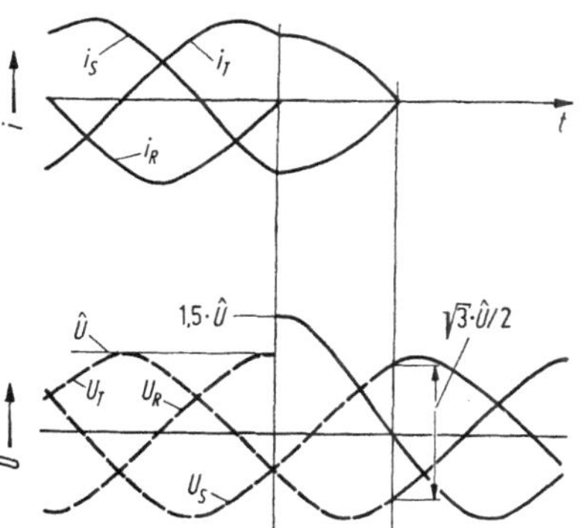

Abb. 43. Strom- und Spannungsverlauf beim Ausschalten im Stromnulldurchgang — $\cos \varphi = 0$, Phase R wird zuerst unterbrochen

Abb. 41. Wiederkehrende Spannung bei Wechselstromausschaltung

a) bei $\cos \varphi = 0{,}4$ und Einschalten bei $i = 0$; b) Einfluß der Lichtbogenspannung, Stromstärke unbeeinflußt angenommen; c) desgl. Strom von i auf i' durch Lichtbogen vermindert, φ' Stromnulldurchgang nach normalem Spannungsnulldurchgang; d) wie b) mit Einschwingvorgang u_{st} nach dem Abschalten wiederkehrende Spannung im stationären Verlauf, U_{sp} höchster Wert bedingt durch die Einschwingvorgänge, u' Spannung an den Kreiswiderständen.

1 Verlauf der Wiederverfestigung des Kontaktspalts, 2 Spannung am Stromverbraucher im Ausschaltaugenblick; 3 Wiederkehrende Spannung mit überlagertem Einschwingvorgang; 4 desgl. mit größerem Überschwingfaktor

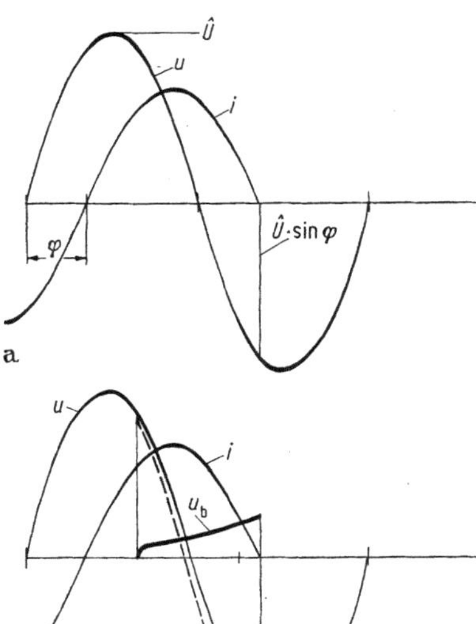

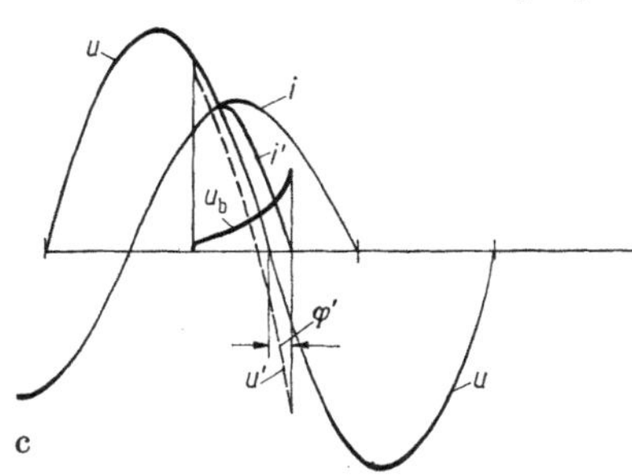

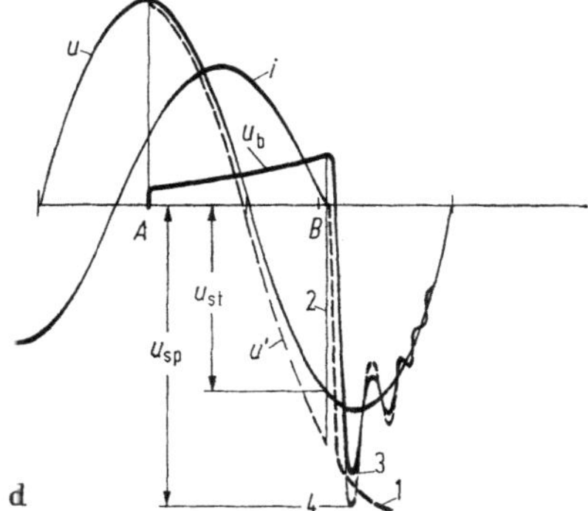

neue Zündung ausgeschlossen. Ein idealer Schalter hätte im Augenblick des Stromnulldurchganges sofort die der nicht-ionisierten Luftstrecke entsprechende Festigkeit. Beim wirklichen Schalter geht dieser Anstieg langsamer vonstatten. Wenn in Abb. 41d die Kurve *1* die Spannung angibt, bei der noch keine Wiederzündung einsetzt, und die Netzspannung bei Stromnulldurchgang schlagartig aufträte, dann würde eine Wiederzündung erfolgen. Bei einem durch die Einschwingvorgänge gedämpften Anstieg bis zur Spitze *3* unterbleibt sie dagegen. Nur wenn die Schwingung die Höhe *4* einnähme, wäre auch hier mit Wiederzündung zu rechnen. Es ist im übrigen möglich, daß insbesondere bei Geräten mit engem Kontaktspalt vorher abgerissene Bögen an anderer Stelle wieder Zündungsmöglichkeiten finden. Die Spannung am abgeschalteten Kreis, von der die Schwingung ausgeht, ist in jedem Falle um die Lichtbogenspannung größer als die Netzspannung, s. u'.

In einem *Drehstromkreis* ist die betriebsfrequente wiederkehrende Spannung an der Schaltstelle, die sich zuerst öffnet, vorausgesetzt, daß in dem abgetrennten Netzteil nicht noch irgendwelche elektromotorische Kräfte, z. B. rotierende Motoren, die Spannung z. T. aufrecht erhalten, größer als die Sternspannung eines solchen Systems, s. Abb. 42. Wird beispielsweise die Phase R allein abgeschaltet, dann ist die Spannung an diesem Pol gleich der Dreieckhöhe, mithin dem 1,5fachen Sternwert. Dafür trennen die nachfolgenden Schaltstrecken insgesamt die volle Dreieck-Spannung oder, wenn beide gleichzeitig zur Wirkung kommen, jede für sich nur den halben Betrag. Nach dem Ausschalten der ersten Strombahn geht die 3phasige Belastung in eine 1phasige über. Die Spannungszeiger an der Belastung machen einen Phasensprung von 30°. Der Stromnulldurchgang in den beiden Bahnen, die zuletzt geöffnet werden, findet 90° nach dem in der erstlöschenden Strombahn statt. Der Augenblickswert der Spannung am erstlöschenden Pol ist $\hat{U}_\curlywedge \cdot 1{,}5 \cdot \sin \varphi$. Abb. 43 zeigt den Strom- und Spannungsverlauf in der beschriebenen Weise bei einem Stromkreis mit $\cos \varphi = 0$. Der Zahlenfaktor 1,5 ist richtig beim 3poligen Kurzschluß eines Netzes ohne Erdberührung. Bei anderen Voraussetzungen ändert er sich, z. B. sinkt er nach Abb. 44a und b bei 1poligem Erdschluß oder auch 3poligem Kurzschluß mit Erdverbindung und Erdung des Transformatorennullpunktes von 1,5 auf 1. Bei voller Phasenopposition und geerdeten Nullpunkten steigt er auf 2, bei zwei ungeerdeten Systemen auf 3, s. Abb. 44e und f.

Die Spannungen bei Nulldurchgang ändern sich, wenn ein *unsymmetrischer Wechselstrom* auszuschalten ist. Der Einfluß des Gleichstromgliedes kann vor allem bei generatornahem Kurzschluß (s. S. 6) so weit gehen, daß die Wechselstromkurve zunächst praktisch auf einer Seite der Achse verläuft. Verkleinerte Werte der Spannungen, z. B. U_2 in Abb. 45 erleichtern den Ausschaltvorgang. Bei steigendem Schaltverzug nimmt selbstverständlich die Unsymmetrie im Ausschaltzeitpunkt ab. Alle Geräte, insbesondere auch schnell wirkende Schalter, müssen aber in der Lage sein, auch noch die unsymmetrischen Kurzschlußströme auszuschalten. Die unterschiedlichen Auswirkungen bei einem symmetrischen und unsymmetrischen Ausschaltstrom können nicht allgemeingül-

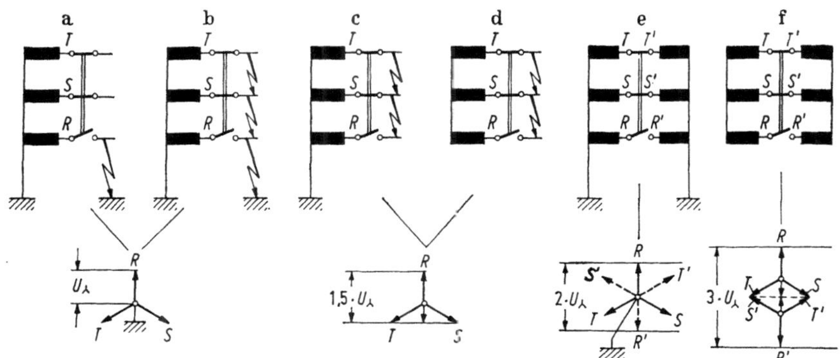

Abb. 44. Wiederkehrende betriebsfrequente Spannung am erstlöschenden Pol R eines 3-Phasensystems a) Sternpunkt geerdet, einpoliger Erdschluß; b) desgl., allpoliger Erdschluß; c) desgl. dreipoliger Schluß ohne Erdverbindung; d) Sternpunkt isoliert, dreipoliger Schluß ohne Erdverbindung; e) Phasenopposition, Sternpunkte geerdet; f) desgl., Sternpunkte isoliert

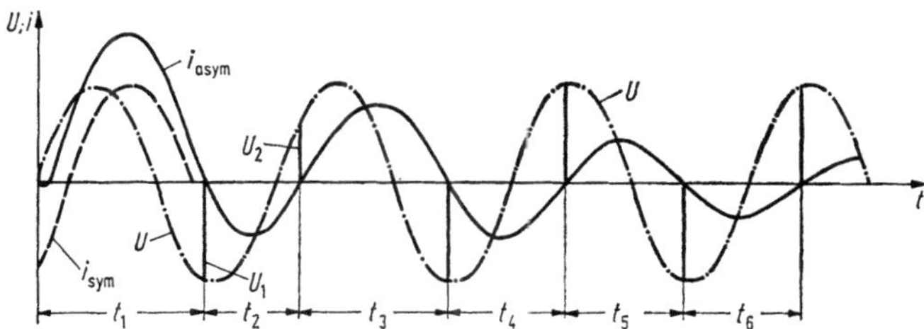

Abb. 45. Spannungen (U_1, U_2) bei Nulldurchgang eines asymmetrischen Stromes (i_{asym}), i_{sym} symmetrisch

tig dargestellt werden. Im letzteren Falle wird das Gleichstromglied bei kurzen Schalteigenzeiten im allgemeinen die Lichtbogenleistung vergrößern. Es kann aber unter dem Einfluß des Lichtbogenwiderstandes schneller abklingen, so daß der nachteilige Einfluß wieder eingeschränkt wird.

Die *Wiederverfestigung des Kontaktspaltes* verlangt, daß bei Stromnulldurchgang die Bogensäule so schnell gekühlt wird, daß sie ihre Leitfähigkeit verliert. Bei Wechselstrom werden die Vorgänge dadurch unterstützt, daß bei dem für ihn typischen Wechsel der Stromrichtung bei jeder Neuzündung die Kathode entgegengesetzte Polarität erhält (Elektrodeneffekt). Das stellt man sich so vor, daß unmittelbar nach dem Aufhören des Stromflußes das der neuen Kathode benachbarte Lichtbogenplasma an Elektronen verarmt. Diese diffundieren teilweise zur Elektrode, teils werden sie von der wiederkehrenden Spannung abgesaugt. Die schwerer beweglichen positiven Ionen bleiben zurück und bilden vor der Kathode eine neue Raumladungsschicht, die indessen nur eine ganz geringe Dicke hat. An ihr liegt dann fast die ganze wiederkehrende Spannung. Sobald sie die erforderliche Höhe erreicht, entsteht ein neuer Lichtbogen. Das geschieht z. B. über eine äußerst kurz dauernde *Glimmbogenentladung*, die eine Spannung bis etwa 300 V erfordert oder aber infolge thermischer *Wiederbelebung der Strecke* durch einen Reststrom, der den Entladungskanal aufheizt. Das letztere ist bei höheren Stromstärken die Regel. Dabei reichen auch geringere Spannungen als 300 V aus. Das sind entscheidende Tatsachen für die Löschung von Wechselstrom-Lichtbögen.

Das Ausmaß, in dem sich die Wiederverfestigung des Spaltes vollzieht, wird durch die Spannung, die abhängig von der Zeit auftreten darf, angegeben. Die Spannungen, die nicht erreicht werden dürfen, nennt man die *Wiederzündspannungen* (u_{wz}). Es interessiert natürlich, durch welche Einflüsse ihr zeitlicher Verlauf gegeben ist, s. RIEDER (2, S. 124ff.). SLEPIAN gab an, daß sich fast augenblicklich nach Erlöschen des Bogens eine ionenfreie Schicht bildet, die etwa 250 V zu halten vermag. Dabei errechnet er als kürzeste Zeit, in der die höchste Beanspruchung einsetzt, 2,5 μsec. Danach nimmt die Verfestigung verhältnismäßig langsam zu. Beide Vorgänge, sowohl der des Wiederanstieges der Spannungen an der Schaltstrecke, wie auch die Wiederherstellung dielektrischer Festigkeit der Strecke gehen also in Abhängigkeit von der Zeit vor sich. Bei der Mehrfachunterbrechung, z. B. durch Löschbleche (s. S. 61), spielen sich während des Stromrichtungswechsels die geschilderten Vorgänge an jedem Elektrodenpaar ab, und es werden zum Wiederzünden entsprechend hohe Spannungswerte nötig. Der Elektrodeneffekt kann auch dadurch verbessert werden, daß man die Wärmeaufnahmefähigkeit der Schaltstücke so bemißt, daß sie die während des Ausschaltvorganges in Wärme umgesetzte Schaltarbeit aufnehmen können, ohne die Höhe der Schmelztemperatur zu erreichen. Dem gleichen Zweck dienen Einrichtungen, die darauf abzielen, die Lichtbogenfußpunkte nach dem Auseinandergehen der Schaltstücke so schnell wie möglich von der Entstehungsstelle hinwegzuführen. In den maßgebenden Zeitabschnitt fallen bei der Niederspannung im Gegensatz zur Hochspannung wegen der möglichen höheren Einschwingfrequenzen (s. S. 90) vielfach hohe Beanspruchungen. Im

einzelnen können die Gründe für die unterschiedliche Höhe der Wiederzündspannung durch verbleibende hohe Temperaturen der Schaltstücke
wegen deren niedriger Wärmeleitfähigkeit und dadurch bedingter Elek-
tronen-Emission oder durch Restleitfähigkeit des Kontaktspaltes oder
durch den rein dielektrischen Durchschlag des Spaltes u. U. in Verbindung
mit Restleitfähigkeit gegeben sein.

Bei der Kurve für die Wiederverfestigung des Kontaktspaltes, d. h.
dem zeitlichen Verlauf der Wiederzündspannung (s. Abb. 46), kann man
drei Zeitabschnitte unterscheiden, weil Kathodengebiet, Anodengebiet,

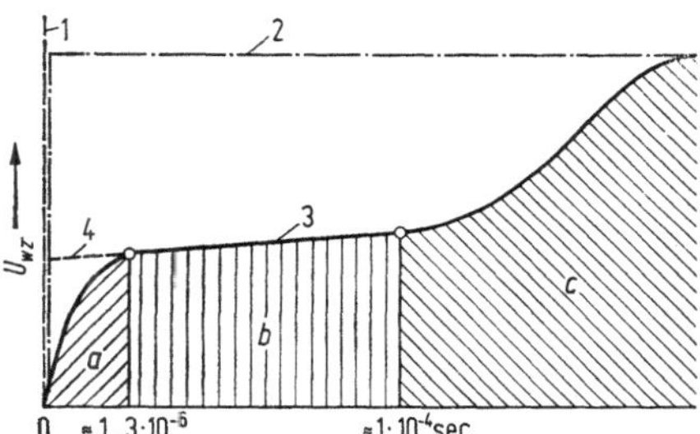

Abb. 46. Verlauf der Wiederzündspannung $- U_{wz}$

1 ideale Werte, *2* konstanter Wert
entsprechend der Überschlag-
spannung bei kaltem Kontaktspalt, *3* tatsächlicher Verlauf, *4*
bei Vernachlässigung von Abschnitt *a*

elektroden-nahe und elektroden-ferne Teile der Säule zu verschiedenen
Zeiten ihre Funktionsfähigkeit verlieren und dadurch zeitlich unterschiedlich zur elektrischen Verfestigung beitragen. Im ersten Abschnitt
a handelt es sich hauptsächlich um Vorgänge auf der Elektrodenoberfläche. Die zulässige Spannung steigt in einigen µsec auf etwa 250 V an.
Dieser Wert ist dadurch bedingt, daß die positiven Ionen vor der Kathode
einen Wall aufbauen, dessen Durchbrechung im günstigsten Falle eine
Spannung in der Größenordnung von knapp 300 V erfordert, wie sie für
die Entstehung einer Glimmspannung notwendig ist. Die damit ein-
geleitete Glimmentladung unterscheidet sich vom Lichtbogen vor allem
durch die Stromstärken. Dann folgt ein Abschnitt *b*, für den Vorgänge
in der Lichtbogensäule maßgebend sind. Er hat eine Dauer von einigen
100 µsec, u. U. muß man auch mit Werten bis 10^{-3} rechnen. Bei Lichtbögen mit Kühlblechen bleibt es im allgemeinen bei 10^{-4} bis 10^{-5} sec. In
dieser Zeit hat die Strecke praktisch ihre Leitfähigkeit verloren. Es ändert
sich die zulässige Spannung nur verhältnismäßig wenig, um dann später
im Abschnitt *c* langsam aber stetig bis zur Durchschlagspannung der
kalten Gasstrecke anzusteigen. Hier ist also die Abkühlung der Konstruktionselemente maßgebend. Allgemein kann man mithin sagen, der
Lichtbogenraum geht von einem Zustand guter Leitfähigkeit über den
eines unvollkommenen Isolators in den eines guten über. Über den ersten
Abschnitt *a* weiß man noch nicht allzu viel. Jedenfalls beginnt die Wieder-

verfestigungskurve oft mit einem erheblich niedrigeren Wert als dem von
SLEPIAN festgestellten. Nach TAEV tritt er sogar erst nach einigen 100 μsec
auf. Der Slepian-Effekt kommt nur zustande, wenn die Kathode nicht
auf eine Temperatur erwärmt ist, die zwischen der Schmelz- und Siedetemperatur des Schaltstückmaterials liegt. Dann ist eine Wiederzündung
die Folge der Erwärmung des restlichen Bogenwiderstandes durch den
Strom, der ihn unter dem Einfluß der wiederkehrenden Spannung durch-
fließt — thermische Wiederbelebung. Bei hohen Strömen muß man vom
Abkühlungsprozeß u. a. durch die Schaltstückflächen und die Löschbleche ausgehen. Von ganz besonderer Bedeutung für die Wiederverfestigung innerhalb weniger μsec ist demnach das *Verhalten des Lichtbogens
vor seiner Löschung*, bedingt durch die Abhängigkeit der physikalischen
Prozesse von der Erwärmung. Die Grenze ist mithin von der vorherigen
Strombelastung abhängig. Die elektrische Verfestigung ist nicht mehr
möglich, wenn im Bogenrest während der stromlosen Pause infolge der
Thermoionisation genügend neue Ladungsträger entstehen. Vor allen
Dingen bei höheren Strömen sinken die Wiederzündspannungen mit
steigender Stromstärke u. U. stark ab. Das ist mehrfach festgestellt
worden, so z. B. in einer Arbeit von BERGOLD. Die Werte um 250 bis 300 V
gelten meistens in einem schmalen Streuband nur bis zu einer gewissen
Strombelastung. Bei deren Überschreitung erhält man dann ein breites
Streuband zwischen 20 bis 30 V und 250 V. Bei einer weiteren Strom-
schwelle sinkt es u. U. auf ein schmales Band — bei etwa 20 bis 30 V zusammen. Bei diesen Werten dürfte es sich um thermische Belebung handeln. Einige Wiederverfestigungskurven s. Abb. 47. Die Veröffentlichun-
gen in dieser Richtung sind schlecht vergleichbar, weil auf die bei den
Versuchen aufgetretenen Einschwingfrequenzen in der Vergangenheit
keine Rücksicht genommen wurde. Den zeitlichen Verlauf der Wiederzündspannung bei verschiedenen Steilheiten der wiederkehrenden Spannung behandelt BURGHARDT (2). Alle Betrachtungen gehen von dem
Augenblick aus, in dem der Strom im Lichtbogen zu fließen aufhört.
Dieser Zeitpunkt ist nicht völlig mit dem natürlichen Stromnulldurchgang gleichzusetzen, da der Strom in der Bogenentladung nicht stetig bis
Null geht, sondern vorher zusammenbricht.

Inwieweit die *beim Schalten entstehenden Dämpfe* zur Verzögerung der
Deionisierung beitragen, hängt von ihrer chemischen Wirksamkeit ab.
Besonders Metalldämpfe sind ausgezeichnete Stromleiter. Ihre Entfernung aus dem Luftspalt ist infolgedessen ein wichtiger Vorgang. Das ist
schwierig, wenn die Entionisierung auf engem Raum erfolgen muß. Gelingt das nicht, so ist die Gefahr einer Wiederzündung gegeben. Die Ionisierung der Dämpfe nimmt aber mit sinkender Temperatur außerordentlich schnell ab. Die wieder auftretende Spannung führt naturgemäß zu
neuen Stoßionisationen infolge unmittelbarer Beschleunigung der Elek-

tronen durch das elektrische Feld. Außer der Dampfart spielen die Eigenschaften der Elektroden selbst eine Rolle. Wenn sie während der stromlosen Pause Thermoelektronen aussenden, dann genügen schon kleine Spannungen zum Wiederzünden des Bogens. Das kommt daher, daß die Elektroden an den Lichtbogenfußpunkten die Siedetemperatur

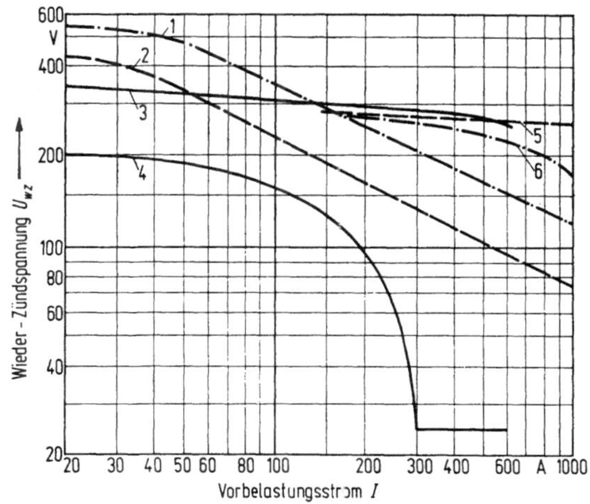

Abb. 47. Beispiele für den Einfluß des Vorbelastungsstromes auf die Wiederzündspannung U_{wz}
1 Mindestwerte bei einem Stromkreis cos φ = 0,4, Zweifachunterbrechung am erstlöschenden Pol, Schaltstück AgCdO 90/10; *2* desgl. Ag; *3* und *4* Hüllkurven der Meßpunkte nach BERGOLD bei durch negative Stromstöße gelöschtem Gleichstromkreis — Cu-Elektroden 10 mm Spaltweite; *5* Mittelwerte nach SCHMELZLE cos φ 0,4, AgCdO 90/10; *6* desgl. Ag

des Stoffes aufweisen. Deshalb sind Stoffe mit hohem Siedepunkt, wie z. B. Kohle oder Wolfram, für die spezifische Wechselstromausschaltung schlecht geeignet.

Wesentlich war die Erkenntnis, daß die Verfestigung des Spaltes, d. h. die Zunahme der Wiederzündspannung, in hohem Maße vom *Elektrodenabstand* abhängt, jedoch nicht so, daß der größere Spalt die höheren Werte liefert, sondern die Trennstrecke hält unter sonst gleichen Bedingungen einer umso höheren Spannung stand, je näher die Elektroden aneinander rücken. Untersuchungen über den Einfluß des Kontaktspaltes s. z. B. RIEDER u. SOKOB sowie BURGHARDT (3). Durch dieses Verhalten gelingt es, beachtliche Wechselströme mit sehr kleinen Kontaktöffnungen sicher zu unterbrechen. Der Grund ist darin zu suchen, daß die kritische Temperatur, z. B. 3000° K in der Mitte der Entladungsstrecke umso später unterschritten wird, je weiter die Elektroden voneinander entfernt sind. Bei kleinem Abstand ist die von den relativ kalten Schaltstücken ausgehende Abkühlung wirksam. Sie wirkt entionisierend auf das Plasma. Die Elektrodennähe hat weiterhin beim Anstieg der wiederkehrenden Spannung in entgegengesetzter Polarität ein rasches Absaugen der Ladungsträger aus der Restsäule zur Folge. Wenn die Öffnung der Schaltstücke nur wenig größer ist als die Dicke der ungeladenen Schicht vor der Kathode, dann erreicht der Raum zwischen den Schaltstücken in einigen Mikrosekunden das höchste Maß von Festigkeit. Bei größeren Spalten ist die Festigkeit geringer, weil dann die Ionen der Säule längere Wege bis zu den Elektroden zurücklegen. Erst wenn der Abstand beträchtlich weiter wächst, bringt die Vergrößerung wieder eine Zunahme der Wiederzündspannung, wobei die Entionisierung in der Hauptsache durch die radiale Abwanderung der Träger aus der Säule stattfindet.

Die *optimalen Werte der Kontaktspalte* liegen bei etwa 1 mm im Augenblick des Stromnulldurchganges, z. T. sogar noch niedriger. So z. B. erhielt BURGHARDT (3) eine besonders günstige Lichtbogenlänge bei etwa 0,3 bis 0,4 mm. RIEDER (2, S. 127) ermittelte etwa 2 mm. Aus fertigungstechnischen Gründen ist es im allgemeinen nicht möglich, kleinere Spaltgrößen als etwa 3 mm zu verwenden. Diese Werte darf man nicht mit der Größe des erreichbaren Kontaktspaltes überhaupt verwechseln. Die praktische Ausnutzung des kleinsten Kontaktspaltes als endgültigem Öffnungsweg bei Leistungsselbstschaltern ist schon deshalb nicht möglich, wenn die Geräte gleichzeitig Trennereigenschaften (s. S. 156) haben sollen und der Kontaktspalt mindestens so groß sein muß wie die nach VDE 0110 erforderliche Luftstrecke. Bei zu kleinem Spalt kann selbstverständlich die Spannung auch bei kalter Atmosphäre einen Überschlag herbeiführen. Durch diese Forderung nach der optimalen Spaltweite hängt das Verhalten der Geräte weitgehend von der Ausschaltgeschwindigkeit ab, durch die die Größe des Spaltes beim Stromnulldurchgang bedingt ist. Die aus anderen Gründen bei den Löschblechpaketen erforderlichen Plattenabstände führen einigermaßen zwangsläufig in das Gebiet günstiger Spaltweiten.

Wenn durch die Verringerung der Ladungsträgerdichte in der Bogenrestsäule die wiederkehrende Festigkeit schneller steigt als die wiederkehrende Spannung, so wird der Lichtbogen erlöschen, und der Schaltvorgang ist beendet. Hierbei ist es *wesentlich, welchen Verlauf die Einschwingspannung nimmt*, d. h. in welcher Zeit und in welcher Höhe die erste Spannungsspitze auftritt. Hochfrequente Einschwingspannungen können die oft noch ionisierte Schaltstrecke zum Wiederzünden bringen. Von ihrem Ausmaß hängt es ab, ob der Abschnitt a der Wiederverfestigungskurve (s. Abb. 46) von entscheidender Bedeutung ist. Anderenfalls ist der Spannungswert des Abschnittes b in der Größenordnung von 200 bis 300 V entscheidend, so daß die Aussicht auf Verhinderung einer Wiederzündung auch bei Anwendung einer nur geringen Anzahl von Unterbrechungsstellen schon recht groß ist. Gäbe es die Einschwingvorgänge (s. S. 84), die einen verlangsamten Spannungsanstieg zur Folge haben nicht, dann wäre das Problem der Wiederzündungsfreiheit auf diese Art überhaupt nicht zu lösen. Einer Verfestigungszeit für die erste Stufe in Höhe von etwa 5 μsec entspricht beim Auftreten des Spannungsmaximums nach einer Halbwelle eine Einschwingfrequenz von etwa 100 kHz. Bei kleineren Frequenzen wäre der Verlauf des ersten Wiederverfestigungsabschnittes nicht von allzu großer Bedeutung. Für den Abschnitt *b* ist bei entsprechend niedrigeren Frequenzen lediglich der Überschwingfaktor maßgebend, denn es darf die wiederkehrende betriebsfrequente Spannung, multipliziert mit diesem Faktor, nicht größer sein als die erreichte Spannungsfestigkeit. Der Abschnitt *c* hat weniger praktische Bedeutung. Die tatsächliche Beanspruchung fällt in erster Linie in die Abschnitte *a* und *b*. Wenn die Bedingungen für die Wiederzündung nicht mehr gegeben sind, dann erlischt der Bogen, unabhängig davon, wie groß seine Brennspannung vorher war. Reicht jedoch unter den angegebenen Bedingungen das Schaltvermögen einer Unterbrechungsstelle nicht mehr aus, dann muß man zur Mehrfachunterbrechung greifen, s. S. 61.

Die *Mittel zur* Durchführung einer möglichst *schnellen Wiederverfestigung* der Schaltstrecke bei Wechselstrom sind also folgende: Möglichste Einhaltung optimaler Kontaktspalte im Augenblick des Stromnulldurchganges, Anwendung von Mehrfachunterbrechung, die den Schaltbogen in mehrere Teillichtbögen aufteilt, z. B. durch den Einsatz von Löschblechen, oder schnelle Entionisierung des Gebietes der Bogensäule während des Stromnulldurchganges durch Strömungsmittel wie z. B bei Löschung unter Öl, mit Druckluft und dgl. Ferner beschleunigt man die Entionisierung der Bogensäule während des Stromnulldurchganges durch den Einbau gasabgebender Stoffe, z. B. Fiber. Ausschlaggebend ist weiterhin die Verwendung ausreichend bemessener, gut wärmeleitender Schaltstücke aus Stoffen hoher Abbrandfestigkeit, damit der Anteil des Metalldampfes in der Lichtbogensäule niedrig bleibt und sich die Elektrodenform nur wenig ändert. Ferner sollen sie eine möglichst niedrige Schmelz- und Verdampfungstemperatur haben. Diese Forderungen werden von keinem Metall erfüllt. Geeignete Kombinationen in Verbundstoffen erlauben jedoch optimale Lösungen, s. O. MÜLLER.

Die schnelle Wiederverfestigung der Schaltstrecke nach Stromnulldurchgang läßt sich auch leicht erreichen durch die Anwendung des Vakuumprinzips. Bei hohen Überströmen kurzschlußartigen Charakters scheidet das Gerät zwar aus, weil der Bogen bei einigen 10 kA von dem Hochdruckbogen mit überhitztem Brennfleck kaum verschieden ist, es sei denn, daß sich der Lichtbogen, z. B. bei Beeinflußung durch ein Magnetfeld auf den Schaltstücken schnell bewegt. Dann wird die örtliche Überhitzung vermieden, der Lichtbogen kann vor dem Nulldurchgang

das Verhalten des Vakuumbogens annehmen und während bzw. kurz
vor dem Stromnulldurchgang verlöschen, s. LAGOWITZ und BAHRS.

Bei der wiederkehrenden Spannung in Verbindung mit der Wechsel-
stromausschaltung ist von Bedeutung, daß der Stromkreis über Ohmsche,
induktive und kapazitive Widerstände verfügt, wobei der kapazitive
Widerstand naturgemäß im allgemeinen nur eine Nebenkapazität in
Form der Leitungs- und Wicklungskapazitäten ist. Es entsteht ein
Schwingungskreis, s. Abb. 48. Im Augenblick der Ausschaltung ist bei

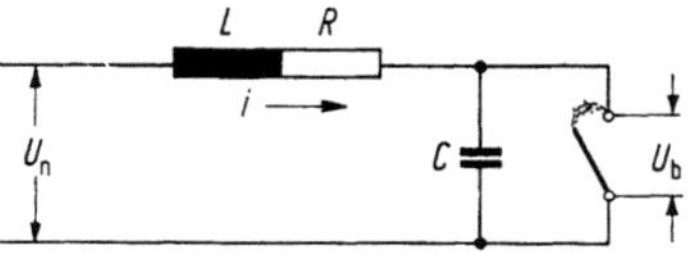

Abb. 48. Schwingkreis; C = Nebenkapazität

Stromnulldurchgang die magnetische Energie in der Induktivität verschwunden, aber die Kapazitäten sind, wenn man sie sich zwischen den
Leitungen konzentriert darstellt, als mindestens auf die Lichtbogenspannung aufgeladen anzusehen. Von dieser Höhe pendelt die Spannung
nunmehr in einem hochfrequenten Vorgang langsam auf die nach dem
Ausschaltvorgang auftretende stationäre Spannung ein. Wenn es in
diesem System keine Ohmschen Widerstände gäbe, dann stiege die Spannung bis zum doppelten Augenblickswert der wiederkehrenden betriebsfrequenten Spannung plus der Bogenspannung an. Unter dem Einfluß der
Ohmschen Widerstände klingt sie aber langsam ab. Der Einschwingvorgang hat den Vorteil, daß die Spannung nur mit einer merkbaren Verzögerung auf den stationären Wert ansteigt, denn selbst bei einer Frequenz von 500 kHz sind das etwa 10^{-6} sec, eine Zeit, die für Regenerie-
rungsvorgänge des Luftspaltes (s. S. 79) schon eine Rolle spielt. Nach
dieser Gnadenfrist tritt aber dann die erhöhte Spannung auf, und es ist
möglich, daß nun unter ihrem Einfluß die Wiederzündung Wirklichkeit
wird. Sie ist also wesentlich durch die Geschwindigkeit dieses Spannungsanstieges und damit durch die Einschwingfrequenz und den Überschwingfaktor bedingt. Wenn die betriebsfrequente Spannung schlagartig aufträte, dürfte es außerordentlich schwierig sein, Schalter verhältnismäßig
kleiner Abmessungen aufzubauen. Es müßte mit großer Schnelligkeit ein
solcher Abstand geschaffen werden, daß die auftretende Spannung zur
Wiederzündung nicht mehr in der Lage wäre. In der Hochspannungstechnik hat man diese Vorgänge schon seit einigen Jahrzehnten beachtet.
Sie sind dort von ganz besonderer Wirksamkeit, weil die Spannungs-
anstiegsgeschwindigkeiten, mit denen man zu rechnen hat, verhältnismäßig klein sind. In der Niederspannungstechnik sind naturgemäß die
Induktivitäten und auch die Kapazitäten kleiner, so daß die Frequenzen

der Einschwingvorgänge bedeutend höher liegen. Den grundsätzlichen Spannungsverlauf bei einem Wechselstrom-Ausschaltvorgang zeigt Abb. 41 d, S. 75. Im Zeitpunkt A öffnet sich der Kontaktspalt und der Lichtbogen entsteht, bei B ist der Schaltvorgang beendet. Die Spannung am Schalter steigt unter Schwingungen auf die der Stromquelle. Aus Zweckmäßigkeitsgründen ist die Frequenz des Einschwingvorganges wesentlich niedriger eingezeichnet als es in der Praxis der Fall ist. Das Verhältnis der ersten Spannungsspitze (U_{sp}) zu dem Wert, den die Stromkreisspannung bei stationärem Verlauf aufweisen würde (U_{st}), nennt man den „Überschwing- oder Amplitudenfaktor" γ. Unter dem Einfluß der Wirkwiderstände klingen die Schwingungen schon nach wenigen µsec ab, und es bleibt nur die betriebsfrequente wiederkehrende Spannung zurück.

Die Berechnung der Eigenfrequenzen für einfache einfrequente Kreise erfolgt nach der Thomsonschen Formel

$$f_e = \frac{1}{2 \cdot \pi \cdot \sqrt{L \cdot C}} \tag{15}$$

bzw. mit dem Stromdämpfungsglied und *Hintereinander*-Schaltung

$$f_e = \frac{1}{2 \cdot \pi} \cdot \sqrt{\frac{1}{L \cdot C} - \left(\frac{R}{2 \cdot L}\right)^2}, \tag{16}$$

bei *Parallel*-Schaltung

$$f_e = \frac{1}{2 \cdot \pi} \cdot \sqrt{\frac{1}{L \cdot C} - \frac{1}{(2 \cdot R \cdot C)^2}}. \tag{17}$$

Die Formeln führen zu Schwierigkeiten, weil die Kapazität nicht konzentriert gelegen vorhanden ist, sondern in Wicklungen und an Leitungen verteilt auftritt. In die Berechnungen sind die schwingungsbestimmenden L- und C-Werte aller Betriebsmittel, d. h. der Generatoren, Transformatoren, Drosselspulen, Kabel und dgl. einzubeziehen. Von Bedeutung ist weiterhin, ob der Sternpunkt geerdet ist. Man erhält Frequenzunterschiede für den erst- und die letztlöschenden Pole. Die Berechnung ist z. T. sehr aufwendig. Das umfangreiche Schrifttum bezieht sich leider noch kaum auf Verhältnisse in Niederspannungskreisen.

Die *Steilheit des Spannungsanstieges* ist beim Einfrequenzkreis durch das Produkt $f_e \cdot \gamma$ gekennzeichnet. Sie ist aber bei gegebener Wiederverfestigungskurve des Kontaktspaltes nicht allein entscheidend, daneben auch der Überschwingfaktor. Er wird weitgehend von der Netzwirklast und anderen dämpfend wirkenden Widerständen sowie

Sekundärverlusten beeinflußt. Über die Einschwingfrequenz s. u. a. EIDINGER.

Die Netzgestaltung führt aber häufig zu *Einschwingspannungen mit mehreren Frequenzen*, die sich überlagern. Dann werden die Angaben über die Spannungsanstiegsgeschwindigkeit schwieriger. Ein solcher Fall liegt z. B. grundsätzlich bei dem „Abstandskurzschluß" (s. S. 57) vor. Dabei ist die Anstiegsgeschwindigkeit verschieden definiert worden, s. z. B. IEC-Publik. 56—1 1954 und VDE 0670 Teil 1/64 Anhang B. Man kann die „Mittlere Steilheit" feststellen, indem man an die Kurve eine Tangente legt und außerdem den Überschwingfaktor, also den höchsten auftretenden Spannungswert durch die Zeit t_m berücksichtigt, bei der die Tangente seine Höhe erreicht. Es ist demnach

$$S = \frac{U_\mathrm{max}}{t_\mathrm{m}} = U_\mathrm{max} \cdot 2 \cdot f_\mathrm{e} \; [V.\,\mathrm{sec}^{-1}]. \tag{18}$$

Aus t_m wird eine Ersatzfrequenz bestimmt:

$$f_\mathrm{e} = \frac{1}{2 \cdot t_\mathrm{m}} \tag{19}$$

Es ist nicht o. w. klar, inwieweit sie zur Beurteilung der Verwendbarkeit eines Gerätes verwandt werden kann, s. a. ZÜHLKE (Rziha, Bd. II, S. 17). Für die Beurteilung der Schaltgeräte ist es aber einfacher, eine Einschwingfrequenz und den Überschwingfaktor anzugeben. Diese kennzeichnenden Werte werden *von dem Schalter selbst noch beeinflußt*. Der Einfluß liegt im wesentlichen beim Löschvorgang, z. B. der Höhe der Lichtbogenspannung und dem Leitwiderstand der Schaltstrecke bei Stromnulldurchgang. Der Beurteilung zugrunde gelegt werden jeweils die unbeeinflußten Werte, die auch bei der Prüfung der Geräte eingestellt werden. Die Lichtbogenspannung wirkt dabei in zweifacher Richtung. Zunächst einmal trägt eine hohe Bogenspannung zur Vorverlegung des Stromnulldurchganges bei. Dadurch wird im induktiven Kreis die Phasenverschiebung geändert, so daß sich im allgemeinen die betriebsfrequente Wiederkehrspannung, s. Abb. 41c, S. 75, und im praktisch gleichen Verhältnis die Spitzen der überlagerten Einschwingspannung vermindern. Eine andere Wirkung der Lichtbogenspannung äußert sich jedoch im umgekehrten Sinne, und zwar trägt sie zur Erhöhung der an den Induktivitäten hinter dem Schaltgerät auftretenden Spannungen bei Stromnulldurchgang bei. Die Spannung einer eingeschalteten Wicklung hat in diesem Augenblick nicht mehr den Wert der Netzspannung, sondern ist um die Lichtbogen-Löschspannung erhöht (u' in Abb. 41b—d). Im gleichen Ausmaß wächst dann die Ausgleichspannung. Die Folge davon ist eine erhöhte Spannungsspitze nach der Ausschaltung. Über die Einflüsse der Rest-Motorspannung auf den Überschwingfaktor bei der Ausschaltung eines Motors s. S. 93.

In Abb. 49 sind die grundlegenden Zusammenhänge nochmals an einphasigen Bildern dargestellt. Bild a behandelt die Ausschaltung von *Motoren*. Hierbei kann unterstellt werden, daß der Transformator von der Zu- bzw. Ausschaltung des Motors praktisch nicht beeinflußt wird. Die Einschwingspannung wird also in diesem Fall einzig und allein von den magnetischen bzw. Ladeenergien der Motorwicklung und der zugehörigen Leitungen abhängen, d. h. der Einschwingvorgang wird an den zum Motor abgehenden Schalterklemmen auftreten, während auf der Netzseite des offenen Schalters nur noch die stabile Wechselspannung ansteht. Die Schaltstrecke wird von der Differenz der beiden Werte beansprucht. Der Einschwingvorgang dient dem Ausgleich dieses Unterschiedes, d. h. unter Schwingungen geht die Spannung von O allmählich auf den vollen Wert der Netzspannung. Bei Bild b ändern sich die Verhältnisse grundsätzlich. Hier ist daran gedacht, daß hinter dem Schalter ein Kurzschluß aufgetreten ist — *„Nahkurzschluß"*. Das ist die Situation, die bei der Beurteilung der Leistungsschalter im Vordergrund des Interesses steht. Die Einschwingfrequenz ist hierbei identisch mit der des Reststromkreises bzw. -Netzes, über das der Schalter nach Löschung des Lichtbogens mit der Stromquelle verbunden bleibt. Dabei ist die Spannung auf der Sekundärseite des Transformators vor der Schalteröffnung bis auf etwa 0 zusammengebrochen. Bei einem stabilen Hochspannungsnetz wird sie auf der Transformator-Primärseite praktisch noch in voller Höhe vorhanden sein. Die Kapazitäten der Sekundärseite sind aber z. T. entladen und die magnetischen Flüsse gering. Es muß sich nun nach Auftrennen des Kurzschlußkreises der alte Zustand wieder einstellen und der Einschwingvorgang von der verbliebenen Restspannung der Trafo-Sekundärseite (Lichtbogenlöschspannung) auf die volle Spannung führen. An der Schalter-Abgangsseite kann keinerlei Effekt auftreten, denn deren Klemmen sind überbrückt. In der Praxis liegen die Dinge im allgemeinen nicht so einfach wie angenommen, d. h. der Kurzschluß unmittelbar hinter den Schalterklemmen ist die Ausnahme. Bei ihm treten zwar die höchsten Kurzschlußströme in einem Kreis auf. Liegt jedoch der Kurzschluß an einer anderen Stelle desselben Netzstranges, dann sind Induktivitäten und Kapazitäten sowohl zwischen Schalter und Stromquelle, als auch zwischen Schalter und Kurzschlußstelle vorhanden. Man spricht dann vom *„Abstandskurzschluß"*, s. Abb. 49 c. Dabei nimmt der Strom selbstverständlich mit zunehmender Länge der abgehenden Leitung ab. Der Einschwingvorgang wird von dem an der Zuleitung und dem an der Abgangsleitung beeinflußt. Vor und hinter dem Schalter sind Teilspannungen maßgebend und auch die Frequenzen verschieden. Die Frequenz auf der Abgangsleitung ändert sich umgekehrt proportional mit der Länge. Bei kurzen Leitungsstücken ist sie sehr groß. Die auf der Transformatorseite entspricht in etwa der beim Nahkurzschluß. Ein Unterschied liegt darin, daß die Spannung am Schalter je nach der Entfernung der Kurzschlußstelle mehr oder weniger hoch ist und deshalb die Aufschwingung der Transformatorenseite immer bescheidener als beim Nahkurzschluß (b) ist. Die Wellenform der Zusatzspannung an der Abgangsleitung ist nicht mehr ganz sinus-förmig, sondern nähert sich mehr einem dreieckigen Verlauf. Nach der Löschung schwingt die Spannung auf dem abgetrennten Leitungsteil auf 0 ab, also um den Nullpunkt herum. Die Amplitude dieser Welle wächst mit der Leitungslänge. Auf die Kontaktspalte wirkt die Überlagerung beider Einschwingspannungen, wobei die hohe Frequenz der Ausgleichsschwingung an der kurzgeschlossenen Abgangsleitung u. U. entscheidende Bedeutung hat. Es kann wenigstens im Anfang eine höhere Spannungsanstiegsgeschwindigkeit vorhanden sein, die den Ausschalt-

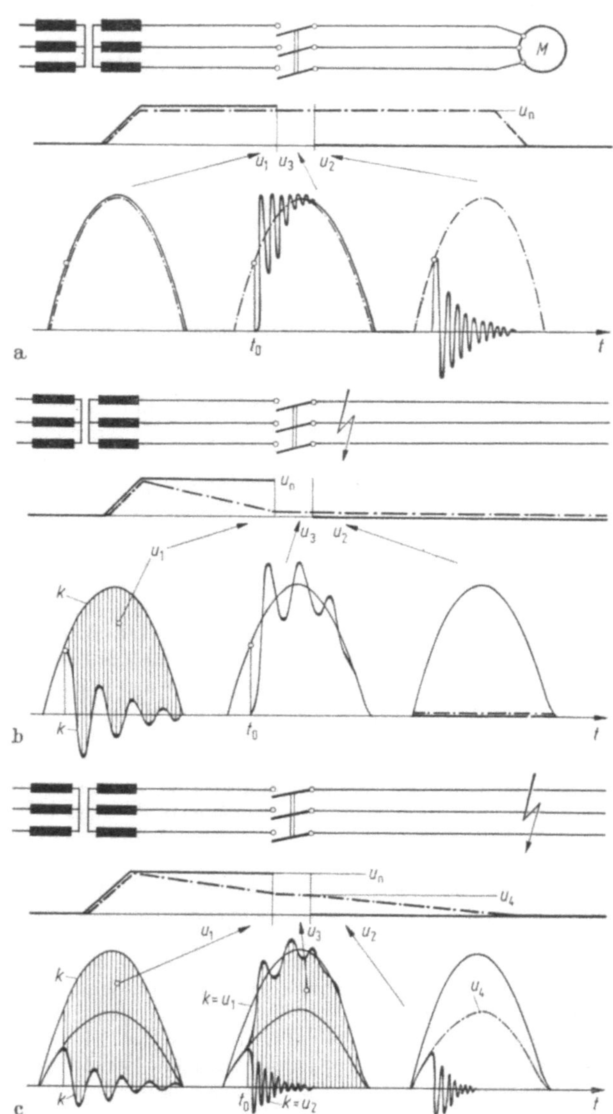

Abb. 49. Einschwingvorgänge bei a) Motorstromausschaltung, b) Nahkurzschluß, c) Abstandskurzschluß; ─·─·─ Spannung vor, ──── nach der Ausschaltung; U_3 Spannung am Kontaktspalt nach dem Stromnulldurchgang $= U_1 - U_2$; k jeweils die Komponenten, wirksam sind die schraffierten Flächen; t_0 Zeitpunkt, in dem der Strom 0 wird; U_n = Netzspannung

Spannung bei der Ausschaltung	Bezogen auf Bild		
	a	b	c
Vor dem Schalter U_1	$\sim U_n$	0	U_4
strebt nach	U_n	U_n	U_n
Unterschied	~ 0	$+ U_n$	$U_n - U_4$
Hinter dem Schalter U_2	U_n	0	U_4
strebt nach	0	0	0
Unterschied	$- U_n$	0	$- U_4$

vorgang erschwert. Für genormte Prüfungen sind bisher noch keine Festlegungen
getroffen worden. Bei nur kurzen Leitungsstücken zwischen Schalter und Kurzschlußpunkt entstehen zwar hohe Frequenzen, aber bei nur geringer Spannungsdifferenz
zwischen den Schalterpolen. Deshalb ist der Einfluß dieses Schwingungsvorganges
auf den Ausschaltprozeß nicht von großer Bedeutung.

Als weitere Erschwerung der Ausschaltprobleme kommt u. U. noch die *Phasenopposition* hinzu. Sie spielt in Niederspannungsnetzen keine große Rolle und ist nur
von Bedeutung, wenn ein Netz unmittelbar von mehreren Generatoren gespeist
wird. Fällt einer dieser Generatoren außer Tritt, dann kommt es in den sie verbin-
denden Leitungen zu einem Kurzschlußstrom. Als betriebsfrequente wiederkehrende
Spannung erscheint im Oppositionsfall der doppelte Nennwert. Über den Ablauf dieser Erscheinungen s. ZÜHLKE (S. 14 bis 17).

Die verbreitete Meinung, daß für den Ausschaltvorgang neben *Strom
und Spannung der Leistungsfaktor allein ausschlaggebend sei, stimmt also
nicht*. Stromkreise gleicher Stromaufnahme und gleichen Leistungsfaktors können in verschiedener Weise aufgebaut sein. Sie liegen zwischen
reiner Serienschaltung von Widerstand und Induktivität und reiner
Parallelschaltung beider Komponenten.

In der Praxis wird die Dämpfung der Eigenschwingung der wiederkehrenden Spannung bei der langsamen *Wiederverfestigung des Kontaktspaltes* durch dessen *Widerstand beeinflußt*. Ferner sinken, wenn auch
eine Ohmsche Belastung vorhanden ist, die zustande kommenden Frequenzen. Unter Umständen spielen auch die Ableitströme des Netzes dabei eine Rolle. Auch verhältnismäßig hohe Ohmsche Widerstände sind
von Bedeutung. Ihr Einfluß ist — wie aus den Formeln für den Schwin-
gungsvorgang hervorgeht — bei hohen Frequenzen größer als bei niedrigen. Bei praktisch induktionsfreien Widerständen entwickelt sich dann
u. U. der Spannungsanstieg nach einer schwingungsfreien Exponentialfunktion. In der Praxis kommt aber meistens nur eine Erleichterung des
Ausschaltvorganges heraus und nicht dieser Idealfall.

Bei der *reinen Serienschaltung* versucht im Augenblick des Stromnulldurchganges die Spannung zwischen den Schaltstücken von der Lichtbogenspannung
auf den augenblicklichen Wert der Netzspannung zu wechseln. Der Spannungsabfall an der Reaktanz hat den maximalen Wert, weil die Spannung an ihr $L \cdot di/dt$
und die Geschwindigkeit der Änderung des Stromes Maximalwerte sind. Die Streu-
kapazität im Stromkreis verlangsamt den Spannungsanstieg zwischen den Schaltstücken und verursacht für eine endliche Zeit ein Überschwingen und dann Schwingungen um den normalen Spannungswert. Jedenfalls ist der Spannungsanstieg
groß. Die Verhältnisse ändern sich bei *Parallelschaltung* der Stromkreiskomponen-
ten, obwohl Gesamtstrom und Leistungsfaktor dieselben bleiben. Im Augenblick
des Stromnulldurchganges fließen die Ströme in der Induktivität und im Widerstand weiter und obwohl sie gleich sind, sind sie in der Phase entgegengesetzt, weil
der Gesamtstrom 0 ist. Der induktive Spannungsabfall ist der Netzspannung gleich,
folglich ist bei dem Strom 0 auch die Spannung zwischen den Schaltstücken 0. Dann
klingt die induktive Spannung langsam exponentiell ab und der resultierende
Spannungsanstieg wächst von 0 bis zu dem Wert der Netzspannung. Der Anstieg
ist erheblich langsamer als der bei der reinen Serienschaltung. In der Praxis kommen

kaum Netze mit reiner Serien- oder reiner Parallelschaltung vor, sondern meistens bestehen die Kreise aus einem Gemisch dieser beiden Elementformen, z. B. einem Speisestromkreis aus dem Transformatorwiderstand und dem Leitungswiderstand, ferner bei den Abgangskreisen, wenigstens solange der Kurzschluß nicht vor ihnen auftritt, aus einer Summe von parallel geschalteten Elementen. Die Auswirkung hängt selbstverständlich davon ab, wie der parallel geschaltete Widerstandsanteil zu dem seriengeschalteten ist. Schlagartig auftretende Übergänge auf die Betriebsspannung treten nur im praktisch nicht vorkommenden rein Ohmschen Kreis auf. Er liefert keine Gegenspannungen. Die Spannung zwischen den Schaltstücken ist sofort die volle Netzspannung. Über das Ausschalten kapazitiver Kreise s. S. 93.

Hinsichtlich der *Erkenntnisse* bezogen auf die Einschwingfrequenzen beim Ausschalten von Kurzschlußströmen in Niederspannungsanlagen sind die Netz-Untersuchungen noch recht spärlich. Die Verhältnisse liegen hier noch mehr im argen als bei den Hochspannungsnetzen. Andererseits sind aber diese Werte für die Bemessung der Leistungsschalter sehr wichtig. Es wäre wünschenswert, eine statistische Übersicht über die Werte bei Netzen in ihrer verschiedenen Zusammensetzung zu gewinnen und durch Feststellung allgemein verwendbarer Mittelwerte entsprechend vereinheitlichte Typen zu schaffen, die dem Erzeuger eine wirtschaftliche Fertigung und dem Verbraucher eine freizügige Verwendungsmöglichkeit bieten. Über die im Kurzschlußfall im Netz auftretenden Überschwingfaktoren sind die Kenntnisse noch geringer als über die Frequenzen. Nach EINSELE (2, S. 115) muß man bei Niederspannung mit Frequenzen zwischen 10000 und 40000 Hz rechnen, Überschwingfaktor 1,2 bis 1,6. In der Hochspannungstechnik hat die schon beim Studium der Einschwingvorgänge in gleicher Weise wie beim Ausschalten von Motoren gemachte Erfahrung bewiesen, daß die höchsten Einschwingfrequenzen keineswegs mit den höchsten Überschwingfaktoren zusammentreffen.

Aber auch in der Niederspannungstechnik hat man festgestellt, daß ein Schalter im Prüffeld bei einem Stromkreis, bestehend aus Drosseln und Widerständen ohne ausdrückliche Zuschaltung von Kapazitäten, im allgemeinen erheblich weniger leistet als das gleiche Gerät in der Praxis. Das ist einmal der Fall, weil die Beanspruchung durch die Spannungsanstiegs-Geschwindigkeit und -Höhe in der Praxis durch Auftreten von Sekundärkreisen im Eisen der Transformatoren eine gänzlich andere, d. h. bescheidenere ist und weiterhin, weil es häufig vorkommt, daß irgendwie, z. B. an den Sammelschienen ein verhältnismäßig rein Ohmscher Stromverbraucher wie Beleuchtungsgeräte, Meßinstrumente und dgl. liegt. Er setzt die Frequenz und vor allen Dingen den Überschwingfaktor erheblich herab. Die Annahme, daß Stromverbraucher parallel geschaltet sind, ist jedoch für einen unmittelbar hinter dem Transformator liegenden Schalter, der den gesamten Strom führt, nicht mit Sicherheit gegeben. Induktive Kreise erfüllen die Funktion eines Parallelwiderstandes im allgemeinen nicht. Bei Abzweigschaltern z. B. nach Abb. 18 wird aber oft ein aperiodischer Verlauf der Spannung festgestellt. Da das Verhalten der Schalter von der bei der Prüfung angewandten Einschwingfrequenz und dem Überschwingfaktor sehr abhängig ist, sind konventionelle Richtwerte erforderlich, wie sie für die Hochspannung in VDE 0670 gegeben sind.

Der Ausschaltstrom läßt sich naturgemäß am besten bewältigen, wenn der Lichtbogen erst gar nicht zustande kommt. Diese Forderung ist aber nur bei Wechselstrom zu erfüllen und würde voraussetzen, daß es gelingt, einen *Schalter genau im Stromnulldurchgang hinreichend weit zu öffnen.* In Wirklichkeit muß man sich darauf beschränken, den Schaltaugenblick in eine kleine, aber wirksame Zeitspanne, die durch die Steilheit des Stromes im Nulldurchgang bestimmt ist, zu verlegen. Der Erfolg hängt also von der Präzision des Öffnungszeitpunktes ab. Praktisch wird man die Kontakttrennung soweit vor dem Stromnulldurchgang einleiten, daß bei seinem Eintritt der erforderliche Mindestkontaktspalt vorhanden ist, wobei der Vorgang also nicht mehr ganz lichtbogenfrei vonstatten geht. Soweit die Lichtbogenarbeit eines Gerätes bestimmend für sein Ausschaltvermögen ist, bringt diese Methode eine wesentliche Steigerung des Schaltvermögens und Verminderung des Abbrandes mit sich.

Wenn dieses Prinzip auch physikalisch gesehen die einfachste Art der Beherrschung des Schaltvermögens ist, so ist seine Durchführung es nicht. Die erforderliche mechanische Präzision der Schalter sowie das erhöhte Risiko bei Versagen der Synchronisation sind zu groß, um den Vorteil der geringeren Schalterbelastung aufzuwiegen. Die Problematik des mechanischen Synchronschalters besteht darin, daß sich die Schalterbetätigung mit einfachen Mitteln nicht genügend in oder vor den Stromnulldurchgang legen läßt. Es ist im allgemeinen nicht möglich, für das synchrone Öffnen im Nulldurchgang die Spannungen heranzuziehen, da das Stromverhalten entscheidend ist und das Null-Werden des Stromes im Verhältnis zu dem der Spannung von der Belastung abhängt, d. h. vom $\cos \varphi$.

Die schwierige Ansteuerung des Stromnulldurchganges hat noch keine Lösung von wirtschaftlicher Bedeutung gefunden. DUFFING (1) beschreibt eine Einrichtung, die vom Stromverlauf selbst ausgeht. Beim Stromnulldurchgang des Kurzschlußstromes wird durch eine Schaltdrossel eine endliche, wenn auch sehr kleine stromlose Pause von z. B. 0,3 msec geschaffen, innerhalb derer der Schalter hinreichend weit geöffnet werden kann. Es ist auch eine Kombination mechanischer Schalter mit Halbleiterdioden möglich, wodurch das Auftreten von Schaltlichtbögen unterdrückt werden kann. Die Geräte brauchen dabei nur grob, d. h. mit einem Spielraum von etwa einer halben Periode synchronisiert zu sein. Auch bei normalen, nicht synchronisierten Schaltern läßt sich die Lichtbogenbildung durch Parallelschalten von Halbleiterdioden wesentlich vermindern, s. HEUMANN und KOPPELMANN (1 u. 2). Auch die auf S. 213 beschriebenen Sprengmittelschalter können zur Synchronausschaltung verwandt werden, s. SCHWETZKE Abb. 50 zeigt den Verlauf einer asynchronen und einer synchronen Ausschaltung.

Beim *Ausschalten der Stromverbraucher* müssen die Geräte neben etwaigen Kurzschlußströmen auch *Betriebsströme* von Motoren, Kondensatoren und dgl. ausschalten können. Wenn deren Steuerung auch in erster Linie Schützen zufällt, so muß doch der vorgeschaltete Hauptschalter ebenfalls dazu imstande sein und in Aktion treten können, wenn etwa eine empfindlichere Schützensteuerung durch Verschweißung, Verklemmen oder dgl. versagt. Es ist an sich keine Frage, daß die Lei-

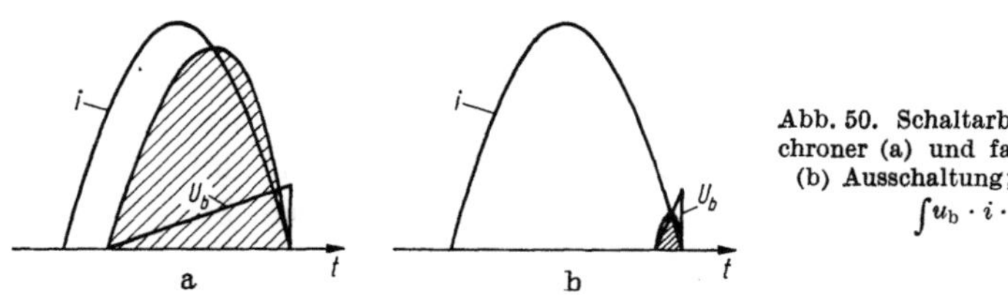

Abb. 50. Schaltarbeit bei asynchroner (a) und fast synchroner (b) Ausschaltung; schraffiert: $\int u_b \cdot i \cdot dt$

stungsschalter in der Lage sind, solche Ströme zu beherrschen. Bei der Motorschalterprobe kommt aber zu der Strombelastung beim Ein- und Ausschalten noch eine größere Anzahl von Schaltungen hinzu. Bei Leistungsschaltern hoher Nennstromstärke ist ein derartiger Versuch nicht mehr von großem Interesse, weil die unmittelbare Einschaltung von Motoren mit Nennströmen in Höhe des Schalternennstromes bei hohen Schaltzahlen nicht in Betracht kommt. Die Ausschaltung ist am schwierigsten, wenn die Motoren blockiert sind. Deshalb werden die Geräte mit Strömen entsprechend den Motorstillstandsströmen, wie sie unter der Bremse festzustellen sind, belastet. Dabei wird genauso wie bei der Feststellung des Kurzschlußschaltvermögens die Spannung auf 110 v. H. der Nennspannung erhöht. Über die für Drehstrommotoren wesentlichen Leistungsfaktoren, bzw. bei Gleichstrommotoren die Zeitkonstanten finden sich Festlegungen im VDE 0660 Teil 1/3.68 Tafel 26 u. 27, s. a. FRANKEN (9, S. 267). Zur Berücksichtigung der Magnetisierungsströme bei Drehstrommotoren wird der Ein- und Ausschaltversuch getrennt vorgenommen und die Ströme beim Einschalten gegenüber denen beim Ausschalten um 25 bis 50 v. H. erhöht. Beim Motor wird, sowohl wenn er blockiert ist, wie nach vorherigem Lauf, der Ausschaltvorgang erleichtert, denn auch der blockierte Drehstrommotor behält nach der Ausschaltung ein langsam abklingendes Gleichspannungsfeld, das eine Spannung an den Klemmen induziert und dahin führt, daß die Ausgleichspannungen kleiner ausfallen, s. FRANKEN (9, Abb. 150 Teil a). Sie pendeln nicht um die wiederkehrende betriebsfrequente Netzspannung, sondern um die Differenz zwischen dieser Spannung und der vom Gleichfeld herrührenden Restspannung. Daher kommt es, daß man hier auch Überschwingfaktoren unter 1 feststellt. Über die im Mittel abhängig von Motorleistung und Spannung auftretenden Eigenfrequenzen s. FRANKEN (9, S. 270). Beim Ausschalten eines laufenden Drehstrommotors wird das umlaufende Drehfeld noch einige Zeit durch den Läuferstrom aufrecht erhalten. Der Spannungsunterschied ist am erlöschenden Pol auch bei allpoliger Ausschaltung nur gering. Er wächst aber durch die Zwischen-

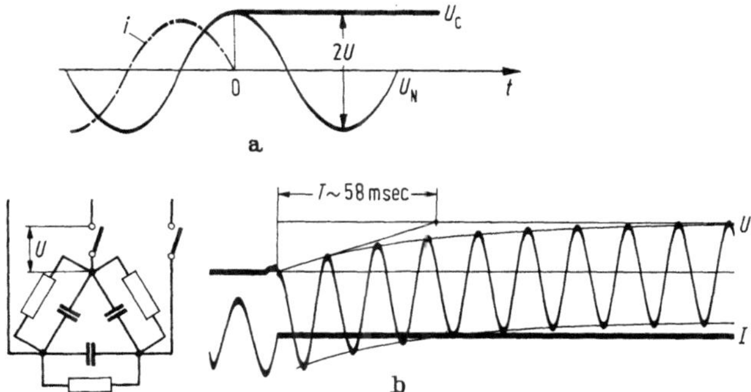

Abb. 51. Spannungsverlauf an den Kontaktspalten beim Abschalten von Kondensatoren im Stromnulldurchgang
a) einphasiger Kreis, b) dreiphasiger mit Parallelwiderständen 2pol. abgeschaltet

schaltungen der Lichtbögen zwischen Netz und Motorklemmen, die eine geänderte Phasenlage der Motorspannung zur Folge haben, während des Ausschaltvorganges nicht unbeträchtlich an, s. FRANKEN (7).

Das *Ausschalten von Kondensatoren* ist besonders leicht, da im Augenblick der Kontaktöffnung zwischen den Schaltstücken keinerlei Spannungsunterschied herrscht. Der Kondensator weist die gleiche Spannung auf wie das Netz, d. i. entsprechend der hohen Phasenverschiebung etwa der Scheitelwert der Netzspannung. Im weiteren Verlauf steigt bei Wechselstrom die Spannung am Kontaktspalt nach 10 ms auf den doppelten Betrag, s. Abb. 51 a. Nach dieser Zeit ist keine Rückzündung mehr zu befürchten. Unter dem Einfluß paralleler Entladewiderstände klingt dann die Spannung an den Kondensatoren ab. Über die besonders hohen Einschaltspitzen s. S. 24. Bei Kondensatoren in Drehstromnetzen sind die Vorgänge etwas komplizierter, im Grundsatz aber gleich.

Häufig ist für den *Netzanschluß eine bestimmte Klemme* vorgesehen, also die Stromrichtung im Gerät festgelegt. Oft kann aber auch ohne Beeinträchtigung des Schaltvermögens der Netzanschluß beliebig erfolgen.

Das ermöglicht dann u. U. eine günstigere Leitungsführung. Ein normales Ausschaltoszillogramm für Drehstrom zeigt Abb. 52. Während in der Phase R der Lichtbogen nach dem Stromnulldurchgang nochmals zündet, ist das beim Stromnulldurchgang des in den Phasen S und T noch verbleibenden Wechselstromes nicht mehr der Fall. Ein Prüfoszillogramm, beginnend mit dem unbeeinflußten Strom, s. Abb. 158 S. 245, ein solches für Gleichstrom s. Abb. 53.

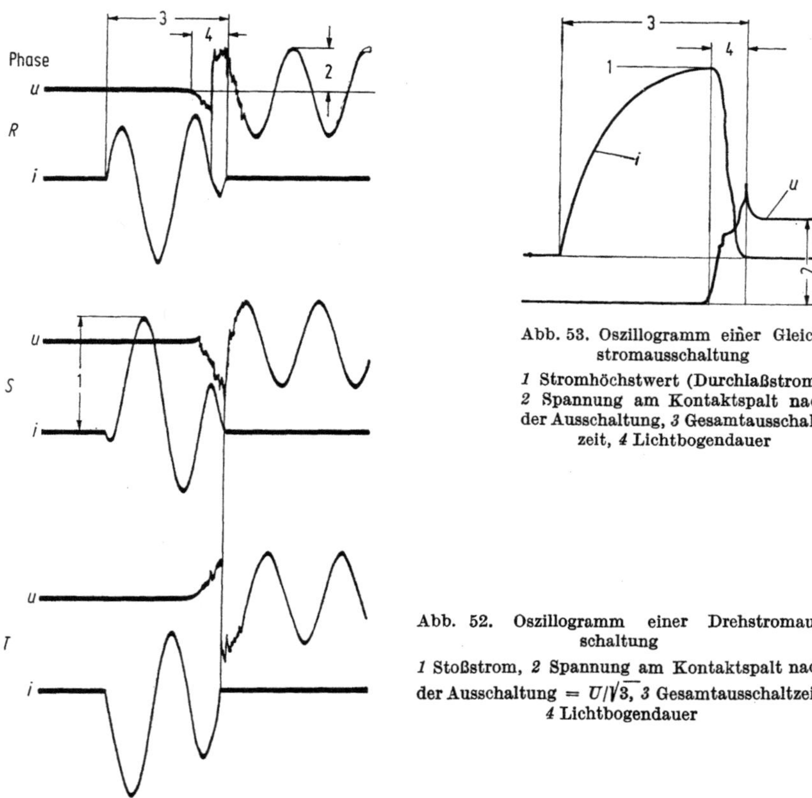

Abb. 53. Oszillogramm einer Gleichstromausschaltung

1 Stromhöchstwert (Durchlaßstrom), *2* Spannung am Kontaktspalt nach der Ausschaltung, *3* Gesamtausschaltzeit, *4* Lichtbogendauer

Abb. 52. Oszillogramm einer Drehstromausschaltung

1 Stoßstrom, *2* Spannung am Kontaktspalt nach der Ausschaltung $= U/\sqrt{3}$, *3* Gesamtausschaltzeit, *4* Lichtbogendauer

Beim Ausschalten im Stromnulldurchgang sind die Induktivitäten energielos. Die *Ursache möglicher Schaltüberspannungen* ist vor allem die Neigung schwacher induktiver Ströme, außerhalb des Stromnulldurchganges abzureißen. Dabei setzt sich die gespeicherte magnetische Energie in elektrische um. Das ist besonders wichtig bei Schnellschaltern in stark induktiven Stromkreisen. Außer von der Abreißgeschwindigkeit des Stromes sind die Überspannungen durch die Höhe der Lichtbogenspannung bedingt. Scharfe magnetische Blasungen (s. S. 68) können deshalb die Überspannungen steigern, weil sie eine hohe Lichtbogenspannung zur Folge haben. Verzichtet man auf einen besonders schnellen Lichtbogenanstieg, dann wird der Höchstwert der Bogenspannung an das Ende des Ausschaltverzuges gelegt. Dabei hängt die Spannung weniger von der magnetischen Blasung und damit auch weniger von der Stromstärke ab als von der Kühlung der Bogengase in der Löschkammer. Ein besonders wirksames Mittel zur Verringerung der Überspannungen besteht in der Verwendung hochohmiger Parallel- und Vorschaltwiderstände, s. u. a. LAGOWITZ und BAHRS. Bei Schnellschaltern haben sie sich als sehr wirksam gezeigt. Sie setzen die Überschläge und Isolationsfehler herab. Ein weiteres wirksames Mittel ist natürlich die Begrenzung der Lichtbogenspannung, s. S. 71. In Gleichstromkreisen hängen Dauer und Größe der Überspannung von den Stromkreiseigenschaften und dem Maß der Stromverringerung während des Ausschaltvorganges ab. Bei einer schnellen Verringerung des Stromes wird der Wert im allgemeinen größer, die Zeit kürzer, als wenn sie langsam vonstatten ginge.

5 Bauelemente der Leistungsschalter

5.1 Der Kontaktapparat

Seine wichtigsten Bestandteile sind die *Schaltstücke*, stromführende Teile, die zusammenarbeiten, um einerseits im geschlossenen Zustand den Strom zu führen, anderseits den Kreis zu öffnen oder zu schließen. Die Anforderungen, die man dabei u. U. an den Konstaktstück-Werkstoff stellen muß, werden von keinem Stoff praktisch alle gleichzeitig erfüllt. Sie sind auch für die einzelnen Funktionen der Schaltstücke unterschiedlich. Es gibt deshalb keinen grundsätzlich idealen Stoff. Die große Verschiedenartigkeit der Schalterkonstruktionen und der Betriebsbedingungen hat vielmehr zur Folge, daß in jedem Einzelfalle einige Eigenschaften des Stoffes in den Vordergrund treten, während andere weniger wichtig, wenn nicht gar unbedeutend sind. Die größten Unterschiede findet man in dieser Beziehung an den einzelnen Kontaktpunkten eines mehrstufig arbeitenden Kontaktapparates, s. S. 99.

Bei *Schaltgliedern*, die *nicht dem Lichtbogen ausgesetzt* sind, also im wesentlichen den Strom zu führen haben, hat sich insbesondere das Silber durchgesetzt. Sein großer Vorteil besteht darin, daß es auch in einer Atmosphäre, die durch Chlor, Ammoniak, Schwefelwasserstoff usw. verseucht ist, eine praktisch ausreichende Stromleitfähigkeit behält. Das ist z. B. bei Kupfer nicht der Fall. Natürlich bilden sich auch bei Silber auf der Oberfläche Fremdschichten, die hauptsächlich aus Silber-Sulfid bestehen. Bei verhältnismäßig geringen Temperaturen (150 bis 180 °C) zerfällt aber Silber-Sulfid und -Oxyd wieder, so daß bei hoher Strombelastung eine Selbstregenerierung zustande kommt. Silberschaltstücke, bei denen reine Druckkontakte möglich sind, unterliegen keinem mechanischen Abrieb. Geräte, deren Schaltstücke kein Edelmetall aufweisen, sind im allgemeinen mit ihrem Nennstrom nicht dauernd belastbar, sondern man muß auf die Oxydationsgefahr Rücksicht nehmen und den Strom herabsetzen. Die für die Dauerstromführung früher verwandten lamellierten Kupferbürsten sind allgemein verlassen. Bei modernen Selbstschaltern ist — wie auch sonst im Schaltgerätebau — das massive nicht deformierbare Klotzkontaktstück die Regel. Der Übergangswiderstand ist außer von den Schaltstück-Stoffeigenschaften vor allen Dingen von der *Kontaktkraft* abhängig, und zwar umgekehrt proportional der Druckkraft in einer bestimmten Potenz. Diese ist bei den in Leistungsschaltern notwendigen Schaltstückformen, also verhältnismäßig großen

Kontaktklötzen, in der Praxis immer etwa 1. Bei balligen Schaltstücken tritt zunächts eine elastische und dann erst eine plastische Deformation ein; die Folge davon ist, daß man z. B. bei Hilfsschaltgliedern in weitem Umfang mit Potenzen unter 1 zu rechnen hat. Man hat bei der Untersuchung der Übergangswiderstände auch gefunden, daß bei noch so hoher Druckkraft ein Restglied nicht verschwindet, s. FRANKEN (9, S. 8). Zu diesen Werten treten noch die Widerstände der die Schaltstücke überziehenden Fremdschichten. Rechnung und Erfahrung zeigen, daß die Verhältnisse umso günstiger werden, je mehr kleine Übergangsflächen bei gleicher Gesamtfläche und gleicher Gesamtkraft für die Stromführung vorhanden sind. Deshalb findet man bei den Hauptschaltstücken mit Silberauflage weitgehend mehrere unter hohem Druck stehende Berührungspunkte.

Neben der Kontaktkraft ist für die Ausbildung der *Berührungsfläche* vor allem die Härte der Schaltstückstoffe maßgebend. Die Kontakthärte entspricht nicht der Brinellhärte, s. a. HÖFT (1). Das verhältnismäßig

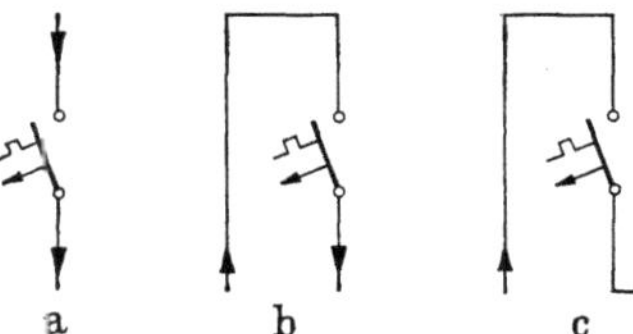

Abb. 54. Drei Arten der Leitungseinführung
a) Zuleitung oben, Ableitung unten;
b) Zuleitung unten, Ableitung unten;
c) Zuleitung unten, Ableitung oben

weiche Silber wird u. U. durch Kaltverformung oder auch z. B. durch Beimischungen, insbesondere von Nickel gehärtet. Der *zulässige Dauerstrom* wird vor allem bei Geräten für höhere Nennstromstärken auch davon abhängig gemacht, ob der Schalter in offener Bauart zum Einsatz kommt oder sich in einer Kapselung befindet. Im letzteren Falle gehen die zulässigen Ströme im allgemeinen um etwa 10 u. mehr v. H. zurück. Weiterhin ist Zahl und Art der Auslöser entscheidend. Bei Geräten ohne Auslöser und solchen mit Kurzschlußauslösern ist die zulässige Stromstärke meistens gleich, während sie bei gleichzeitigem Einsatz thermischer Auslöser bis zu 20 v. H. niedriger liegt. Bei der Festlegung der Belastbarkeit wird eine Raumtemperatur von 35 °C im Tagesmittel (maximal 40°) zugrunde gelegt sowie eine Höhenlage bis 2000 m. Bei höheren Raumtemperaturen oder größeren Höhenlagen geht die Belastbarkeit zurück. Auch die Art der Leitungseinführung ist von Einfluß. Die höchsten Werte sind erreichbar, wenn die Leitungen an verschiedenen Seiten des Gerätes eingeführt bzw. ausgeführt werden, s. Abb. 54a. Wenn sie aber das Gerät auch noch durchsetzen (s. Abb. 54b u. c), dann wächst selbstverständlich die Wärmeentwicklung im Gerät, und es empfiehlt sich, bei größeren Nennstromstärken und der Schaltung b die zulässige Stromstärke um 5 v. H., bei c um 10 v. H. zu ermäßigen.

Für die *Schaltstücke, die dem Lichtbogen ausgesetzt* sind, also z. B. die Abreiß- oder Vorkontaktstücke (s. S. 99), werden Werkstoffe benötigt, die neben einer hohen Lebensdauer auch eine geringe Schweißneigung, einen geringen Abbrand und — wenn es sich nicht um Mehrstufenkontakte handelt — eine dauernde Stromführung gewährleisten. Die meisten gebräuchlichen Kontaktstoffe Silber, Silber-Nickel und dgl. neigen bei geringer Kontaktkraft und hohem Schaltvermögen zum Verschweißen. Diese Anforderungen haben zur Entwicklung von Legierungen und insbesondere Sinterstoffen geführt. Bei letzteren entstehen keine Mischkristalle mit neuen Eigenschaften, sondern ein Gemenge der ursprünglichen Stoffe, deren Eigenschaften als solche erhalten bleiben. Damit wird nicht nur die bei Legierungen unvermeidbare Erniedrigung der Leitfähigkeit umgangen, sondern es können auch nicht-legierbare Metalle sowie Metalle mit Nichtmetallen, z. B. Graphit oder chemische Verbindungen wie Oxyde und Karbide kombiniert werden. Die Gemische werden auch nachträglich geändert, z. B. solche aus Silber und Kadmium später durch Innenoxydation in solche aus Silber und Kadmiumoxyd verwandelt. Diese Verfahren sind zwar nicht grade billig, vor allen Dingen kommt noch hinzu, daß die Schaltstücke vom Metallwerk in ihrer endgültigen Form bezogen werden müssen. Die Eigenschaften der Sinterstücke werden nicht nur durch die Komponenten und ihr Verhältnis zueinander bestimmt, sondern sind auch von der Korngröße des Pulvers, dem Preßdruck, der Sintertemperatur usw. abhängig, s. RIEDER (1). Zunächst bevorzugte man Verbindungen von Wolfram mit Silber, Kupfer sowie in geringer Menge auch Nickel. Schaltstücke aus Wolfram oder Silber-Wolfram (25 bis 35 v. H. Ag) zeigen bei hohen Strömen eine große Abbrandfestigkeit sowie geringe Klebe- und Schweißneigung, aber auch eine Verschlackung, s. S. 100, so daß der Übergangswiderstand und damit die Kontakterwärmung unzulässig ansteigt. Zunächst vereinigen sich die Vorteile des Wolframs und des Silbers, d. h. bei Wolfram geringer volumenmäßiger Abbrand und geringe Schweißneigung bei hoher Härte, bei Silber hohe elektrische und thermische Leitfähigkeit und geringe Oxydationsneigung, s. DÜBEL und WARKENTIEN. An die Stelle von Wolfram ist auch häufig Molybdän getreten bei einem Silberanteil von 40—50 v. H. Molybdän hat den Vorzug, daß es bearbeitet werden kann. Der Abbrand ist aber höher. Demgegenüber sind Schaltstücke aus Silber-Graphit schweißfest und verschlacken nicht. Beim Ausschalten hoher Ströme bildet sich leicht ein leitender Niederschlag an den Wänden der Schaltkammer. Dadurch kann es zu Kriechwegen zwischen den festen und beweglichen Schaltstücken sowie den Polen eines mehrpoligen Gerätes kommen. Die Entwicklung hat sich aber abbrandfesteren Stoffen zugewandt. Dazu gehören Silberverbundstoffe mit CdO, ZnO, SnO_2. Deren geringe Schweißneigung führt man auf die Bildung von Oxydschichten zurück. Bei der Wahl zwischen den Stoffen mit den verschiedenen Oxydzusätzen ist ihr jeweiliges Verhalten hinsichtlich Verschweißung und Abbrand entscheidend. Bei Verbindungen mit CdO ist das Abbrandverhalten günstig. Bei $AgSnO_2$ wurden bei kleinen Strömen die niedrigsten Abbrandwerte aller Silberverbindungen festgestellt. Bei ZnO und gleichen Gewichtsanteilen der Oxyde ist der Abbrand etwas größer. In jedem Falle vermindern sich die Schweißkräfte bedeutend. Die Verbindung mit CdO läßt sich entweder mit der sog. inneren Oxydation entsprechender Legierungen oder aber auf pulvermetallurgischem Wege, die Verbindungen mit ZnO und SnO_2 jedoch nur auf letztere Art durchführen. Bei der Verbindung mit CdO zeigt sich ein gewisser Unterschied hinsichtlich des Abbrandes, je nachdem, welches der beiden genannten Verfahren verwandt wurde. In dem üblichen Bereich bis etwa 10 v. H. CdO hat das innenoxydierte Metall den Vorzug, s. MERL. Bei all diesen Verbindungen mit Oxyden haben sich im Lebensdauerversuch die stranggepreßten Kombinationen als die besten erwiesen, das sind solche, deren Materialfäden senkrecht zur Kontaktfläche verlaufen.

Um unzulässige Erwärmung durch Ansteigen des Übergangswiderstandes und Abnutzung der Hauptschaltstücke zu verhindern, erfolgt die Ausschaltung weitgehend in Stufen, indem vor dem Ausschalten die Ströme auf andere Schaltelemente übertreten als diejenigen, die der Dauerstromführung dienen. Diese *stufenweise Kontaktgebung* ist vor allem bei Geräten für höhere Nennstromstärken üblich. Bei ihr unterscheidet man „Abreißschaltstücke", an denen der Lichtbogen entsteht, nachdem sich die „Hauptschaltstücke" geöffnet haben. Hinzu kommen u. U. noch „Zwischenschaltstücke", die sich nach den Hauptschaltstücken, aber vor den Abreißschaltstücken öffnen. Für jede Kontaktstelle verwendet man ihrem Zweck entsprechende Schaltstückstoffe. Je nach Zahl der vorhandenen Kontaktglieder unterscheidet man „ein-, zwei- und dreistufige Kontaktapparate". Einen dreistufigen Kontaktapparat s. Abb. 55. Die Stufenzahl wächst bei einer Modellreihe u. U. mit der Nennstromstärke der Geräte. Das Bestreben, die stufenweise Kontaktgebung mit Rücksicht auf die Wirtschaftlichkeit einzuschränken, ist unverkennbar. Es kann aber nicht immer, insbesondere bei großen Schaltern, als optimale Lösung angesehen werden, weil die Erfüllung der Anforderungen an den Schaltstückstoff bezüglich Strom- und Lichtbogenführung damit sehr erschwert würde. Eine vernünftige Bemessung hängt auch von dem Verhältnis zwischen Gerätenenn- und Kurzschlußstrom ab. Die Stufenkontakte erlauben, zur Unterstützung des Ausschaltvorganges, einen Widerstand oder eine Blasspule während der Unterbrechungszeit in den Stromkreis einzufügen.

7*

Die Absicht, mit der stufenweisen Kontaktgebung die Hauptschaltstücke zu schonen, gelingt aber nur, wenn der *Stromübergang* auf die Abreißschaltstücke möglichst *lichtbogenfrei* vonstatten geht. Die Induktivität der parallel zu den Hauptschaltstücken liegenden Vorkontaktanordnung verhindert u. U. den sprunghaften Stromanstieg. Es kommt dann zu einem Ausgleichvorgang, der mit einem Lichtbogen an der Hauptkontaktstelle verbunden ist. Rechnerische und experimentelle Untersuchungen dieser Umstände s. BEER. Eine günstige Lösung ist davon abhängig, daß die Lichtbogenspannung höher ist als der durch den Strom im Vorkontaktkreis hervorgerufene Spannungsabfall. Eine einwandfreie Kommutierung ist besonders wichtig bei den strombegrenzenden Leistungsschaltern (s. S. 175), weil die Übertrittszeit hierbei im Interesse eines möglichst kleinen Ausschaltverzuges auf ein Minimum herabgesetzt werden muß. Hinzu kommt noch der sehr schnelle Stromanstieg, dem derartige Schalter so großen Schaltvermögens ausgesetzt sind. Auch muß darauf geachtet werden, daß die Abreißschaltstücke unter dem Einfluß der Magnetkräfte des Lichtbogens nicht vorzeitig weggeschleudert werden. Um Verschweißungen zu verhindern, führen sie beim Schaltvorgang weitgehend eine Wälz-Gleitbewegung aus. Da bei Selbstschaltern Abreißschaltstücke aus gewissen Stoffen, z. B.

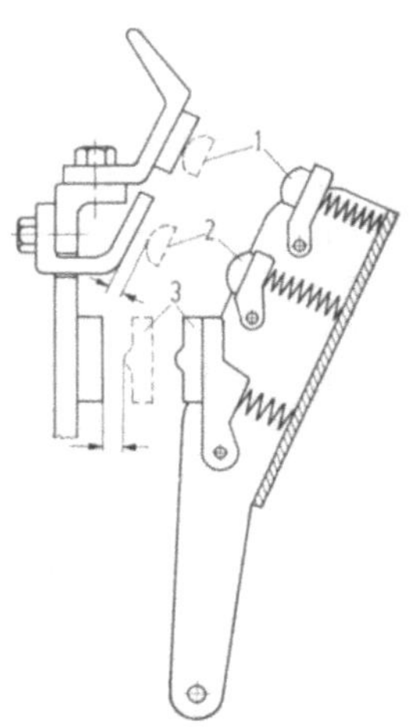

Abb. 55. 3-Stufenkontakt

1 Abreiß- oder Löschschaltstück, *2* Zwischenschaltstück, *3* Hauptschaltstück

Wolfram-Verbindungen, bei Dauerstrombelastung Schwierigkeiten machen können, (s. unten), hat man auch schon versucht, nach Schluß der Hauptkontaktstelle die Kontaktstelle an den Abreißschaltstücken wieder zu öffnen.

Für *Kontaktapparate, die nicht mehrstufig arbeiten,* kommen die Wolfram-Verbindungen nicht in Betracht. Insbesondere nach Kurzschlußausschaltungen tritt eine *Verschlackung* ein, so daß der Spannungsabfall und die Erwärmung der Schaltstücke zu hoch werden und sie den Nennstrom nicht mehr führen können. Der Verschlackungsvorgang hängt von der Herstellungsmethode ab. Bei gesinterten Stoffen zeigte sich nach wenigen Kurzschlußausschaltungen die Bildung einer schwammigen Oberfläche, aus der das Silber herausgelöst war. Die Gründe liegen darin, daß die Silberkomponente bevorzugt ausdampft, also das Schaltstück an der Oberfläche an Silber verarmt. Obwohl die Metalle Silber und Wolfram nicht mischbar sind, verbinden sich ihre Oxyde zu Silber-Wolframat, s. KUHN und RIEDER. Hinzu kommt die Oxydation der unedlen Komponente. Diese Dinge sind besonders kritisch bei mittleren Stromstärke-Beanspruchungen. Bei sehr hohen Beanspruchungen verschwindet mehr Material, so daß praktisch eine neue noch brauchbare vermischte Schicht übrig bleibt. Das für Wolfram gesagte gilt auch für andere Hartstoffe wie z. B. Molybdän. Schlecht ist weiterhin das Laufverhalten des Lichtbogens, gut dagegen Abbrand und Schweißsicherheit. Aus den genannten Gründen müssen bei einstufigen Kontaktapparaten an die Stelle der Wolfram-Verbindungen z. B. solche aus Silber mit 10 bis 15 v. H. Kadmiumoxyd oder mit 10 bis 30 v. H. Nickel verwandt werden. Die letztere Verbindung ist bevorzugt, wenn ein verhältnismäßig hohes Schaltvermögen verlangt wird. In Ölschaltern wird dabei Kupfer als Kontaktwerkstoff eingesetzt, bei höheren Beanspruchungen u. U. der Verbundstoff Wolfram-Kupfer.

Weiterhin wird zwischen beweglichen und feststehenden Schaltstücken unterschieden. Bei Einfach-Unterbrechung je Pol, die dazu dient, mit Rücksicht auf den Einschaltvorgang eine möglichst hohe Kontaktkraft (s. S. 47) auf einen Punkt zu konzentrieren, ist eine *bewegliche Verbindung* der nicht feststehenden Schaltstücke mit anderen stromführenden Teilen des Gerätes unerläßlich. Diese Verbindung besteht im allgemeinen aus einer größeren Anzahl dünner, streifenförmiger Kupferbleche, die an den Enden starr miteinander verbunden sind, oder auch aus Litzen. Meistens hat man nur Schwierigkeiten bezüglich der mechanischen Beanspruchung. Hinzu kommt aber noch, daß durch die im Störungsfalle fließenden Kurzschlußströme die einzelnen parallel geschalteten und gleichsinnig durchflossenen Blechstreifen sich gegenseitig anziehen. Dadurch erfährt das Bandpaket eine gesteigerte Reibung zwischen den Einzelstreifen, es wird merkbar versteift, und die Funktion des Gerätes kann beeinträchtigt werden, s. PARVANOW und WEDELL. Die Rückstellkräfte am Schalter müssen naturgemäß diesen zusätzlichen Kräften Rechnung tragen. Es wurde deshalb auch die Einsatzfähigkeit von Kontaktgelenkverbindungen bei großen Strömen untersucht (s. BURKHARD und WERNER) und dabei festgestellt, daß sie sich für Schaltgeräte mit höchstem Schaltvermögen herstellen lassen. Für Leistungsschalter sind dabei Scharniergelenke erforderlich, da nur mit ihnen die kontaktabstoßenden Stromkräfte bei vertretbarem Aufwand zu beherrschen sind. Eine der beiden Gelenkteile erhält dann eine Silberauflage oder wenigstens eine Versilberung.

Je nach der Art der verwandten Schaltstückstoffe kann das *Stromführungsvermögen nach Kurzschlußunterbrechungen* bei Leistungsschaltern vermindert sein, z. B. durch Oxydierung ständig nachlassen. In solchen Fällen kann man über den Dauerstrom nur unter der Voraussetzung einer wirksam durchgeführten Wartung Angaben machen. Eine Verbesserung der Kontaktverhältnisse bringen die multi-line-contacts. Dabei erhält die

Oberfläche eine Anzahl von Furchen im Metall. Einen weiteren Vorteil bieten Schaltstücke, bei denen die Kontaktkraft mit steigendem Strom anwächst, s. S. 52.

Der Kontaktapparat wird je nach dem Netz *ein-, zwei- oder dreipolig* ausgeführt. Es werden aber auch vierpolige Geräte gebaut für Anlagen, bei denen der Mittelpunktleiter mit ausgeschaltet werden soll. Dieser vierte Pol ist dann meist ein Frühschließer bzw. Spätöffner. Er findet hauptsächlich im Ausland Anwendung, u. a. bei der Gefahr unsymmetrischer Belastungen, so daß der Mittelpunktleiter nennenswerte Ströme führt. In diesem Falle muß gelegentlich in seinem Strompfad auch ein Auslöser sein.

5.2 Freiauslösung

Eine unabdingbare Forderung ist die nach „Freiauslösung" der Leistungsschalter, d. h., daß, wenn ein Auslöseelement anspricht, das Festhalten z. B. des Schalthebels das Auslösen nicht behindert. Hierbei ist die Betätigungseinrichtung nicht unmittelbar mit der Schaltwelle, also dem Kontaktapparat, gekuppelt. Die Freiauslösung wird im allgemeinen durch mechanische Mittel erzielt. Ihre Zusammenfassung zwischen dem Antriebglied und den Kontaktgliedern wird als „Schaltschloß" bezeichnet. Legt man den Schalter z. B. von Hand ein, dann verklinkt sich das Schloß. Beim Ansprechen eines Auslösers oder beim Zurückschalten wird z. B. eine Stützklinke freigegeben und durch eine Rückzugfeder der Schalter in die Ausschaltstellung bewegt. Bei dem Aufbau des Schaltschlosses gehen die Anforderungen noch über die für die Freiauslösung hinaus. Man verlangt von ihm noch eine Sperrfunktion, d. h. Festhalten des Schalters in der Einschaltstellung. Gesperrt werden also hierbei die Ausschaltkräfte, auch wenn die Einschaltkraft nicht mehr wirkt. Weiter wird eine zweckmäßige Kraftübersetzung verlangt. Selbstverständlich möchte man für das Auslösen der Schalter mit verhältnismäßig kleinen Kräften auskommen und trotzdem große Ausschaltkräfte freigeben. Endlich sollten die erforderlichen Kräfte auf dem Einschaltweg nicht allzu große Schwankungen aufweisen, damit der Bedienende nicht plötzlich Widerstände vermutet.

In der einfachsten Form wirkt das Auslöseelement, z. B. der Überstromauslöser 1, durch Herausschlagen einer Klinke 2, s. Abb. 56. Die Bewegung der Handhabe wird über die Klinke auf das Kontaktglied übertragen. Beim Ansprechen des Überstromauslösers wird der die Klinke tragende Hebel entgegen seiner Federkraft bewegt und die Klinke außer Eingriff gebracht, so daß es nicht mehr möglich ist, den Schalter geschlossen zu halten. In gleicher Weise erfolgt die Auslösung, wenn die Überstromauslöser ein Kniehebelsystem über seinen Totpunkt bringen. Nach der Auslösung geht der Schalter meistens lediglich in eine Zwischenstellung zurück. Um das Gerät wieder zu verklinken und es in die Einschaltlage zu bringen, muß der Klinkhebel zuerst in die Ausgangsstellung gebracht werden. Auch ist es dabei notwendig, etwa vorhandene Kraftspeicher wieder zu spannen.

Eine ausführliche Darstellung von Schaltschloßkonstruktionen s. EINSELE (2, S. 188, 189). Die am meisten verwandten Konstruktionsmittel sind Klinkenhebel- oder Kniehebelmechanismen sowie Kombinationen aus beiden. Je nach Größe der Geräte, den räumlichen, mechanischen und Herstellungsanforderungen sowie dem Wunsch, irgendwelche besondere Wirkungen zu erzielen, werden diese Mittel weitgehend variiert. Dabei ist die *Klinke* ein Sperrmittel, das zum Lösen nur eines geringen Arbeitsaufwandes bedarf, da nur auf einem sehr kleinen Weg Reibungsarbeit aufzubringen ist. Eine Doppelklinken-Hebelanordnung erlaubt, die Kraftübersetzung verhältnismäßig sehr hoch zu treiben. Die Klinken werden häufig in Form einer *halben Welle* ausgeführt. Zu einem *Kniehebel* gehören zwei Hebel, die im Kniegelenk miteinander verbunden sind. Sie bilden zunächst einen Winkel miteinander und werden dann über die Totpunktlage in eine zweite geknickte Lage, die Endlage gebracht. Hier

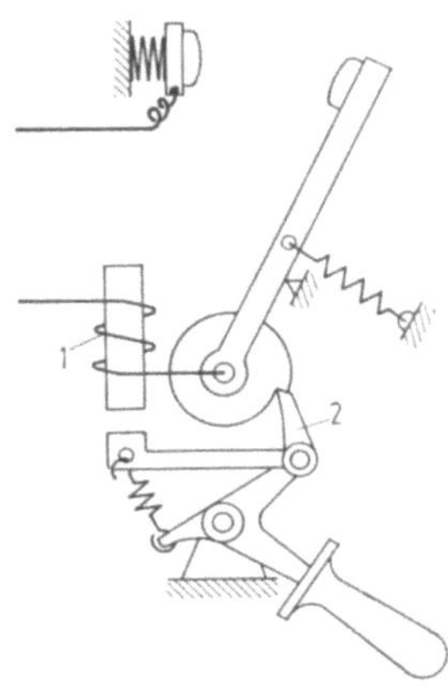

Abb. 56. Freiauslösung bei Überstromselbstschaltern

sind sie durch Anschläge gehalten, wobei die Totpunktlage um geringe Beträge überschritten ist. Nur in ihr treten größere Kräfte auf einem ganz kurzen Wege auf, so daß die Schaltarbeit auch hier gering ist. In der Praxis üblich sind, wenigstens bei größeren Geräten, Schaltschlösser mit zwei Kniehebeln oder die Kombination von einem Klinkenhebel mit Kniehebel.

Die Schaltschlösser müssen unempfindlich gegen Erschütterungen sein. Eine sorgfältige Werkstoffauswahl ist wichtig. Ohne jeden mechanischen Verschleiß sind naturgemäß solche Elemente nicht zu konstruieren. Die Klinken werden oft nur bei Stromauslösung beansprucht. Anderenfalls kann die mechanische Lebensdauer der Geräte durch sie begrenzt sein. Immerhin ist es nicht schwierig, bei kleineren Geräten eine solche von 100 000 Schaltungen (Geräteklasse C) (s. S. 233), bei größeren von 10 000 Schaltungen (B) zu erzielen. Die Schaltschlösser müssen gegen den Lichtbogenraum hinreichend abgeschirmt sein. Wesentlich ist noch der *Umfang* der *Freiauslösung*, d. h. ob sie nur in der Einschaltlage des Gerätes oder in allen Stellungen wirksam oder wenigstens so gebaut ist, daß sie in Verbindung mit Spannungsauslösern sowie allen Elementen, die von einer Fremdstromquelle gespeist werden, wirken, ehe eine Kontaktgebung zustande kommt, auch nicht durch die lebendige Energie der bewegten Elemente. Man spricht dann von „Freiauslösung vor Schaltstückberührung" s. VDE 0660, Teil 1/3.68 § 10.

5.3 Antriebsmittel

Die Antriebe werden nach ihrer Wirkungsweise und ihrer Energiequelle unterschieden. Bei der Wirkungsweise handelt es sich darum, ob das Antriebsmittel unmittelbar oder mittelbar, d. h. mit einem eigenen Energiespeicher, auf die Schaltglieder einwirkt. Die mittelbaren Antriebe ihrerseits können wieder als Sprungantrieb zügig wirken, d. h. an das Aufladen des Energiespeichers schließt sich die Schaltstellungsänderung zwangsläufig an. Es ist aber auch möglich, Speicherantriebe zu verwenden, die absatzweise arbeiten, so daß auf das Aufladen des Speichers die Schaltstellungsänderung nicht selbsttätig folgt. Ein und dasselbe Antriebsmittel kann zum Bewegen der Schaltstücke in der Ein- und Aus-

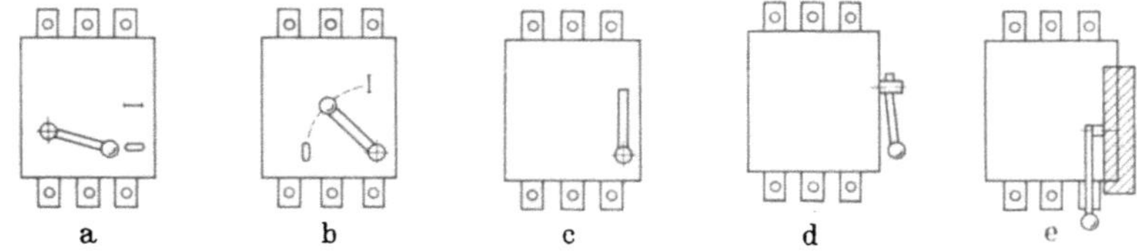

a   b   c   d   e

Abb. 57. Antriebsarten für Leistungsschalter
a) Schwenkhebel, b) Drehantrieb, c) Vertikalhebel, d) Seitenantrieb — insbesondere auch für Gestängehebel, e) Kraftantrieb (Motor-, Magnet-, Druckluft) mit Nothebel

schaltung unterschiedlich wirken, z. B. als Motorsprungantrieb beim Bewegen der Schaltstücke in die Einschaltstellung und als Motorspeicherantrieb beim Rückgang in die Ausgangsstellung.

Man muß den *Handantrieb* von den Kraftantrieben (s. S. 109), die auch der Fernbetätigung dienen, unterscheiden. Er erfolgt durch einen unmittelbar auf der antreibenden Welle sitzenden Griff, Hebel oder ein Handrad, s. Abb. 57. Hierbei gibt es z. B. Frontdrehantriebe, insbesondere für Gehäuse- und Schaltschrankeinbau. Weiterhin werden zum Einbau in offene Verteiler Geräte für rückseitigen Antrieb gebaut. Der vertikale Hebelantrieb ist als einfachste Ausführung heute vor allem für offene Geräte und solche mit Haube vorgesehen. Die Größe der Bedienungselemente richtet sich naturgemäß weitgehend nach der des zu betätigenden Schalters. Ist eine räumliche Trennung zwischen Handbetätigungsmittel und Schalter, z. B. bei Geräten, die im Schaltgerüst untergebracht sind und von der Schalttafelvorderseite betätigt werden, erforderlich, dann muß man zu Gestängeantrieben, Winkelhebeln, Zwischenwellen und dgl. greifen, um die Handkräfte auf die u. U. in den verschiedensten Richtungen versetzten Schalter einwirken lassen zu können. Es wird dann der unmittelbar am Schalter befindliche Handantrieb durch einen indirekten Antrieb ersetzt, vor allen Dingen auch zum Umlenken der

Bedienungskräfte bei seitlichem und Höhen-Versatz. Bei größeren Geräten spielt dabei unter den Handhaben der Steigbügelgriff, der T-förmige Doppelgriff und der Handgestänge-Drehantrieb mit aufsteckbarem Schalthebel eine Rolle. Diese Antriebsmittel können je nach Einbau in der Mitte, rechts oder links an den Schaltern angreifen, s. MACHAT (2). Den Gestängeantrieb findet man insbesondere bei offenen Anlagen. Die Angriffspunkte der Gestänge sind einstellbar, damit man trotz unterschiedlicher Arbeitsbedingungen mit einer Größe der Antriebselemente für eine größere Anzahl von Schaltern auskommt. Alle Stangen der Antriebe bedürfen naturgemäß eines Spannschlosses, das nach der Montage ein

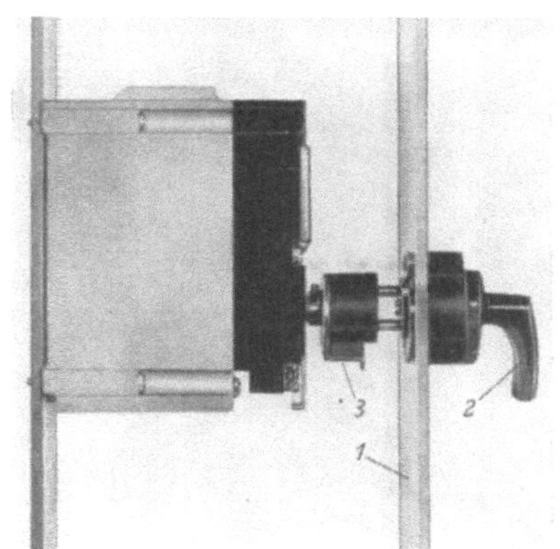

Abb. 58. Schalter mit Kupplungsantrieb
1 Gehäusedeckel, *2* eingesetzter Frontdrehhebel, *3* Kupplung (Klöckner-Moeller)

präzises Justieren des Gesamtgestänges im Schaltgerüst möglich macht. Das ist bei den Schloßschaltern, bei denen die Klinken genau eingreifen und die Schlösser leicht auslösen, von besonderer Wichtigkeit. Der Wunsch, den Antrieb auf der Frontseite anzuordnen, konnte früher bei gekapselten Schaltern oft nur mit einer Umlenkvorrichtung erfüllt werden, die den Seitenantrieb in eine Drehbewegung auf der Frontseite umleitete. Ein vorderseitiges Antriebselement hat den Vorteil, daß beim Zusammenbau mehrerer Schalter oder ihrem Einbau in einen Verteiler seitlich kein Platz verlorengeht. Geräte mit Frontdrehgriff, s. Abb. 103, S. 160. Die Antriebselemente sind z. B. im Gehäusedeckel gelagert und durch ein Kuppelungsglied mit dem Schalter verbunden, s. Abb. 58. Hierbei läßt sich der Gehäusedeckel bzw. die Schranktür nur in der „Aus"-Stellung des Schalters öffnen oder schließen.

Die insbesondere beim Einschalten durch Handantrieb wichtige *Schnelleinschaltung* zur Vermeidung einer von dem Bedienenden abhängigen Schaltgeschwindigkeit ist äußerst vorteilhaft, s. STUTZ (2). Sie

vermeidet einen die Schaltstücke übermäßig beanspruchenden Tipp-
betrieb und bietet die größte Sicherheit beim Ein- und Ausschalten durch
ungeschultes Personal. Ihr dienen Sprung- oder Speicherantriebe, oder es
muß ein zügig durchschaltender Fernantrieb in Verbindung mit dem
Sprungmechanismus vorhanden sein und das letzte Wegstück durch vorher gespeicherte Energie bestritten werden. Bei Geräten kleinerer Nenn-
und Kurzschlußstromstärken führt die Schnelleinschaltung zu kleinen
Abmessungen und entsprechend niedrigen Preisen. Mit zunehmendem
Schaltvermögen wächst jedoch der Aufwand im Hinblick auf den Preis
und den Raumanspruch dieser Einrichtungen. Größere Geräte werden
aber selten geschaltet und wenn, dann kaum von nicht unterwiesenem
Personal. Bei ihnen könnte man deshalb zügiges Schalten voraussetzen,
so daß sie auch ohne Schnellschaltvorrichtungen bis zum vollen Schalt-

Abb. 59. Frontdrehgriff mit Vorhängeschlössern für verriegelten abschließbaren
Hauptschalter (Klöckner-Moeller)

vermögen betriebssicher eingeschaltet werden können. Stutz zieht hierfür die Grenze bei Nennströmen > 630 A. Im übrigen erhalten Geräte
dieser Größe weitgehend ohnehin einen Kraftantrieb.

Im Interesse der sicheren Ausschaltung ist es darüber hinaus wichtig,
daß das Antriebselement beim Ausschalten *zwangsläufig* mit dem Kontaktapparat *gekuppelt* ist. Für die „Haupt"- und „Gefahrenschalter" von
Be- und Verarbeitungsmaschinen ist eine solche Ausführung in VDE 0113
gefordert (s. a. S. 259), d. h. die Freigabe einer Ausschaltfeder genügt
nicht. Die Handantriebsmittel werden häufig mit *Sperrvorrichtungen* versehen, damit die Geräte nicht von Unbefugten ein-, gelegentlich auch ausgeschaltet werden können. Das ist sehr wichtig bei der Verwendung der
Leistungsschalter als Hauptschalter von Arbeitsmaschinen. Hier sollen
sie die Maschine für den Fall der Reinigung, Außerbetriebsetzung und
dgl. auch bei allen mechanischen und elektrischen Störungen, bei längeren Betriebspausen zuverlässig spannungslos machen. Bei einigen Anwendungsgebieten ist die Verwendung solcher Sperrmaßnahmen vor-
geschrieben, z. B. bei Kranausrüstungen. Die einfachste Einrichtung zu
ihrer Durchführung ist das Vorhängeschloß, s. Abb. 59. Die Einfachheit

dieser Lösung, vor allen Dingen die Möglichkeit, einen Schalter und damit einen Antrieb durch mehrere Personen unabhängig voneinander mit einer größeren Anzahl von Schlössern sperren zu lassen, ist bestechend. Meistens kann man bis zu drei Schlössern anbringen, so daß z. B. bei einer Werkzeugmaschine sowohl ihr Bedienungsmann wie der Elektriker und auch der Reparaturschlosser in der Lage ist, den Hauptschalter gegen unbefugtes Einschalten so lange zu sichern, wie es erforderlich ist. Es sind aber auch noch andere Sperren entwickelt worden. Bei der sogen. *Schloßsperre* wird neben dem Antriebselement noch ein Zylinderschloß angebracht. Sie kann so eingerichtet werden, daß sie jede Schaltstellung sperrt, während sich das bei dem Vorhängeschloß in einfacher Form auf

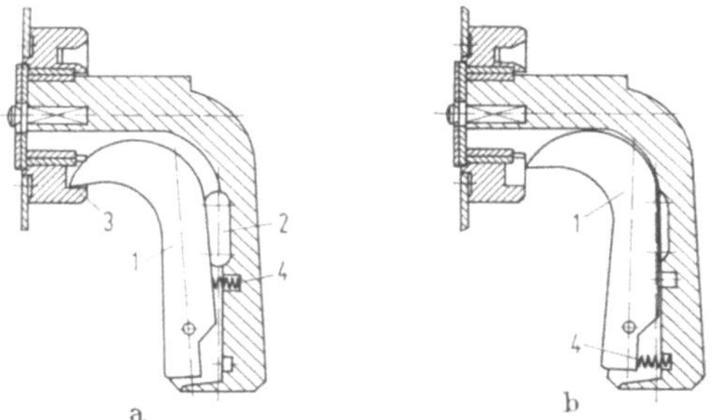

Abb. 60. Frontdrehgriff mit zusätzlichen Rasten und Sperrmöglichkeit
a) mit Federeinsatz (4) zum Sperren, b) desgl. zum Aufheben der Sperre (Klöckner-Moeller)

eine Stellung beschränkt. Die dritte Art, die „*schloßfreie Sperre*", sichert nur gegen ein unbeabsichtigtes Schalten. Hierbei ist die Bewegung des Schalterantriebes erst möglich, wenn der Bedienende gleichzeitig eine Entsperrvorrichtung betätigt, z. B. durch Niederdrücken einer Taste oder einen Druck auf das Antriebsmittel über die Ausschaltstellung hinaus. Dabei ist der Bedienende gezwungen, sich vor dem Schalten über die Folgen der Schalthandlung klar zu werden. Die Abschließbarkeit kann mit einer Rasteinrichtung verbunden werden, z. B. muß dabei der Bedienende bei Änderung der Schaltstellung die Sperre durch Andrücken des Rasthebels *1*, s. Abb. 60, lösen. Fügt man in den Spalt *2* neben Bügel *1* ein Vorhängeschloß ein, dann ist diese Möglichkeit unterbunden. Bei einer Ausführung von Klöckner-Moeller ist es möglich, den Anschlagring *3* so zu versetzen, daß die Rastung beim Ein- oder Ausschalten oder auch in beiden Stellungen zustande kommt. Das ist vorteilhaft, weil es z. B. oft zweckmäßig ist, den Hauptschalter gegen das unbefugte Ausschalten zu sichern, z. B. bei Geräten für eine Feuerlöschpumpe. Zur Erhöhung der Sicherheit werden auch *Verriegelungen* der Antriebsmittel *mit der Tür* oder *dem Deckel des Gehäuses* angewandt, so daß ein Öffnen nur bei ausgeschaltetem Gerät möglich ist, s. Abb. 58. Bei elektrischen Sperrvorrichtungen wird das Einschalten eines Selbstschalters durch Wegfall der Funktionsfreigabe mittels einer Spule verhindert. Die Verriegelung wird gelegentlich auch auf die Lichtbogenkammer ausgedehnt, um zu vermeiden, daß das Bedienungspersonal bei deren Fehlen und zufälligen Ausschaltungen gefährdet ist. Die Anwendung des *Handantriebes* findet ganz allgemein ihre *Grenzen*, wenn für den Bedienenden, sobald er unmittelbar vor dem Selbstschalter steht, nicht jede Gefahr ausgeschlossen ist oder die Schaltkräfte zu groß werden. Dann sind fernwirkende Kraftantriebe (s. S. 109) angebracht.

Der *Betätigungssinn der Bedienungselemente* ist durch DIN 43602 festgelegt, s. Abb. 61. Danach gilt für Drehbewegungen Einschalten im, Ausschalten gegen den Uhrzeigersinn. Als Elemente für die Drehbewegung werden angesehen: Handräder,

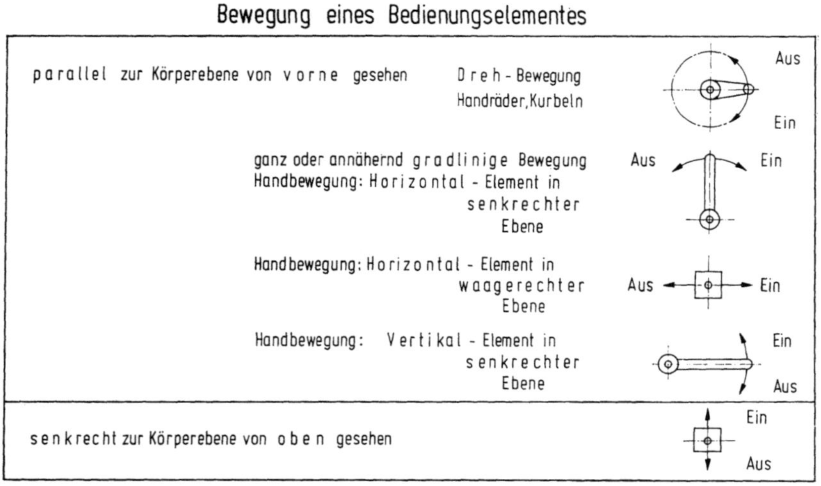

Abb. 61. Betätigungssinn von Schaltgeräten nach DIN 43 602, Juni 1964

zweiseitige Knebel oder Kurbeln, ausgenommen sind seitlich angeordnete Handräder. Diese behandelt man wie seitlich gelagerte Hebel. Hebelantriebe mit Schwenkwinkeln bis zu etwa 120° sollen als Betätigungsglieder für geradlinige oder angenähert geradlinige Bewegung — Schwenkbewegung— aufgefaßt werden, wenn die Bewegungsrichtung während des ganzen Weges im wesentlichen parallel zu einer der drei Hauptbewegungsrichtungen verläuft. In Grenzfällen können Zweifel entstehen, ob eine Bewegung als Schwenk- oder als Drehbewegung anzusehen ist. Wird durch den Betätigungshebel unmittelbar, ohne Zuhilfenahme eines Zeigers, in klarer Weise die Schaltstellung angezeigt, so ist die Bewegung grundsätzlich als Schwenkbewegung aufzufassen, d. h. Einschaltung bei Bewegung nach oben, Ausschaltung nach unten. Abgesehen von diesen grundsätzlichen Festlegungen ist eine eindeutige und auffällige Stellungskennzeichnung besonders wichtig.

Fernbetätigte Schalter mit Kraftantrieb finden Anwendung, wenn eine Betätigung von mehreren Stellen oder einem entfernten Ort aus erwünscht ist oder aber die Geräte in automatisch arbeitenden Anlagen eingesetzt werden sollen. Das ist z. B. der Fall in Maschennetzen, um die Schalter von einer zentralen Warte aus betätigen zu können, bei Netzausfall in Industrieanlagen, um automatisch auf ein anderes Netz umzuschalten oder Notstromanlagen zu schalten. Bei größeren Geräten verwendet man den Kraftantrieb zur Erleichterung der Bedienung. Die damit verbundene gleichmäßige Einschaltgeschwindigkeit hat geringeren Abbrand der Schaltstücke und Vermeidung der Verschweißungsgefahr zur Folge. Die Fernbedienung erlaubt u. a. auch die Zusammenziehung der Steuerorgane, z. B. in einem Schaltpult.

Als *Antriebsmittel* kommen Motoren, Schaltmagnete und Druckluftzylinder in Betracht. Die genannten Mittel sind nicht so, daß man von den drei Arten grundsätzlich einer den unbedingten Vorrang einräumen kann. Wo Gleichstrom zur Verfügung steht, kann der Magnetantrieb vorteilhaft sein, insbesondere bei kleinen Schaltern und wenn keine zu große Schalthäufigkeit gefordert wird. In bezug hierauf bietet dagegen der Druckluftantrieb fast unbegrenzte Möglichkeiten. Er wird aber wiederum vom motorischen verdrängt, wenn die Bereitstellung von Druckluftflaschen oder einer Drucklufterzeugeranlage nicht in Betracht kommt. Gegenüber dem Magneten gestattet er eine erheblich höhere Schalthäufigkeit, arbeitet außerdem trotz hoher Schaltgeschwindigkeit stoßfrei und schont die bewegten Schalterteile. Ferner ist er für jede Stromart aufzubauen. Seine Leistungsaufnahme ist infolge seines besseren Wirkungsgrades günstiger als die der Einschaltmagnete. Auch hinsichtlich der Betriebssicherheit ist er vor allem in der Form des Drehstromkurzschlußläufers den Magneten überlegen. Diese Vorteile wiegen die verhältnismäßig geringen Mehrkosten des motorischen Antriebes in den meisten Fällen auf. Das gilt besonders für Schaltgeräte größerer Nennströme, abgesehen davon, daß für Geräte über etwa 1000 A Nennstrom der Wechselstrommagnet als Einschaltorgan ausscheidet, so daß im allgemeinen nur der motorische Antrieb übrig bleibt, wenn man nicht auf Druckluft übergehen will.

Die *Fernantriebe* sind *meist nur beim Einschalten wirksam*, weil die Geräte nach dem Einschalten verklinkt werden. Zum Fernausschalten wird diese Verklinkung über einen Arbeitsstrom- (s. S. 138) oder einen Nullspannungsauslöser (s. S. 135) gelöst. Diese Art der Ausschaltung ist grundsätzlich notwendig, wenn im Gefahrenfalle Schnellauslösung erfolgen soll. Die Ausschaltung über den Kraftantrieb dauert sonst zu lange. Geräte mit Fernantrieb erhalten *zusätzlich* Einrichtungen für *Handschaltung*. Diese sollen nur während Wartungsarbeiten am Schalter verwandt werden, also nicht zur Betätigung unter Spannung stehender

Geräte. Der Schalter kann z. B. nach Herausziehen eines Kupplungsstiftes von Hand betätigt werden. Zum Ausschalten von Geräten, die nicht von Hand bedient werden können, sind für den Störungsfall besondere Energiequellen notwendig, z. B. Gleichstrombatterien oder Druckluftbehälter. Eine Noteinschaltung wird in diesem Fall überhaupt entbehrlich sein.

Vom Antriebsmittel werden die Ein- und Ausschaltgeschwindigkeiten und damit die *Schaltzeiten* wesentlich beeinflußt. Um sie zu ermitteln, müssen alle Massen, die an der Bewegung beteiligt sind, auf einen Punkt bezogen werden. Es ist dann möglich, die Geschwindigkeit mit Hilfe einer graphischen Integration und einer kurzen Rechnung zu ermitteln. In der gleichen Weise erhält man auch die Schaltzeit.

Einschaltkraftantriebe aller Art müssen nach VDE 0660 Teil 1 Tafel 14 zwischen 0,85- und 1,1facher Nennspannung des Antriebes sicher schließen, bei Gleichstrom-Bahngeräten, die von der Fahrleitungsspannung abhängig sind, zwischen 0,7- und 1,2facher Nennspannung, bei Wechselstrom zwischen 0,8- und 1,15facher Nennspannung. *Ausschaltkraftantriebe* müssen bei 0,75-, 0,65- bzw. 0,7facher Nennbetätigungsspannung sicher öffnen.

In gewissen Fällen ist eine *Selbstunterbrecher-Steuerung* des Einschaltkreises notwendig, z. B. wenn ungeschultes Bedienungspersonal durch zu lange Betätigung des Einschaltelementes eine unzulässige Überlastung und damit eine Zerstörung der Magnetspule oder des Motors verursachen könnte. Bei Dauerkontaktgebern ist die Selbstunterbrechung grundsätzlich notwendig.

Bei Geräten mit Kraftantrieb ist es ferner möglich, daß nach erfolgter Überstrom- oder Kurzschlußauslösung — je nach Ausbildung von Schalter und Antrieb — die Einschaltbedingungen fortbestehen und der Schalter sich nach Erreichen der Ausschaltlage anschließend *selbsttätig wieder einschaltet*, sowie diesen Einschalt- bzw. Ausschaltvorgang mehrfach wiederholt („Pumpen"). Bei einem Gerät, das lediglich über Handantrieb und Freiauslösung verfügt, ist ein solcher Vorgang ausgeschlossen, da der Bedienungsmann das Bedienungselement zuerst zurückführen muß. Das gleiche gilt auch z. B. für Federkraftspeicher. Besondere Maßnahmen sind deshalb nur bei solchen Schaltern mit Kraftantrieb notwendig, bei denen der Einschaltimpuls selbsttätig unterbrochen, aber ein Dauerkommando gegeben wird. Es sind verschiedene Lösungen bekannt, s. z. B. FLECK (S. 205). Der Pumpvorgang ist besonders kritisch, wenn die Auslösung auf einen „Not-Aus"-Befehl erfolgte, z. B. weil Personen gefährdet waren oder ein Kurzschluß zur Ausschaltung führte. Die selbsttätige Wiedereinschaltung muß dann unbedingt verhindert werden. Das ist nicht notwendig, wenn der Auslöseimpuls lange Zeit anhält, z. B. beim Buchholz-Relais, Kontaktthermometern und dgl.

Beim *Motorantrieb* kann es sich um Wechselstrom-, Gleichstrom- und Universalkollektormotoren handeln, meist Reihenschlußmotoren mit Getriebe. Es werden auch Geräte mit Drehstrommotoren gebaut. Die Motorantriebe arbeiten mit und ohne Energiespeicher. Sie werden oft nur für die Einschaltung verwandt, wobei über Arbeitsstrom- oder Nullspannungsauslöser (s. S. 135) ausgeschaltet wird. Bei den Energiespeichern kann es sich um Federsysteme handeln, oder es werden die Fliehkräfte schnell-umlaufender Massen ausgenutzt. Im ersteren Falle sind es Sprung- im letzteren Speicherantriebe. Bei Energiespeichern leisten nach deren Aufladung sowohl der Motor als auch der Speicher gleichzeitig Arbeit. Sie haben weiterhin den Vorzug, daß nur ein verhältnismäßig kleiner Motor gebraucht wird. Die Einschaltung erfolgt schlagartig durch Lösen einer Klinke. Zum Beispiel wird bei größeren Geräten das Erreichen der Endstellung des Speichers angezeigt, das Einschalten selbst erfolgt dann über eine Taste am Schalter oder über einen Arbeitsstromauslöser, der als Entsperrmagnet dient. Der Energieinhalt der Speicher wird so groß gewählt, daß der Antrieb nicht in irgendeiner Zwischenstellung stehenbleibt, auch dann nicht, wenn die Steuerspannung während des Einschaltvorganges ausfällt. Die Antriebe arbeiten noch bei erheblichen Unterspannungen, die bei bestehendem Kurzschluß auftreten können, so daß ein solches Gerät sicher durchschaltet. Geräte mit Schwungmassen als Energiespeicher s. MÜLLER und SCHMELCHER. Wenn der Antrieb keinen Speicher besitzt, dann muß er nach einer ungewollten selbsttätigen Auslösung durch Überstromauslöser später von Hand oder durch Fernsteuerung zurückgeholt werden, damit er wieder einklinkt und eine erneute Ferneinschaltung möglich ist. Die Rückführung durch den Kraftantrieb hat den Nachteil einer vergrößerten Ausschaltzeit. Bei einer Einschaltzeit von 1/4 sec und einer Ausschaltzeit von gleicher Länge dauert z. B. der gesamte Schaltzyklus 1/2 sec. Dagegen wird über Spannungsauslöser eine schnelle Ausschaltung erzielt, deren Befehlsmindestdauer etwa bei 20 msec liegt. Das ist besonders dann wichtig, wenn in umfangreichen Steuerungen der Ausschaltimpuls zu kurz ist, um eine sichere Ausschaltung durch den Motorantrieb zu gewährleisten. Das gleiche gilt auch bei einem Not-Aus-Schaltvorgang, bei dem es nicht sicher ist, daß eine Mindestbefehlsdauer von z. B. nur 1/4 sec eingehalten wird, und die Gefahrenzeit unbedingt auf ein Minimum begrenzt werden muß. Die Rückführung des Motorantriebes in die Ausgangsstellung ist z. B. durch Betätigen eines „Aus"-Tasters möglich. Eine automatische Rückführung wird notwendig in einer größeren Steuerung, wenn es sich um betriebsmäßige Ausschaltungen über Spannungsauslöser, nicht jedoch um Auslösungen auf Grund von Fehlern handelt. In der Steuerung sind also entsprechende Verriegelungen vorzusehen. Eine automatische Rückführung nach Überstromauslösung hat den Nachteil, daß die Anzeige

der erfolgten Auslösung dadurch unmöglich gemacht wird. Das ist auch
der Fall, wenn das Einschaltkommando dauernd ansteht. Das Gerät be-
gänne in diesem Fall zu pumpen (s. S. 110) und würde u. U. immer wieder
auf einen bestehenden Kurzschluß einschalten. Das gleiche gilt, wenn im
Gefahrenfall über einen Spannungsauslöser abgeschaltet wurde. Im
übrigen können Geräte mit Kraftantrieben, die in beiden Richtungen
wirksam sind, u. a. als Netzumschalter, Kuppelschalter, Trafo- oder
Stationsschalter zum automatischen Zu- und Abschalten von Transformatoren und dgl. benutzt werden.

Die *Ein- und Ausschaltung des Motorantriebes* kann sowohl über Taster
als auch durch Dauerkontaktgeber erfolgen. Die Befehlsgeräte sind
zweckmäßig so einzurichten, daß gleichzeitig mit dem Schließer für den
Schaltvorgang der Gegenvorgang durch einen Öffner unterbrochen wird.

Abb. 62. Drehstrom-Leistungsschalter in
Kompaktbauweise mit Motorantrieb
(Universalmotor mit Getriebe und
Bremse) (Klöckner-Moeller)

Wichtig für die Bedienungselemente ist eine einwandfreie Kontaktgebung, weil anderenfalls der Motorantrieb in einer Zwischenstellung
stehen bleiben kann. Es ist dafür zu sorgen, daß der Motorstromkreis
nach vollzogenem Schaltvorgang unterbrochen wird, Selbstunterbrechung s. S. 110. Einen Leistungsschalter in Kompaktbauweise mit
Universalmotor und Schnelleinschaltung zeigt Abb. 62. Der Motor ist mit
Getriebe und dem entsprechenden Übertragungsgestänge zum Schalter
ausgerüstet.

Bei den *Magnetantrieben* wird sowohl Wechselstrom als auch Gleichstrom verwandt. Ersterer kommt wegen der großen Scheinleistungs-
aufnahme nur bei verhältnismäßig kleinen Schaltern, z. B. solchen mit
Nennströmen bis zu 200 A in Frage, während größere Schalter mit

Gleichstrommagneten ausgerüstet werden. Wenn der Gleichstrom in der Anlage fehlt, wird ein Gleichrichter mit Doppelweg-(Mittelpunkts-) oder Ein-Phasen-Brückenschaltung vorgeschaltet. Der Einschaltvorgang durch Gleichstrom ist im Gegensatz zu dem bei Wechselstrom verhältnismäßig sanft, was sich auf die Lebensdauer der Geräte günstig auswirkt. Gleichstrommagnete lassen sich auch besser der Kraftbedarfskurve anpassen. Sie sind billiger als Motoren. Bei Wechselstrommagneten ist die Abhängigkeit der Ankerbewegung vom Einschaltaugenblick und den dadurch möglichen hohen Einschaltströmen unangenehm, s. FRANKEN (9, S. 81ff, sowie 5). Um kleine Betätigungsgeräte, Taster usw. verwenden zu können, werden meist Zwischenschütze verwandt. Die Schaltmagnetspulen sind nur für kurzzeitige Betätigung bemessen, deshalb muß die Einschaltdauer begrenzt werden. Damit sie unabhängig von der Dauer der Kontaktgabe des Betätigungsorganes bleibt, ist bei Steuerungen über ein Dauerkontaktglied eine Selbstunterbrechung mit elektrischer Wiedereinschaltsperre erforderlich, die ein wiederholtes Einschalten auf bestehenden Kurzschlußstrom verhindert, s. S. 110. Das Fernausschalten geschieht über Spannungsauslöser.

Die *Druckluft* eignet sich vorzüglich zum Antrieb von Schaltgeräten. Sie ermöglicht die Beschleunigung auch verhältnismäßig großer Massen in geringer Zeit, auch kann man im allgemeinen mit gleichbleibenderen Eigenzeiten rechnen als etwa bei Federkraftspeichern, Magnet- oder Motorantrieben. Ferner erlaubt die Druckluftsteuerung eine stets zügige und weich schaltende Funktion. Ein Überblick über die Erzeugung und Verteilung der Druckluft, s. KOCH und EISERLO. Beim Druckluftantrieb wird durch einen kleinen Magneten kurzzeitig ein Steuerventil betätigt, das der Luft den Weg in den Druckluftzylinder des Antriebs freigibt. Die Antriebe werden so ausgeführt, daß sie möglichst in Anpassung an die Bedarfskurve des Schalters arbeiten. Die Betriebsdrücke liegen bei etwa 5 kp cm^{-2}. Bei Dauerkontaktgebung ist natürlich wieder eine Selbstunterbrechungssteuerung erforderlich. Die Betätigungsventile können mit einer Mindestdrucksperre geliefert werden, die das Einschalten bei zu kleinem Betriebsdruck verhindert. Statt aus einer Druckluftanlage kann die Druckluft auch über ein Druckluftminderventil aus einer Druckluftflasche bezogen werden, deren Volumen in einem vernünftigen Verhältnis zum Verbrauch und der zu erwartenden Schalthäufigkeit steht. Bei größeren Anlagen werden Umschaltmöglichkeiten vorgesehen, die gestatten, die Versorgung aufrecht zu erhalten, auch wenn einzelne Rohrabschnitte ausfallen sollten. Im Gegensatz zur elektrischen Energie läßt sich die Druckluftenergie speichern. Eine Störung im Verteilungsnetz führt daher nicht zum unmittelbaren Betriebszusammenbruch. Die Luftbehälter behalten — dank der Rückschlagventile — auch dann ihren Luftvorrat, wenn das gesamte Verteilungsnetz drucklos wird. Durch große Undichtigkeiten oder Rohrbrüche entstehende Verluste lassen dem Betriebsmann einen wenn auch nur kurzzeitigen Spielraum, Umschaltungen vorzunehmen und den schadhaften Anlageteil außer Betrieb zu setzen. Erfahrungsgemäß sind solche Störungen aber äußerst selten.

Die *Schaltpläne für Kraftantriebe* nehmen mannigfache Formen an. Für die Ausgestaltung ist es wesentlich, ob die Steuerung des Kraftelementes unmittelbar durch das Befehlselement erfolgt, oder, weil die vom Antriebsorgan geforderten Ströme als Kraftverstärker wirkende Schaltrelais und Schütze notwendig machen, mittelbar. Das letztere kann auch notwendig sein wegen der notwendigen Verriegelung der Steuerkreise untereinander, z. B. beim vor- und rückfahrenden Motorantrieb. Maß-

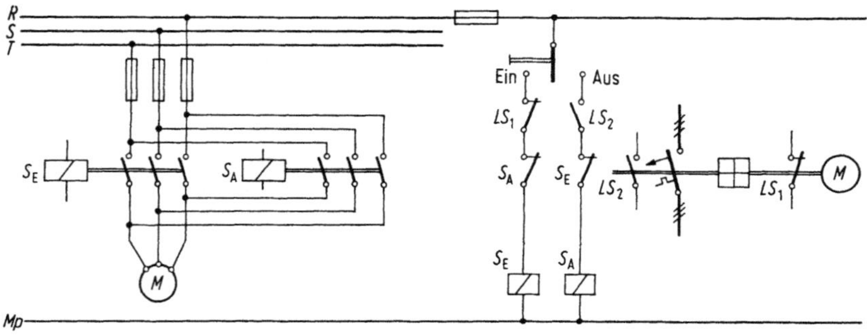

Abb. 63. Schaltplan für Drehstrommotorantrieb eines Leistungsschalters
S_E, S_A Ein- und Ausschalt-Motorschütz, LS_1, LS_2 Hilfsschalter an der Antriebs- bzw. Schalterwelle

gebend ist weiterhin die Art der Rückführung, entweder durch den steuernden Kraftantrieb oder durch Betätigung der Arbeitsstrom- oder Nullspannungsauslöser. Weiterhin ist von Einfluß, ob zur Sicherheit alle Kommandos 2polig oder nur 1polig gegeben werden, ferner die Stromart je nachdem, ob es sich um Gleichstrom oder Wechselstrom mit und ohne Gleichrichter handelt. Hinzu kommt das Ausmaß der Selbstunterbrechung bei Erreichen der Endlage und die etwa gewünschte automatische Rückführung, z. B. des Motorantriebs.

Von den Schaltplänen kann nur eine beschränkte Auswahl wiedergegeben werden. Die einfachste Form der Steuerung eines Drehstrom-Wende-Motorantriebs über Schütze s. Abb. 63. Die Betätigung geschieht durch einen Stellschalter. Der Ein- und Ausschaltimpuls wird durch von der Schaltwelle gesteuerte Hilfsschalter unterbrochen. Einem ungewollten Ausschaltvorgang folgt naturgemäß der Motorantrieb nicht selbsttätig. Eine ganz einfache Steuerung ohne Verwendung von Hilfsschaltrelais oder Schützen, z. B. für die Steuerung eines Druckluftventils s. Abb. 64. Der Ventilmagnet wird durch einen Taster ein- und ausgeschaltet. Der Austaster wirkt auf einen Arbeitsstromauslöser. In beiden Fällen ist Selbstunterbrechung durch

Hilfsschalter auf der Schalterwelle gegeben. Nach Abb. 65 geschieht die Steuerung wieder durch Einschaltmagnet oder Magnetventil. Es werden aber Hilfsschütze S_1 und S_2 verwandt, Ausschaltung über Arbeitsstromauslöser. Sobald der Antrieb geschlossen ist, also auch der Antriebshilfsschalter LS_1, wird das Schütz S_1 über S_2 und damit der Einschaltmagnet ausgeschaltet. Bei Abb. 66 wurde ein Universal-Motor mit Reihenschlußwicklung vorausgesetzt. Die Steuerung ist in dieser Form,

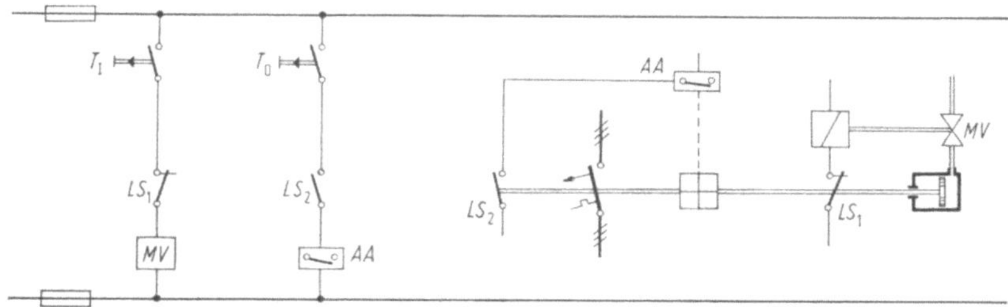

Abb. 64. Schaltplan für Druckluftantrieb oder Einschaltmagnet, Taster wirkt unmittelbar auf Magnetventil MV oder Einschaltmagnet, ausschalten immer über Arbeitsstromauslöser AA; T_0, T_I Taster, LS_1, LS_2 Hilfsschalter am Antrieb

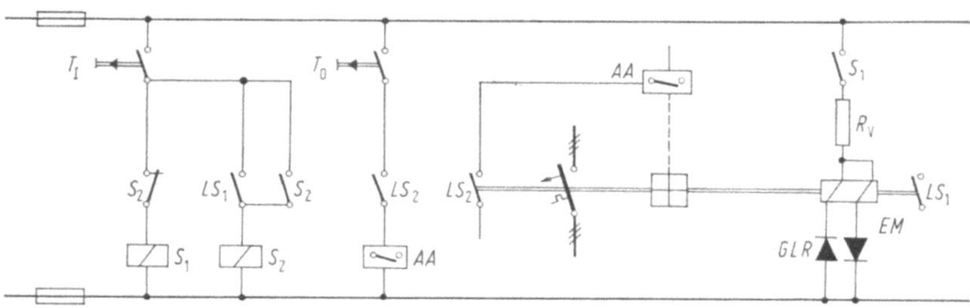

Abb. 65. Schaltplan für Magnetantrieb EM zum Einschalten — Ausschalten über Arbeitsstromauslöser AA mit Hilfsschützen S_1 u. S_2, T_I u. T_0 Taster, LS_1 u. LS_2 Hilfsschalter am Leistungsschalter, R_V Vorschaltwiderstand (nach PLATH)

sowohl mit Drucktastern (T), wie eingezeichnet getrennt für Ein- und Ausschaltung, betriebsfähig wie auch einem Stellschalter mit zwei Kontaktlagen. Zum Einschalten wird der Motor durch Schließen des „Ein"-Tasters über das Schütz S_1 an Spannung gelegt und die Magnetbremse (MB) gelüftet. Kurz vor Erreichen der Endstellung unterbricht der Endschalter E_V den Stromkreis, die Magnetbremse fällt ein und bremst den Motor ab. Zur Ausschaltung erhält das Schütz S_2 durch den „Aus"-Taster Spannung. Es kehrt die Feldrichtung und damit die Drehrichtung des Motors um und schließt den Motorkreis. Wenn der Antrieb nach einer Ausschaltung über Spannungsauslöser oder einer Überstromauslösung, wobei er in der „Ein"-Stellung stehenbleibt, automatisch zurückgeführt werden soll, so bedeutet das natürlich einen zusätzlichen Aufwand. Die hierzu erforderlichen Schaltelemente sind in Abb. 66 punktiert eingetragen. Die Rückschaltung wird über die Hintereinanderschaltung

8*

je eines Hilfsschalters an der Antriebs- und der Schalterwelle eingeleitet, wobei der letztere voreilend ist. Ein Zeitrelais stellt sicher, daß der Schalter bis in die Endstellung durchschaltet. Die Rückführung kann auch verzögert erfolgen. Dazu verwendet man anzugverzögerte Zeitrelais. Diese benötigen jedoch zusätzlich ein Hilfsschütz, das bei der Verwendung abfallverzögerter Relais gespart wird. Solange ein „Ein"-Kommando ansteht, ist die automatische Rückführung in jedem Falle unwirksam, anderenfalls würde der Schalter ins „Pumpen" geraten, s. S. 110.

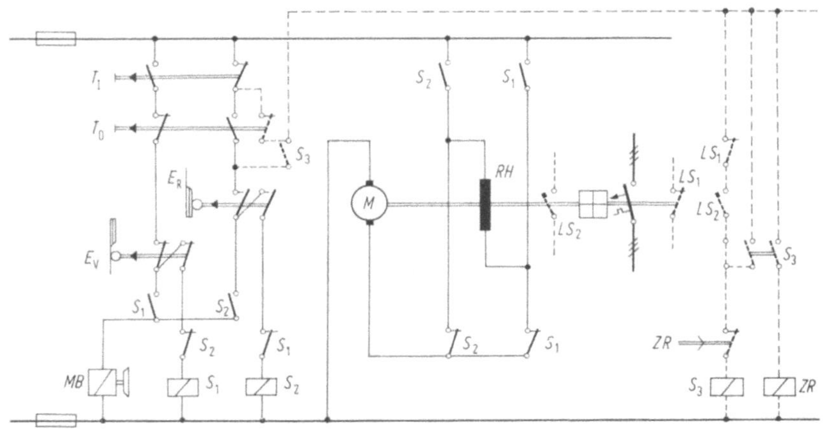

Abb. 66. Motorantrieb eines Leistungsschalters mit Drucktastersteuerung

$S_1 \ldots S_3$ Hilfsschütze, M Universal-Reihenschlußmotor, MB Magnetbremse, E_V Endschalter im Vorwärts-, E_R im Rückwärtsgang, T_I. T_0 Ein- bzw. Austaster, RH Reihenschlußwicklung. Die gestrichelten Teile sind Zusätze für automatische Rückführung. Dabei ZR Zeitrelais — anzugsverzögert, LS_1 Hilfsschalter an der Schalterwelle, LS_2 an der Antriebswelle

Bei zu kurzen Kommandozeiten, z. B. bei der Befehlsgabe aus einer Steuerung heraus, etwa durch einen Wischimpuls, muß der Befehl durch ein Zeitrelais oder Hilfsschütz mit Selbsthaltung verlängert werden. Das ist auch notwendig, wenn der Schließvorgang nicht gleichmäßig sicher vor sich geht, z. B. bei Befehlsschaltern in einem ungleichmäßig strömenden Medium. Dauerkontaktgeber gewährleisten stets die nötige Befehlsmindestdauer. Weiterhin ist es natürlich wichtig, darauf zu achten, daß bei Befehlsgabe von mehreren Stellen aus nur ein Kommando wirksam wird. Die erforderliche Verriegelung des „Ein"- und „Aus"-Kommandos kann mechanischer Art sein, z. B. durch die Verwendung von Wechslern oder elektrisch durch zwei gegeneinander verriegelte Hilfsschütze, s. a. BEHR.

Es empfiehlt sich, wenn nicht unbedingt sichergestellt ist, daß das Kommando nach kurzer Zeit wieder zurückgenommen wird, ein *Überlastungsschutz* für die Antriebsmotoren und -Magnete durch thermisch verzögerte Überstromelemente. Der Schutz soll mit Sicherheit verhindern, daß beim Versagen des Antriebs der Motor oder die Bremse beschädigt wird. Als Überlastungsschutz kommen kleine handbetätigte Motorschutzschalter in Betracht, deren Einstellstrom sich nach den Herstellerangaben richtet und modellabhängig ist. Bei Tasterbetrieb kann auf einen solchen Schutz verzichtet werden, bei Dauerkontaktgebern nicht. Bei den Geräten muß für eine *Schaltstellungsanzeige* gesorgt werden, s. S. 144. Hierzu dienen in erster Linie Signallampen.

5.4 Stromauslöseelemente

Bei den Stromauslöseelementen unterscheidet man ,,Auslöser" und ,,Relais". Dabei sind:
Auslöser Vorrichtungen als Bestandteile von Schaltern, die beim Über- oder Unterschreiten vorgegebener elektrischer Größen die im Schalter gespeicherte Energie (z. B. gespannte Feder, Druckluft) mechanisch freigeben und auslösen. Sie können unverzögert oder verzögert wirken.
Relais sind demgegenüber Bestandteile oder Zubehör von Schaltgeräten, die bei Einwirkung einer elektrischen Wirkungsgröße weitere Einrichtungen über Hilfsstromkreise steuern.

Auslöser und Relais werden je nach Lage der Wicklung unterschieden in solche mit dem Vorsatzwort ,,primär" oder ,,sekundär". Mit letzterem wird die Lage der Wicklung im Sekundärkreis von Isolierwandlern gekennzeichnet — Wandlerauslöser. Von den *Meßauslösern*, die eine elektrische Wirkungsgröße überwachen, unterscheidet man die *Hilfsauslöser*. Das sind nicht-messende Auslöser, die bei Erregung oder Entregung ggf. mit vorgegebener Verzögerung den Schalter auslösen. Die Wirkungsgröße ist dabei der Stromwert. Es werden außerdem unterschieden *Arbeitsstromauslöser*, die bei Erregung, und *Ruhestromauslöser*, die bei Entregung den Schalter auslösen, ferner innerhalb dieser Gruppe *Kondensator-Stromauslöser*, die aus Kondensatoren gespeist werden, s. S. 139. *Wandler* und *Nebenschlüsse* gestatten die Verwendung kleiner Auslöser auch bei großen Strömen. Wandler sind dämpfend und übertragen den Kurzschlußstrom nur beschränkt auf die Sekundärseite.

Unter *Ansprechstrom* versteht man den Mindeststrom, bei dem sich ein Auslöser in Tätigkeit setzt. Bei einem Überstromauslöser, der einstellbar ist, beziehen sich die Ansprechwerte auf den Nennwert. Das ist bei Kombinationen von magnetischen und thermischen Auslösern der höchste Einstellwert des letzteren. Bei größeren Geräten sind weitgehend die Elemente der einzelnen Pole für sich einstellbar, bei kleineren ist oft eine zentrale gemeinsame Einstellung aller Pole zu finden. Die *Kurzschlußfestigkeit* aller Auslöser muß selbstverständlich der des Schalters entsprechen. Anderenfalls wird das zulässige Schaltvermögen des Gerätes durch die Auslöser bestimmt. Bei einem Gerät, das für den Einbau

von Auslösern mit unterschiedlichen Einstellbereichen aufgebaut wird,
ist es leicht möglich, daß bei niedrigenEinstellbereichen das Schaltvermögen der Kombination unter dem des Schalters selbst liegt.

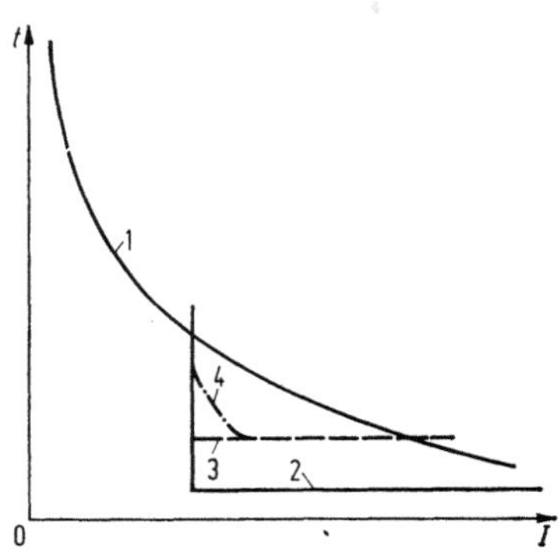

Abb. 67. Kennlinien von Stromauslösern

1 stromabhängiger Überstrom-Zeitauslöser,
2 unverzögerter Schnellauslöser, *3* stromun-
abhängig-kurzverzögerter Schnellauslöser,
4 stromabhängig-verzögerter Schnellauslöser

Die Wirksamkeit aller Stromauslöseelemente setzt die „*Freiauslösung*"
(s. S. 102) voraus. Stromüber-
wachungselemente sollen im allgemeinen in allen Polen eines Selbstschalters vorhanden sein. Abweichun-
gen im aussetzenden Betrieb s. S. 269.
Beim Einsatz der verschiedenen Auslöseelemente in Geräten, die Erschütterungen und Stößen ausgesetzt
sind, wie z. B. auf Bahnen, bei Schiffen und dgl. muß dafür Sorge getra-
gen werden, daß sich keine Teile unge-
wollt in Bewegung setzen und die
Schaltgeräte auslösen. Das geschieht
durch zweckmäßige Anordnung der
Massen.

Die *Kurzschluß-* (*Schutz-*) oder *Schnellauslöser* sprechen bei kurzschlußartigen Strömen an, also solchen, die über die Betriebsströme,
auch z. B. die Anlaufströme hinausgehen. Bei ihnen unterscheidet man
unverzögerte und kurzverzögerte, letztere stromabhängig und -unab-
hängig, Kennlinien s. Abb. 67. Unverzögerte Auslöser gewähren den
größtmöglichen Kurzschlußschutz von Generatoren, Transformatoren,
Leitungen und dgl. Sie heben bei Erreichen des eingestellten Stromes die
Verklinkung der Schalter auf oder beeinflussen als Relais einen Spannungsauslöser. Es handelt sich hierbei um elektromagnetische Elemente, die als
Arbeitsstrom-Magnete entweder vom Netzstrom unmittelbar oder bei
Geräten großer Nennstromstärken über Wandler erregt werden. Es sind
vorzugsweise Elektromagnete mit Klapp- oder Tauchankern, s. Abb. 68.
Sie werden meist durch Federkraft bei vollem Ankerhub so weit vor-
belastet, daß sie erst bei einem bestimmten Strom anziehen. Dieser Ansprechstrom wird durch Ändern des Hubes oder der Rückzugkraft des
Ankers verändert. Oft bestehen die Elemente nur aus einem U-förmigen
Eisenteil, das die Stromschienen umfaßt und einem einfachen Anker mit
einstellbarer Gegenfeder, s. Abb. 68c u. Abb. 69. Schräge Polflächen verstärken die Zugkraft. Oberhalb etwa 2000 A Nennstrom ist die gegenseitige Beeinflussung bei Auslösern auf den Stromschienen groß. Sie werden dann über Wandler gespeist. Die *Ansprechwerte* der Schnellauslöser
richten sich nach dem Zweck des Schalters, s. VDE 0660 Teil 1/3.68
Tafel 11 § 37. Hierbei ist zu unterscheiden, ob es sich um Generator-,

Motor-, Leitungsschutz- oder Verteilerschalter handelt. So z. B. müssen
sie bei Geräten, die dem Schutz von Motoren dienen, so aufgebaut bzw.
eingestellt sein, daß sie unterhalb der Grenze der Motoranlaufströme nicht
ansprechen, s. Tab. 3. Die Kurzschlußauslöser sind weitgehend fest eingestellt. Sie haben lediglich die geringen Kräfte zur Aufhebung der Verklinkung aufzubringen. Ihre Ansprechzeiten betragen bei hoher Erregung,
die im Kurzschlußfall oft ein Vielfaches ihrer Ansprecherregung beträgt,

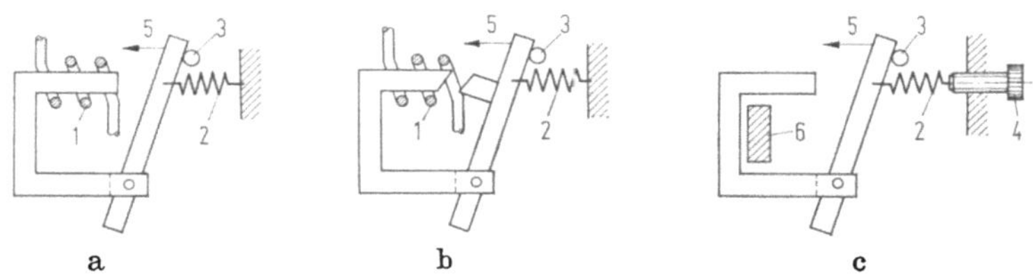

Abb. 68. Unverzögerte Überstromauslöser
a) mit Klappanker, b) mit Tauchanker, c) Erregung durch Stromschiene
1 Erregerwicklung, *2* Stromeinstellfeder, *3* Anschlag, *4* Verstellschraube, *5* Wirkrichtung auf Schaltschloß oder Kraftspeicher, *6* Stromschiene

nur wenige msec. Diese Zeit wächst mit der größeren Massenträgheit
größerer Geräte etwas an. Besonders schnell wirkende Auslöser wie z. B.
die elektrodynamischen s. bei „Schnell- und Begrenzungsschaltern",
S. 202.

Um vorgeschalteten Geräten eine selektive Ausschaltung (s. S. 165) zu ermöglichen, muß die Ansprechzeit etwas verlängert werden. Es entstehen
die *„kurzverzögerten"* Auslöser. Sie sind vor allem
notwendig, wenn mehrere Schalter hintereinander
in einem Stromkreis liegen. Dann soll nur das dem
Kurzschlußort am nächsten liegende Gerät ausschalten. Um eine ausreichende Selektivität der Anlage
zu erreichen, wird die Auslösezeit gestaffelt, s. a.
S. 167.

Mit diesen kurzen Zeiten stehen die Auslöser
im Gegensatz zu den magnetischen Überlast-Schutz-
organen, die ebenfalls auf magnetischer Grundlage
aufgebaut sind, aber größere Verzögerungszeiten
meist stromabhängig aufweisen, s. S. 124.

Abb. 69. Magnetischer
Schnellauslöser, von
Stromschiene erregt

Für die Verzögerung kommen vor allen Dingen *mechanische Mittel*,
und zwar zweierlei Art in Betracht. Dabei wird z. B. die Ansprechzeit
durch zusätzliche, die Bewegung der Schnellauslöser hemmende Massen,
wie es bei dem Massependel der AEG der Fall ist, vergrößert. Das Pendel-
gewicht wird in Scheiben unterteilt, so daß je nach der Scheibenzahl un-

Tabelle 3. *Einstellung der Stromauslöseelemente je nach Anwendung*

Schalter zur Verwendung bei	Einstellung der elektromagnetischen Auslöser: einstellbar oder fest eingestellt zwischen etwa		stromabhängige, insbesondere thermische Auslöser
	unverzögert	kurzverzögert	
Generatoren			
Drehstrom	5 u. $12 \cdot I_{NG}$	3 u. $6 \cdot I_{NG}$	$1 \cdot I_{NG}$[1]
Gleichstrom	3 u. 5 ,,	$1{,}5$ u. 3 ,,	
Transformatoren und als Einspeiseschalter			
Drehstrom	4 u. $10 \cdot I_{NT}$[2]	3 u. $6\ I_{NT}$[3]	$1 \cdots I_{NT}$[1]
Gleichstrom	2 u. $5 \cdot I_{NS}$	$1{,}5$ u. $3 \cdot I_{NS}$	$1 \cdots I_{NS}$
Abzweig zu Stromverteilungen			[7]
Drehstrom	5 u. $12 \cdot I_{NS}$[4]	3 u. $6 \cdot I_{NS}$	
Gleichstrom	3 u. 6 ,,	2 u. 4 ,,	
Leitungsschutz			
Drehstrom	3 u. $6\ I_{dL}$	3 u. $6\ I_{dL}$	$1 \cdot I_{dL}$
Gleichstrom	2 ,, 6 ,,	2 u. 6 ,,	
Einzelmotoren			
Drehstrom-Käfigläufer	8 u. $14\ I_{NA}$[5]	—	$1 \cdot I_{NM}$[1]
Drehstrom-Schleifringläufer u.			
Kollektormotoren	3 u. 6 ,,	—	,,
Gleichstrom	2 u. 4 ,,	—	,,
Mehrmotorengruppen	etwa 4 u. $6 \cdot \sum I_{NM}$[6]	3 u. $6 \cdot \sum I_{NM}$[6]	[7]
Kondensatoren	4 u. $10 \cdot I_{NC}$ z. B. < 200 A 10; 400 A 6; $> 400\ 4$	—	$1{,}25 \cdot I_{NC}$
Kuppelschalter	je nach Aufgabe als Verteilerschalter oder auch ohne Stromauslöseelemente als Leistungstrenner		
Maschennetz-Schalter	i. allg. keine derartigen Auslöser		

Erklärung s. S. 121.

Erklärung zu Tab. 3.

[1]) oder höhere Einstellung, z. B. $1{,}5 \cdot I_N$ in Verbindung mit Temperaturwächtern, die über Arbeitsstromauslöser wirken.

[2]) Man stellt die Kurzschluß-Schnellauslöser von Transformatorenschaltern und Einspeiseschaltern so niedrig wie möglich ein, damit auch Lichtbogenkurzschlüsse schnell abgeschaltet werden. Dabei gehen die Werte herab bis zu $2{,}5 \cdot I_{NS}$.

[3]) Dazu kommen u. U. zusätzlich unverzögert bei $\geqq 15 \cdot I_{NS}$ ansprechende Auslöser.

[4]) Bei den Verteilerschaltern herrscht der Leitungsschutz vor. Ein lediglich zu einem Motor gehendes Gerät wird naturgemäß wie ein Motorschalter behandelt.

[5]) bezogen auf den Nennwert (Skalenhöchstwert) des damit kombinierten thermischen Auslösers.

[6]) Bei einer Mehrmotorengruppe sind besondere Überlegungen erforderlich, z. B. die Möglichkeit des gemeinsamen oder gestaffelten Anlaufs.

[7]) Die Auswahl richtet sich nach den angeschlossenen Leitungen. Wenn der Schalter als Einspeiseschalter einer Mehrmotorenverteilung eingesetzt ist, dann fallen die thermischen Auslöser ganz weg, d. h. also, wenn das Gerät kurz vor der Verteilung sitzt.

I_{NA}	Auslösernennstrom	I_{NS}	Schalternennstrom
I_{NC}	Kondensatorennennstrom	I_{NT}	Transformatorennennstrom
I_{NG}	Generatorennennstrom	I_{dL}	zulässiger Leitungs-Dauerstrom
I_{NM}	Motorennennstrom		

terschiedliche Verzögerungen zustande kommen. Bei Auslösern mit Masseverzögerung (s. Abb. 70a) darf die Zusatzmasse nicht formschlüssig gekoppelt sein, da sie anderenfalls nach Aufnahme einer ausreichenden kinetischen Energie die Auslösung auch nach Fortfall der Erregung durch ihre Massenträgheit bewirken würde. Der restliche Ankerluftspalt muß bei Fortfall der Auslöseursache noch so groß sein, daß der Betriebsstrom

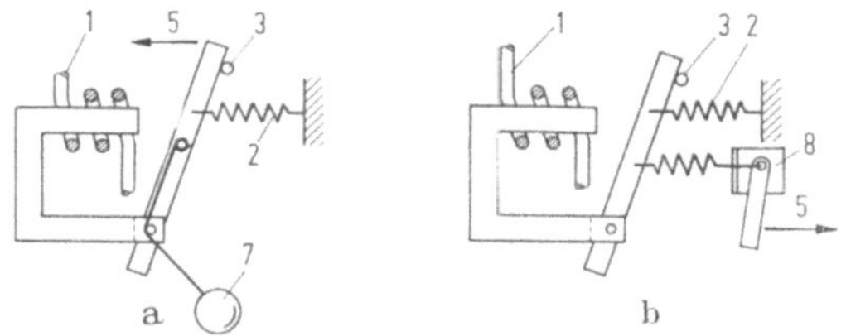

Abb. 70. Verzögerte Überstromauslöser
a) mit Massenzusatz, b) mit Hemmwerk
1–3 u. *5* wie bei Abb. 68, *7* Zusatzmasse, *8* mechanisches Hemmwerk

nicht in der Lage ist, den Anker weiter anzuziehen. Solche Auslöser haben eine stromabhängige Auslösezeit. Sie nähert sich bei hohen Strömen asymptotisch einem bei allen Pendelmassen etwa gleichen Grenzwert. Das Pendel ist seiner Natur gemäß lageabhängig, so daß sein Einsatz für ungünstige Einbaustellen, z. B. bei Schiffsanlagen weniger geeignet ist, s. Pfeiffer und Reiss. Weiter verwendet man mechanische Hemmwerke (s. Abb. 70b), bei denen die Auslöser in jedem Fall bis zum Ankeranschlag durchziehen und dann die Verzögerungsmittel mit konstanter Kraft zum Ablauf bringen.

Die genannten Zusatz-Hemmwerke müssen naturgemäß wirksam werden, ehe die Eigenzeit des eigentlichen Schalters einsetzt. Die Auslösezeit ist dabei unabhängig von der Höhe des Kurzschlußstromes. Sie ist einstellbar. Nach Ablauf der eingestellten Zeit wird die Sperre des verklinkten Schalters freigegeben. Bei Einstellung auf hohe Zeiten ist zu beachten, ob

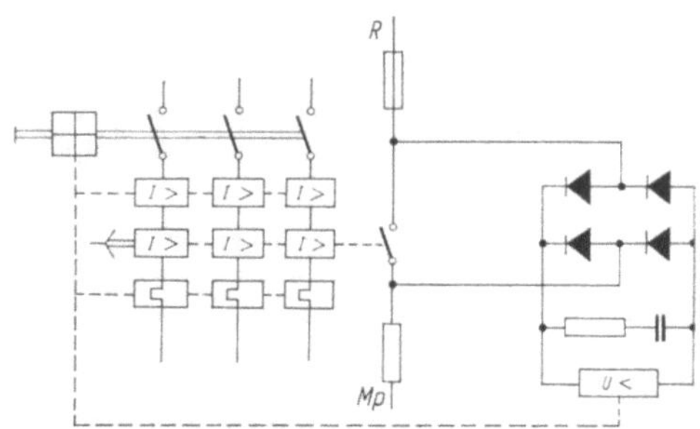

Abb. 71. Gerät mit Überlast-, unverzögerten und kurzverzögerten Schnellauslösern, letztere über elektronische Mittel auf Unterspannungsauslöser wirkend

der zulässige Kurzschlußstrom nicht durch die thermische Kurzschlußfestigkeit der gesamten Anlage begrenzt wird. Oft ist auch die gleichzeitige Anwendung nicht über Wandler gespeister thermischer Überstromauslöser nicht zulässig, es sei denn, die Kurzschlußauslösung ist stromabhängig verzögert. Kennlinien für die stromabhängig und unabhängig verzögerte Auslösung s. Abb. 67, *3* u. *4*, wobei *4* u. U. unter *3* heruntergeht. Grenzstrom und Auslösezeit sind weitgehend getrennt einstellbar. Eine weitere Möglichkeit besteht in der *Verwendung von hydraulischen stromunabhängigen Dämpfungsgliedern* für die Ankerhemmung. Um die Temperaturabhängigkeit auszuscheiden, wird Silikon-Öl verwandt, dessen Viskosität in weiten Grenzen temperaturunabhängig ist. Wichtig ist auch, daß alle diese Mittel unempfindlich gegen Verschmutzung sind und möglichst nicht von der Raumtemperatur abhängen.

Zur Verzögerung verwendet man auch — unabhängig von der Höhe des Kurzschlußstromes — eine *Einrichtung mit RC-Glied*. Sie kann mit einem Unterspannungsauslöser oder auch mit einem Arbeitsstromauslöser zusammen wirken. Dazu erhalten die magnetischen Auslöser einen Schließer. Die Koppelung mit dem Kraftspeicher wird dabei selbstverständlich aufgehoben, damit keine unverzögerte Auslösung stattfindet. Eine Anordnung unter Verwendung eines Unterspannungsauslösers s. Abb. 71. Bei der Verwendung eines Arbeitsstromauslösers wird die Ansprechenergie einem Kondensator entnommen. Damit ist die Einrichtung von der Restspannung im Kurzschlußfall unabhängig, s. a. S. 139 „Kondensator-Auslöser". Eine solche Kurzzeitverzögerung durch RC-Kombinationen von Klöckner-Moeller s. Abb. 72.

a

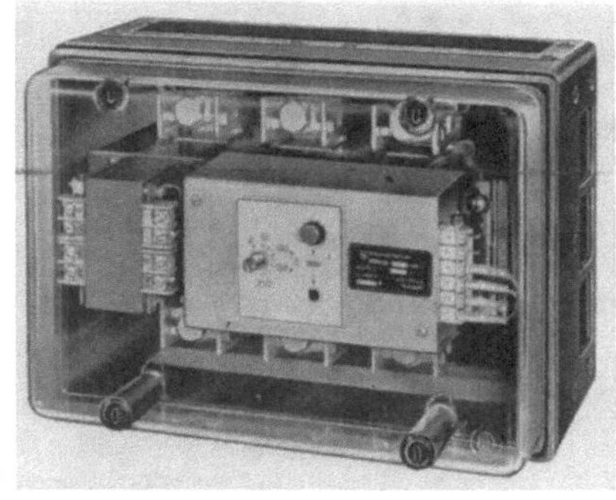

Abb. 72. Elektronische Elemente zur Kurzzeitverzögerung und Weitergabe des Ausschaltkommandos von magnetischen Schnellauslösern, verstellbar von 0–200 msec (Klöckner-Moeller)
a) Abdeckung abgenommen, b) als Anbaugerät

b

Die Wirkungsweise s. Abb. 73. Die magnetischen Relais schalten über ein elektronisches Verzögerungsrelais 1 das z. B. durch eine Kaltkathodenröhre in Verbindung mit einer in einem Schutzrohr befindlichen Kontaktstelle seinerseits den Arbeitsstromauslöser einschaltet. Es handelt sich um ein besonders ausgelegtes Relais, das deshalb auch durch einen Vorschalttransformator bei unterschiedlichen Netzspannungen mit gleicher Spannung betrieben wird. Das RC-Glied ist relativ fein einstellbar, so daß man mit kurzen Staffelzeiten auskommt und auch bei mehreren hintereinander geschalteten Geräten die Summe der Staffelzeiten weit unter 1 sec liegt, z. B. bei 4 × 50 oder 200 msec. Das wirkt sich günstig für die Leitungen in den verzögert abschaltenden Bereichen aus. Die Wirkungsweise dieser Auslöser gestattet es, daß die Hilfsschalter ihr Auslösekommando noch wenige msec vor Ablauf der Verzögerungszeiten wieder zurücknehmen, denn sobald die Ströme durch einen nachgeordneten Schalter ausgeschaltet sind, erfolgt keine weitere Aufladung des Zeitkreises. Wenn die RC-Kombination nicht stabilisiert ist, hängen die Zeiten selbstverständlich von der Netzspannung ab, die vor dem Eintritt des Kurzschlußstromes herrschte. Es entstehen z. B. bei 10 v. H. Überspannung Zeitverkürzungen von etwa 15 bis 20 v. H., bei 20 v. H. Unterspannung Verlängerungen um 15 bis

30 v. H. Kurzzeitiges Absinken der Netzspannung im Kurzschlußfalle wird durch die im Auslöserblock eingebauten Kondensatoren überbrückt. Bei Ausfall der Steuerspannung durch Drahtbruch, gelockerte Klemmen oder Fehlschaltungen an Hilfsschaltern werden die Kondensatoren allmählich entladen. Die Relais wären nicht mehr funktionstüchtig. Eine Prüftaste dient dazu, diesen Fehler zu erkennen. Es ist möglich, die Unterspannungsauslösung und die Kurzzeitverzögerung mit gleichen Verzögerungszeiten auszustatten, s. Abb. 73, Zusatz z_1 und z_2. Auch ist Fernausschaltung und Verriegelung gegen andere Geräte möglich, s. Zusatzschaltung z_3 bis z_5.

Im Gegensatz zu den kurzverzögerten Elementen, die dem Kurzschlußschutz dienen, weisen die *Überlaststromauslöser* größere, im wesentlichen von der Strombelastung abhängige Auslösezeiten auf, da auch die

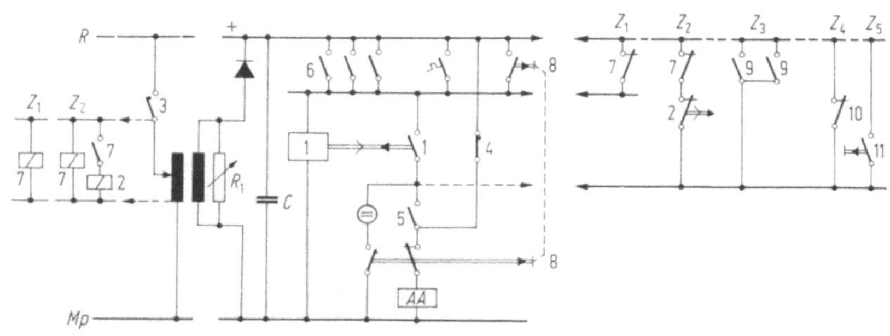

Abb. 73. Schaltplan zu Abb. 72

1 elektronisches Verzögerungsrelais, *2* Zeitrelais, *3* u. *4* Antriebs-Hilfsschalter, *5* Normalhilfsschalter, *6* Schließer an Kurzschluß-Schnellauslösern, *7* Schaltrelais oder -Schütz, *8* Prüftaster

AA Arbeitstromauslöser; *Z* Zusatzeinrichtungen; Z_1 Auslösung mit gleichen Verzögerungszeiten bei Kurz- und Unterspannungsauslösung; Z_2 desgl. mit verschiedenen Zeiten; Z_3 Einschaltverriegelung, solange andere Schalter *9* eingeschaltet sind. Hierbei ist statt eines Normal-Hilfsschalters ein frühschließender Antriebs-Hilfsschalter erforderlich; Z_4 Verriegelung mit dem Hochspannungsschalter *10*, so daß bei dessen Ausschaltung auch der Niederspannungsschalter abfällt; Z_5 Fernausschaltung durch Taster *11* (Klöckner-Moeller)

zu schützenden Objekte — Motore und Leitungen — bei höheren Überlastungen in kürzerer Zeit ausgeschaltet werden müssen als bei niedrigeren. Die stromabhängige Verzögerung ermöglichen thermische Auslöser und solche mit mechanischen Hemmungen, deren Zeiten von den auftretenden Kräften, also den Strömen abhängen, ferner Elemente mit Luftkompression und Flüssigkeitsdämpfung, die ebenfalls wieder kraftabhängig sind. Hierzu gehört u. a. das auf S. 119 beschriebene Massenpendel der AEG. Daneben gibt es auch Überlastauslöser mit stromunabhängiger Verzögerung.

Magnetische Auslöser mit rein mechanischen Hemmwerken werden heute wesentlich dann gebraucht, wenn die Zeitkonstante der thermischen (Bimetall-) zu klein sind, aber auch dann, wenn es notwendig ist, Überstromeinrichtungen zu verwenden, die sofortige Wiedereinschaltung

ermöglichen, denn die thermischen Elemente erfordern eine gewisse Zeit
bis zur Wiedereinschaltbarkeit. Das stört u. a. bei Hebezeugen den Ar-
beitsablauf empfindlich. Man nimmt dann eine Überlastung des Motors
in Kauf. Bei den magnetischen Auslösern kann man auch leichter Vorrichtungen anbringen, die eine Auslösung verhindern, wenn in bestimmten Zeitabständen kurzzeitig ein Mehrfaches des Nennstromes fließt, s.
STÖWE. Sie erlauben eine feste Zeiteinstellung und halten eine Zeitstaffelung mit größerer Sicherheit als die abhängigen und begrenzt abhängigen Überstromelemente. Der starren Zeiteinstellung dienen getrennte Zeitglieder, z. B. Uhrhemmwerk, Windflügelwerk, Ölkolben oder
Lederbalg. Sie werden im Störungsfalle von einem Elektromagneten
über eine gespannte Feder betätigt. Überlastorgane, insbesondere trans-
formatorisch erregte, werden oft auch als *Relais* ausgebildet und wirken
dann auf Nullspannungs- oder Arbeitsstromauslöser. Sie entsprechen in
ihrem Aufbau und ihrer Wirkungsweise den Auslösern und schließen bzw.
öffnen beim Ansprechen einen elektrischen Hilfsstromkreis. Grundsätzlich gilt für Überlastauslöser, daß sie *nicht auslösen* sollen, *wenn der
Strom* innerhalb 2/3 der Auslösezeit *auf den Nennstrom zurückgeht*, s.
VDE 0660, Teil 1, Tafel 11. Die Kennlinien der stromabhängig verzögerten Überstromauslöser und -Relais können in begrenzt abhängige
übergehen, deren Auslösezeit sich nach Überschreitung eines bestimmten
Vielfachen des Nennstromes nicht mehr wesentlich ändert und dann auch
zur gestaffelten Kurzschlußauslösung verwandt werden kann. Das wird
z. B. durch Sättigung im magnetischen Werkstoff eines Stromwandlers
oder dem Triebwerk eines Induktionsrelais (Ferraris-Relais) erreicht.
Es werden auch stromabhängige Überstrom-Zeitauslöser, die durch Um-
setzen einer Schraube „abhängig" oder „begrenzt abhängig" gemacht
werden können, gebaut.

Für den Überlastungsschutz am wichtigsten sind die stromabhängigen
thermischen Überlastauslöser. Es handelt sich heute meist um Bimetallstreifen, die vom Betriebsstrom unmittelbar oder bei höheren Stromstärken über Wandler beheizt werden. Auch sie lösen bei Überschreitung
des eingestellten Stromwertes verzögert den Schalter über Schloßverklinkung aus. Nach einer derartigen Überstromauslösung muß kurze
Zeit gewartet werden, bis der Schalter wieder einschaltbereit ist. Man
baut sie weitgehend unter dem Gesichtspunkt der Motorschutzauslösung
auf, so daß bei normalen Motoranlaufströmen und -Zeiten sowie kurzzeitigen Motorüberbelastungen der Schalter nicht ausschaltet. Das Aufbauprinzip für diese Auslöser beruht im allgemeinen auf der Wärme-
dehnung von Metall oder Änderung des Aggregatzustandes, s. FRANKEN
(10, S. 37). Charakteristische Vertreter sind neben dem Bimetall das
Schmelzlot sowie die Dampfdruckkapsel. Auch wurde der sogen. „Um-
wandlungs-" oder „Curie-Punkt" magnetisierbarer Legierungen aus-

genutzt. Eine hohe Kurzschlußfestigkeit der Einrichtungen setzt weitgehend unmittelbare Beheizung der Wärmeelemente voraus. Bei kleinen Stromstärken läßt sich eine mittelbare Beheizung meist nicht vermeiden. Wesentlich bei den Motorschutzauslösern ist die Einhaltung eines bestimmten Grenzstromes, der nach VDE 0660 Teil 1/3.68 zwischen 105 und 120 v. H. des Einstellwertes liegen soll, s. S. 260. Dabei ist der Einstellwert gleich dem Motornennstrom. Eine ausführliche Darstellung des Motorschutzproblems s. FRANKEN (10). Dort ist auch die Frage der Temperaturkompensation, d. h. der Einfluß von Schwankungen der Umgebungstemperatur auf die Auslösecharakteristik behandelt. Ihre

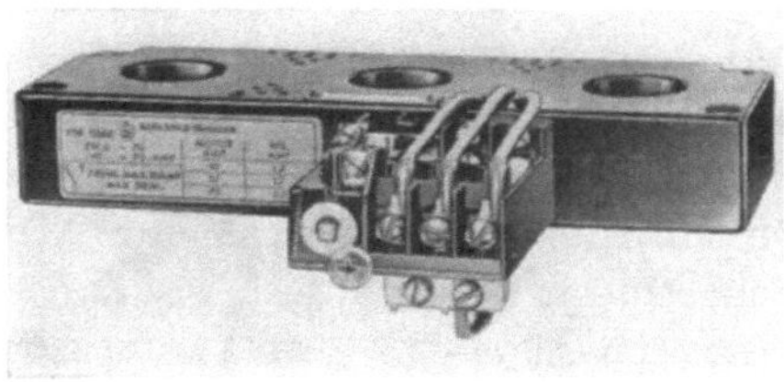

b

a

Abb. 74. a) Thermisches Relais bei (b) angebaut an Durchsteck-Sättigungswandler (Klöckner-Moeller)

Anwendung hat Vor- und Nachteile. Die Temperaturkompensation ist vor allen Dingen bei einem weiten Einstellbereich notwendig. Heute sind die thermischen Auslöser bei Leistungsschaltern in großem Umfange mit eingebauter Kompensation beispielsweise zwischen -10 und $+45\,°C$ versehen. Der Einsatz dieser thermischen Auslöser ist nicht auf den Schutz von elektrischen Maschinen beschränkt, sie verhindern auch die unzulässige Erwärmung von Leitungen und Kabeln.

Neben dem Einsatz von thermischen Auslösern, die die Sperrklinke unmittelbar steuern, werden bei den Leistungsschaltern auch thermische Relais verwandt, die auf die Nullspannungsauslösung einwirken. Die Gründe für den Einsatz von Relais statt Auslösern können z. B. sein Schwierigkeiten einer etwa erforderlichen Temperaturkompensation, geringe Erschütterungsfestigkeit oder die Unmöglichkeit, eine Eichung am thermischen Element allein vorzunehmen. Bei Auslösern muß sie oft am Schaltgerät erfolgen. Die dann notwendigen Spannungsauslöser haben natürlich den Nachteil, daß eine Hilfsspannung erforderlich ist. Die dritte Lösung besteht nach KUMMER und VOIGTLÄNDER darin, daß das Bimetallrelais einen von einem Wandler erregten Auslöser ein- und sich selbst ausschaltet. Die mechanische Auslösung wird also durch den Wandlerstrom durchgeführt, wobei das Element unabhängig vom Schaltgerät geeicht werden kann. Abb. 74 zeigt ein thermisches Relais in Verbindung mit einem Durchsteckwandler, Abb. 82 S. 134 thermische Auslöser in einem Auslöserblock. *Magnetisch-hydraulische Überstromauslöser* benutzen einen Dämpfungszylinder mit Flüssigkeitsfüllung, um die Kraft

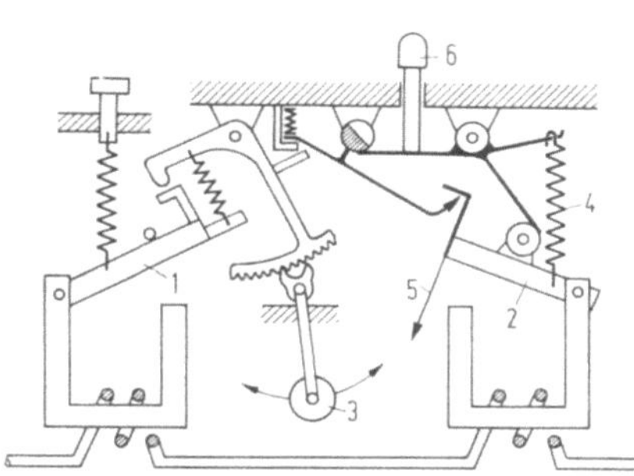

Abb. 75. Kombinierter, verzögerter Überlast- und Kurzschluß-Schnellauslöser (Siemens)

1 Überstromanker, *2* Kurzschlußanker, *3* mechanisches Hemmwerk, *4* Kraftspeicher, *5* Auslösewirkrichtung, *6* Verriegelung gegen Wiedereinschalten nach Ansprechen

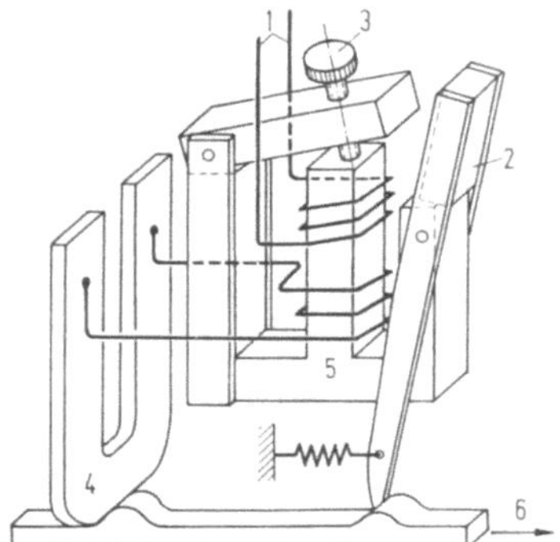

Abb. 76. Kombinierter thermischer und magnetischer Auslöser

1 Netzstromwicklung, *2* Streuanker für magnetische Auslösung, *3* Einstellschraube, *4* thermischer Auslöser, *5* zugehörige Erregerwicklung, *6* Wirkrichtung

sich bewegender Teile eines Selbstschalters oder anderer elektrischer Einrichtungen abzufangen oder zu dämpfen.

Die *Überlast- und Kurzschlußauslöser* werden häufig *zu einem Element zusammengefaßt*. Sie sprechen bei geringen Überströmen verzögert, bei größeren unverzögert an und sichern damit den Überlast- und Kurzschlußschutz für Motoren, Kondensatoren, Leitungen und dgl. Abb. 75 zeigt eine Einrichtung dieser Art nach SCHMELCHER (1). Sie besteht aus einem Magnetsystem mit zwei Ankern, dem Überstrom- (*1*) und Kurzschlußanker (*2*). Bei niedrigen Überströmen wird *1* angezogen und betätigt ein mechanisches Hemmwerk (*3*). Nach Ablauf der eingestellten Verzögerungszeit wird über einen Kraftspeicher (*4*) die Schalterverklinkung freigegeben. Bei hohen Kurzschlußströmen werden beide Anker zugleich angezogen. Der Kurzschlußanker bewirkt dann die nichtverzögerte Auslösung. Diese kombinierten Schutzorgane baut man, um die Erregerleistung zu vermindern, oft mit einem gemeinsamen Erregermagnetsystem, z. B. bei thermischen Auslösern, die über Wandler gespeist werden, derart, daß das Magnetsystem und der Wandler des Bimetall-Auslösers eine gemeinsame Primärwicklung besitzen, die den Betriebsstrom führt, s. Abb. 76. Der Luftspalt ist verstellbar. Der Kurzschlußanker (2) befindet sich im Streufeld. Bei Selektivauslösung tritt neben den thermischen Auslöser ein Magnetauslöser mit Verzögerung oder deren zwei, wobei der andere bei extrem hohen Kurzschlußströmen in der Nähe der Einspeisung unverzögerte Auslösung zur Folge hat. Diese beiden Magnetauslöser werden oft mit gemeinsamen Kern und 2 Ankern aufgebaut. Der verzögerte spricht dann beispielsweise bei 5- bis 12fachem Nennstrom, der andere bei höheren Werten an. Dabei wirkt der verzögerte auf die Verzögerungswelle des Schalters oder auf kurzzeitig verzögerte Arbeitsstrom- bzw. Unterspannungsauslöser. Auch an die Stelle des thermischen Auslösers dieser Kombination kann ein Magnet treten, der seinerseits auf ein getrennt angebrachtes Zeitelement arbeitet, s. VOIGTLÄNDER (1). Man findet auch andere kombinierte Einrichtungen, so z. B. Geräte mit Kolbenverzögerung als stromabhängiges und mit Ankerhemmung als stromunabhängiges Element, weiterhin magnetisch-hydraulische Überstromauslöser (z. B. Heinemann, USA).

Sie benutzen einen Dämpfungszylinder mit Flüssigkeitsfüllung, um die Kraft sich bewegender Teile eines Selbstschalters oder anderer elektrischer Einrichtungen abzufangen oder zu dämpfen. Bei Überlastung wirken sie mit einer Zeitverzögerung, bei Kurzschluß dagegen sofort. Der Strom durchsetzt eine Spule. In ihr befindet sich hermetisch verschlossen in einer nichtmagnetischen Kapsel mit Silikonflüssigkeit ein unter Federkraft stehender Anker. Bei einem bestimmten Strom bewegt sich der Tauchanker in der Spule in Richtung auf den beweglichen Klappanker zu. Seine Geschwindigkeit nimmt mit steigender Überlastung zu. Durch die Ankerbewegung steigt der Magnetfluß. Wenn er einen hohen Wert erreicht, dann wird der Klappanker angezogen. Die Schnellauslösung erfolgt etwa bei 10fachem Nennstrom; dabei ist die Lage des Tauchankers praktisch ohne Einfluß.

Bei den kombinierten Auslösern zeigt häufig ein Kennmelder an, welches Auslösesystem angesprochen hat. Er bleibt nach der Auslösung in der Anzeigestellung stehen, bis er von Hand zurückgestellt wird, auch wenn inzwischen der Schalter wieder eingeschaltet wurde, s. VOIGTLÄNDER (2). Eine Auslösecharakteristik für die drei Auslösearten, Langzeitverzögerung, Kurzzeitverzögerung und unverzögerte Auslösung, setzt sich aus den drei Kurven *1, 3, 4* der Abb. 109f, S. 169, zusammen, s. a. Abb. 110, S. 170, Schalter *ST*.

Beim *Zusammenwirken von Überlast- und Kurzschlußauslösern* sind üblich einstellbare thermische Auslöser in Verbindung mit einstellbaren oder fest eingestellten magnetischen Kurzschlußauslösern. Sie kommen in erster Linie für die Leitungen mit Bezug auf deren schwankende Belastung in Betracht, dann aber auch für alle solche Anlagen, in denen kurzzeitig hohe, wegen ihrer geringen Dauer aber ungefährliche Stromstöße auftreten. Das sind Motorkreise, Lichtanlagen (Metalldrahtlampen), Kondensatorenkreise und dgl. Außerdem gibt es Geräte, die nur nicht-verzögerte Überstromauslösung besitzen. Sie dienen im wesentlichen dem Schutz gegen Kurzschlüsse in gewissen Fällen, wie z. B. bei Gleichstrom-kollektormotoren, auch zur schnellen Begrenzung von Überlastungen. Die Zuordnung der Elemente zu den einzelnen Anwendungsgebieten sowie die dabei üblichen Einstellwerte s. Tab. 3, S. 120. Die relativen Werte zwischen den Ansprechgrenzen bzw. Einstellgrenzen der magneti-schen Auslöser zu dem eingestellten Strom der thermischen ändern sich natürlich bei gegebener Konstruktion mit der Verstellung des thermischen Elementes. Wenn der fest eingestellte Ansprechwert des magnetischen Auslösers entsprechend VDE 0660 Teil 1 Tafel 11 bei Motorschaltgeräten zwischen dem 8- und dem 14fachen höchsten Einstellwert des thermischen Auslösers mit einem Einstellstrombereich von 1:2 liegt, dann steigt er für dessen unterste Einstellmarke auf den 16- bis 28fachen Wert beim kleinsten Einstellstrom.

Die di/dt-Auslösung ist eine stromanstiegsempfindliche Frühauslösung. Das Auslöseelement spricht auf die Steilheit der Stromkurve, aber nicht auf die erreichte Stromstärke an. Man mißt dabei in jedem Augenblick den Differentialquotienten. Schaltet man in einen Stromkreis eine reine Induktivität, gleichgültig, ob unmittelbar oder mittelbar über Wandler, so erhält man an ihr eine Spannung, die der Änderung des Stromes nach der Zeit, d. h. der Steilheit proportional ist. Die *di/dt*-Auslösung gewähr-leistet selbst unter schwierigen Betriebsverhältnissen eine sichere Aus-schaltung. Sie wurde zunächst nur bei *Gleichstrom* verwandt und liefert einen wesentlichen Beitrag für die Verkürzung der Ausschaltzeiten von Gleichstromschnellschaltern, s. S. 198. Das Ausmaß für die Verzögerung des Stromanstieges ist dabei durch die Zeitkonstante $T = L/R$ gegeben. Die Anstiegsgeschwindigkeit ist bei Beginn des Kurzschlußstromes am stärksten und lediglich durch die treibende Spannung und die Induktivi-tät bedingt, $di/dt = U/L$. Sobald dieser Anfangswert ein bestimmtes Maß überschreitet, kann eine darauf aufgebaute Auslöseeinrichtung in Tätigkeit treten.

Bei *Wechsel- und Drehstromanlagen* sind die Grundlagen nicht so ein-facher Natur. Die Anwendung der anstiegsempfindlichen Auslösung hat hier keinen Zweck, wenn das verwandte Schaltgerät nicht so schnell arbeitet, daß der höchstmögliche Strom-Augenblickswert gar nicht erreicht wird. Die Ansprechzeit muß also unter einer Viertelwelle bleiben. Sonst ist ein Gewinn gegenüber einer Überstromauslösung mit gleichem Schalt-verzug nicht vorhanden. Ein Schaltgerät mit z. B. einer Ansprechzeit von 15 msec bietet also die Voraussetzung für die Anwendung der *di/dt*-Auslösung nicht. Die Beziehung zwischen der Stromanstiegsgeschwindig-keit, dem zu erwartenden Kurzschlußstrom und der Spannung ist bei

Wechselstrom vom Kurzschlußzeitpunkt, bezogen auf den normalen
Stromnulldurchgang abhängig. Den Stromverlauf bei $\cos\varphi = 0{,}2$ und
unterschiedlicher Phasenlage beim Stromeinsatz s. Abb. 77. Die Stromanstiegsgeschwindigkeit verläuft nach der Formel

$$\frac{di}{dt} = \hat{I} \cdot \left[\omega \cdot \cos(\omega t + \alpha) + \frac{\sin\alpha}{T} \cdot \exp\left(-\frac{t}{T}\right) \right], \qquad (20)$$

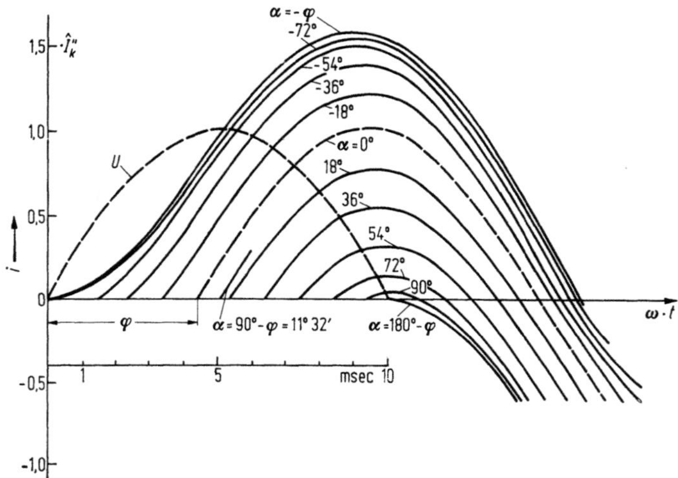

Abb. 77. Einschaltströme bei Wechselstrom und verschiedenen Einschaltphasenlagen α, $\cos\varphi = 0{,}2$

wobei α die Phasenlage des Stromes im Einschaltaugenblick kennzeichnet.
Die Steilheit bei Beginn entspricht

$$\frac{di}{dt}_{(t=0)} = \hat{I} \cdot \left(\omega \cdot \cos\alpha + \frac{\sin\alpha}{T} \right). \qquad (21)$$

Sie wird 0 bei $t = 0$ und $\alpha = -\varphi$, also Einschalten bei Spannungsnulldurchgang, und erreicht ihr Maximum bei $\alpha = 90° - \varphi$, d. i. bei
$\cos\varphi = 0{,}2$ $\alpha = 90° - 78°28' = 11°32'$. di/dt-Werte für $t = 0$,
$\cos\varphi = 0{,}2$ abhängig von α s. Abb. 78.

Leicht zu durchschauen sind die Verhältnisse bei dem Grenzfall
$\cos\varphi = 0$, $T = \infty$, s. Abb. 79. Dann tritt das Maximum bei $\alpha = 0$,
d. h. Einschalten in normalen Stromnulldurchgang, also einer reinen
Sinuswelle auf. Es ist

$$\frac{di}{dt}_{(t=0,\ \cos\varphi=0)} = \omega \cdot \hat{I} \cdot \cos\alpha = \frac{U}{L} \cdot \sqrt{2} \cdot \cos\alpha. \qquad (22)$$

Das heißt, bei $\cos \varphi = 0$ geht die größte Stromanstiegsgeschwindigkeit immer mit der Netzspannung einher. Wenn sie im Einschaltaugenblick ihr Maximum erreicht, dann ist auch die Anstiegsgeschwindigkeit eine maximale. Die Kurven verlaufen trotz der unterschiedlichen Ausgangsphasenlagen weiterhin immer fast parallel.

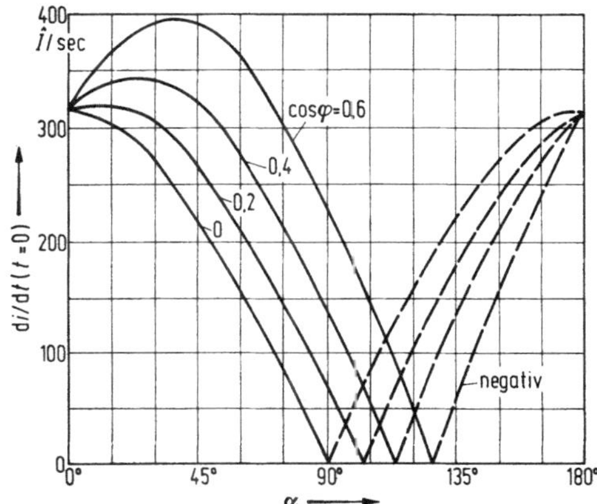

Abb. 78. di/dt-Werte für $t = 0$ beim Einschalten des Wechselstromes und der Phasenlage α, bezogen auf den Strom, $\cos \varphi = 0{,}2$

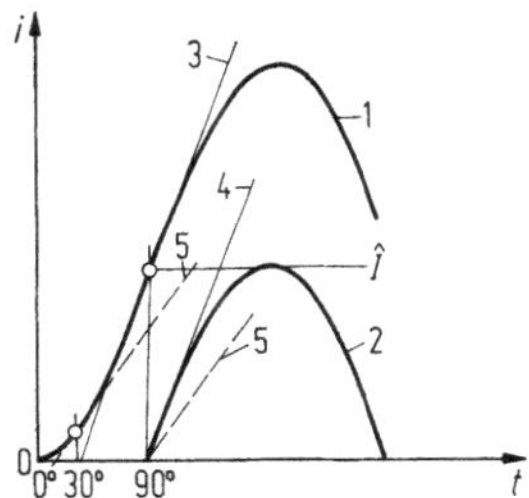

Abb. 79. di/dt bei $\cos \varphi = 0$

1 Einschalten im Spannungs-Nulldurchgang, *2* desgl. im Spannungsmaximum, *3* größte Stromanstiegsgeschwindigkeit bei *1* für den Wendepunkt der Stromkurve, *4* desgl. bei *2* für ihren Anfangspunkt, *5* Stromanstiegsgeschwindigkeit = der Hälfte des Maximums bei 1 nach 30°el.

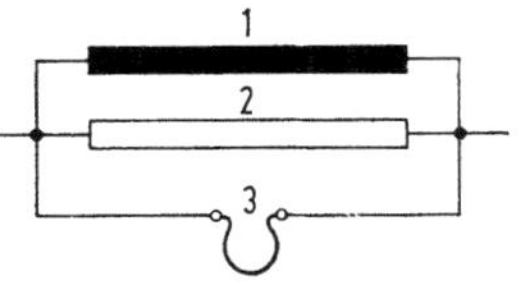

Abb. 80. di/dt-Auslösung

1 induktiver Nebenschluß, *2* praktisch induktionsfreier, *3* Meßspule

Um *die Auslösung von der Stromanstiegsgeschwindigkeit abhängig* zu machen, legt man z. B. die Auslöserwicklung parallel zu einem induktiven Shunt, s. Abb. 80. Bei schnellem Stromanstieg macht die Induktivität des Nebenschlußes die Beibehaltung des zugrundegelegten Übersetzungsverhältnisses unmöglich. Die Spannung an ihm steigt proportional der Stromanstiegsgeschwindigkeit. Der Strom in ihm wächst langsam und wird damit auf die Auslöseeinrichtung abgelenkt, d. h. bezogen auf den Netzstrom setzt die Auslösung unter dem Einfluß der erhöhten Stromanstiegsgeschwindigkeit schon bei niedriger Stromstärke ein.

Es ist notwendig, den *Ansprechwert des Auslösers*, also die Mindestansprechsteilheit, die zur Auslösung führt, kleiner zu wählen als die höchste des Kurzschlußwechselstroms, damit auch bei beliebigem Kurzschlußzeitpunkt die Auslösung stets im ersten Anstieg erfolgt. SCHMITZ macht

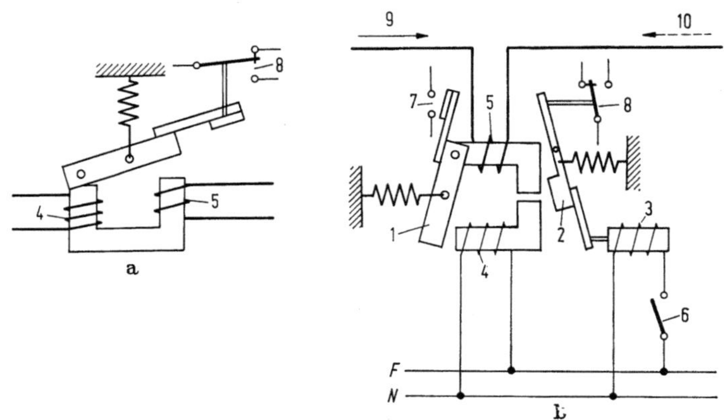

Abb. 81. Rückstromauslöser
a) mit einfachem Anker, b) Überstrom- und Rückstromrelais mit getrennten Ankern (Siemens)
1 Überstromanker,   *2* Rückstromanker,   *3* Rück-Stellmagnet,   *4* Spannungsspule,   *5* Stromspule,
6 Rückstellschalter,   *7* Überstrom-Schließer,   *8* Rückstrom-Wechsler,   *9* Überstrom,   *10* Rückstrom

darauf aufmerksam, daß bei $\cos \varphi = 0$ und einem Ansprechwert in halber Höhe der maximalen Steilheit bei Kurzschluß im Spannungsmaximum die erforderliche Anstiegssteilheit sofort, beim Kurzschluß im Spannungsnulldurchgang nach 1,6 msec (30° el) oder bei 13,4 v. H. des Stromscheitelwertes erreicht wird, s. die Tangenten in Abb. 79. Damit wäre die Meßzeit auf einen genügend kleinen Betrag zusammengerückt. Eine umfassende Darstellung über die zweckmäßige Einstellung s. KEDERS.

Rückstromauslöser werden oft als Energierichtungsauslöser bezeichnet. *Gleichstrom-Rückstromauslöser* sind insbesondere notwendig bei Rückströmen im Parallelbetrieb. In einfacher Form handelt es sich um die Kombination einer Spannungs- und einer Stromspule auf einem Magneten. Die Magnetflüsse heben sich normalerweise auf. Bei Stromumkehr wird der Fluß jedoch verstärkt, der Gleichgewichtszustand gestört, und es erfolgt die Auslösung, s. Abb. 81 a. Bei Überstromauslösung wird die Überstromerregung zunächst durch die Vorerregung geschwächt. Wesentlich ist, daß die Auslöser bei niedrigem Rückstrom ansprechen und auch bei schneller Stromumkehr sicher wirken. Meist sind sie so ausgelegt, daß sie bei einem Rückstrom in Höhe von 5 bis 15 v. H. des Nennstromes ansprechen. Die Einstellung auf beliebige Vor- und Rückstromwerte erfordert bei der einfachen Ausführung die gleichzeitige Verstellung von Vorerregung und Ankerrückzugskraft. Die doppelte Verstellung und die Unmöglichkeit, die Auslösekommandos, wie oft notwendig, mit unterschiedlicher Verzögerung zu geben, beschränkt die Anwendung dieses einfachen Systems auf bestimmte Sonderzwecke. Eine unabhängige Verstellung erfordert die Anordnung getrennter Anker für Über- und Rückstrom. Da praktisch die Ansprechwerte für Rückstrom stets viel kleiner sind als für Überstrom, wird zweckmäßig der Überstromanker als Arbeits-, der Rückstromanker als Halteanker ausgeführt, s. das Relais Abb. 81b, das über Hilfsschaltglieder auf die Auslöseeinrichtung der Selbstschalter einwirkt.

In der Ausgangslage ist der Überstromanker *1* in Bereitschaftsstellung, während der Rückstromanker *2* angezogen ist. Er wird durch den Fluß der Spannungsspule *4* gehalten. Diese erfordert eine möglichst konstante Gleichstromquelle, denn Spannungsschwankungen verändern naturgemäß die Auslösewerte. Bei Rückstrom wird der Fluß der Spannungsspule durch den entgegengesetzt gerichteten der Stromspule geschwächt, bis die Rückzugfeder am Rückstromanker *2* die magnetische Haltekraft übersteigt und den Rückstromanker abzieht, der einen Wechsler betätigt. Beim Einschalten oder nach einer Rückstromauslösung wird der Rückstromanker durch den Schalter *6* und den Rückstellmagneten *3* in die Bereitschaftsstellung gebracht. Bei Überstrom wird der Fluß der Spannungsspule durch das Feld der Stromspule verstärkt, bei dem eingestellten Stromwert der Anker *1* entgegen der Wirkung seiner Rückzugfeder angezogen und der Schließer *7* betätigt.

Auch *Sperrmagnete*, s. S. 193 und DUFFING (1 und 2) werden für die Rückstromauslösung verwandt. Man erzielt dabei kleine Ansprechströme.

Der Rückstromabschaltung dient auch die „*Rückstromsperre*", s. EINSELE und KESSELRING. Dabei werden Schaltdrosselspulen in die Gleichstromleitungen eingebaut, die eine so lang andauernde schwache Stromstufe erzeugen, daß die Ausschaltung noch innerhalb dieser Stufe durchführbar ist. Im Gegensatz dazu arbeitet der „*Sicherungs-Reduktor*" mit einer kleineren Gleichstrom-Schaltdrossel. Es kommen nur sehr schnelle Geräte, z. B. solche, die mit Sprengmitteln arbeiten (s. S. 213), ferner das vollständig mit Flüssigkeit gefüllte Gefäß mit eingeführtem dünnem Schmelzdraht (s. S. 214) oder die Geräte mit dynamischen Schnellstauslösern (s. S. 202) in Betracht. Die Zeiten müssen unter 1 msec liegen, denn bei einer Strom-Anstiegsgeschwindigkeit von z. B. 10^7 Asec^{-1} hat der Strom in 1 msec nach dem Stromnulldurchgang bereits den Wert von 10 kA erreicht. Über die bei Durchführung dieser Schaltmethoden notwendige lichtbogenfreie Ausschaltung und ihre Voraussetzungen s.

EINSELE und KESSELRING. Mit dem Sicherungs-Reduktor können die Rückströme etwa auf die Größe des Nennstromes beschränkt werden, mit der Rückstromsperre können sie bis zu den größten Steilheiten in Gleichstromanlagen fast ganz vermieden werden.

Während es bei Gleichstrom genügt, um das Rückfluten der Leistung zu verhüten, die Stromrichtung zu überwachen, muß in *Drehstromanlagen* die Wirkleistung erfaßt werden, um die Anlagen gegen Richtungsumkehr

a

b

Abb. 82. Auslöserblock für Leistungsschalter
a) ohne, b) mit Abdeckung

1 thermische, *2* magnetische Auslösung (verdeckt), *3* Auslösebrücke, *4* Zwischen-Kraftspeicher, *5* Einstellvorrichtung für thermische Auslöser (Klöckner-Moeller)

zu schützen. Es werden deshalb in erster Linie außerhalb der Schalter angeordnete „*Rückstromleistungsrelais*" verwandt, so z. B. in Verbindung mit „Maschennetzschaltern", s. S. 225.

Auslöser wirken meistens auf eine gemeinsame Auslösewelle oder einen Auslösehebel. Diese Elemente geben ihrerseits einen Energiespeicher frei, der während der Ausschaltbewegung der Schaltstücke wieder gespannt wird. Wesentlich ist, daß die Klinke, die von den Auslösern gelöst wird, nicht mit der Kontaktkraft belastet ist, damit nur eine relativ kleine Auslösekraft erforderlich ist. Das gilt besonders bei Bimetallauslösern wegen der „Rückbiegung", d. h. der Kürzung des wirksamen, durch die Erwärmung bedingten Schaltweges der Bimetallstreifen, s. FRANKEN (10, S. 57, 59, 152). Größere Geräte arbeiten vielfach mit Zwischenkraftspeichern, s. Abb. 82. Diese Speicher werden bei der Wiedereinschaltung des Gerätes gespannt. Auch wird hierfür wie für die Rückführung von Hemmwerken ein von der Netzspannung gespeister Magnet verwandt, s. KÖHNEN und NEDESS. Durch diese Speicher werden die beim Zusammen-

Abb. 83. Auslösebrücke mit zentraler Einstellung für thermische Auslösung

bau unvermeidlichen Toleranzen ausgeglichen. Bei hohen Kurzschlußströmen ist dieser Umweg unerwünscht, dabei haben aber auch die Schnellauslöser genügend Kräfte zur unmittelbaren Auslösung. Alle Auslöseelemente sollten auch bei offener Bauweise durch eine Abdeckung so geschützt sein, daß ein unbeabsichtigtes Verstellen verhindert ist. Eine gepreßte Auslöserbrücke s. Abb. 83. Die Elemente werden oft in getrennten Auslöserblocks zusammengefaßt. Einen solchen Block mit drei thermischen und drei magnetischen Auslösern s. Abb. 82. Die ersteren wirken über den Arbeitsspeicher, die letzteren unmittelbar.

5.5 Spannungsauslöser

Unterspannungs- und Nullspannungsauslöser sind Ruhestromauslöser. Sie bewirken bei Ausfall oder Absinken der Spannung die Abschaltung und unterscheiden sich durch die Ansprechwerte. Unterspannungsauslöser sollen nach VDE 0660 Teil 1/3.68 Tafel 11 bei Wechsel- und Gleichspannung zwischen 0,35- und 0,7facher Nennspannung auslösen. Meistens liegt die Grenze bei etwa 50 v. H. Sie werden unverzögert, z. B. in 20 msec wirkend, unabhängig, z. B. in 1 sec, und abhängig verzögert gebaut. Die Ansprechgrenze der Nullspannungsauslöser liegt zwischen der

0,1 und 0,35fachen Nennspannung. Sie sollen (s. VDE 0660 § 39) bei 0,8facher Spannung das Schließen ermöglichen. Die zum Halten noch erforderliche Mindesterregung wird durch Zugfedern und einen Restluftspalt bei geschlossenem Anker und gegebenem Magnetsystem bedingt. Die Auslöser sind im ausgeschalteten Zustand des Schaltgerätes meist spannungslos und erhalten durch ein an ihnen befindliches voreilendes Kontaktglied beim Einschalten Spannung. Beim Einsatz der Unterspannungsauslöser ist zu beachten, daß jeder kurzzeitige Rückgang, z. B. durch einen Kurzschluß in der Nähe der Einbaustelle des Schalters, das Ausschalten des Gerätes zur Folge hat. Für Fernausschaltung oder Überstromschutz, z. B. durch ein Bimetallrelais, ist es also oft besser, statt des Unterspannungsauslösers einen Arbeitsstromauslöser (s. S. 138) zu verwenden.

Die Unterspannungsauslöser dienen auch der Verriegelung, z. B. der Verhinderung des unzeitigen Anlaufes der Motoren bzw. der Vermeidung eines plötzlichen Stromstoßes bei Spannungswiederkehr. Weiterhin werden sie dazu benutzt, um bei Ausfall eines Antriebs einen anderen an der Einschaltung zu hindern. Dann wird von dem ersteren Antrieb aus ein Aus-Kommando durch einen Öffner im Kreis des Unterspannungsauslösers gegeben. Hierbei ist es wichtig, daß dieses Kommando auch vorrangig bleibt, für den Fall, daß das Befehlsglied für den anderen Schalter, z. B. bei automatischem Antrieb, auf Einschaltung steht. Zur Erfüllung dieser Forderung ist „Freiauslösung vor Schaltstückberührung" (s. S. 103) notwendig. Der Unterspannungsauslöser muß vor der Kontaktgebung des Gerätes frei anziehen können. So wird verhütet, daß das abhängige Gerät kurzzeitig zur Einschaltung kommt. Beim Auslösen müssen alle Gegenkräfte wie z. B. die von Kraftspeichern, Verklinkungen und dgl. überwunden werden können. Statt den Spannungskreis zu unterbrechen, kann die Unterspannungsspule, wenn sie einen Vorwiderstand hat, auch kurzgeschlossen werden. Solche Widerstände sind bei Gleichspannung weitgehend grundsätzlich vorhanden. Oft ist es erwünscht oder sogar notwendig, daß Spannungseinbrüche von ganz kurzer Dauer nicht zur Auslösung der Schalter führen, z. B. bei Kurzunterbrechungen auf der Hochspannungsseite des Netzes sowie in Verbindung mit der zu Selektivitätszwecken kurzverzögerten Schnellauslösung. Deren *Verzögerung* würde natürlich illusorisch, wenn stattdessen infolge des Spannungseinbruches der Unterspannungsauslöser unverzögert ansprechen würde. Seine Verzögerungszeit muß dann mindestens so groß sein wie die des Schnellauslösers. Andererseits hält man sie so klein wie möglich. Die untere Grenze liegt meistens noch unter 0,2, die obere bei etwa 3 sec. Bei verzögerten Unterspannungsauslösern fordert VDE 0660 Teil 1 § 37, daß sie in die Ausgangsstellung zurückgehen, wenn die Spannung innerhalb 2/3 der Auslösezeit auf den 0,9fachen Nennwert ansteigt. Die Verzögerung kann mechanisch erfolgen, z. B. durch ein Hemmwerk, das den Abfall des Auslösers vorübergehend hemmt. Dabei ist sie auch beim Einschalten auf ein spannungsgestörtes Netz wirksam, so daß der Schalter zunächst eingeschaltet werden kann. Weitere Mittel sind thermischer Art, z. B. ein Bimetallstreifen, der von der Netzspannung erregt, den Magnetanker zeitlich begrenzt in der Betriebslage hält. Bei Unterspannungsauslösern für Gleichstrom und für Wechselstrom bei Vorschaltung eines Gleichrichters ist die Verzögerung auch elektrisch durch einen parallel-geschalteten Kondensator möglich, s. Abb. 84. Ein Einschalten auf ein spannungsgestörtes Netz ist dabei nicht möglich. Die Ver-

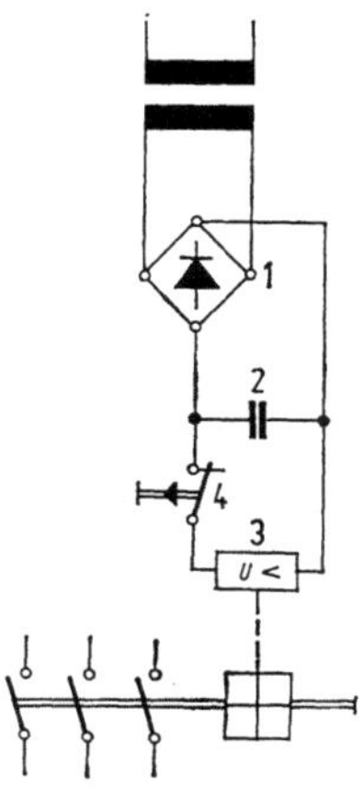

Abb. 84. Verzögerter Unterspannungsauslöser mit Transformator und Gleichrichter für Wechselstromanschluß

1 Gleichrichter, *2* Kondensator, *3* Unterspannungs-Auslöser, *4* Taste für unverzögerte Fernausschaltung (Trafo nur, wenn wegen Gleichrichter ermäßigte Spannung erwünscht)

zögerungszeit ist von der Höhe der Spannung vor der Auslösung abhängig. Das ist nicht mehr nennenswert, wenn die Gleichspannung stabilisiert und aus einem Netz mit einem Energiespeicher entnommen wird, dessen Aufladung auch im Störungsfalle über längere Zeit hinweg vorhält. Beim Vorhandensein von Schnellauslösern mit elektronischer Kurzzeitverzögerung lassen sich deren Elemente für die Verzögerung des Unterspannungsauslösers mit verwenden, s. Abb. 73, Z_1 u. Z_2. Bei Gleichstrom kann die Verzögerung auch durch Kurzschlußwindungen erreicht werden. Gelegentlich erhalten die Unterspannungsauslöser noch Hilfsschalter für *automatische Umschaltung bei Spannungsausfall* und zur Störungsmeldung. Sie können in jedem Fall zur Fernausschaltung der Geräte, z. B. mittels Drucktaster verwandt werden, ohne daß die Verzögerung des RC-Gliedes wirksam wird, s. Abb. 84, Taster 4 u. 73, Z_5. Bei Geräten mit mechanischer Verzögerung ist dagegen, da sie immer wirksam ist, hierfür zusätzlich ein Arbeitsstromauslöser zu verwenden, der zur Fernausschaltung im Gefahrenfalle dann häufig von einer netzunabhängigen Spannung gespeist wird. Im übrigen wird verzögerte Unterspannungsausschaltung da angewandt, wo sie in Kauf genommen werden kann, z. B. beim Buchholz-Schutz. Die Nullspannungsauslöser werden im Gegensatz zu den Unterspannungsauslösern nur unverzögert gebaut. Anschluß bei mittelbarer Auslösung durch Motorschutzrelais s. Abb. 85a.

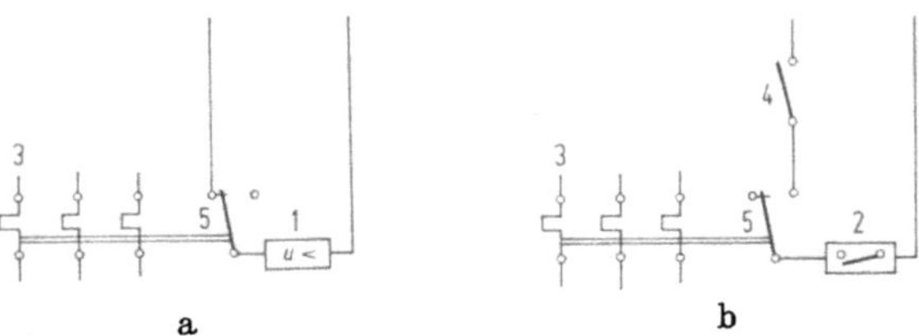

Abb. 85. Anschluß von Spannungsauslösern bei Auslösung durch Motorschutzschalter mit Wechslern a) mit Unterspannungs- (*1*), b) mit Arbeitsstromauslösern (*2*), *3* Überstromrelais, *4* Hilfsschalter auf der Schalterwelle, *5* Wechsler am Relais

Unterspannungsauslöser für Wechselstrom stellt man aus Dynamoblech, solche für Gleichstrom aus Massiveisen her. Einen verzögerten Spannungsauslöser s. Abb. 86.

Arbeitsstromauslöser sind Hilfsauslöser, mit denen durch einen elektrischen Auslösebefehl die mechanische Auslösung durchgeführt wird.

Abb. 86. Verzögerter (1) Spannungsauslöser als Bauelement (Klöckner-Moeller)

Das Anwendungsgebiet liegt vor allem bei elektrischen Verriegelungen und Fernauslösungen. Man legt die Auslöser durch einen Drucktaster oder in Kombination mit verschiedenen Schutzrelais an Spannung, besonders wenn keine Nullauslösung zulässig oder nicht erforderlich ist. Sie lösen, sobald die Spannung auftritt, den Schalter über das Schaltschloß aus. Nach VDE 0660 Tafel 14 müssen sie zwischen der 0,5- und 1,1fachen Nennbetätigungsspannung, bei Bahngeräten für Gleichstrom der 1,2fachen und für Wechselstrom der 1,5fachen betriebssicher arbeiten. Bei Maschennetzschaltern ist ein erheblich niedrigerer Ansprechwert bis herab auf 0,1fache Nennspannung notwendig, s. S. 228. Günstiger ist hier die Verwendung eines Kondensatorauslösers (s. unten), bei dem auch bei Wegfall der Netzspannung die Auslöseenergie noch längere Zeit im Kondensator gespeichert bleibt. Die Arbeitsstromauslöser sind im allgemeinen unverzögert. Für Generator-Schutzschalter werden aber

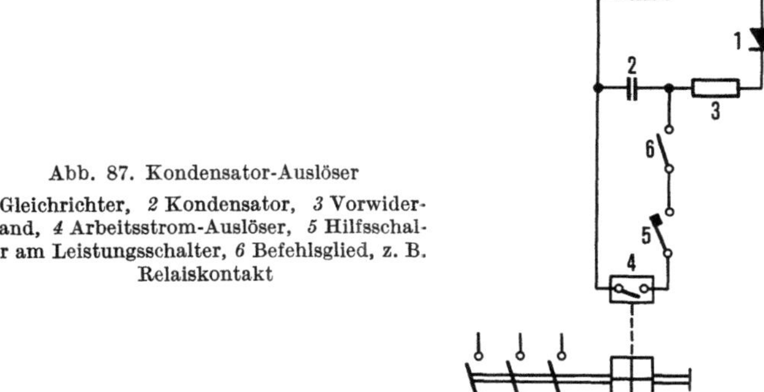

Abb. 87. Kondensator-Auslöser

1 Gleichrichter, *2* Kondensator, *3* Vorwiderstand, *4* Arbeitsstrom-Auslöser, *5* Hilfsschalter am Leistungsschalter, *6* Befehlsglied, z. B. Relaiskontakt

auch verzögerte verwandt. Wenn sie nur für Kurzzeitbelastung gebaut sind, ist eine elektrische Verriegelung mit Hilfe einer unmittelbaren Dauerbefehlsgabe für den Auslöser nicht möglich bzw. notwendig, ihn nach der erfolgten Auslösung über einen von der Schaltwelle gesteuerten Hilfsschalter abzuschalten oder aber ihn an der Schalterabgangsseite anzuschließen. Da Haupt- und Hilfsschaltstücke von der gemeinsamen Schaltwelle betätigt werden, bedeutet das dann, daß die Hauptschaltstücke der Leistungsschalter sich erst berühren müssen, bevor der Arbeitsstromauslöser wirksam werden kann. Für Verriegelungen ist ein solcher Auslöser deshalb nur zu verwenden, wenn man besondere voreilende Hilfsschaltstücke mit der Schaltwelle in Verbindung bringt. Arbeitsstromauslöser werden auch als Entsperrmagnete zum Einschalten, d. h. Entklinken der Energiespeicher bei Speicherantrieben verwandt, s. S. 111.

Unter einem *Kondensatorauslöser* versteht man eine Kombination aus Arbeitsstromauslöser und getrenntem Kondensatorgerät. Der Kondensator speichert Energie, deren Rückfluß von einem Gleichrichter gesperrt wird, s. Abb. 87. Eine solche Kombination ist bereits etwa 0,2 sec nach dem Anlegen der Netzspannung an den Kondensator betriebsbereit, s. SCHMELCHER und SCHALLER. Die Bereitschaft bleibt bei voller Aufladung des Kondensators und Ausfall der Netzspannung längere Zeit, z. B. 30 sec oder einige Minuten lang erhalten. Der Kondensatorauslöser wird u. a. bei Maschennetzschaltern verwandt. Dann erhält er den Betätigungsimpuls vom „Rückleistungsrelais", s. S. 226.

Die Kapazität des Kondensators und damit die von ihm aufgenommene Energiemenge wird so bemessen, daß der Auslöser auch bei völlig zusammengebrochener Netz- und Betätigungsspannung den Schalter noch zuverlässig auszuschalten vermag. Die Zusatzelemente können vom Schalter getrennt angeordnet werden. Ein Eingriff in die eigentliche Schaltermechanik ist hierbei nicht erforderlich.

5.6 Überwachung der Auslösekreise

Gelegentlich werden Überwachungseinrichtungen für die Auslöseelemente gewünscht, denn zu den Schutzrelais gehören u. a. Brand-Löscheinrichtungen, Buchholz-Relais und dgl. Es besteht die berechtigte Sorge, daß diese Auslösekreise, wenn sie einmal in Aktion treten sollen, nicht funktionsbereit sind. Dabei handelt es sich teilweise um teure Objekte. Üblich ist es, insbesondere bei Stromerzeugungs- und Fortleitungsanlagen eine turnusmäßige Relaisprüfung vorzunehmen. Fehler, die in der Zwischenzeit auftreten, werden auf diese Weise aber meistens zu spät entdeckt. Auslösekreise können gestört sein durch das Ausbleiben der Betätigungsspannung, bei Schäden an Sicherungen, durch Unterbrechungen zwischen der Schutzeinrichtung und der Leistungsschalter-Auslösespule, z. B. an Prüfstecker- oder Klemmenverbindungen, an Hilfsstromschaltgliedern des Leistungsschalters selbst, durch Oxydation von Kontaktstellen oder durch Drahtbruch. Derartiges erscheint zwar in einigermaßen gepflegten und trockenen Schalträumen ausgeschlossen, trotzdem hat man Veranlassung gehabt, durch Überprüfung des Auslösezustandes möglichst noch vor der Einschaltung der Leistungsschalter festzustellen, ob der Auslösekreis in Ordnung ist. Vorschläge für solche Überwachungseinrichtungen bei gleichstrombetätigten Auslösungen s. HEIDECKE.

5.7 Kurzschluß- oder Wiedereinschaltsperre

Die Kenntlichmachung einer Kurzschluß- oder auch Überstromauslösung am Gerät, z. B. durch die Stellung der Handhabe (s. S. 144) oder aber auch durch Kurzschlußanzeiger (s. S. 145) erscheint oft nicht ausreichend, denn ein Auslösen durch Kurzschlußströme bedeutet einen

Schaden in der Anlage. Das sofortige Wiedereinschalten ohne Schadensbehebung ist nicht immer angebracht. So fordern z. B. VDE 0118/8.60 § 22b, daß im Kohlebergbau und gewissen anderen Bergbauzweigen und in gleicher Weise VDE 0170/171/2.61 § 371, daß bei schlagwetter- und explosionsgeschützten elektrischen Betriebsmitteln Schalter nach dem Ansprechen von Kurzschlußauslösern oder Relais nicht ohne besondere Maßnahmen wieder eingeschaltet werden können. Das bedeutet eine Entsperrung mit besonderen Hilfsmitteln. Dabei wird im allgemeinen der Anker des Auslösers in der Auslösestellung festgehalten, wobei eine Entsperrung z. B. durch Herausziehen eines Stiftes möglich ist, s. z. B. HILD (2), oder es wird ein Sperrelais verwandt, dessen Selbsthaltekreis durch einen Entriegelungstaster wieder geöffnet werden kann, so daß erneute Einschaltung möglich ist. Der Einsatz beschränkt sich vorzugsweise auf nicht verzögerte Überstromauslöser. Eine zuverlässige Form der Wiedereinschaltsperre ist beim Einbau der Geräte in Gehäuse zu erreichen, indem man die Rückführung des Gerätes aus der Stellung ,,ausgelöst" (s. S. 144) erst nach Deckelabnahme ermöglicht. Dadurch wird eine Einschaltung unmittelbar auf den Fehler verhütet. Bei Geräten mit Motorantrieb ist insofern eine Kurzschlußsperre immer vorhanden, weil nach jeder Auslösung auch durch Überlast- und Spannungsauslöser sie erst nach Rückführung dieses Antriebes in die ,,Aus"-Stellung möglich ist. Bei automatischer Rückführung wird man natürlich die Steuerung so einrichten, daß sie nach Auslösung nicht selbsttätig einsetzt. Solche Sperrvorrichtungen können auch unmittelbar mit Schauzeichen versehen werden, so daß leicht festgestellt werden kann, welche Phase gestört ist, s. STÖWE.

5.8 Hilfskontaktglieder

Die Selbstschalter erhalten eine mehr oder weniger große Zahl mechanisch von ihnen abhängiger *Hilfskontaktglieder*. Das sind Schalter für Hilfsstromkreise wie Befehls-, Betätigungs-, Verriegelungs-, Melde- und Meßstromkreise, s. a. VDE 0660 § 3 u2.

Man unterscheidet ,,Öffner" und ,,Schließer", s. Abb. 88. Sie werden weiter danach benannt, welche Funktion sie bei der Einschaltbewegung des Gerätes ausführen. Der ,,Schließer" ist ein Hilfsschalter, der bei geschlossener Hauptstrombahn ebenfalls geschlossen ist, der ,,Öffner" ein solcher, der dann geöffnet ist. ,,Wechsler" sind solche, die je eine Schließstelle bei geschlossener und geöffneter Hauptstrombahn besitzen. Dabei haben ,,Einkreiswechsler" drei galvanisch getrennte Anschlüsse, ,,Zweikreiswechsler" vier. Ihre Kontaktglieder liegen also in zwei getrennten Stromkreisen. ,,Wischer" sind Schaltglieder, die einen Stromkreis während des Überganges von einer zur anderen Schaltstellung öffnen oder schließen. (,,Kurz-Aus-" bzw. ,,Kurz-Einschaltglied").

Außer der unterschiedlichen Funktion der Hilfsschalter hängt die Wirkungsweise noch davon ab, *mit welchem Bauelement* des Gerätes sie *verbunden* sind, z. B. mit der Schaltwelle, dem Antrieb oder der Auslösebrücke. Erstere erhalten meist die einfache Bezeichnung „Hilfsschalter" oder „Normal-Hilfsschalter". Da auch die Hauptschaltstücke der Leistungsschalter von der Schaltwelle aus betätigt werden, stimmt deren Schaltstellung und die der Hilfsschalter überein. Sie werden also da verwandt, wo Meldungen oder Schaltkommandos abhängig von der Stellung der Hauptschaltstücke gegeben werden. Bei Geräten mit selbsttätiger Schnelleinschaltung, die erst kurz vor Erreichen der Endstellung des Antriebes freigegeben werden, wird während der Einschaltbewegung bis zur Freigabe der Schnelleinschaltung der Kontaktzustand der Hilfsschalter nicht verändert. Die vom Antriebselement aus betätigten Schalter werden als „Antriebs-Hilfsschalter" bezeichnet. Sie werden verwandt, wenn Kommandos und Signale in Abhängigkeit von der Stellung des Antriebes gegeben werden sollen und erhalten eine Voreilung gegenüber den Hauptschaltstücken sowie den von der Schaltwelle betätigten Hilfsschaltgliedern. Mit ihnen ist möglich, z. B. den Unterspannungsauslöser in der „Aus-Stellung" des Antriebes ebenfalls spannungslos zu machen und während der Einschaltbewegung des Gerätes rechtzeitig vor dem Wirksamwerden etwaiger Schnellschaltungen an Spannung zu legen, z. B. bei Kränen, s. S. 273. Bei kombinierten Antrieben werden u. U. Hilfsschalter für Hand- und Motorantrieb unterschieden. Durch schaltungstechnische Kombinationen eines Schließers des Antriebs-Hilfsschalters mit dem Öffner eines normalen Hilfsschalters ergibt sich ein „Wischer", der für manche Schaltaufgaben erforderlich ist. Die Hilfsschalter an der Auslösebrücke werden meistens als „*Alarm- oder Melde-Hilfsschalter*" bezeichnet und angewandt, um selbsttätige Ausschaltungen der Leistungsschalter zu melden. Beim Zurückholen des Antriebs in die „Aus-Stellung" werden sie wieder in die Ausgangslage gebracht. Sie können sich auch an den die Abschaltung einleitenden Auslösern befinden. An die Stelle der Alarm-Hilfsschalter treten weitgehend Hintereinander-Schaltungen zweier in der „ausgelöst"-

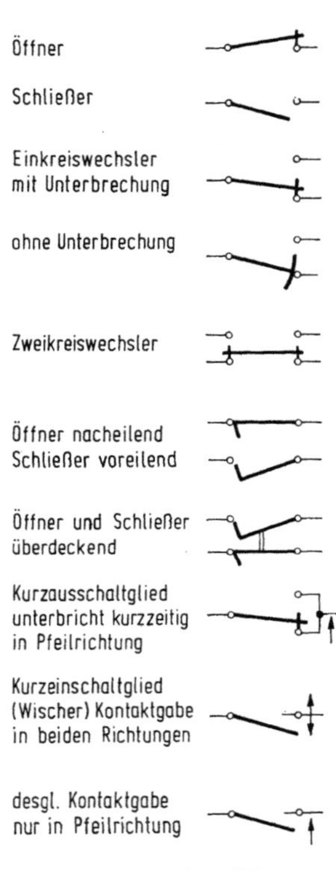

Abb. 88. Hilfsschalter (Wirkungsweise)

Stellung kontaktgebender Hilfsschalter an der Schaltwelle und am Antrieb. Es ist zu beachten, daß bei einer Ausschaltung durch einen eingebauten Auslöser der von der Schaltwelle betätigte Hilfsschalter auch dann in die Stellung „Antrieb-Aus" geht und der „Alarm-Hilfsschalter" anspricht (Stellung „Antrieb ausgelöst", s. S. 144), wenn der Antrieb etwa in der „Ein-Stellung" willkürlich festgehalten wird. Alarm-Hilfsschalter werden beim normalen Ein- und Ausschalten von Hand nicht betätigt.

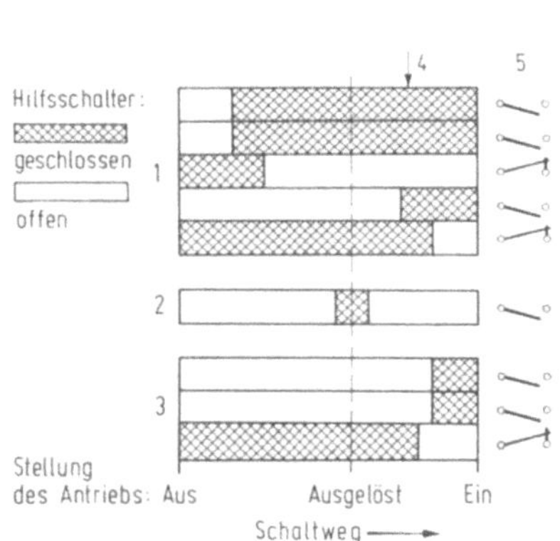

Abb. 89. Beispiel einer Hilfsschalteranordnung an einem Leistungsschalter

1 von der Antriebswelle betätigt, *2* Alarm-Melde-Hilfsschalter, *3* von der Schaltwelle betätigt, *4* Freigabe der Schnelleinschaltung, *5* Kontaktlage in der Ausschaltstellung

Abb. 90. Durchsichtig gekapselter Antriebshilfsschalter (Klöckner-Moeller)

Der Einsatz der Kontaktschließung bzw. Öffnung an den einzelnen, Hilfsschaltgliedern kann an verschiedenen Punkten der Bewegungsbahn liegen. Es entstehen dann für die einzelnen Konstruktionen in gewissem Umfang wählbare Hilfsschalterpläne, s. z. B. Abb. 89. Die Hilfsschaltglieder können bei einigen Konstruktionen auch noch am Einsatzort vom „Schließer" in einen „Öffner" verwandelt werden. Auch läßt sich gelegentlich, insbesondere bei größeren Geräten, der Schaltweg der einzelnen Schaltglieder verstellen. Die Hilfsschalter sind oft für sich gekapselt, und zwar möglichst durchsichtig, s. Abb. 90. Das Ausschaltvermögen sinkt weitgehend mit steigender Spannung, desgleichen mit sinkendem $\cos \varphi$ bzw. steigender Zeitkonstante.

5.9 Anzeigevorrichtungen

Es sind Vorrichtungen notwendig, die die „*Ein-*" *und* „*Aus-*"*Stellung* der Selbstschalter anzeigen. Sie müssen von außen sichtbar sein, ohne das Gehäuse zu öffnen. Bei Geräten mit Handantrieb ist die Kontaktlage im allgemeinen durch die Stellung des Antriebsmittels in Verbindung mit Markierungen auch aus größeren Entfernungen erkennbar. Wenn für das Schaltgerät verschiedene Montagelagen zugelassen sind, so müssen die Stellungsmarkierungen mit einer etwaigen Umstellung des Antriebsmittels u. U. ebenfalls veränderbar sein. Wird ein Schalter nicht von Hand, sondern durch Überstrom oder Unterspannung ausgelöst, so geht meist die Handhabe nicht in die Ausschaltstellung, sondern in eine Mittellage zurück, die im allgemeinen ebenfalls besonders markiert ist, s. z. B. Abb. 91. Aus der Lage der Handhabe kann man auf die Auslösung schließen

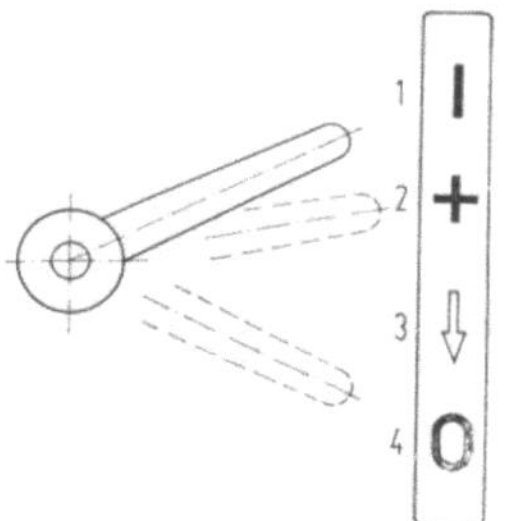

Abb. 91. Anzeige einer selbsttätigen Auslösung

1 eingeschaltet, *2* ausgelöst, *3* nach Auslösung, zuerst nach 0 zurückbewegen, *4* ausgeschaltet

und muß auf 0 zurückschalten, ehe wieder eine Einschaltung möglich ist. Der Schalter hat damit eine sichtbare Stellung „ausgelöst", und es kann wiederholtes Einschalten auf einen Fehler verhindert werden. Durch zusätzliche Hilfsschalter kann diese Antriebslage als Störmeldung auch optisch oder akustisch angezeigt werden. Das geschieht z. B. durch eine Hilfschalter-Kombination, bestehend aus einem Schließer auf der Antriebswelle (*1*) und einem Öffner auf der Schalterwelle (*2*) in Hintereinanderschaltung mit der Meldelampe oder einer akustischen Meldeeinrichtung (*4*), s. Abb. 92. So wird bei Konstruktionen, bei denen das Antriebselement in der „Ein"-Stellung verbleibt, die Auslösung optisch angezeigt. Dieser Signalkreis wird wieder unterbrochen, wenn die Handhabe in „Aus"-Stellung gebracht wird. Bei betriebsmäßigem Ein- und Ausschalten wird mit diesem Element kein Signal gegeben. Eine solche Meldung der Auslösung ist natürlich nicht o. w. möglich, wenn automatische Rückführung vorhanden ist. In Abb. 92 ist ferner die Stellungsmeldung *5* für „Aus" und „Ein" durch den Quittierschalter *3* vorgesehen.

Die Vorrichtungen an Leistungsschaltern, die dazu bestimmt sind, die Schaltstellung an einen beliebigen Ort zu melden, nennt man „Schaltstellungsgeber". Sie betätigen dann den „Schaltstellungsmelder". Geräte, deren Schaltstellung nicht o. w. erkennbar ist, erhalten zusätzlich *mechanische* oder elektrische *Anzeigevorrichtungen*. Die Kennzeichnung erfolgt nach DIN 43 606. Für den Ein-Schaltzustand gilt ein Strich und die

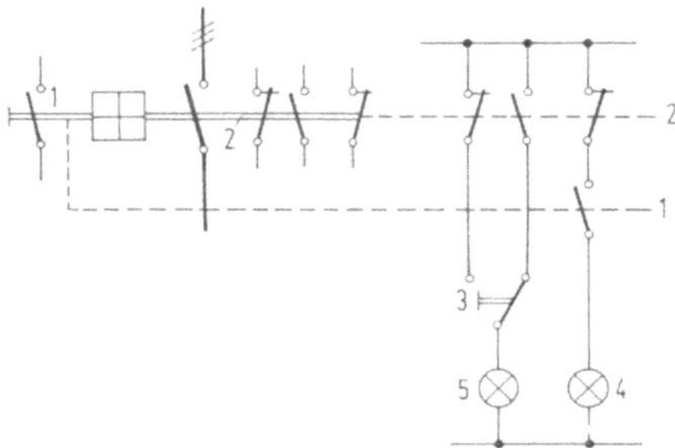

Abb. 92. Schalterfallmeldung für Geräte, deren Antriebselemente nach selbsttätiger Auslösung getrennt zurückgeholt werden (nach Fleck)

1 Antriebswelle, *2* Schalterwelle, *3* Quittierschalter, *4* Meldung „ausgelöst", *5* Meldung „Ein" — „Aus"

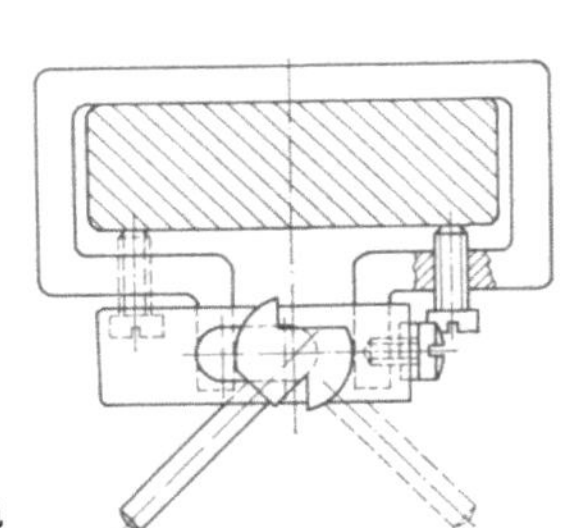

Abb. 93. Magnetischer Kurzschlußanzeiger in Ansprechstellung zum Aufsetzen auf Flachleiter. Die Anzeige erfolgt auf der Breitseite. a Schnitt, b Ansicht

Grundfarbe rot, für den Aus-Schaltzustand ein Kreis und die Grundfarbe grün oder lediglich eine rote oder grüne Marke. Über die verschiedenen akustischen und optischen Möglichkeiten der Meldeeinrichtungen s. u. a. FLECK (S. 208 ff.). Gelegentlich wird die Kurzschlußauslösung einzelner Pole durch besondere Anzeigevorrichtungen gekennzeichnet, die von Hand zurückgestellt werden müssen. Die Anzeige, ob und wo ein Kurzschluß aufgetreten ist, überträgt man häufig einem „Kurzschlußanzeiger", s. Abb. 93. Diese sind nach dem Prinzip der magnetischen Schnellauslöser

gebaut. Sie werden wie ein Stromwandler auf eine Stromschiene aufge-
setzt und der Ansprechstrom so gewählt, daß die Elemente beim Auftreten eines Kurzschlußstromes bestimmter Stärke ansprechen. Ein
Anker dreht sich um 90° in seine Anzeigestellung — rote Marke.

5.10 Verriegelungen von Leistungsschaltern

Mechanische Verriegelungen von Leistungsselbstschaltern sind in
Niederspannungsanlagen nur in beschränktem Maße durchführbar,
keinesfalls dann, wenn es sich um das gegenseitige Verhältnis einer
größeren Anzahl von Geräten handelt, bei denen durch Fehlschaltungen
Gefahren für die Anlage oder den Bedienenden entstehen können. Man
findet sie allenfalls zur Verriegelung zweier Geräte gegeneinander. Hierbei
sind beide Geräte durch einen Umschaltantrieb gekoppelt oder die beiden
Handgriffe mechanisch gegeneinander verriegelt.

Die *elektrische Verriegelung*, z. B. von Türen, erfolgt über einen
Magneten, der für 100 v. H. ED ausgelegt wird und die Schalter-
Antriebselemente sperrt, solange an ihm Spannung ansteht. Im übrigen
wird die elektrische Verriegelung von mit Motor, Magnet oder Druckluft
betätigten Antriebselementen durch Hilfsschalter in ihrem Stromkreis bewirkt. Weiterhin gibt es eine große Anzahl von Anwendungsformen der
elektrischen Verriegelung für zwei Schalter gegeneinander, wie sie u. a.
für Anlagen mit doppeltem Sammelschienensystem notwendig sind. Zur
Lösung dieser Verriegelungsaufgaben mit elektrotechnischen Mitteln
dienen Arbeitsstromauslöser (s. S. 138), Unterspannungsauslöser (s. S. 135)
ferner Hilfsschalter, gekuppelt mit der Schaltwelle oder mit der Antriebswelle, s. S. 141. Letztere haben bei der Einschaltung eine Voreilung gegenüber den Hauptschaltstücken. Diese Verriegelungen können zwei verschiedene Grundaufgaben haben. Entweder sollen alle diejenigen Schalter
ausgelöst werden, die bei einer Fehlschaltung nicht gleichzeitig mit eingeschaltet sein dürfen — ein Beispiel s. Abb. 94a, oder aber sie dienen der
Verhinderung einer Fehlschaltung, s. Abb. 94b, wobei der zuzuschaltende
herausfällt. Die erstere Aufgabe wird mit Arbeitsstromauslösern durchgeführt. Dabei werden voreilende Hilfsschaltglieder benötigt, die diejenigen Schaltgeräte, die nicht mit eingeschaltet sein dürfen, ausschalten,
ehe sie die Hauptschaltstücke berühren. Es handelt sich also um eine
Fernausschaltung mit voreilenden Hilfsschaltelementen. Bei der Verhinderung einer Fehleinschaltung werden Unterspannungsauslöser verwandt. Man braucht nur Hilfsschaltglieder, die mit der Schaltwelle
gekuppelt sind. In jedem Falle ist es wichtig, daß die Geräte Freiauslösung in allen Stellungen haben, also die Auslöser wirksam werden,
ehe die Kontaktgebung erfolgt. In Teilbild 94a$_1$ ist die direkt wirkende

Wechselstromarbeitsauslösung dargestellt, bei a_2 eine Gleichstromauslösung mit Kondensatorenauslöser und entsprechender Verzögerung, bei b_1 wiederum die unmittelbare Auslösung durch den Unterspannungsauslöser, bei b_2 liegen in dem gleichen Stromkreis Ausschaltglieder von Relais. Im übrigen gilt das für die Auslöser auf S. 135 Gesagte. Störungen in den Steuerleitungen der Arbeitsstromauslöser, z. B. durch Drahtbruch, Wackelkontakte u. ä. machen die Verriegelung naturgemäß unwirksam. Diese Auslöser haben aber den Vorteil, daß Spannungsabfälle

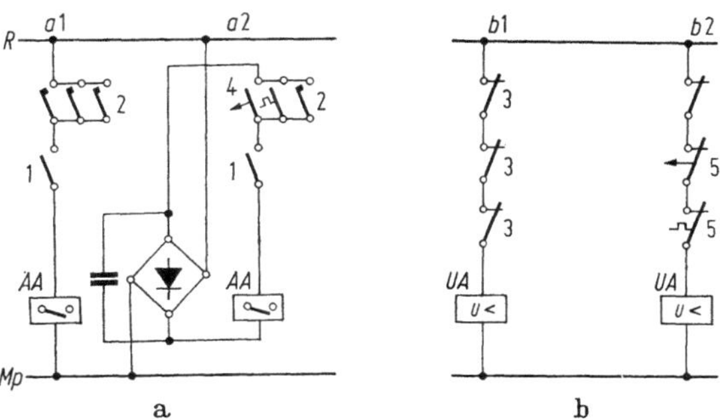

Abb. 94. Elektrische Verriegelung von Leistungsschaltern (Erläuterungen im Text)

1 Normal-Hilfsschalter am vorher eingeschalteten Gerät; *2* voreilender Antriebsschalter, Schließer am nachgeschalteten Gerät; *3* nacheilender Öffner an den Schaltern, gegen die verriegelt werden soll. die also nicht gleichzeitig eingeschaltet sein dürfen; *4* Schließer, *5* Öffner an Schutzauslösern

nicht zum Abschalten der Geräte führen. Das ist wichtig bei Transformatoren-, Energieverteilungs-, Maschennetzschaltern usw. Die Unterspannungsauslöser haben den Vorzug, daß auch bei Wackelkontakt u. ä. immer eine Ausschaltung erfolgt. Bei ihnen muß in Kauf genommen werden, daß bei kurzem Netzausfall alle Schalter abfallen und eine größere Betriebspause entsteht. Durch Einsatz verzögerter Unterspannungsauslöser (s. S. 136) kann diese Schwierigkeit u. U. überbrückt werden. Eine Verriegelung gegen schon eingeschaltete Geräte mit kurzverzögerter Schnellauslösung s. a. Abb. 73 Z_3, S. 124. Ein Schaltplan für die gegenseitige Verriegelung zweier druckluftangetriebener Leistungsschalter s. Abb. 95.

5.11 Isolation

Für die Isolation sind maßgebend die „Luftstrecken" der verschiedenen Pole gegeneinander und gegen Erde sowie die Wege über die Isolierstoffe hinweg, die sogen. „Kriechwege". Außerdem unterscheidet VDE 0110 von beiden genannten Begriffen noch die „Abstände". Diese kommen nur dann in Betracht, wenn die Gefahr besteht, daß durch unver-

meidliche Ungenauigkeiten beim Einbau und Anschluß die Mindestluft-
und -Kriechstrecken unterschritten werden können. Bei Leistungsschaltern kommt das praktisch nur für die damit in Verbindung stehenden
Sammelschienensysteme und dgl. in Betracht sowie u. U. noch für die
Anschlußstellen der Schalter.

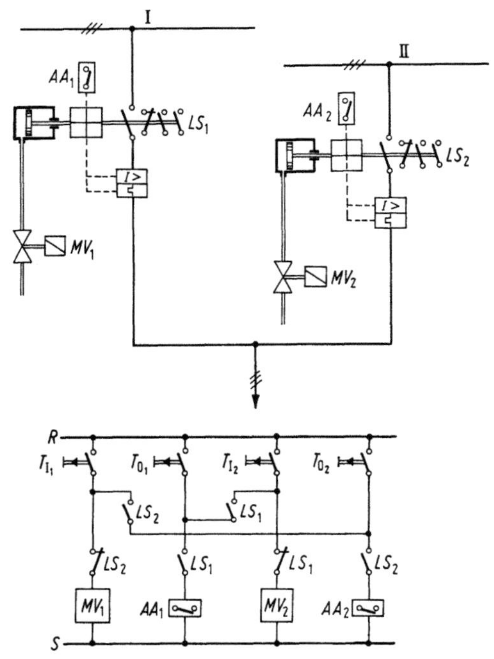

Abb. 95. Elektrische Verriegelung zweier druckluftbetätigter Geräte gegeneinander
MV Magnetventil, *AA* Arbeitsstromauslöser, *T* Taster, *LS* Hilfsschalter an der Schaltwelle

Die Kriech- und Luftstrecken sind in ihren Mindestwerten nach VDE
0110 von der Spannung abhängig, für die das Gerät gebaut wird. Die
Nennisolationsspannung, die der Bemessung der Isolation eines Leistungsschalters und seiner Zubehörteile zugrunde gelegt ist, unterscheidet sich
von der Nennspannung, die eine Bezugsspannung für das Schaltgerät bezüglich des Schaltvermögens darstellt, oder für andere Elemente, wie z. B.
die Spulen, die zugelassene Betriebsspannung angibt. Man unterscheidet
weiter noch bestimmte *Isolationsgruppen* je nach Anwendungsgebiet.
Für industrielle Verwendung gilt die Gruppe C, nach der normalerweise
auch entsprechend VDE 0660 die Leistungsschalter gebaut werden. Bei
Sonderkonstruktionen, vor allem für den Bahnbetrieb, kommt auch
Gruppe D in Betracht.

In der Frage der Kriech- und Luftstrecken für Leistungsselbstschalter gibt es im übrigen *zwei verschiedene Auffassungen* in der Welt. Die einen — und das gilt vor allen Dingen für Europa — stehen auf dem Standpunkt, daß die Kriech- und Luftstrecken der Leistungsschalter als Mindestwert nur das gleiche Maß zu erhalten brauchen wie bei den übrigen Schaltgeräten für industrielle Anwendung, also z. B. den Schützen. Von anderer Seite — das sind in erster Linie die anglo-amerikanischen Länder — wird der Gedanke herausgestellt, daß es sich ja bei den Leistungsschaltern um Schutzschalter handele, deren Schutzaufgabe ein erhöhtes Maß an Sicherheit und damit größere Isolationsstrecken erfordere. Tatsache ist jedoch, daß die Sicherheit der Leistungsschalter nicht durch überbemessene Isolationsstrecken gegeben ist, sondern durch das Ein- und Ausschaltvermögen, insbesondere die sichere Lichtbogenlöschung und die Herstellung einer zuverlässigen Trennstrecke. Dabei darf man auch nicht übersehen, daß die festgelegten Werte der Kriech- und Luftstrecken für den Lichtbogenbereich ohnehin nicht gelten können. Hier ist Rücksicht auf die Lichtbogenentwicklung und die Beanspruchung der Lichtbogenkammerstoffe zu nehmen. Man kommt mit den Mindestwerten an den Stellen, die der Ionisierung ausgesetzt sein können, nicht aus. Diese Strecken werden aber auch der Schaltvermögensprüfung unterzogen und unterliegen der Selbstverantwortung des Herstellers. Spannungsführende Teile, die außerhalb der Schaltkammern liegen, sind keinen stärkeren Beanspruchungen unterworfen als diejenigen anderer elektrischer Geräte. Die Normalwerte genügen demnach auch für die Funktionssicherheit der Leistungsschalter. Sie haben in Europa bei langjähriger Anwendung zu keinen Schwierigkeiten geführt, so daß eine Angleichung an die höheren Werte von USA, Kanada und England nicht notwendig erschien. VDE 0110 Gruppe C macht ohnehin zwischen Leistungsschaltern und anderen Industrieschaltgeräten keinen Unterschied. In der IEC-Publikation 157-1 für Leistungsschalter sind keine Mindestwerte festgelegt. Für die Hilfsschaltglieder begnügt man sich hier grundsätzlich mit den nach Publikation 158-1 für Schütze geltenden Werten.

5.12 Geräteanschlüsse

Ob die Zu- und Ableitung nur an bestimmten Klemmen vorgenommen werden darf, richtet sich nach den Festlegungen des Herstellers. Gelegentlich ist mit der Änderung der Anschlußrichtung eine Beeinflussung des Schaltvermögens verbunden. Für große Stromstärken werden Flachanschlüsse bevorzugt, für kleinere findet man Schellenklemmen und Steckanschlüsse. Weiterhin werden gewisse Geräte auch für rückseitigen Bolzenanschluß aufgebaut. Besondere Steckklemmen werden so durchgebildet, daß sie für verhältnismäßig große Leiterquerschnitte anwendbar sind, aber auch die Einführung relativ dünner Drähte sowie ein- oder mehrdrähtiger Rundleiter ermöglichen.

5.13 Die Abdeckung (Kapselung) der Geräte

Die Leistungsschalter besitzen — abgesehen von gewissen Kleingeräten wie z. B. Leitungsschutzschaltern, handbetätigten Motorschutzschaltern u. ä. — zunächst keine geschlossene Abdeckung. Eine Ausnahme machen dabei die auf S. 158 behandelten „Schalter in Kompaktbauweise", bei denen die Schalt- und Betätigungselemente von sich aus schon in Isolierstoffschalen eingebettet sind. Sie bieten nach dem Zusammenbau — abgesehen von den Anschlußklemmen — einen vollständigen Berührungsschutz. Sonst sind die Geräte so gebaut, daß sie zuerst einmal in Schaltgerüste u. dgl. eingesetzt werden können, d. h. der zugehörige Schaltraum bzw. die Bedienungsfront bietet den alleinigen Schutz. An die Schalträume stellt man natürlich Ansprüche hinsichtlich der Fernhaltung von Staub, Feuchtigkeit und dgl. Ein Raum, in dem die Geräte auf einem Schaltgerüst befestigt sind, erfordert eine entsprechende Belüftung.

Beim Einsatz der Geräte, vor allem in der Industrie, ist man jedoch darauf bedacht, ihnen weitgehend eine Kapselung fabrikseitig zuzuordnen. Die Ansprüche an solche Kapselungen sind bestimmt durch die an die Festigkeit, Korrosionsbeständigkeit, den Schutz gegen Berührung spannungführender Teile sowie das Fernhalten von festen Fremdkörpern. Bei kleinen und mittleren Geräten ist heute vorwiegend die Isolierstoffkapselung zu finden, bei größeren noch Metallkapselung, wobei die dabei im Vordergrund stehende Verwendung von Stahlblech zur Verminderung der Rostanfälligkeit Vorkehrungen durch passende Schutzanstriche oder Überzüge notwendig macht. Bei der Isolierstoffkapselung kommt es wesentlich auf die Stoßfestigkeit an. Man hat hier Preßstoffe hoher Schlagfestigkeit und Kerbzähigkeit zur Verfügung. Sie haben in den letzten Jahrzehnten durch ihre hohe mechanische Festigkeit wesentlich zur Entwicklung der Isolierstoffkapselungen beigetragen. Besonders wichtig ist dabei eine durchsichtige Abdeckung. Sie ermöglicht eine Kontrolle ohne Entfernung der Abdeckung. Das gilt insbesondere auch für den Schaltstück- und Lichtbogenraum. Um sie zu erzielen, werden Thermoplaste hoher Stoßfestigkeit verwandt. Diese Kapselung bietet bei zweckmäßiger Konstruktion, die keine Spannungsverschleppung vom Inneren nach der Oberfläche möglich macht, absoluten Berührungsschutz, s. FRANKEN (3). Ein weiterer Vorzug ist die praktisch vollständige Korrosionsfestigkeit. Selbst bei aggressiven Mitteln halten die Stoffe stand. Hinzu kommt die große Bildsamkeit der Stoffe, die die Herstellung auch verhältnismäßig komplizierter Preßstücke ermöglicht, so daß man insbesondere bei kleinen Geräten Konstruktionselemente einsparen kann, indem die Kapselungsteile, also z. B. die Rückwand, gleichzeitig spannungsführende Teile tragen kann, s. Leistungsschalter in Kompaktbauweise S. 158. In Geräten mit vollständiger Isolierstoffkapselung, sogen. „schutzisolierten Geräten", ist das Durchschleifen des Schutzleiters zu den nachgeordneten Geräten, wie z. B. den Motoren, erforderlich. Er soll aber beim Durchgang isoliert wie ein Hauptleiter verlegt sein. Auch sollen keinerlei elektrisch inaktive Konstruktionselemente der Einbaugeräte mit dem Schutzleiter verbunden werden, weil anderenfalls bei einem Eingriff die entsprechend VDE 0105 vorzusehende Standortisolation unwirksam wird, s. WIERNY (2).

Für die Ausführung der Kapselung ist es weiterhin wesentlich, welchen *Fremdkörper-*, *Berührungs-* und *Wasserschutz* man der Konstruktion zu geben hat, d. h. welche „*Schutzart*" nach DIN 40050 zu wählen ist. Das Normblatt unterscheidet durch ein zweistelliges Ziffernsystem auf der ersten Stelle den Fremdkörper- und Berührungsschutz und auf der zweiten den Wasserschutz, wobei diesen Ziffern bestimmte Prüfungen zugeordnet sind, s. a. DIN 40060, sowie FRANKEN (4 und 9, S. 227). Diese in Deutschland seit langem eingeführte Norm hat sich bewährt. Sie wurde von der IEC im wesentlichen übernommen. Der Berührungs- und Fremdkörperschutz wurde zusammengefaßt, weil auch die anzuwendenden konstruktiven Mittel für beide Fälle weitgehend gleichartig sind. Für Leistungsschalter kommen vor allen Dingen die Schutzarten IP 00, IP 40, IP 44, IP 54 und u. U. noch höhere Schutzarten wie IP 55 in Betracht. Die Kapselungen der Leistungsschalter müssen den Kräften, die während des Betriebes auftreten, einschließlich der durch etwaige Kurzschlußströme bedingten, genügend Widerstand entgegenstellen.

5.14 Die Schaltzeichen für Leistungsschalter

Die genormten Schaltzeichen für den Schaltgerätebau enthält DIN 40713 sowie Beiblatt 1 „Beispiele aus der Starkstromtechnik". Für die Darstellung eines Leistungsselbstschalters gelten die Schaltzeichen nach Abb. 96. Ein besonders wichtiges Zwischenglied ist hierbei das Schaltschloß. Ein Quadrat ist in vier Teilquadrate unterteilt. Durch unterschiedliche Umrahmungen wird gekennzeichnet, ob es sich um einen Last-, Motor- oder Leistungsschalter handelt. Für die Schaltglieder, Antriebsglieder, Auslöser usw. gelten die Zeichen nach Abb. 97, die eine Auswahl aus DIN 40713 enthält. Das Zeichen für Kraftantriebe ist ein Quadrat; beim Magnetantrieb erhält es einen Querstrich, keine Diagonale,

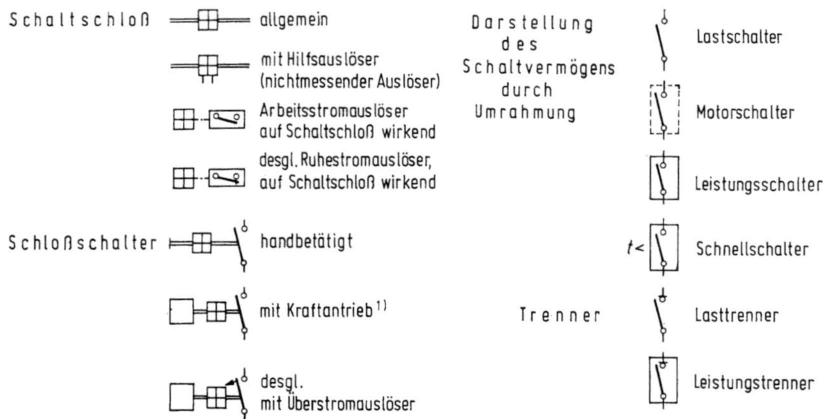

Abb. 96. Schaltzeichen für Schaltschloß, Schaltvermögen und Trenner nach DIN 40713

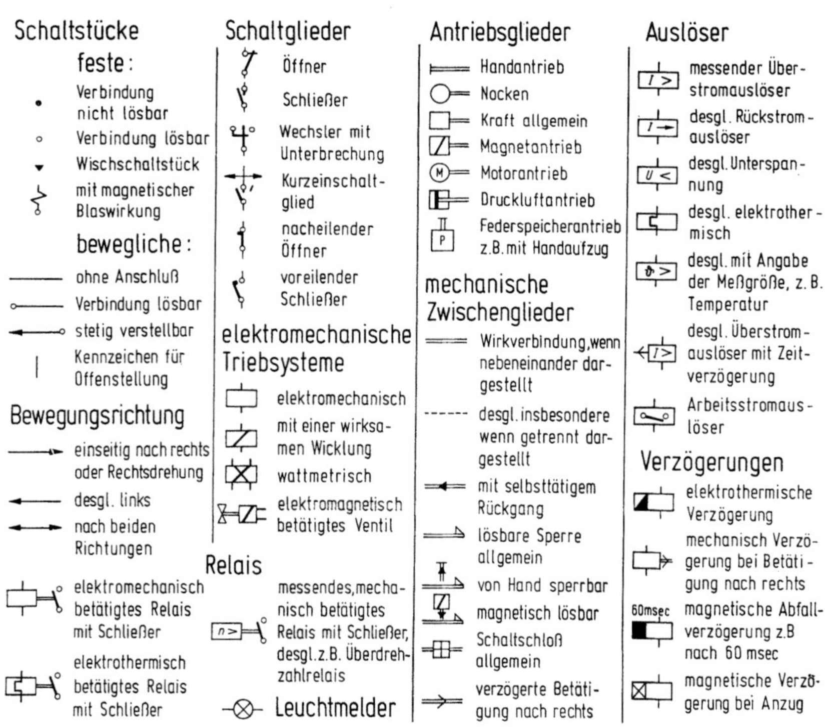

Abb. 97. Auswahl von Schaltzeichen für Schaltgeräte nach DIN 40713

beim Motorantrieb tritt ein Kreis mit einem großen M hinzu, bei Druckluftantrieb eine Kolbendarstellung. Andere Kraftantriebe werden durch
Eintragen der Einflußgrößen mit den Zeichen nach DIN 1304 gekennzeichnet, z. B. $n =$ Drehzahl, $p =$ Druck, $\vartheta =$ Temperatur usw. Kurzzeichen für Schaltglieder mit Auslöseelementen s. Abb. 98. Schaltzeichen für Leistungsschalter, Schnellschalter, Trenner und dgl. s. Abb. 99.
Über die verschiedenen Arten der Schaltpläne, in die Leistungsschalter
eingesetzt werden können, s. FRANKEN (9, S. 300 ff.).

Abb. 98. Kurzzeichen für Schutzschalter in Verbindung mit verschiedenen Auslöseeinrichtungen

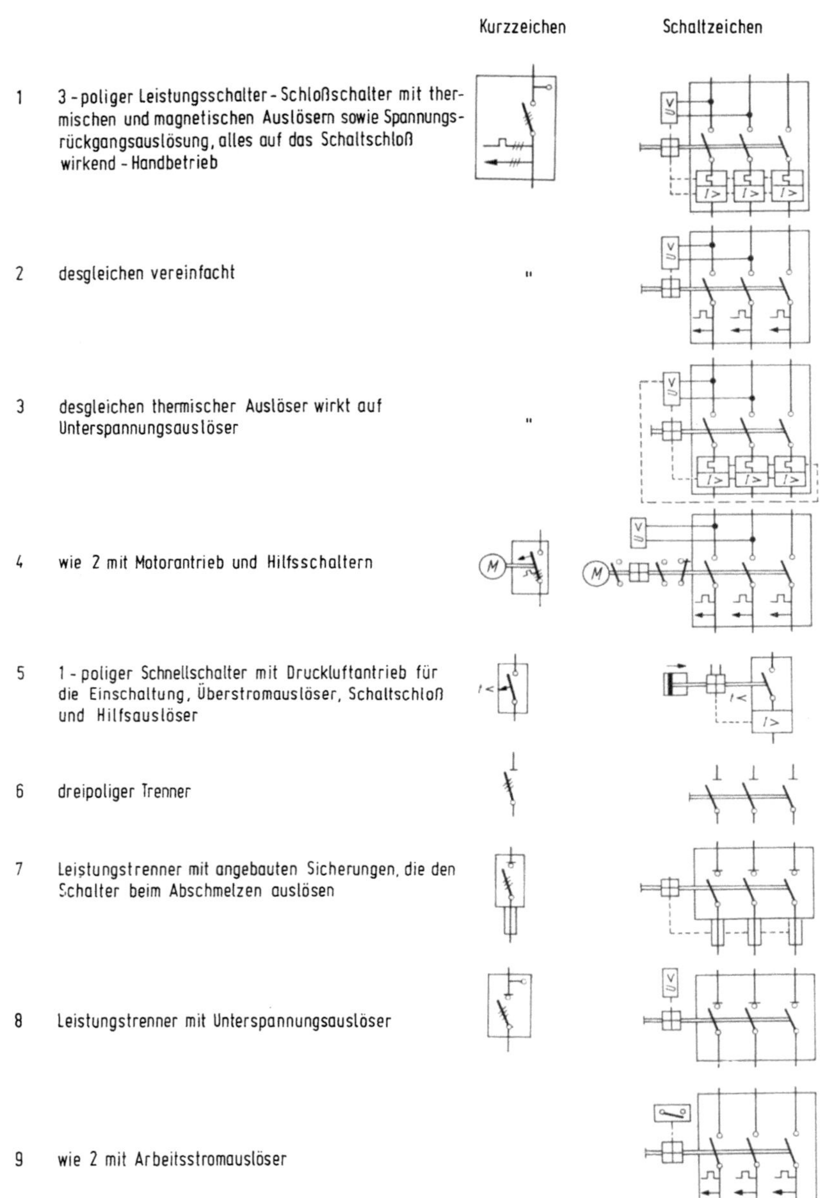

Abb. 99. Schaltzeichen für Schutzschalter nach DIN 40713

6 Ausführungsformen von Leistungsschaltern

Mit Hilfe der auf S. 96ff. behandelten Einzelelemente werden nun die Selbstschalter aufgebaut. Die normalste Form des sogen. „Auslöseschalters" (s. S. 156) ist ein Gerät, bei dem die Auslöseelemente (s. S. 117) auf das Schaltschloß (s. S. 102) einwirken und dabei im wesentlichen eine Klinke lösen. Die Schaltstücke sollen unter dem Einfluß des Kurzschlußstromes nicht selbsttätig öffnen. Mit diesen Schaltern kann man durch Auswahl geeigneter Auslöser Staffelschaltungen entwickeln, also unterschiedliche Ausschaltzeiten ansteigend vom Ausläuferschalter bis zur Zentrale hin. Die Schalter lassen den Kurzschlußstrom praktisch zur vollen Entwicklung kommen und schalten nach der vorgesehenen

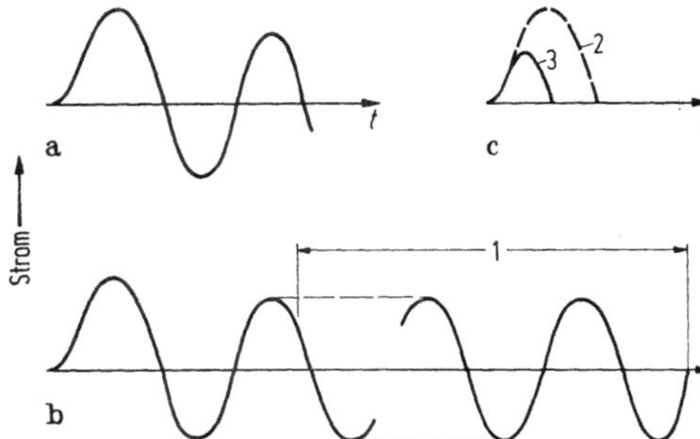

Abb. 100. Ausschaltstromdiagramme einphasig bei Wechselstrom-Leistungsschaltern
a) Auslöseschalter, b) Selektivschalter, c) Begrenzungsschalter
1 Kurzverzögerungszeit, *2* unbegrenzter, *3* begrenzter Strom, s. a. Abb. 158, S. 245

Verzögerungszeit aus. Man spricht dann von „Selektivschaltern", s. S. 165. Für viele Zwecke ist aber eine Begrenzung des unter dem Einfluß der Induktivität immer mit einer gewissen Verzögerung ansteigenden Kurzschlußstromes erwünscht. Dem Zweck dienen die Geräte mit strombegrenzender Ausschaltcharakteristik (s. S. 175), im wesentlichen als „Schnell-" oder „Begrenzungsschalter" bezeichnet. Diese drei Arten der Leistungsschalter weisen charakteristische Unterschiede im Ausschaltstromdiagramm auf, s. Abb. 100 und 158, S. 245. Es werden auch Geräte ohne Überlast-, gelegentlich auch ohne Kurzschluß-Schnellauslöser als „Leistungstrenner" gebaut, s. S. 219.

6.1 Auslöseschalter

Hierzu gehören alle Geräte, die in ihrer Eigenzeit ohne beschleunigende Zusatzelemente, die die Ausschaltzeit beträchtlich verringern (s. S. 175), ausschalten. Die üblichste Form besteht darin, daß man zum Fixieren der Kontaktstücke in der Ein- bzw. Ausschaltstellung Kniehebel verwendet, die beim Einschalten über den Totpunkt gedrückt werden. Es ist notwendig, bei jedem Schaltvorgang den gesamten Arbeitsinhalt des Federspeichers zu überwinden. Wenn ein solcher Leistungsschalter gleichzeitig als „Trenner" dienen soll, dann müssen auch die Öffnungswege an den Schaltstücken Kriech- und Luftstrecken nach VDE 0110 Gruppe C aufweisen. Weiterhin wird eine zuverlässige Schaltstellungsanzeige gefordert, die Sichtbarkeit der Trennstellen jedoch nicht. Letztere ist aber sehr wertvoll und durch durchsichtige Abdeckungen anzustreben, s. S. 219 „Leistungstrenner". VDE 0113 fordert ferner Zwangsläufigkeit zwischen Kontaktapparat und Bedienungshebel, s. S. 106. Die Leistungsschalter werden für verschiedene Aufbauarten und Schutzgehäuse gebaut, s. S. 150 (Kapselung). In Betracht kommt der Einbau in Schaltgerüste, Aufbau auf Tafeln, Einbau in Schutzgehäuse, in vorgefertigte Schubkammern sowie überhaupt in Verteiler und Schaltschränke aus fabrikfertig montierten Teilen aller Art. Ausgeführte Geräte s. Abb. 101. Der Öffnungsverzug der Geräte ist heute sehr gering. Er liegt z. B. bei solchen für 100 A Nennstrom bei 8 msec und steigt z. B. bei 1 000 A auf etwa 20 msec.

Die unterschiedlichen Einsatzbedingungen und Verwendungsmöglichkeiten der Geräte zwingen dazu, außerordentlich viele Kombinationen zu entwickeln. Das geschieht an Grundgeräten mit guter Wandlungsfähigkeit. Dieses sogen. „*Bausteinprinzip*" — man spricht auch von der „Blockbauweise" — wird bei Leistungsschaltern in weitem Umfang durchgeführt. In Verbindung mit den unterschiedlichsten Auslösegliedern, Hilfsschaltgliedern, Antriebselementen und dgl., die als in sich geschlossene Bausteine durchgebildet sind und sich harmonisch in das Gerät einfügen lassen, entsteht eine große Anzahl von Kombinationsmöglichkeiten. Nach MACHAT (1) kann die Zahl der geforderten Kombinationen eine neunstellige sein. Wesentlich ist dabei, daß die Anbausteine so durchgebildet sind, daß sie ohne Nacheichung der Auslöseelemente an den Schaltergrundstein angesetzt werden können. Das gleiche gilt auch für die Anwendung unterschiedlicher Antriebsmittel. Der Grundbaustein enthält dann das Kontaktsystem mit Lichtbogenkammer, Schaltschloß, Sockel und Abdeckung, s. Abb. 102. Anbausteine sind u. a. magnetische Kurzschlußschnell- und Überstrom-Auslöser, die fertig geeicht und eingestellt den Netzverhältnissen angepaßt werden können, z. B. je nachdem, ob es sich um Leitungs- oder Motorschutz handelt. Das ge-

Abb. 101. Auslöseschalter konventioneller Bauart für 1000 ... 2000 A

a) AEG-Telefunken, b) Calor-Emag, c) Conti-Electro, d) Klöckner-Moeller, e) Siemens

schieht weitgehend in Form der Auslöserblocks, s. Abb. 82, S. 134. In gleicher Weise kommen in Betracht Unterspannungs- und Arbeitsstromauslöser, ferner die große Zahl der Hilfsschaltglieder für Melde-, Steuer- und Verriegelungszwecke, deren Zuordnung zueinander als Schließer, Öffner, Wischer, Spät- und Frühöffner und dgl. Es folgen Teile für unter-

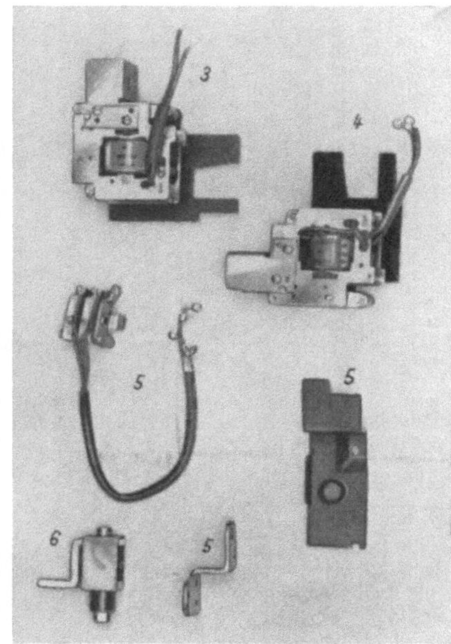

Abb. 102. Bausteine eines Leistungs-Selbstschalters (Klöckner-Moeller)
1 Schalterblock, *2* Auslöserblock, *3* Unterspannungsauslöser, *4* Arbeitsstromauslöser, *5* Antriebshilfsschalter mit Abdeckung und zusätzlichem Führungswinkel der Antriebswelle, *6* Klemmenwinkel für rückwärtigen Anschluß

schiedliche Leitungseinführung, z. B. Bolzen für rückseitigen Anschluß, aber auch für den unterschiedlichen Einbau, z. B. in Schaltschränke und Schaltzellen, für die Einschubtechnik und dgl.

Das in der Elektrotechnik übliche Bestreben, die Geräte und Einrichtungen auf geringstem Raum unterzubringen, hat zu den *Leistungsschaltern in Kompaktbauweise* mit verhältnismäßig sehr geringen Abmessungen geführt, wobei die Leistungsfähigkeit keinen Schaden gelitten hat. Diese zuerst in den USA in den 30er Jahren aufgekommenen Konstruktionen (s. SANDIN) wurden dort entsprechend ihrer Kapselung als „molded-case circuit-breaker" bezeichnet. Bei ihnen wird ein Preßstoffgehäuse so durchgebildet, daß es alle Einbauteile, die man sonst auf einer Grundplatte oder auf einem Grundrahmen vereinigte, aufnimmt. Dabei entstünde zwar zunächst lediglich ein isoliert-gekapseltes Gerät.

Das Preßstoffgehäuse ist aber in seiner Formgebung so durchgebildet, daß es sich den Einbauteilen anpaßt. Hochgezogene Rippen mit Labyrinthdichtungen im Unterkasten und im Deckel ergeben eine sichere Trennung der Pole, insbesondere der Lichtbögenräume, so daß trotz des wesentlich geringeren Polabstandes Überschläge infolge von Lichtbogengasen vollständig vermieden werden. Die Lichtbogenlöschung und -Entwicklung erfolgt lediglich innerhalb der Isolierstoffgehäuse, ein zusätzlicher Raum oberhalb der Geräte erübrigt sich. Das Bauvolumen ging unter diesen Umständen auf mehr als die Hälfte zurück. Von dem Einbau in die beiden Isolierstoffhüllen, Grundkasten und Deckel sind lediglich die Anschlüsse ausgenommen. Sie haben zunächst nur die Schutzart IP 00. Alle übrigen Konstruktionselemente werden von dem Gehäuse umschlossen und geschützt. Der Einbau von Zusatzelementen kann zwar nicht in der gleichen Freizügigkeit erfolgen wie bei dem Einbau in einem Sammelgehäuse. Es können aber alle bei Leistungsschaltern übliche Elemente ein- oder angebaut werden wie bei den Geräten klassischer Bauart. Die Geräte sind in dieser Ausführung sehr kompakt und ökonomisch aufgebaut und stellen eine bevorzugte Form für die industrielle Kraftverteilung auf dem Niederspannungsgebiet und als Hauptschalter für Arbeitsmaschinen und Steuerungen dar. Die Einstellung der Auslöser ist weitgehend von außen ohne Öffnung der Geräte möglich und für alle Pole gemeinsam. Beim Einbau der Geräte in eine Anlage ist also kein Grund vorhanden, sie zu öffnen. Während man die Geräte zur Zeit ihrer Entwicklung mehr auf die Randgebiete einer Energieverteilung verwies, haben sie sich mittlerweile ein großes Einsatzgebiet erobert. Die Bauart hat sich weitgehend durchgesetzt und dabei den beherrschbaren Strombereich erheblich nach oben vergrößert. Die Obergrenze liegt heute etwa bei 2000 A Nennstrom und einem Ausschaltvermögen von 40 bis 50 kA. Dabei ist wichtig, daß im Gegensatz zu den USA in Deutschland die Ansprüche an die Geräte bezügl. der Schaltvermögensprüfung und der danach noch verbleibenden Einsatzmöglichkeit in keiner Weise vermindert wurden. Über Geräte in Kompaktbauweise s. u. a. GERDESSEN, HADDOCK, REISS (2), STUTZ (1). Eine Konstruktion dieser Art s. Abb. 103.

Die Handhabe nimmt bei selbsttätiger Auslösung eine Zwischenstellung ein, so daß die durch Überstrom herbeigeführte Ausschaltlage erkennbar ist. Das Gerät ist durchsichtig abgedeckt. Die Klemmen können Zusatzabdeckungen erhalten. Etwaige Kapselung erfolgt ebenfalls durchsichtig und in Schutzisolierung vollständig geschlossen. Die Antriebsmittel sind selbstverständlich auch aus Isolierstoff. Der Kontaktapparat ist ein- oder mehrstufig. Über den Lichtbogenräumen befinden sich oft Entlüftungsöffnungen, die durch Drahtgitter abgedeckt sind. Dadurch sind auch die Netzanschlußklemmen gegen Lichtbögen geschützt. Beim Aufbau der Geräte wird weitgehend das „Bausteinprinzip" (s. S. 156) angewandt.

Ein großes Schaltvermögen wird auf kleinem Raum beherrscht. Die Bedienungssicherheit ist groß und die Ein- und Ausschaltgeschwindigkeit

durch Schnelleinschaltung vom Bedienenden unabhängig. Bei Kontakt-
vorrichtungen mit durchsichtiger Abdeckung ist eine Sichtkontrolle von
außen ohne Abnehmen des Deckels möglich. Aus einer etwaigen Schwär-

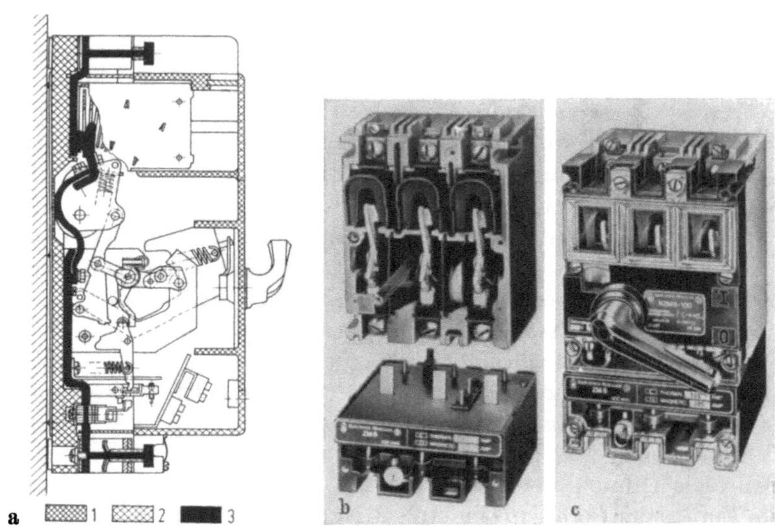

Abb. 103. Drehstrom-Leistungsschalter in Kompaktbauweise, 500 V, 200 A, Nennschaltvermögen 10 kA,
cos φ = 0,5

a) Schnittbild, *1* Isolierstoff, *2* desgl. durchsichtig,
3 Strombahn; b) Gerät und Auslöserblock ohne
Abdeckung; c) zusammengebaut, und abgedeckt
nur Anschlußklemmen frei; d) in Schutzgehäuse
eingebaut — schutzisoliert (Klöckner-Moeller)

zung dieser Sichtstellen kann auf die Kurzschlußbeanspruchung rück-
geschlossen werden. Ein solcher Überzug ist leicht abzuwischen. Die
Schalter können fast lückenlos nebeneinandergesetzt werden. Das ist sowohl beim Einbau der Geräte in Schaltanlagen als auch in Gehäusen von

Vorteil. Die Auslöseelemente sind meistens in einem besonderen, austauschbaren Schalterblock (s. Abb. 82, S. 134) zusammengefaßt.

Die Frage, ob es bei Geräten in *Kompaktbauweise* im Verhältnis zu den herkömmlichen klassischen Lösungen eine *Grenze* gibt, oberhalb derer die Lösung nicht mehr am Platze ist, wird von AVRAMESCU behandelt. Seine Ansicht geht dahin, daß in Zukunft der Konstruktion in plastischen Massen der Vorzug zu geben sei, insbesondere weil beim Vergleich der Nennstromwerte und des Schaltvermögens bei den besten Geräten verschiedenster Ausführung, bezogen auf die Volumeneinheit bei Selbstschaltern mit Gehäusen aus plastischen Massen bei gleichem Volumen der Nennstrom und das Ausschaltvermögen mehr als zweimal so groß seien wie bei den Universalgeräten herkömmlicher Bauart. Der Einwand von STUTZ (3), daß die Stromtragfähigkeit der Kompaktschalter nicht ausreicht, um im Zuge selektiver Staffelung, s. S. 165, den Kurzschlußstrom längere Zeit zu führen, ist mittlerweile durch die Entwicklung widerlegt, und zwar in erster Linie durch die Einführung sehr kleiner Staffelzeiten, z. B. 60 msec. Auch bei größeren Nennstromstärken sind Preßstoffkonstruktionen vorherrschend. Nur Geräte mit wirklich großen Nennströmen werden wegen der geringen Stückzahl, z. Zt. ausschließlich auf einer Stahlrahmenkonstruktion aufgebaut.

Geräte für *Gleichstrom* haben heute weitgehend die gleichen Bauelemente wie Drehstromgeräte. Sie werden 1-, 2- und 3polig ausgeführt. Das Nennausschaltvermögen für 1polige Geräte ist naturgemäß erheblich niedriger als das für 2polige. Hohe Ansprüche an das Schaltvermögen, wie sie namentlich durch große Zeitkonstanten der Gleichstromkreise gegeben sind, können u. U. durch Hintereinanderschaltung mehrerer Pole gelöst werden, s. Abb. 104. Hierbei ist die Frage, ob einzelne Netzpole geerdet sind oder nicht, wesentlich. So z. B. geht das Schaltvermögen der Anordnung b_3 gegenüber dem der Anordnung b_2 zurück, bei der Anordnung c_2 gegenüber b_2 sogar noch stärker. Bei Spannungen über 440 oder 500 V ist bei 1poliger betriebsmäßiger Erdung sehr häufig ein isolierter Aufbau der Geräte notwendig. Bei noch höheren Spannungen, z. B. im Bahnbetrieb über 800 V wird auch noch eine erhöhte Isolation der Anbauteile wie Hilfsschalter, Antriebsorgane und dgl. gefordert, wobei auch die zu erwartenden Überspannungen zu beachten sind. Sie entstehen besonders in stark induktiven Stromkreisen durch Gegenstrombremsung oder Überlagerung von Wechselspannung bei Störungen im Gleichrichterbetrieb. Selbstschalter für Gleichstrom, vor allen Dingen, wenn es sich um höhere Spannungen, also für 800 bis 3 000 V im Hebezeug- und Bahnbetrieb handelt, stellen nur einen verhältnismäßig kleinen Teil des Gesamtbedarfs dar. Deshalb bemüht man sich um eine möglichst weitgehende Anlehnung an Industriekonstruktionen, damit bewährte Bauteile aus deren Fertigung übernommen werden können. Im übrigen benutzt man im Gleichstromnetz mit Vorteil die heute vorwiegend ohnehin vorhandenen als periodische Schaltgeräte wirkenden Stromrichter. Diese müssen aber schließlich selbst geschützt werden und stellen sogar hohe Ansprüche an das Schutzmittel, s. S. 267. Das Schaltvermögen von Gleichstrom-Selbstschaltern wird nach VDE 0660 für bestimmte Zeitkonstanten angegeben. Im praktischen Betrieb müssen die Schalter aber Kurzschlußströme der unterschiedlichsten Zeitkonstanten beherrschen können, z. B. wächst in Gleichstrom-Bahnanlagen die Stromkreis-In-

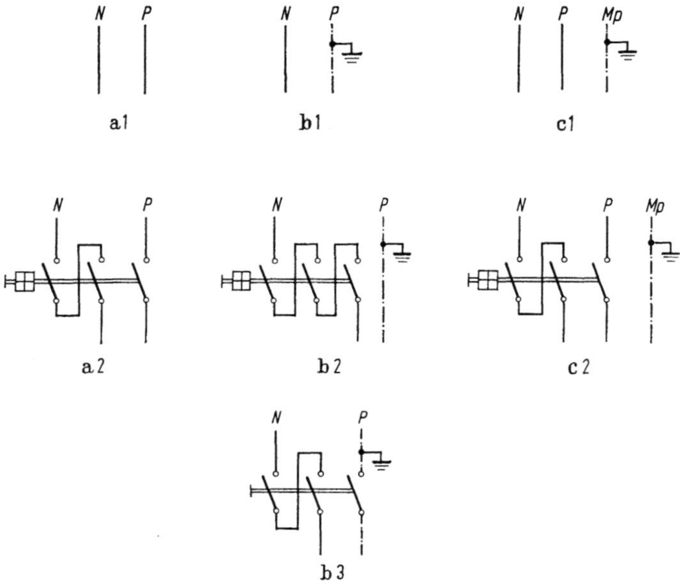

Abb. 104. Verwendung dreipoliger Leistungsschalter bei Gleichstrom (Erläuterung im Text)

duktivität mit wachsender Leitungslänge. Ganz roh gerechnet kann man sagen, daß das Schaltvermögen bei doppelter Zeitkonstante etwa auf die Hälfte zurückgeht, s. SCHMELCHER (4).

Die *Ölselbstschalter* spielen zahlenmäßig bei den Leistungsschaltern keine große Rolle mehr. Ihr Einsatz wird immer noch da von Vorteil sein, wo ein Mindestmaß an Wartung und ein Höchstmaß von Betriebssicherheit gefordert wird. Die Verhältnisse werden dadurch so außerordentlich günstig, daß alle bewegten Teile durch die Ölfüllung fortdauernd geschmiert werden und auch die unbewegten, z. B. deren Kriechstrecken durch das bewegte Öl, sauber gehalten werden. Geräte für Gleichstrom werden nicht mehr mit Ölfüllung gebaut. Hier ist die Verrußungsgefahr nicht von der Hand zu weisen. Ein weiterer Vorzug ölgefüllter Geräte besteht in dem besseren Wärmeausgleich. Die Schaltstücke weisen praktisch, auch wenn sie nicht aus Edelmetall bestehen, keine Oxydation auf, da ihnen das Öl nur bescheidene Sauerstoffmengen zuführen kann. Bei Öl kann nur eine Verschlechterung auftreten, wenn es verseift. Insbesondere an Kupferschaltstücken können sich zähe, feste Ausscheidungen bilden. Um das zu vermeiden, ist es notwendig, die Temperaturen niedrig zu halten. Ein besonders vorteilhaftes Anwendungsgebiet finden Ölgeräte außerdem bei aggressiven Einflüssen der Atmosphäre, z. B. in chemischen Fabriken. Diese Aufgabe läßt sich aber heute im wesentlichen durch die Verwendung von Geräten in Luft bei entsprechend hoher Schutzart (s. S. 150) erfüllen. Der Ausschaltvorgang geht unter Öl verhältnismäßig leicht vonstatten, denn die Lichtbogenspannung ist bei gleicher Bogenlänge wesentlich höher als in Luft. Das ist bedingt durch die Abspaltung von Wasserstoff, der seinerseits eine erheblich höhere Wärmeaufnahmefähigkeit besitzt und die Schaltstücke und dementsprechend auch den Lichtbogen stark abkühlt. Auch der Druck in der Gasblase trägt noch wesentlich zum schnellen Anstieg der Lichtbogenspannung bei. Die Löscheinrichtungen fallen deshalb unter Öl im Verhältnis zu denen in Luft viel kleiner aus. Die Ausschaltung unter Öl bringt die Gefahr mit sich, daß die Lichtbogenspannung auf so hohe Werte ansteigt, daß die Isolationsfestigkeit der Geräte und Anlagen überschritten wird. Unzulässig hohe Werte der Lichtbogenspannung vermeidet man durch den Einbau von Begrenzungsblechen, zwischen denen dann der Lichtbogen zu den Schaltstücken hin brennt, s. BRÜCKNER (3).

Leistungsschalter für hohe Nennstromstärken werden durch Parallelschaltung mehrerer Teilelemente für geringere Ströme aufgebaut, z. B. aus einzelnen Elementen für je 1000 A, s. Abb. 105 b. Zur Erzielung einer guten Parallelschaltung werden dabei — um einen ungünstigen Einfluß der veränderlichen Kontaktübergangs-Widerstände auszuschalten — die Zuleitungen auf einer bestimmten Strecke von z. B. 1 m getrennt geführt: Stabilisierungsleitungen. Der Einbau der Auslöser kann unterschiedlich durchgeführt werden, entweder ein gemeinsamer Schnellauslöser in jedem Pol oder einer in jedem Teilelement, die dann z. B. bei Zweifachparallelschaltung einzeln auf den halben Einstellstrom des gesamten Gerätes eingestellt werden müssen, thermische Auslösung über Stromwandler, ebenfalls zweifach in jedem Schalterpol. Die Sekundärwicklungen werden dabei parallel geschaltet. Direkt wirkende Wärmeauslöser sind wegen der Anforderungen an Genauigkeit und Trägheit nicht gebräuchlich, s. a. REISS (1). Man faßt aber auch zwei Schalter der halben Stromstärke zusammen, baut z. B. ein solches Gerät für 1 800 A aus zweien für 1000 A nach Abb. 105 a. Auch dabei ist für Stabilisierungsleitungen zu sorgen. Die Zuleitungen zu den einzelnen Teilschaltern müssen auch gleichen Widerstand haben. Das Nennschaltvermögen der Einzelgeräte wird

11*

auf diese Weise jedoch nicht erhöht. Bei den Teilgeräten sind Antriebs-
und Auslösesysteme mechanisch miteinander gekuppelt. Dadurch ist gemeinsame Ein- und Ausschaltung sowie absolut gleichzeitige Auslösung
beim Ansprechen der Überstromauslöser gewährleistet. Bei Geräten
hoher Stromstärken, z. B. 8000 A und mehr, werden auch die beiden Teil-
schalter parallel auf gemeinsamem ortsfesten oder ausfahrbarem Eisen-
gerüst zusammengebaut, dabei arbeiten sie mit entgegengesetzter Schalt-
richtung zusammen. Geräte für hohe Stromstärken lassen sich schlecht
mit Handrad und Übersetzung bedienen. In Betracht kommen Kraft-

Abb. 105. Geräte für hohe Stromstärken

a) 2 dreipolige Geräte für je 1000 A gekuppelt $I_N = 1800$ A, 500 V $\sim$ (Klöckner-Moeller), b) Gerät
mit 6 Strombahnen für je 2000 A bis 1000 V $\sim$, 3polig, für $I_N = 4000$ A (Siemens)

antriebe. Mit ihnen ist o. w. die bei hohen Kurzschlußströmen erforderliche Schnelleinschaltung verbunden. Ein Handantrieb sollte nur als Notschalteinrichtung vorhanden sein.

6.2 Selektivschalter

Beim Auftreten von Kurzschlußströmen in einer Energieverteilungsanlage soll jeweils nur der fehlerhafte Netzteil, und zwar möglichst nahe der Fehlerstelle abgeschaltet werden. Man spricht dann von „selektiver Staffelung". Von ihr hängt in modernen Betrieben die Kontinuität der Produktion ab. Sie erstreckt sich aber nicht nur auf den Fall der Kurzschlußströme, sondern gilt auch für das Gebiet der Überlastungen. Die hierfür verwandten Geräte entsprechen den Auslöseschaltern, jedoch werden für den Kurzschlußschutz kurzverzögerte Auslöser (s. S. 119) verwandt. Bei der Festlegung der Verzögerungszeiten müssen selbstverständlich die zulässigen Belastungen der Sammelschienen, Leitungen usw. berücksichtigt werden. Auch müssen die Schalter selbst den Kurzschlußstrom für die Dauer der Verzögerungszeit führen können. In dieser Zeit sollen sich auch die Schaltstücke nicht selbsttätig öffnen, sondern bis zum vollen Schaltvermögen dynamisch fest sein. Für die selektive Staffelung der Überstromelemente ist es erforderlich, daß sich die Zeit-Strom-Charakteristiken, d. h. die „Kennlinien" nicht überschneiden, oder anders ausgedrückt, daß die gesamte Ausschaltzeit nachgeordneter Schaltorgane kürzer ist als die Befehls-Mindestdauer der vorgeschalteten, s. Abb. 106.

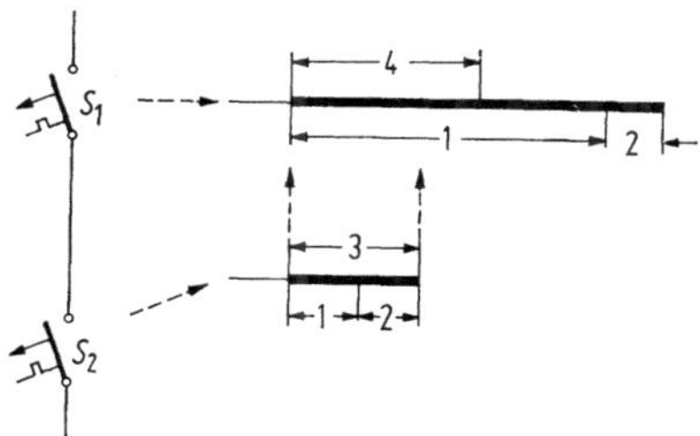

Abb. 106. Bedingung für die Selektivität zweier hintereinander geschalteter Selbstschalter

1 Ausschaltverzug, *2* Lichtbogendauer, *3* Gesamtausschaltzeit, *4* Befehlsmindestdauer

Abb. 107. Einfluß der Vorbelastung auf die Selektivität zweier Schalter im Überlastbereich

1 I_N = 1250 A, *2* I_N = 400 A, *1'* nach Nennstromvorbelastung

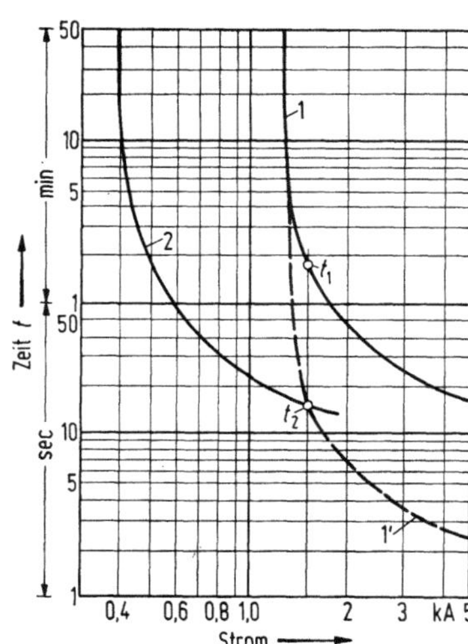

Der nächstliegende Gedanke ist, davon auszugehen, daß die Kurzschlußauslöser vom Verbraucher zum Transformator hin mit Rücksicht auf die Stromdämpfung in Kabeln und Leitungen auf jeweils höhere Stromwerte eingestellt sind, so daß die übergeordneten Schalter bei einem Kurzschluß in einem Abzweig nicht mehr auslösen. Man spricht dann von „*Strom-Selektivität*", s. TREPTOW (2) und SCHMELCHER (2). Im *Überlastbereich* liegen die Verhältnisse noch einigermaßen einfach. Es dreht sich hier in erster Linie um die thermischen Auslöseelemente, bei denen die Auslösekurven, gestaffelt nach verschiedenen Nennstromstärken, bzw. Einstellwerten im allgemeinen einen ausreichenden Abstand aufweisen, so daß man damit rechnen kann, daß dem zuerst ansprechenden Schalter kein weiterer mehr folgt. Im Gegensatz zu den Schmelzsicherungen verändern sich die Kennlinien, z. B. von Bimetallauslösern während des Betriebes nicht. Diese werden schon bei der Fertigung gealtert und damit eine mögliche Änderung vorweggenommen. Bei Leistungsschaltern unterschiedlicher Nennstromstärke muß man aber eine Voraussetzung machen, die oft nicht gegeben ist. Selektivität setzt nämlich voraus, daß die hintereinander geschalteten thermischen Auslöser vom gleichen relativen Erwärmungszustand ausgehen, d. h. ihre Vorbelastung dem gleichen v. H.-Satz des Einstellstromes entspricht. Da es sich bei Hintereinanderschaltung praktisch immer um Stromverzweigungen handelt, so haben die Abgangsschalter zwar einen kleineren Nenn- bzw. Einstellstrom als das vorgeschaltete Gerät. Trotzdem kann aber beim Auftreten der Überlastung das vorgeschaltete Gerät schon einige Zeit annähernd voll ausgelastet sein, das nachgeschaltete nicht. Ein Vergleich solcher Auslösekennlinien (s. Abb. 107) zeigt, daß bei dem Strom, bei dem die Auslösung des nachgeordneten Schalters einsetzt, die Auslösezeit des Überstromauslösers am vorgeschalteten Gerät durch die Vorbelastung so weit gesunken sein kann, daß es zur Vorauslösung kommt. Die höchst mögliche Differenz ist schwer anzugeben, da die thermischen Elemente ein relativ breites Streuband von 105 bis 120 v. H. des Einstellstromes aufweisen. Roh gerechnet kann man eine Zeit von 15 v. H. derjenigen bei Auslösung aus dem Kaltzustand heraus annehmen. Das heißt bei den Kennlinien darf die Differenz zwischen den Zeiten t_1 und t_2 nicht unter 15 v. H. des Wertes t_1 zurückgehen. Es lassen sich auf diese Weise Tafeln für Grenzeinstellwerte bei selektiver Staffelung zweier in Reihe liegender Überstromauslöser aufstellen, s. VOIGTLÄNDER (2). Derartige Vorbelastungszeiten spielen natürlich auch bei Sicherungen eine Rolle.

Die Dinge ändern sich, sobald man in das Gebiet der *zugehörigen Schnellauslöser* kommt. Die Unterschiede in den Ansprechzeiten normaler elektromagnetischer Schnellauslöser sind viel zu gering. Es handelt sich höchstens um einige msec. Sie sind zwar im Gegensatz zu denen der Sicherungen, bei denen die Schmelzzeit mit steigendem Strom noch sinkt, praktisch konstant. Hinzu kommen Streuungen beim gleichen Schaltertyp. Auch von der Temperatur ist die Ansprechzeit praktisch unabhängig. Liegen aber in einem Leitungszug zwischen Umspanner und Verbraucher mehrere Schalter bzw. Sicherungen in Reihe, z. B. wenn sich Querschnitte ändern oder Unterverteilungen vorhanden sind, so werden alle in ihm liegenden Schutzeinrichtungen von dem gleichen Kurzschlußstrom durchflossen. Wenn nicht Schutzorgane durch unterschiedliche Auslösezeiten zur bevorzugten Auslösung an einer bestimmten Stelle führen, könnte die Leitung an den verschiedensten Stellen unterbrochen werden. Bei nicht ordnungsgemäßer Durchbildung des Systems kann es dazu kommen, daß auch ungestörte Leitungen unnötigerweise ausgeschaltet werden. Die Kurzschlußströme, bis zu denen Stromselektivität gegeben ist — d. h. das vorgeschaltete Gerät nicht anspricht — hängen von der Nennstromstärke, den Modelleigenschaften und den Ansprechwerten der Kurzschlußauslöser ab, Beispiele s. TREPTOW (3, Tab. 2). Der Staffelschutz durch unterschiedliche Wahl nicht besonders verzögerter Überstromauslöser hinsichtlich ihrer Auslösestromstärken ist nur möglich, wenn die Geräte mit großem räumlichem Abstand für entsprechend sehr verschiedene Kurzschlußströme auszuwählen sind. Das ist nicht der Fall, wenn sich Einspeisungs- und Abgangsschalter unmittelbar in einer Niederspannungsverteilung befinden. Weitere Schwierigkeiten bei dem Versuch, die Selektivität durch Staffelung der Ansprechströme zu erreichen, bereitet der Umstand, daß nicht nur der größte dreipolige Kurzschlußstrom zu berücksichtigen wäre, sondern auch die zwei- oder einpoligen Kurzschlußströme, und zwar die kleinst-möglichen. Aus diesen Gründen ist also eine selektive Staffelung über den gesamten in Betracht kommenden Kurzschlußstrombereich durch Staffelung der Ansprechströme nicht zu erzielen. Das zwingt dazu, die selektive Staffelung durch eine zeitlich gestaffelte Verzögerung der einzelnen Leistungsschalter zu erreichen. Man spricht dann von *„Zeit-Selektivität"*. Es sind also vom Verbraucher zum Einspeispunkt hin immer größere Verzögerungszeiten notwendig, s. Abb. 108. Die Kurzschlußselektivität ist ohne Anwendung zusätzlicher Mittel nicht im vollen Umfange durchführbar. Dabei ist auch eine Rücksichtnahme auf die Schutzeinrichtungen auf der Hochspannungsseite der Transformatoren erforderlich. Es sollen möglichst mehr als zwei Schalter in Reihe selektiv betätigt werden können. Für die Zeitstaffelung müssen im Kurzschlußgebiet die Gesamt-Verzugszeiten über ihren Eigenwert hinaus zusätzlich um kurze Zeiten vergrößert werden. Der Zeitunterschied von Gerät zu Gerät ist dann die *„Staffelzeit"* t_{st}, s. Abb. 108.

Dabei muß an der *Stelle des höchstmöglichen Kurzschlußstromes* dem Selbstschalter zwangsläufig die größte Verzögerungszeit zugeordnet werden. Um die thermische Beanspruchung der Anlage auf einem möglichst niedrigen Wert zu halten, erhält dieser Schalter mit Vorteil außer einem kurzverzögerten *zusätzlich einen nicht verzögerten Schnellauslöser.* Sein Ansprechstrom soll so hoch sein, daß er nur bei unmittelbarem sattem Kurzschluß in dem Netzabschnitt, der dem Gerät nachgeordnet ist, anspricht, aber sonst keineswegs die Selektivität stört. Auf der anderen Seite ist darauf zu achten, daß bei einer kurzen Gesamt-Ausschaltzeit

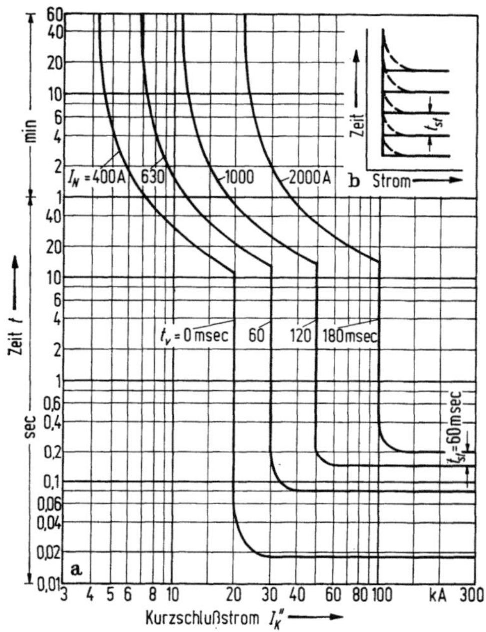

Abb. 108. Kennlinien selektiver Auslöser,
b mit linearem Zeitmaßstab, t_{st} Staffelzeit

des Hochspannungsschalters die Niederspannungsgeräte für kurze Staffelzeiten eingerichtet sein müssen. Die Staffelung soll auch möglichst eng sein, um allzu schwere Auswirkungen bei einem unmittelbar hinter einem der Schutzorgane auftretenden Fehler zu vermeiden. Ferner ist bei der Wahl der Staffelzeiten zu beachten, daß die Öffnungsbewegung der Schalter nicht mehr aufgehalten werden kann, sobald der Auslöser die Entklinkung des Schaltschlosses eingeleitet hat. Diese Staffelzeit braucht mithin einen Zuschlag zu der Summe aus Eigenzeit und Lichtbogenzeit. Weitgehende Senkungen der genannten Zeitsumme, z. B. auf 20 bis 30 msec (Klöckner-Moeller) erlaubt starke Verkürzungen der Staffelzeiten. Sie bewegen sich zwischen 60 und 150 msec, s. a. FLOERKE und

WIERNY. Mit der angegebenen kleinsten Staffelzeit von 60 msec wird die Beanspruchung der Anlage im Kurzschlußfalle außerordentlich vermindert. Es braucht bei 4 Stufen der letzte Schalter nur 180 msec zuzüglich seiner Eigenzeit, also insgesamt etwa 200 msec (Klöckner-Moeller). Staffelzeiten in dieser Höhe entsprechen den Werten, die von den EVUs im allgemeinen für die Niederspannungsseite zur Verfügung gestellt

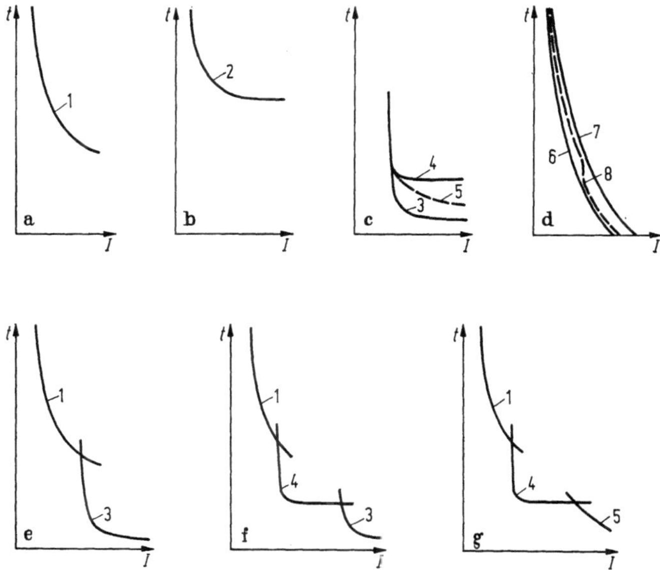

Abb. 109. Grundcharakteristiken des Staffelschutzes

1 stromabhängig (thermisch) verzögerter Überstromauslöser, *2* desgl. stromunabhängig verzögerter, *3* unverzögerter, *4* kurzverzögerter, *5* stromabhängig kurzverzögerter Schnellauslöser, *6* flinke, *7* träge, *8* träg-flinke Sicherung

werden. Mit Hilfe der Elektronik war es möglich, sichere Verzögerungselemente für so kurze Staffelzeiten mit großer Genauigkeit zu entwickeln. Die zusätzlichen Mittel für die Verzögerung s. S. 122. Für den Aufbau derartiger Elemente ist es wichtig, daß sie nachprüfbar sind, ohne daß der Schalter ausschaltet, s. Abb. 73, S. 124, Prüftaster *8*. Mechanische Elemente, z. B. Uhrwerke, erlauben eine Nachprüfung in dieser Form nicht.

Der heutige Stand der Schutzorgantechnik ermöglicht mit diesen Mitteln im Strahlennetz eine Zeitselektivität mit Auslösern entsprechend den Teilbildern der Abb. 109. Maßgebend sind die unterschiedlichen Kennlinien. Sie gehen von der meist thermisch verzögerten Überstromauslösung, die stromabhängig für den Überlastungsschutz wirkt, aus. Dann folgen für den Kurzschlußschutz unverzögerte oder kurzverzögerte Auslöser und u. U. Schmelzsicherungen mit den verschiedenen Charakteristiken. Die Teilbilder e, f, g zeigen Kombinationen der thermischen

Verzögerung mit den unverzögerten und kurzverzögerten Schnellauslösern, stromabhängig und -unabhängig.

Abb. 110 gibt ein Beispiel, in dem zur Schonung der Anlage der Transformatorenschalter außer einem kurzverzögerten Auslöser noch einen unverzögerten besitzt, der bei einem Kurzschluß vor dem Verteilerschalter sofort anspricht. Der Kurzschlußstrom des Motorschalters ist durch die Netzverhältnisse auf 5 kA beschränkt.

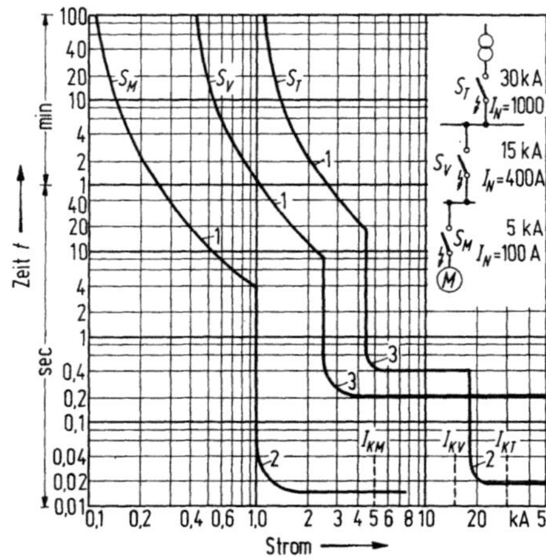

Abb. 110. Staffelschutz; Motorschalter (S_M) mit unverzögerter Schnellauslösung, Transformator- (S_T) und Verteilerschalter (S_V) mit kurzverzögerter, S_T auch mit unverzögerter Schnellauslösung

1 thermische, *2* unverzögerte magnetische, *3* kurzverzögerte magnetische Auslöser

Er wirkt mit unverzögerter Schnellauslösung, dagegen haben die übrigen Geräte kurzverzögerte Elemente. Bei einem Kurzschluß oder bei Überlast hinter dem Motorschalter S_M wird weder der Transformatorschalter S_T noch der Verteilerschalter S_V ausschalten. Bei Ringleitungen und bei Maschennetzen liegen die Verhältnisse schwieriger, s. S. 227 u. 263.

Der Ansprechstrom der Bimetall- und Kurzschlußauslöser wird normal gewählt. Dabei können die Kurzschluß-Ansprechströme so tief wie möglich liegen, und man erfaßt auch kleinere Kurzschlußströme, wie sie in der Praxis am häufigsten sind, relativ schnell. Über die Kurzschlußselektivität s. a. PFEIFFER und REISS (1), WIERNY (3), ferner TREPTOW (1).

Bei Selektivitätsüberlegungen sind noch grundsätzlich die *Toleranzen der Einstellwerte* und der Kennlinien einzukalkulieren. Auch ist darauf zu achten, daß die thermischen Auslöser der verschiedenen Stufen nicht unbedingt alle der gleichen Umgebungstemperatur ausgesetzt werden. Durch Raumtemperatur-Kompensation bleiben jedoch die äußeren Einflüsse praktisch ohne Wirkung auf die Auslösezeiten der thermischen Auslöser. Der lediglich mit Selbstschaltern durchgeführte Staffelschutz bleibt im Überstrom- und Kurzschlußbereich auch nach einem Kurzschluß erhalten, weil im Gegensatz zur Schmelzsicherung der Kurzschlußstrom die Auslösecharakteristiken nicht verändert.

6.2.1 Die Spannung bei der Selektivitätsfrage

Wünschenswert wäre es, wenn die Geräte auf die im Kurzschlußfall zur Kurzschlußstelle hin abfallende Spannung (s. Abb. 111) gar nicht reagierten. Bei der Behandlung dieser Frage spricht man oft von „Spannungsselektivität". In Wirklichkeit geht es aber darum, darauf zu achten, daß spannungsmessende Auslöseorgane oder z. B. auch Betriebsschalter mit Spannungsrückgangs-Auslösung wie Schütze, das Programm nicht stören oder gar unwirksam machen. Bei einem Ausläuferschalter ohne besondere Verzögerung wird es im allgemeinen nicht dazu kommen, daß die Schütze anderer Kreise öffnen, ehe der Schalter ausgeschaltet hat, denn auch bei Spannungsrückgang auf sehr niedrige Werte ist noch ein beachtlicher Ausschaltverzug vorhanden. Er hängt von der Modellgröße, d. h. der zulässigen Motorleistung ab und liegt bei Schützen für 10 kW bei etwa 5 bis 15 ms, dann ansteigend bei Geräten für 100 kW Motorleistung auf etwa 15 bis 40 msec. Bei unverzögerten Nullspannungsauslösern ist die Ausschaltung eher möglich, sie sollen bei einem Spannungsrückgang auf 35 v. H. unter allen Umständen ansprechen. Solche Werte werden schnell erreicht, denn es handelt sich bei den Kurzschlüssen weitgehend um solche über Lichtbögen. Wenn diese z. B. einen Spannungsabfall in der Größenordnung von 100 V haben, dann ist bei einer Netzspannung von 380 V die Spannung an der Fehler-

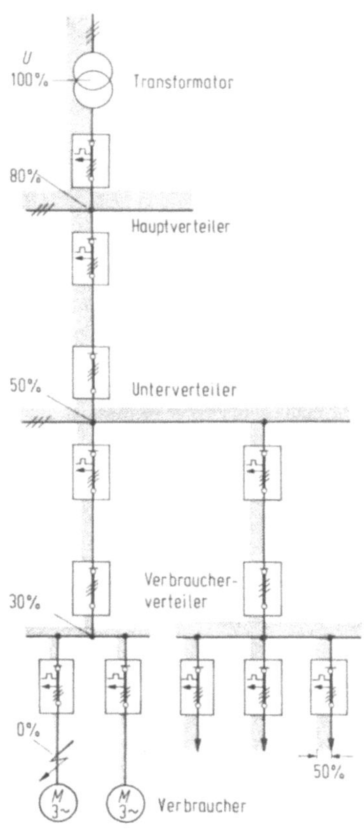

Abb. 111. Beispiel für den Spannungseinbruch bei einem Kurzschluß im Strahlennetz

stelle noch etwa 25 bis 30 v. H. der Sternspannung. Handelt es sich aber nicht um den Ausläuferschalter, sondern um einen näher zur Stromquelle hin liegenden Schutzschalter, hinter dem der Kurzschluß aufgetreten ist, dann muß man mit der durch die Selektivität bedingten Verzögerung rechnen. Liegt sie z. B. bei etwa 100 msec, dann ist die Wahrscheinlichkeit vorhanden, daß mittlerweile alle Schütze und auch sonstige Geräte mit

Unterspannungsauslösern abfallen, denn der Kurzschlußstrom steht während dieser Zeit an, und damit dauert auch der Spannungszusammenbruch so lange. Will man also den Abfall von Schutzschaltern und Schützen verhüten, dann müssen sie mindestens die gleiche Verzögerungszeit aufweisen wie der Leistungsschalter, d. h. etwaige Nullspannungsauslöser bei Selektivschaltern müssen solche mit Verzögerung sein. Man beschränkt deshalb bei Leistungsschaltern deren Einsatz auf die Fälle, in denen Sicherheitsanforderungen wichtiger sind als die Selektivitätsanforderungen, z. B. auf die Maschineneinspeisungen, und vermeidet sie möglichst im Energieverteilungsnetz. Zur Fernausschaltung werden dann Arbeitsstromauslöser (s. S. 138) verwandt. Für die Unterspannungsauslöser und Schütze genügt eine Verzögerungszeit von etwa 1 sec. Leistungsschalter mit verzögerter Nullspannungsauslösung s. S. 135, Luftschütze mit Ausschaltverzögerung s. FRANKEN (9, S. 146) und SCHMELCHER (5).

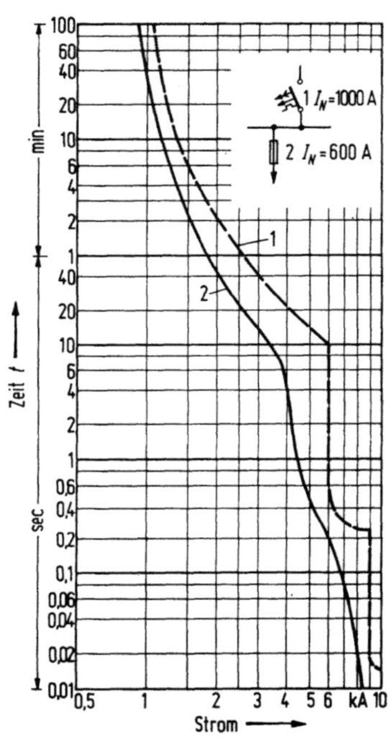

Abb. 112 Selektivität zwischen einem 1000 A-Leistungsschalter (*1*) mit thermischer, kurz- und unverzögerter magnetischer Auslösung und einer 600 A NH-Sicherung träg-flink (*2*)

6.2.2 Selektivität bei Kombinationen mit Sicherungen

Bei der Selektivität von Leistungs-Selbstschaltern und Schmelzsicherungen müssen zwei Fälle unterschieden werden. Wenn die Schmelzsicherungen dem Leistungsschalter *nachgeschaltet* sind, haben sie meistens einen wesentlich kleineren Nennstrom als der Schalter. Die Gesamt-Ausschaltzeit der Sicherungen, also Schmelzzeit + Lichtbogendauer, muß kleiner sein als die Befehlsmindestdauer des Leistungs-Selbstschalters. Selektivität ist auch gegeben, wenn der Ansprechstrom des Kurzschluß-Schnellauslösers infolge Strombegrenzung durch die Sicherung nicht erreicht wird. Ein Beispiel für ein Selektivitäts-Diagramm zwischen nachgeschalteter Sicherung und einem Leistungsschalter s. Abb. 112. Daraus erkennt man, daß mit der kombinierten Auslösung, z. B. eines Transformatorenschalters entsprechend Abb. 110 ST eine Charakteristik erzielt werden kann, die noch über der einer Sicherung von etwa halber Nennstromstärke des Schalters liegt. Mit einer dreistufigen Auslösung läßt sich fast die Sicherungskennlinie ohne Vorbelastung erreichen, d. h. der Schalter bleibt weitgehend eingeschaltet. Im unteren Strombereich kann die zusätzliche Anwendung thermischer Schutzrelais eine andere Beurteilung notwendig machen. In Abb. 113 sind die Auslösezeiten des thermischen Relais, z. B. eines nachgeschalteten Motorschutzschalters, schon kleiner als die der Sicherung. Anderenfalls würde im Überlastbereich die Sicherung u. U. eher abschmelzen als der Selbstschalter ausschaltet.

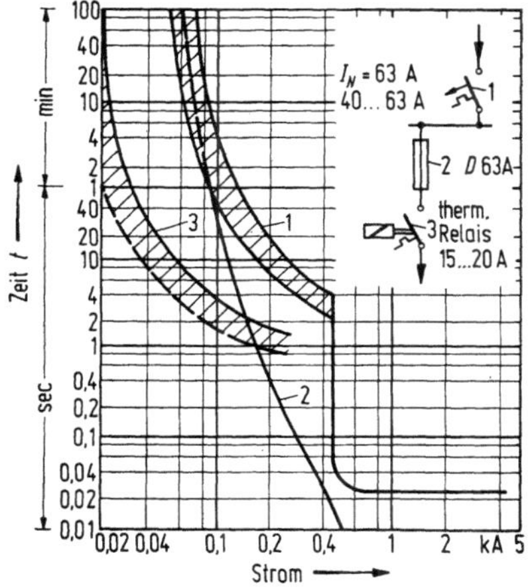

Abb. 113. Beispiel für die Selektivität zwischen einem Leistungsschalter (1) und einer nachgeschalteten Sicherung (2). Sie ist bei Überlast ohne Eingreifen des thermischen Motorschutzrelais (3) nicht mehr im ganzen Bereich selektiv, die Einstellungsbereiche sind schraffiert

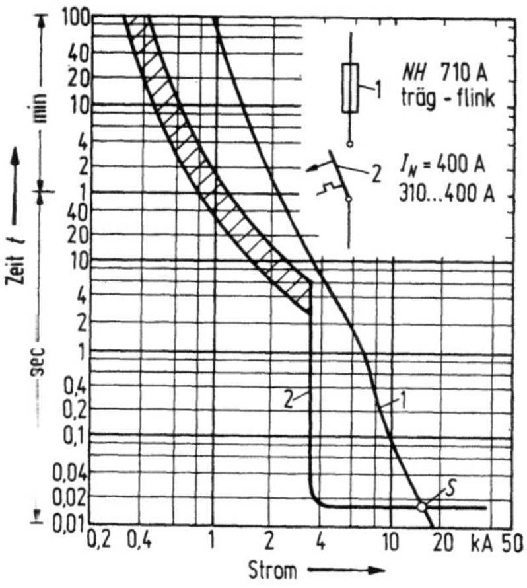

Abb. 114. Beispiel für die Selektivität einer einem Leistungsschalter vorgeschalteten Sicherung, die im Punkte S die Ausschaltung übernimmt

Wenn die Sicherung dem Schalter *vorgeschaltet* ist, dann soll sie der Erhöhung des Schaltvermögens der Kombination dienen und von einer bestimmten Stromstärke an die Selektivitätsbedingungen ablösen, also abschmelzen, ehe der Schalter ausschaltet, s. a. WIERNY (3). Bis zu diesem Punkte muß der Leistungsschalter allein die Ausschaltung übernehmen. Für die Kombination wird ein Ausschaltvermögen gleich dem der Sicherung angestrebt. Die Kennlinien von Sicherung und Leistungsschalter müssen im übrigen in ausreichendem Abstand voneinander bleiben, um sich erst im Bereich des Schaltvermögens des Leistungsschalters zu schneiden, s. Schnittpunkt S, Abb. 114. Unterhalb dieses Punktes werden die Kurzschlußströme von dem Schalter, oberhalb von der Vorschaltsicherung ausgeschaltet. Dabei ist es erwünscht, daß der Selbstschalter dann ebenfalls ausschaltet, damit die allpolige Trennung gewährleistet ist,

s. S. 42. Das setzt voraus, daß die Mindest-Kommandodauer des Leistungsschalters so klein ist, daß er auch bei Ansprechen der Vorschaltsicherung die Anlage allpolig vom Netz trennt. Häufig glaubt man, daß eine solche *Kombination* mit einer *NH-Sicherung* auch bei einem *Lastschalter* oder sogar noch einem Leerschalter möglich ist. Da der Leerschalter praktisch gar kein Schaltvermögen zu haben braucht, scheidet er grundsätzlich aus der Betrachtung aus. Für Lastschalter ist nach VDE 0660 der Nennausschaltstrom vom Hersteller anzugeben. Er liegt häufig nicht allzuviel über dem Nennstrom. Der untere Grenzstrom einer Sicherung gleichen Nennstromes ist aber etwa 1,3 mal Nennstrom. Dieser Strom darf während der Prüfzeit von 2 Stunden nicht zum Ausschalten führen. Er liegt damit über dem Schaltvermögen vieler Lastschalter gleichen Nennstromes und es besteht Gefahr für die Anlage und den Bedienenden, denn beim Überschreiten des Nennausschaltstromes ist der Schalter nicht mehr in der Lage, den Strom zu beherrschen. Die Sicherung braucht aber andererseits bei der verhältnismäßig geringen Stromüberhöhung noch einige Zeit, s. a. Abb. 149, S. 221. Die Verhältnisse werden natürlich erheblich besser bei einem Motorschalter, dessen Ausschaltvermögen nach VDE 0660 beim 6- bis 10fachen Nennstrom und niedrigem cos φ liegt. Erheblich schlechter ist die Kombination mit einer nennstromstärkeren Sicherung.

Die Voraussetzungen für die *Selektivität zweier Sicherungen untereinander* sind anderer Art. Es muß die Ausschaltzeit, also Schmelz- + Lichtbogenzeit der schwächeren Sicherung kürzer sein als die Schmelzzeit der vorgeschalteten. Den üblichen Unterlagen kann man zwar die Schmelzzeit entnehmen, dagegen nicht die Lichtbogendauer. Wenn es sich bei ihr auch nur um wenige ms handelt, so spielt sie dennoch bei den kurzen Schmelzzeiten für höhere Kurzschlußströme eine Rolle. Für die Selektivität erhält man meistens Tabellen, aus denen hervorgeht, bei welchen Kurzschlußströmen Sicherungen bestimmter Nennstromstärken selektiv zueinander arbeiten. Solche Selektivitätsüberlegungen setzen voraus, daß man Sicherungen gleichen Fabrikats, gleicher Type sowie gleicher Charakteristik verwendet und sie sich auch noch im Neuzustand befinden, weil Veränderungen am Schmelzleiter, z. B. seines Widerstandes und damit der Schmelzzeit auftreten, z. B. bei kurzzeitiger Belastung mit Überströmen, langer Betriebszeit mit Nennstrom und im Kurzschlußfalle, wenn andere Elemente den Kurzschlußstrom ausgeschaltet haben. Nach Kurzschlüssen wäre also eigentlich die Auswechselung auch der vorgeschalteten Sicherungen, die mit Rücksicht auf die Selektivität nicht angesprochen haben, notwendig. Die Selektivität zwischen 2 Sicherungen unterschiedlicher Nennstromstärke ist demnach nicht o. w. gegeben. Während der Löschzeit wird die vorgeschaltete Sicherung noch weiter aufgeheizt. Im Bereich höherer Kurzschlußströme ist deshalb bei Sicherungen benachbarter Nennstromstufen eine Kennlinienüberschneidung durchaus möglich. Selbstverständlich lassen sich hinter trägen Sicherungen flinke verwenden, jedoch muß bei trägen Sicherungen hinter flinken der Nennstromabstand schon recht beträchtlich sein. Im übrigen ist vorausgesetzt, daß die Sicherungen verschiedenen Nennstromes von gleichen Kurzschlußströmen durchflossen werden. Das ist im Strahlennetz der Fall, im Ringnetz und im Maschennetz gilt aber diese Voraussetzung nicht. Im Ringnetz werden Kurzschlußstellen von 2 Seiten eingespeist, so daß diese Teilstrecken auch nur von Teilströmen des Gesamt-Kurzschlußstromes durchflossen werden. Im Maschennetz (s. S. 225) wird die Selektivität durch die in ihrer Höhe unterschiedlichen Kurzschlußströme in den vom Knotenpunkt abzweigenden Kabeln erreicht. Maßgebend dafür ist das Verhältnis des größten Teilstromes, der auf den Knotenpunkt zufließt, zu dem Summenstrom in dem fehlerbehafteten Kabel. Als Richtwert für die Selektivität, d. h. das Verhältnis dieser beiden Ströme bei trägen NH-Sicherungen, kann 0,7:1 gelten.

6.3 Selbstschalter mit strombegrenzender Ausschaltcharakteristik (Schnellschalter — Begrenzungsschalter)

Der immer weiter steigende Energiebedarf zwingt zur Leistungskonzentration und macht die auf S. 26 genannten Mittel zur Begrenzung der Kurzschlußströme durch die Netzgestaltung immer weniger geeignet, das Anwachsen der Kurzschlußströme auf das gewünschte Maß zu vermindern. Diese Entwicklung droht auch dahin zu führen, daß bei den Schalterkonstruktionen das Verhältnis zwischen dem Schaltvermögen und dem Nennstrom wachsen muß und bei den Auslöseschaltern zu unwirtschaftlichen Geräten führt. Schon jetzt müssen sie aus diesem Grund oft bezüglich des Nennstromes stark überbemessen werden, s. BURKHARD (4). Deshalb hat das Bestreben, mit Leistungsschaltern nicht nur Kurzschlußströme auszuschalten, sondern auch deren volle Entwicklung zu verhüten, zu den Konstruktionen der „Schnell-" bzw. „Begrenzungsschalter" geführt. Die Betonung mit dem letzteren Begriff geschieht vor allem bei Wechselstrom. Hier ist die Stromspitzenminderung wesentlich. Schnellschalter wurden zunächst bis zu den höchsten Nennstromstärken vorwiegend bei Gleichstrom, insbesondere zum Schutz der Kollektoren und Gleichrichter, verwandt, jetzt aber auch weitgehend für Wechselstromkreise. Diese Lösungen führen verständlicherweise zu einer starken Einschränkung der thermischen und elektrodynamischen Belastung der vom Kurzschluß beeinflußten Anlageteile. Da beide Einflüsse mit dem Quadrat des Stromes steigen, so ist eine Stromherabsetzung um verhältnismäßig geringe Prozente schon von Bedeutung. Dadurch können die Abmessungen der aktiven Teile der Anlagen, Stromschienen, Kabel und dgl. kleiner gehalten werden als für den unbeeinflußten Kurzschlußstrom. Ohne den Einsatz derartiger Geräte würde man bei der immer noch ansteigenden Energiedichte und der damit einhergehenden Steigerung der Kurzschlußstromstärken in Gebiete kommen, in denen sich die Auswirkungen der Ströme beim Anlagebau nur noch schlecht beherrschen lassen. Das gilt z. B. für die heute noch seltenen Anlagen mit Kurzschlußströmen über 50 bis zu 100 kA.

Die Begrenzung kann einmal im Sinne einer Verminderung der Stromwärmeentwicklung, also von $\int i^2 \cdot dt$, wobei die Stromhöchstwerte u. U. noch unvermindert auftreten, erfolgen, s. Abb. 22, Kurve *8*, S. 31. Will man auch die dynamischen Beanspruchungen vermindern, dann müssen die höchsten Stromspitzen herabgesetzt werden. Der Verminderung des Wärmeintegrals allein dienten auch schon die stark gesunkenen Ausschaltzeiten der herkömmlichen Geräte, z. B. der Kompaktschalter (s. S. 158) und die Verminderung etwaiger Staffelzeiten bei selektiver Ausschaltung, s. S. 168. Besonders wichtig ist die Strombegrenzung bei der Erweiterung von Anlagen, verbunden mit stärkerer Energiezufuhr und damit gestiegenen Kurzschlußströmen. Hierdurch werden die älteren Anlageteile weiter verwendbar gemacht. Ganz allgemein gilt das auch für Anlagen, in denen die dynamischen und thermischen Wirkungen der Kurzschlußströme schwer zu beherrschen sind und ernsthafte Schäden an wertvollen Geräten entstehen können. Die Sicherheit der Gesamtanlage wächst. Auch fallen die Geräte dabei für das gleiche Kurzschlußausschaltvermögen etwas kleiner aus, so daß Platz gespart wird. Die Anwendung des Strombegrenzungsprinzips hat trotz seiner großen Vorteile weder einen größeren Aufwand hinsichtlich des Einbauvolumens noch des Preises zur Folge. Ein Drehstromgerät mit elektrodynamischer Kontakttrennung (s. S. 203), das bei einem unbeeinflußten Kurzschlußstrom von 100 kA eingesetzt werden kann, kostet etwa soviel wie ein herkömmliches für 50 kA, bei dem erhebliche konstruktive Maßnahmen notwendig sind, um die kontaktabstoßenden Kräfte zu beherrschen, s. Burkhard (5). Die anderenfalls mit wachsendem Kurzschlußstrom schnell steigenden Kosten für die Verteileranlagen sinken wieder auf ein erträgliches Maß ab. Bei den Schaltern selbst können die Kontaktdruckkräfte den verminderten Strömen angepaßt werden. Geräte kleineren Nennstromes werden heute weitgehend für Strombegrenzung gebaut, z. B. baut die AEG für Nennströme ≤ 400 A nur strombegrenzende Schalter, da es sich bei Geräten dieser Größenordnung meistens um Verbraucherschalter handelt, bei höheren Nennströmen dann strombegrenzende und zeitlich staffelbare, wobei bei gleichen Nennströmen das strombegrenzende ein höheres Schaltvermögen aufweist, s. Thieme.

Bei *Geräten mit schneller Auftrennung der Stromkreise* bricht nach einer kurzen Zeit die steigende Tendenz der Stromkurve ab. Es entsteht ein Lichtbogen, dessen Spannung die Stromstärke beträchtlich vermindert. Nach Ablauf der Lichtbogen-Löschzeit ist der Stromdurchgang zu Ende, ähnlich wie bei den Schmelzsicherungen, s. Abb. 23 S. 34.

Nach der Entwicklung des letzten Jahrzehnts sollte man vielleicht noch zwischen „Schnell-" und „Schnellstschaltern" unterscheiden, mit Zeiten <5 oder 10 msec und solchen $\leqq 1$ bis 2 msec. Im Anfang wurde insbesondere auf die Verminderung des Wärmeintegrals Wert gelegt, während bei Wechselstrom jetzt weitgehend die Verminderung der Stromhöchstwerte im Vordergrund steht. Die starke Einschränkung der Kraftwirkungen durch strombegrenzende Schalter zeigt Abb. 115. Bei den strombegrenzenden Schaltern kommt man u. U. auf ein sehr hohes Schaltvermögen, da hierfür der unbeeinflußte Kurzschlußstrom (s. S. 44) maßgebend ist und nicht der tatsächlich beim Schaltvorgang auftretende „Durchlaßstrom". Eine solche Anlage könnte naturgemäß durch einen üblichen, mit Zeitverzögerung arbeitenden Leistungsschalter, der lediglich für den begrenzten Kurzschlußstrom gebaut wäre, nicht geschützt werden. Bei Einsatz eines Begrenzungsschalters werden bei einem Kurzschluß Unterspannungsauslöser und Schützenspulen wegen der außerordentlich kurzen Ausschaltzeiten in den betroffenen Anlageteilen möglicherweise gar nicht ansprechen, s. Abb. 116. Die Geräte haben also auch deshalb bei Drehstrom eine große wirtschaftliche Bedeutung für den Aufbau der Niederspannungsschaltanlagen. Der Ausschaltverzug der seit Jahrzehnten auf dem Markt befindlichen Gleichstromschnellschalter war jedoch noch zu groß, um bei Wechselstromanlagen zu einer Strombegrenzung zu führen.

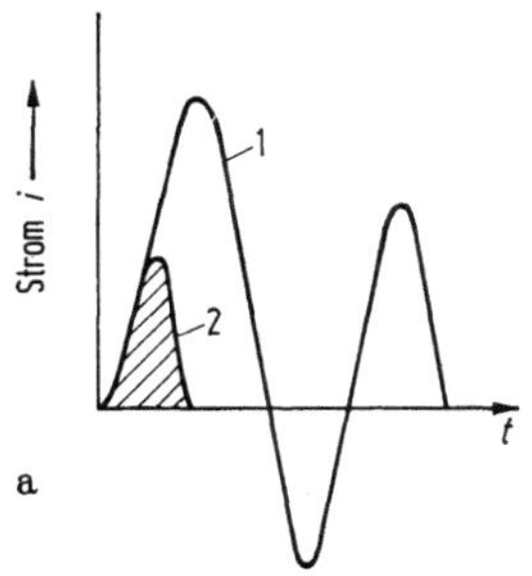
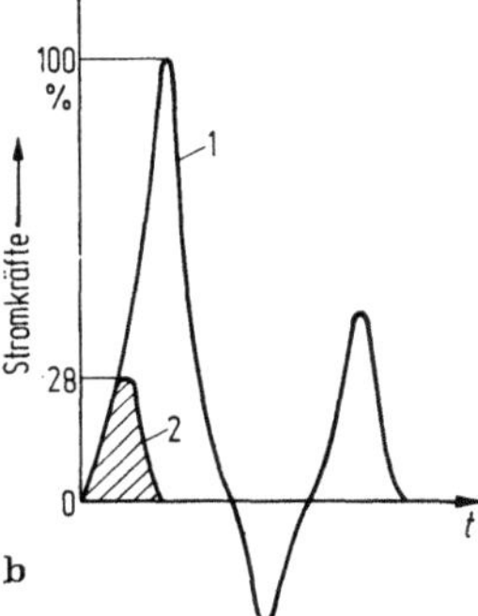

Abb. 115. Beispiel für den Vergleich der Stromkräfte bei einem Gerät ohne (*1*) und mit Strombegrenzung (*2*)

a) Stromverlauf, b) Stromkräfte (i^2)

Andere Mittel zur Kurzschlußstrombegrenzung als die schnelle Auftrennung sind z. B. relativ *hohe Geräte-Innenwiderstände*. Diese Lösung kommt jedoch praktisch nur bei verhältnismäßig kleinen Geräten für Leitungs- und Motorschutz in Betracht. Hierbei sind es insbesondere die Widerstände der thermischen Auslöser und etwaiger Blas- und Auslösespulen, die den Strom begrenzen. Bei gegebener Nennlast dieser Elemente steigt der Widerstand umgekehrt mit dem Quadrat der Stromstärke. Bimetallstreifen für kleine Ströme sind damit schon weitgehend eigenkurzschlußfest, z. B. bei 380 V bis 4 A. Diese Geräte können dann sogar in Anlagen mit beliebig hohen Kurzschlußströmen ohne weitere vorgeschaltete Schutzelemente verwandt werden, s. z. B. BEHRENS und REISS. Ferner können die Scheinwiderstände der Kreise durch den Einbau von Drosselspulen oder die Vergrößerung der Kurzschlußspannung von Transformatoren (s. S. 26) erhöht werden.

Zu den genannten Vorteilen hinsichtlich der Einschränkung der dynamischen und thermischen Auswirkung der Kurzschlußströme kommt

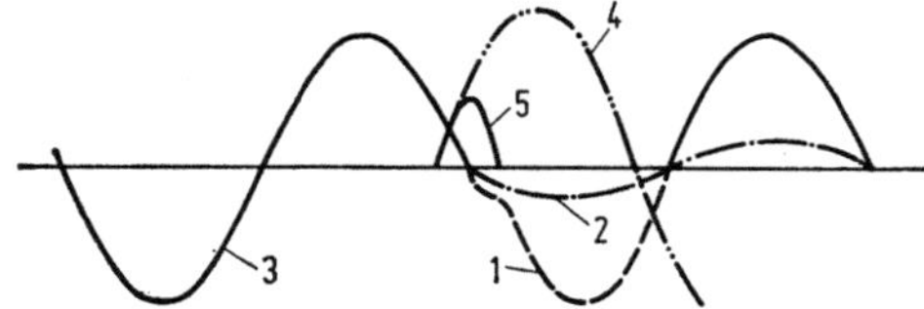

Abb. 116. Spannungseinbrüche im Kurzschlußfalle

1 bei sehr schnellem strombegrenzendem, *2* bei nicht strombegrenzendem Schalter, *3* unbeeinflußte Netzspannung, *4* unbeeinflußter Kurzschlußstrom, *5* beeinflußter Kurzschlußstrom

noch, daß bei schneller Ausschaltung die verminderten Ströme eine Vorverlegung des Nulldurchganges und dementsprechend eine Herabsetzung der Einschwingspannung bewirken, ferner die Wanderlichtbögen eher auf den Entstehungsort beschränkt bleiben und Schäden an benachbarten Anlageteilen nicht auftreten, vorausgesetzt, daß die Lichtbogenspannungen den Strom nicht auf Werte herabdrücken, die der Schalter nicht mehr begrenzt. Auch ist es möglich, strombegrenzende Leistungsschalter für kleinere Nennströme mit ziemlich hohem Schaltvermögen bei kleinen Abmessungen zu bauen, da die Rückwirkungen des zu begrenzenden Kurzschlußstromes auf die Schalter erheblich geringer sind.

In *Gleichstromnetzen* sind die Stromerzeuger von größerer Empfindlichkeit als die üblichen Bestandteile einer Wechselstromanlage. Das waren früher in erster Linie die Ein-Ankerumformer mit der Möglichkeit der Kommutator-Rund-Feuerentwicklung, heute sind es vor allem die ruhenden Gleichrichter aller Art, die extrem kurze Ausschaltzeiten erfordern. Bei ihnen stellen die Gleichstrom-Schnellschalter ein bewährtes Schutzmittel bei Rückzündungen dar, s. S. 191. Der grundsätzliche Unterschied bei der Ausschaltung eines Kurzschlusses durch einen normalen Leistungsschalter und einen Schnellschalter s. Abb. 117. Beim normalen Selbstschalter wird fast der volle Kurzschlußstrom I_k erreicht. Beim Schnellschalter sind die Eigenzeiten so kurz, daß Über- und Rückströme ausgeschaltet werden, ehe sie ihren Höchstwert erreichen. Der Durchlaßstrom I_{D1} ist erheblich niedriger als I_k. Kurzschlußströme werden also bereits im Anstieg unterbrochen. Solche Geräte können deshalb u. U. ohne Rücksicht auf den an der Einbaustelle möglichen Kurzschlußstrom eingesetzt werden.

Die Entwicklung hat es mit sich gebracht, daß die Schnellschalter auch im *Drehstromnetz* eine weitgehende Anwendung finden. Lange Zeit herrschte die Auffassung, daß man bei der Ausschaltung nicht so vorgehen könne wie bei Gleichstrom, sondern zuerst den Stromnulldurchgang abwarten müsse. Die Schalter sind aber heute in der Lage, wie die NH-Sicherungen bei hohen Kurzschlußströmen nur einen Teilstrom, den „Durchlaßstrom" aufkommen zu lassen, s. Abb. 122, S. 186. Es wird deshalb bei in dieser Richtung entwickelten Geräten auch statt von

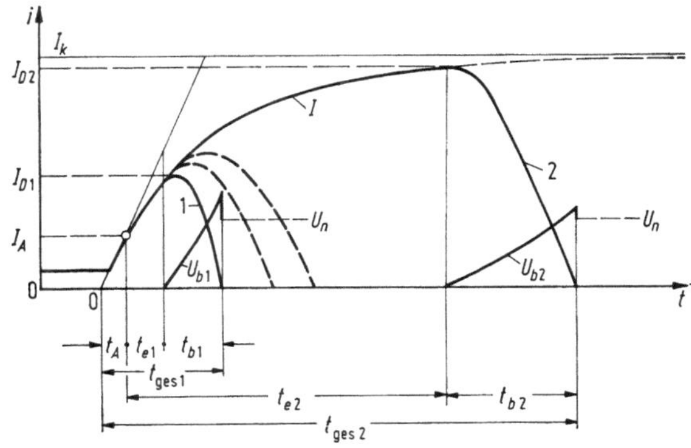

Abb. 117. Vergleich einer Gleichstrom-Kurzschlußausschaltung
1 durch Schnellschalter bei verschiedenen Lichtbogenspannungen, *2* durch herkömmlichen Leistungsschalter.
I_D Durchlaßströme, I_A Ansprechstrom der Überstromauslösung, I_K größtmöglicher unbeeinflußter Kurzschlußstrom, t_A Einsatzzeit der Überstromauslösung t_e Schaltereigenzeit, t_b Lichtbogenzeit, t_{ges} Gesamtzeit für Kurzschlußausschaltung, U_b Lichtbogenspannung, U_n Netzspannung

„Schnellschaltern" meist von „Begrenzungsschaltern" geredet. Diese begrenzende Wirkung hat man im wesentlichen dadurch erzielt, daß man zwei normalerweise nacheinander einsetzende Funktionsperioden zu einer gemeinsamen vereinte. Bisher gab es zunächst die Lösung des Sperrmittels, z. B. der Klinken, und dann den Lichtbogeneinsatz. Bei den Begrenzungsschaltern setzen diese beiden Vorgänge gleichzeitig ein, beim Einsatz des Kurzschlußstromes eine ultraschnelle Kontaktabhebung, die einen Lichtbogen zeitigt, ehe der Schalter in seinem normalen Schaltprozeß mit der Lichtbogenbildung hätte beginnen können. Der Verlauf des Wechselstromes erfordert, wenn Begrenzung eintreten soll, zum mindesten den Beginn des Ausschaltvorganges in weniger als 5 msec (s. Abb. 29 S. 54 und Abb. 118), denn infolge der Induktivität der Stromkreise steigt der Strom in den ersten Millisekunden u. U. zwar stark verzögert an, aber die Höchstwerte werden selbst bei extremen Schaltsituationen schon nach etwa 8 msec erreicht. Es muß gefordert werden, daß bei dem Begrenzungsschalter ein Verschmoren unmöglich ist und

12*

er nach dem Ansprechen auch mit Sicherheit bis zur vollen Ausschaltung
führt. Die Anwendung strombegrenzender Niederspannungs-Leistungsschalter im Drehstromnetz gewinnt noch eine besondere Bedeutung dadurch, daß sie im Interesse der Erhaltung einer starren Netzspannung
eine zu weit gehende Aufteilung der Energiequellen einschränkt. Die

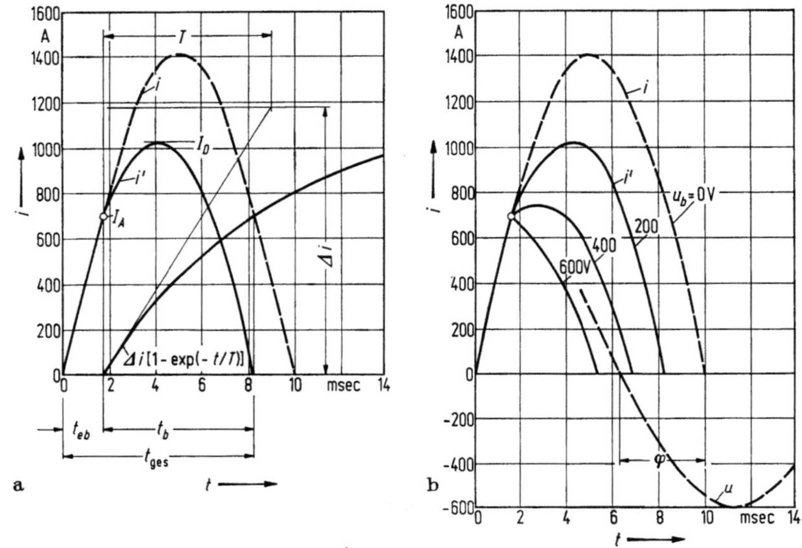

Abb. 118. Beispiel für die Beeinflussung eines symmetrischen Wechselstromes durch eine konstante
Lichtbogenspannung

a) grundsätzlicher Verlauf für $U_n = 420$ V; $U_b = 200$ V; $I = 1000$ A, cos $\varphi = 0{,}4$, $Z = 420/1000 =$
$= 0{,}42\ \Omega$, $R = 0{,}4 \cdot 0{,}42 = 0{,}168\ \Omega$, $U_b/R = \Delta i = 1190$ A, $T = 7{,}29$ msec

b) Stromkurven für $U_b = 200$, 400 und 600 V; i unbeeinflußter, i' beeinflußter Strom, t_{eb} Ansprechzeit + Schaltereigenzeit, t_b Lichtbogenzeit, t_{ges} Gesamtausschaltzeit, I_A Ansprechstrom, I_D Durchlaßstrom

Transformatorengröße kann wachsen bzw. ihre Kurzschlußspannung
sinken, oder aber mehrere Transformatoren können parallel arbeiten.
Im Kurzschlußfall summieren sich dann naturgemäß die von den Transformatoren gelieferten Kurzschlußströme einer gemeinsamen Sammelschiene, und die Ansprüche an das Schaltvermögen der Geräte werden
sehr hoch. Sie sinken aber wieder, wenn die Leistungsschalter strombegrenzenden Charakter haben, s. HALMAGYI (2).

Bei der Entwicklung von Schnellschaltern aller Art sind *2 Dinge wichtig.*
Die Schaltstücke müssen nach dem Einsatz des Kurzschlußstromes möglichst schnell getrennt werden (s. S. 188), ferner muß die Lichtbogenspannung schnell hohe Werte erreichen.

6.3.1 Der Einfluß der Lichtbogenspannung auf die Strombegrenzung

Sobald die Bogenspannung die treibende Spannung erreicht hat, ist ein weiterer Stromanstieg nicht mehr möglich. Je schneller das geschieht, um so mehr bleibt der tatsächlich auftretende Strom hinter dem unbeeinflußten zurück. Die Spannung muß aber noch über die treibende hinauswachsen.

Die *Vorausberechnung* bzw. *Abschätzung* des Lichtbogeneinflußes auf den Stromverlauf begegnet einigen Schwierigkeiten. Bei Wechselstrom kommt der Kurzschluß gewöhnlich nicht im Zeitpunkt des normalen Stromnulldurchganges zustande, es treten die Gleichstromglieder (s. S. 6) auf. Weiterhin entwickelt sich die *Lichtbogenspannung abhängig von der Zeit* in mehr oder weniger komplizierter Form. Man geht bei der Betrachtung im allgemeinen von drei einigermaßen übersehbaren und der Praxis nicht ganz fremden Formen aus. Das ist der vom Augenblick der Kontaktöffnung proportional der Zeit ansteigende Wert der Bogenspannung, weiterhin eine schlagartig einsetzende, verhältnismäßig hohe konstante Spannung, und drittens die Kombination dieser beiden Vorgänge, d. h. proportionaler Anstieg und dann Erreichen eines konstanten Wertes. Die letztere Form ist die häufigste, zuerst Bogenverlängerung mit größer werdendem Kontaktspalt, dann u. U. Stabilisierung bei Eintritt in ein Löschblechpaket durch Bildung neuer Lichtbogenfußpunkte.

Die *mathematischen Zusammenhänge* für den Einfluß der Lichtbogenspannung in diesen Formen s. Tab. 4. Die Rechnung zeigt, daß die Korrekturen, die am normalen Verlauf des Kurzschlußstromes unter dem Einfluß der Lichtbogenspannung anzubringen sind, nicht von der Stromart abhängen. Diese Korrekturglieder sind in der Tabelle mit B bezeichnet, und zwar je nach Art des Lichtbogenspannungsverlaufes mit B_1 bis B_3. Anstelle der im allgemeinen etwas umständlichen Rechnung tritt zweckmäßigerweise eine graphische Lösung mit Hilfe der Einzelglieder der Formeln.

Bei der Annahme eines konstanten Wertes für u_b ist das Korrekturglied (B_1) eine Exponentialfunktion, proportional dem Quotienten U_b/R. Stattdessen kann man bei Gleichstrom auch

$$\frac{U_b}{U_n} \cdot I_k \tag{23}$$

schreiben und bei Wechselstrom

$$\frac{U_b}{U_n \cdot \cos\varphi} \cdot I_k''. \tag{24}$$

($U_n =$ Netzspannung)

Ausschlaggebend ist also das Verhältnis der Lichtbogenspannung zur Kreisspannung. In den Formeln der Tab. 4 ist bei Wechselstrom T die durch den $\cos\varphi$ beeinflußte

Zeitkonstante, s. S. 7. Im übrigen besagt die Formel, daß von dem Augenblick t_{eb} an ein nach der e-Funktion ansteigendes Glied, und zwar ein Differenzstrom mit dem Faktor U_b/R z. B. von dem sinus-förmigen Strom abzuziehen ist. Abb. 118a zeigt die Anwendung des Verfahrens bei einem Wechselstromkreis. Unter den angegebenen Bedingungen ist $U_b/R = 1190\,\mathrm{A}$ und $\cos\varphi = 0{,}4$, bzw. $T = 7{,}29\,\mathrm{msec}$. Bei b wurde für verschiedene Bogenspannungen die verminderte Stromstärke eingetragen. Aus der Abb. ist weiterhin ersichtlich, daß die Stromstärke bei niedrigen Bogenspannungen zunächst noch etwas über den im Schaltaugenblick erreichten Punkt ansteigt, bei hohen Spannungen fällt sie hinter diesem Punkt sofort ab. Erwünscht wäre es, auf Grund der Formeln den Zeitpunkt, in dem der Strom 0 wird, und den höchsten Wert, den Durchlaßstrom, zu errechnen. Die Abhängigkeiten führen aber auf transzendente Gleichungen. Infolgedessen bleibt hier nur die graphische Lösung, wie in Abb. 118a dargestellt. DRUBIG (3) wies nach, daß bei der Übertragung auf Drehstrom die Formeln mit genügender Genauigkeit verwendet werden können, wenn man dabei die Lichtbogenspannung in Höhe von 3/4 des tatsächlichen Wertes ansetzt. Bei der Anwendung der Tabelle 4 ist zu beachten, daß der Lichtbogeneinsatz immer nach der Zeit t_{eb} angenommen wurde. Weiterhin ist bei Wechselstrom in der Grundgleichung die Zeit t_a, um die der Kurzschluß nach dem normalen Stromdurchgang auftritt, von Bedeutung. t ist vom Einsatzzeitpunkt des Kurzschlußstromes ab gerechnet. Bei mit der Zeit ansteigender Lichtbogenspannung (B_2) besteht das Ausgleichsglied aus der Differenz einer Geraden, deren Neigung durch die Bogenspannung gegeben ist, und einer ansteigenden e-Funktion, an die die genannte Gerade im Zeitpunkt t_{eb} Tangente ist. Bei der kombinierten Lichtbogenspannung aus einem ansteigenden und einem horizontalen Ast (B_3) weist die Formel ein Glied mit einer ansteigenden und einer abklingenden e-Funktion auf, und zwar fängt die abklingende e-Funktion für den ansteigenden Lichtbogen bei t_1 mit dem Augenblickswert der ansteigenden e-Funktion an. Das ist die meist bei neuzeitlichen Schaltern mit Löschblech-Lichtbogenkammern gegebene Situation. Die Beziehungen werden erheblich einfacher, wenn man bei Wechselstrom von einem rein induktiven Kreis ($\cos\varphi = 0$) ausgeht. Dann ist bei konstanter Lichtbogenspannung das Korrekturglied B_1 eine Gerade, bei linear ansteigender B_2 eine Parabel, und für den kombinierten Ausschaltvorgang mit zunächst ansteigender und dann konstanter Lichtbogenspannung geht das Ausgleichsglied B_3 von dem Augenblick, in dem der konstante Wert erreicht ist, wiederum in eine Gerade über, s. a. DRUBIG. Um den Einfluß des rechteckigen und trapezförmigen Lichtbogenverlaufes zu beurteilen, kann man den Gleichungen entnehmen, daß bei Annahme rechteckiger Lichtbogenspannung, beginnend zur Zeit t_{eb} zu kleine Stromwerte und eine zu kleine Kurzschlußdauer errechnet werden. Umgekehrt ergibt eine im Zeitpunkt t_1 erst beginnende Bogenspannung zu große Werte. Dieser Unterschied kann ausgeglichen werden, wenn man den Beginn des Spannungsrechtecks zwischen t_{eb} und t_1 ansetzt. Nach DRUBIG (3 Tafel 1) liegt der Einsatzpunkt bei $\cos\varphi = 0$ genau in der Mitte der Strecke, bei anderen $\cos\varphi$-Werten ist das Verhältnis etwas anders. In der Praxis genügt es also wohl im allgemeinen, wenn man einen rechteckigen Spannungsverlauf annimmt und den Einsatz im Mittel zwischen t_{eb} und t_1 zu Grunde legt.

Über den rechnerischen Einfluß der Lichtbogenspannung auf den Stromverlauf s. weiter BLANCPAIN und BONNEFOIS, LOH (2), MAU und SEGATZ.

In Abb. 119 ist schematisch der Einfluß der Netzspannung auf den Ausschaltvorgang bei einem Gleichstromkreis mit dem unbeeinflußten Kurzschlußstrom-Endwert I_k dargestellt. Der Ausschaltverzug, der vom statischen Ansprechwert I_A des Schalters und der Stromanstiegs-

Tabelle 4. *Einfluß der Lichtbogenspannung auf den Verlauf des Ausschaltstromes*

a) *Wechselstrom*	
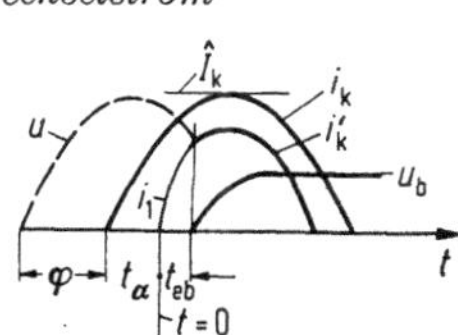	$i = \hat{I}_k \cdot \sin(\omega t + \omega \cdot t\alpha)$ $\quad - \hat{I}_k \cdot \sin(\omega \cdot t\alpha) \cdot \exp\left(-\dfrac{t}{T}\right) - B$ i_k Kurzschlußstrom i_1 beeinflußt durch Gleichstromglied i_k' durch Lichtbogenspannung U_b $\quad$ Einsatz bei t_{eb}
b) *Gleichstrom*	
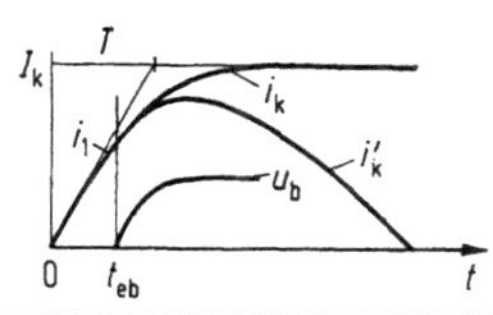	$i = I_k\left[1 - \exp\left(-\dfrac{t}{T}\right)\right] - B$ I_k unbeeinflußter Strom i_1 beeinflußt durch Zeitkonstante i_k' durch Lichtbogenspannung U_b

c) *Werte für B* abhängig vom Verlauf der Lichtbogenspannung — unabhängig von der Stromart — wirksam ab t_{eb}

1. U_b konstant $= U_B$	
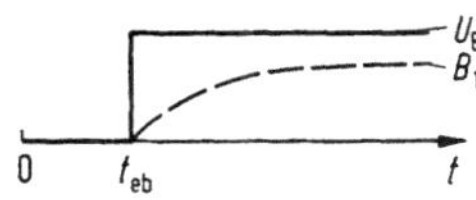	$B_1 = \dfrac{U_B}{R}\left[1 - \exp\left(-\dfrac{t - t_{eb}}{T}\right)\right]$ $\quad$ für $\cos\varphi \sim 0:\; = \dfrac{U_B}{L}\,(t - t_{eb})$
2. U_b prop. $t = c(t - t_{eb})$	
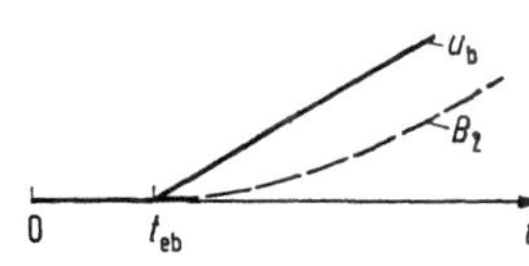	$B_2 = \dfrac{c}{R}\,(t - t_{eb})$ $\quad - \dfrac{c \cdot T}{R}\left[1 - \exp\left(-\dfrac{t - t_{eb}}{T}\right)\right]$ $\quad$ für $\cos\varphi \sim 0 = \dfrac{c}{2 \cdot L}\,(t - t_{eb})^2$
3. U_b prop. t bis t_1, dann konstant $= U_B$ $= c(t_1 - t_{eb})$	bis $t = t_1$ nach voriger Zeile ab t_1:
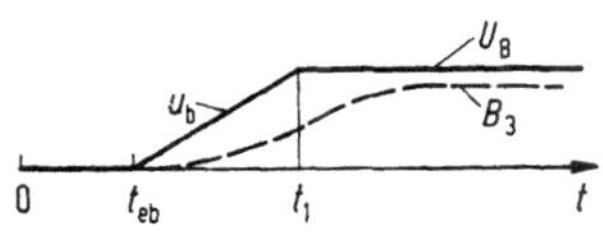	$B_3 = \dfrac{c}{R}\,(t_1 - t_{eb}) - \dfrac{c \cdot T}{R}\cdot \exp\left(-\dfrac{t - t_1}{T}\right)$ $\quad + \dfrac{c \cdot T}{R}\exp\left(-\dfrac{t - t_{eb}}{T}\right)$ $\quad = \dfrac{U_B}{R} - \dfrac{c \cdot T}{R}\left[1 - \exp\left(-\dfrac{t_1 - t_{eb}}{T}\right)\right]\times$ $\quad \times \exp\left(-\dfrac{t - t_1}{T}\right)$ $\quad$ für $\cos\varphi \sim 0 = \dfrac{U_B}{L}\left(t - \dfrac{t_1}{2} - \dfrac{t_{eb}}{2}\right)$

geschwindigkeit abhängt, bleibt konstant. Hingegen wird der Durchlaßstrom I_D (s. u.) umso größer, je höher die Betriebsspannung des Kurzschlußkreises bei der gleichen Lichtbogenspannung ist. Außerdem wird

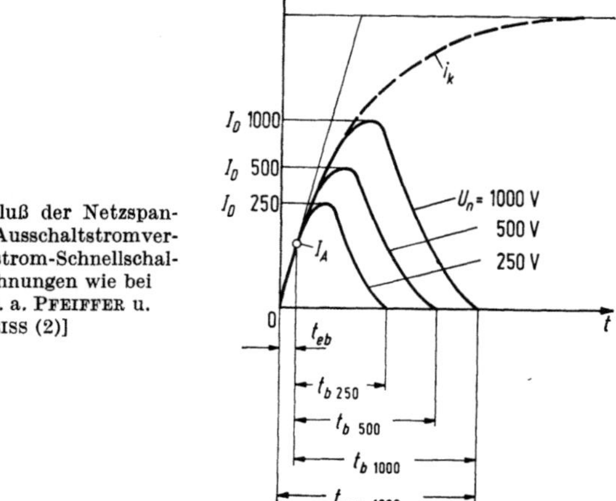

Abb. 119. Einfluß der Netzspannung auf den Ausschaltstromverlauf bei Gleichstrom-Schnellschaltern (Bezeichnungen wie bei Abb. 118) [s. a. PFEIFFER u. REISS (2)]

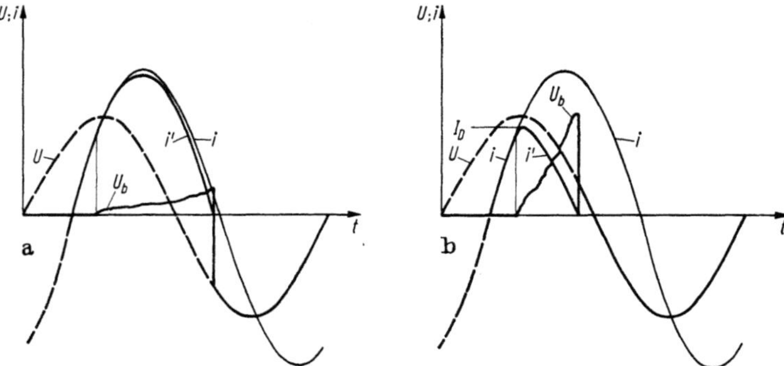

Abb. 120. Stromverlauf bei niedriger (a) und hoher (b) Lichtbogenspannung (U_1) — ohne Einschwingspannung; i' beeinflußter Strom

die Lichtbogendauer t_b länger. Abb. 120 zeigt ein Beispiel für den Lichtbogeneinfluß im Wechselstromkreis bei niedriger (a) und hoher (b) Lichtbogenspannung. Bei a erlischt der Bogen erst etwa beim normalen Stromnulldurchgang, bei b wird der Strom, noch ehe der unbeeinflußte Wert sein Maximum erreichen würde, gleich 0. Der Abbildung ist ein sinusförmiger Verlauf ohne Gleichstromglied zugrunde gelegt. Bei gleicher

Höhe der Lichtbogenspannung hängt bei Wechselstrom die Lichtbogendauer und damit auch die Zeit des Stromflusses von seinem Einsatz bis zum Wieder-0-werden natürlich auch von der Einschaltphasenlage (s. Abb. 121) und naturgemäß vom Leistungsfaktor ab.

Das Ausmaß der Strombegrenzung wird ausgedrückt durch den „*Durchlaßstrom*" I_D, den höchsten Momentanwert, den die Kurzschlußstromkurve unter dem Einfluß des Schalters noch erreicht. Das Verhält-

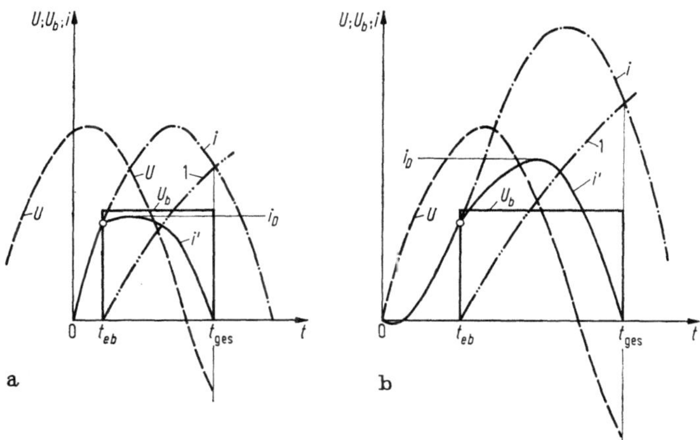

Abb. 121. Einfluß der Lichtbogenspannung U_b auf den Stromverlauf; a) Stromeinsatz bei normalem Stromnulldurchgang, (b) desgl. bei Spannungsnulldurchgang; 500 V, $\cos\varphi = 0{,}2$, $U_b = 400$ V, t_{eb} Lichtbogeneinsatzpunkt, t_{ges} Gesamtausschaltzeit

nis dieses Stromes zu dem Stoßstrom des unbeeinflußten Kurzschlußstromes wird als „*Strombegrenzungsfaktor*" bezeichnet. Trägt man in einem Diagramm über dem unbeeinflußten Kurzschlußstrom den Scheitelwert und die weitere Erhöhung durch das höchstmögliche Gleichstromglied auf, dann wird der Durchlaßstrom, sobald diejenige Stromstärke erreicht ist, bei der die Lichtbogenspannung einsetzt, die Grenzwertgerade verlassen und sich bei der immer geringer werdenden Steigung im allgemeinen einem bestimmten Wert asymptotisch nähern, s. Abb. 122a. Bei gegebenem unbeeinflußtem Kurzschlußstrom und gegebenem Verlauf der Lichtbogenspannung sind die Kurven von der Netzspannung abhängig. Das ist aus den Formeln der Tab. 4 o. w. zu ersehen, da bei den negativen Korrekturfaktoren B im Zähler in erster Linie die Lichtbogenspannung erscheint, im Nenner jedoch R, das bei gleichem Strom sich mit der Spannung ändert. Mit sinkender Netzspannung sinken also auch die Durchlaßströme. Bei Drehstrom sind die Ströme in den einzelnen Phasen bei gleichzeitigem Kontaktschluß verschieden. In einer Phase kann ein Strom vom höchsten asymmetrischen Wert und gleichzeitig in den beiden anderen nur eine Vorhalbwelle auftreten. Wenn z. B. immer in der Phase R die höchsten Werte auftreten, dann sind sie bei S und T kleiner, s. Abb. 122b. Bei Geräten verschiedener Nennstromstärken werden die Einsatzpunkte des Lichtbogens unterschiedlich sein, also bei größerer Nennstromstärke bei höheren Stromwerten liegen, so daß für den gleichen Kurzschlußstrom bei gleicher Konstruktion und Lichtbogenentwicklung ein höherer Durchlaßstrom zustande kommt. Für eine Typenreihe wird

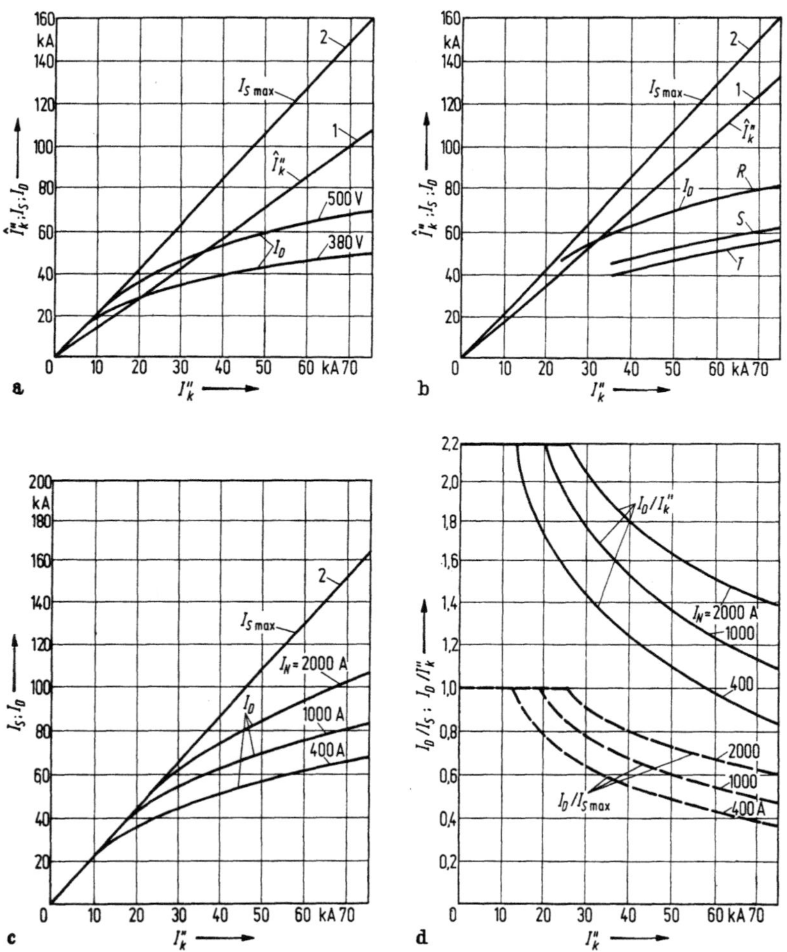

Abb. 122. Beispiele für Durchlaßströme I_D bei Begrenzungsschaltern

1 Scheitelwert für I_k'', *2* höchster Stromstoß $I_{S\,max}$ bei $\cos \varphi = 0{,}2$

a) höchste Durchlaßströme I_D bei verschiedenen Netzspannungen, b) unterschiedliche Durchlaßströme in den einzelnen Phasen, c) desgl. für Geräte verschiedener Nennstromstärken, d) Verhältnisse $I_D/I_{S\,max}$ und I_D/I_k'' für die Werte von c) man also in dem Diagramm verschiedene mit dem Nennstrom höher liegende Durchlaßkurven erhalten, s. z. B. Abb. 122 c. Die zugehörigen Begrenzungsfaktoren, bezogen auf den Stoßstrom I_S bzw. den Kurzschlußstrom I_k'' s. Abb. 122 d. Man kann ganz allgemein feststellen, daß der Begrenzungsfaktor bei geringerer Asymmetrie — wenigstens, soweit niedrige Leistungsfaktoren in Betracht kommen — ansteigt, während umgekehrt die Lichtbogendauer, die gesamte Stromzeit und naturgemäß der Höchstwert des Stromes mit Verringerung der Asymmetrie sinkt.

In Anlehnung an den Durchlaßstrom wird gelegentlich auch das verbleibende Wärmeintegral als „*relativer Wärmedurchlaßwert*" auf das einer ungestörten Halbwelle bezogen, s. f. Leitungsschutzschalter EBEL und VELTEN:

$$\frac{\int i^2 \cdot dt}{I_k''^2 \cdot T/2}.\tag{25}$$

(T hier Netzperiodendauer)

Die schnelle *Herstellung einer hohen Lichtbogenspannung* ist möglich durch die Vielfach-Unterteilung des Bogens. Ihr dient in erster Linie das Löschblechpaket. Hinzu kommt die Steigerung des Spannungsgradienten. Sie ist möglich durch verstärkten Wärmeentzug bzw. intensive Kühlung des Bogens, z. B. bei Luftschaltern durch die Anbringung metallischer Kühlbleche und von Isolierstoffteilen in unmittelbarer Lichtbogennähe. So z. B. bewirkt die Verwendung enger Isolierstoffspalte Gradienten in Höhe des 8- bis 10fachen des freibrennenden Bogens, bei einer starken Abhängigkeit von der effektiven Spaltweite, s. AMFT. Über die schnelle Erzeugung einer hohen Lichtbogenspannung durch die magnetische Ablenkung von Lichtbogenteilen in engen Spalten s. WEGESIN. Beachtlich ist auch die Steigerung der Lichtbogenspannung durch Druckerhöhung. Besonders hohe Werte werden bei Flüssigkeitsschaltern erzielt, s. SCHAPER. Die magnetische Zusatzblasung dient der Beschleunigung des Eintritts der Lichtbögen in die Löschblechkammern, bei Gleichstrom-Schnellschaltern insbesondere durch eine sehr scharfe Anfangsblasung. Die Lichtbogenspannung geht dann über die Nennspannung hinaus. Dazu werden u. U. zusätzliche Blasspulen in den Lichtbogenkammern untergebracht, die das Blasfeld während des Löschblechvorganges stärken, s. Abb. 36, S. 69. In gleicher Weise wie die Steigerung der Lichtbogenspannung wirkt das Einbringen von Widerständen oder Induktivitäten in den Stromkreis, z. B. bei 2stufigen Kontaktapparaten nach Öffnen der ersten Kontaktstellen oder durch Lichtbogenhörner aus Widerstandsmaterial, so daß der Widerstand mit wanderndem Bogen wächst. Als Induktivitäten wirken z. B. Blasspulen.

Mit der *schnell wachsenden Lichtbogenspannung* geht nicht nur der Strom stark zurück, sondern gleichzeitig auch die im Ausschaltvorgang freiwerdende elektromagnetische Energie. Eine starke magnetische Blasung, die einen steilen Stromabfall und kurze Lichtbogendauer bewirkt, wie überhaupt eine zu schnelle Ausschaltung von Kurzschlußströmen hat jedoch auch hohe Spannungsspitzen zur Folge. Deshalb darf sich z. B. bei Gleichspannung der Bogen nicht zu sehr in die Länge ziehen. Es muß dafür gesorgt werden, daß er immer im Feld der Blasmagnete verbleibt. Es ist leider nicht möglich, die im Hinblick auf die Spannungsspitze ideale Schaltercharakteristik in einem weiteren Stromstärkebereich zu erhalten, weil die Stärke der magnetischen Blasung in hohem Maße von der Stromstärke im Lichtbogen abhängt. Andererseits läßt sich die Lichtbogenspannung auch in einfacher Weise begrenzen und auf einen gewünschten Höchstwert einstellen, so daß keine unzulässigen Werte auftreten. Hier erweist sich die Löschblechkammer, bei der der Bogen in Teillichtbögen aufgeteilt und entionisiert wird, als wertvoll. Bei Laufschienen geschieht es z. B. durch deren Länge, s. WEGESIN. Bei Wechselstrom wird durch steilen Lichtbogenspannungsanstieg die Lichtbogendauer stark verkürzt und die Bogenlöschung um so leichter, je näher durch die Stromminderung der Stromnulldurchgang an den Spannungsnulldurchgang herankommt. Von der Steilheit des Lichtbogen-Spannungsanstieges ist auch die Ausschaltarbeit abhängig.

6.3.2 Mittel zur Erzielung eines schnellen Lichtbogeneinsatzes

Eine wirksame Strombegrenzung erfordert weiterhin einen schnellen Lichtbogeneinsatz, also einen möglichst kleinen „Öffnungsverzug", s. S. 45. Wie groß er sein darf, ist durch die Stromart und die Stromkreisverhältnisse bedingt. Bei einem Gleichstromschalter kann u. U. noch eine Begrenzung eintreten, wenn der Verzug in der Größenordnung von 20 oder 30 msec liegt, vorausgesetzt, daß die Zeitkonstante des Kurzschlußstromkreises eine beträchtliche ist, z. B. 60 msec. Bei Wechselstromausschaltung muß die Lichtbogenbildung in weniger als einer Viertelperiode einsetzen. Dem Öffnungsverzug sind also grundsätzlich durch die Frequenz Grenzen gezogen. Deshalb werden Zeiten von höchstens 2 msec angestrebt. In 5 msec sollte die Lichtbogenspannung den Scheitelwert der Netzspannung erreichen. Hierfür *reichen* die normalen *üblicherweise verklinkten Geräte nicht* aus. Das erste Mittel, den Öffnungsverzug möglichst niedrig zu halten, besteht darin, die *Massen* der beim Ausschalten eines Selbstschalters in Bewegung zu setzenden Konstruktionselemente und die zur Abschaltung erforderlichen *Schaltwege*, also z. B. die Überdeckung eines Klinkensystems, so weit wie möglich zu verringern. Das gelingt in ausreichendem Maße bei den herkömmlichen Selbstschaltern aber höchstens, wenn sie für kleine Ströme bestimmt sind. Der Massenverminde-

rung sind übrigens bei der Ausbildung der Schaltglieder von Schnellschaltern durch die Stromstärke, die die Geräte im Dauerbetrieb führen
müssen, Grenzen gesetzt, wenn man auch bei Schnellschaltern sehr viel
größere Stromdichten zulassen kann als bei den herkömmlichen Leistungsschaltern, da im Kurzschlußfall infolge der Strombegrenzung die
Erwärmung kleiner bleibt. Die beweglichen Schaltstücke kann man mit
verhältnismäßig kleiner Masse ausführen, wenn sie thermisch gut leitend
mit großen, nicht beweglichen Teilen der Strombahn verbunden sind,
so daß die Wärme gut abgeführt wird. Bei den feststehenden Teilen ist
es möglich, weiter zu gehen und große Kühlflächen wie Rippen u. dgl.
anzubringen, s. ERK (1).

Die möglichst schnelle Trennung der Schaltstücke setzt neben einem
starken Federsystem eine *kleine Durchfederung* voraus. Dabei sollte aber
keine Beschädigung der Kontaktstellen eintreten, die bei hohen Stoß-
kurzschlußströmen durch die elektrodynamischen Kräfte innerhalb der
Stromengestellen und auch durch Stromschleifenbildung der Stromzuführungen zu den Kontaktstellen möglich ist. Zur Verminderung des Durch-
federungsweges versuchte man auch, die Rückfederung der Schaltstücke
beim Auftreten großer Überströme während des Kontaktöffnungsvor-
ganges zu hemmen, so daß die Kontakttrennung schon sofort bei Beginn
der Ausschaltbewegung auftritt und die durch die Entladung der Kon-
taktdruckfedern gegebenen Öffnungsverzögerungen vermieden werden.
Dazu müßte unter Einwirkung der Stromlast eine starre Verbindung der
Schaltstücke mit ihrem Trägerapparat erfolgen. Im übrigen muß aber
bei der Bemessung der Durchfederung darauf geachtet werden, daß die
Abbrandreserve ausreichend ist, um die Zahl von Kurzschlußausschaltungen entsprechend der geforderten Prüfschaltfolge (s. S. 243) ohne
Schaltstückerneuerung zu überstehen. Insbesondere in Bahnbetrieben
rechnet man betriebsmäßig mit einer größeren Anzahl von Kurzschlüssen.
Diese Forderung und die eines geringen Ausschaltverzuges stehen in
etwa im Widerspruch zueinander.

Bei strombegrenzenden Schaltern für hohe Nennströme, die mehr-
stufige Schaltstücke (s. S. 100) verlangen, ist die schnelle Kommutierung
eines Kurzschlußstromes von den Haupt- auf die Löschschaltglieder
wichtig. Bei einem Kurzschlußstrom von 10 kA kann das z. B. bei kurzen
induktivitätsarmen Verbindungen zwischen den Schaltgliedern in einer
Zeit von 50 bis 100 µsec geschehen, so daß die Wirksamkeit einer Kurzschlußstrombegrenzung bei 50 Hz noch nicht in Frage gestellt wird.
Wie zum Studium der *Bewegungs- und Ausschaltvorgänge* bei allen
Schaltgeräten werden insbesondere bei Schnell- und Begrenzungsschaltern Zeitlupenstudien mit Geräten hoher Bildzahl durchgeführt. Sie er-
strecken sich auf die Bewegung der einzelnen Bauteile, den Einsatz sowie
die Entwicklung des Ausschaltlichtbogens und dgl. Bei Geräten mit mög-

lichst schneller Schaltstücktrennung, bei denen sich der volle Kurzschlußstrom erst gar nicht entwickelt, ist es nicht notwendig, die *Kontaktkräfte*
so weit zu steigern, daß sie dem höchstmöglichen unbeeinflußten Stoßkurzschlußstrom des Kreises ohne Verschweißung gewachsen sind. Sie
müssen aber in der Lage sein, den Dauerstrom zu führen und im Rahmen
der Betriebsströme, also z. B. beim Einschalten von Drehstrom-Motor-
kreisen mindestens bis zum 15fachen Nennstrom unter Einschluß der
Gleichstromglieder unbedingt fest in der Kontaktlage bleiben. Bei
Schaltern, die nicht für einen einzelnen Motor bestimmt sind, kann diese
Stromgrenze natürlich tiefer liegen.

Das wichtigste war aber, von der herkömmlichen Verklinkung abzu-
kommen. Auch Lösungen mit winziger Klinkenüberdeckung konnten sich
nicht durchsetzen. Mehr Erfolg hatte man mit dem Ersatz der Klinken-
auslösung der üblichen Form durch andere Elemente, so z. B. bei der
Verklinkung durch eine halbierte Hohlwelle, die eine mit dem Kontaktarm verbundene Rolle umfaßt. Durch den Auslöser wird die Halbwelle
um ihre eigene Achse gedreht, s. FREEMAN. Weiterhin kommen in Betracht das Hebelschloß, Kniegelenkschloß, Nadelschloß, Rollenschloß
usw., s. ERK (1). Mit dem Rollenschloß erreicht man einen sehr geringen
Ausschaltverzug. Der Kraftschluß geht dabei über eine Kette hintereinander liegender Rollen, die in der Ausgangslage etwas über den Totpunkt
hinausragt. Beim Auftreten eines Kurzschlusses wirkt ein Impuls über
einen schnell wirkenden Auslösemagneten, so daß dieser Kraftschluß
zusammenbricht und die Ausschaltung eingeleitet wird. Die Schaltstücke
wurden in etwa 1 msec getrennt, s. BRÜCKNER (3). Schnellschalter, insbesondere solche für große Nennstromstärken, brauchen für die Schalt-
stückbeschleunigung *Kraftspeicher*, die große Kräfte auf das Kontaktsystem ausüben. Von Vorteil sind Federkraftspeicher, wobei die kürzesten
Betätigungszeiten mit Drehstabfedern erreicht werden, s. BRÜCKNER
und ERK.

Zur *Erzielung wirklich kurzer Zeiten*, insbesondere bei Wechselstrom-
Schaltgeräten, *mußte man* noch grundsätzlich *ganz andere Wege gehen* als
beim klassischen Selbstschalter. Während normalerweise beim Selbstschalter der Vorgang folgendermaßen verläuft: Anstieg der Stromstärke
bis auf den Wert, bei dem die Überstromauslöser zum Ansprechen kommen, dann Auslösen von Schaltschlössern, Auslösebeschleunigung der
Schaltglieder und Lichtbogenentwicklung bis zum Abriß, muß für die
Schnellauslösung dieser Weg teilweise umgangen werden. Die Auslösung
darf nicht an bestimmte Wege, wie z. B. solche von Klinken gebunden
sein. Auch Gleichstrom-Nebenschlußmagnete kann man nicht o. w. für
die Ausschaltung verwenden. Wenn diese unentbehrlich sind, so muß man
dem Kraftfluß durch die Einwirkung des Überstromes eine andere Richtung geben.

Beim *Aufbau der Schnellschalter für Gleichstrom* wurde statt durch eine Verklinkung die Kontaktlage durch *Haltemagnete* bestimmt. Ein solcher Magnet kann großen mechanischen Kräften als Abstützung dienen. In der einfachsten Ausführung besitzt er nach Abb. 123a zwei Spulen, eine fremderregte *1* für die Vorerregung, die den Anker festhält, und eine, die als Meßwicklung *2* die Gegenerregung liefert. Diese beiden Kraftflüsse heben sich bei der beabsichtigten Auslöseart, Rückstrom- oder Überstromauslösung, auf. Zu den Haltemagneten rechnet man im engeren Sinne nur Systeme mit sehr steilem Zugkraftabfall. Sie sind gekennzeichnet durch einen verhältnismäßig leichten Anker, der einen Streuluftspalt überbrückt. Mit der Entfernung des Ankers vom Magneten nimmt der ihn durchsetzende Teil des Flusses steil ab und damit die Haltekraft, Berechnung s. EINSELE (2). Einen Haltemagneten mit einem derartigen „Streujoch" *3*, das die Gegenerregerspule *2* trägt, s. Abb. 123b.

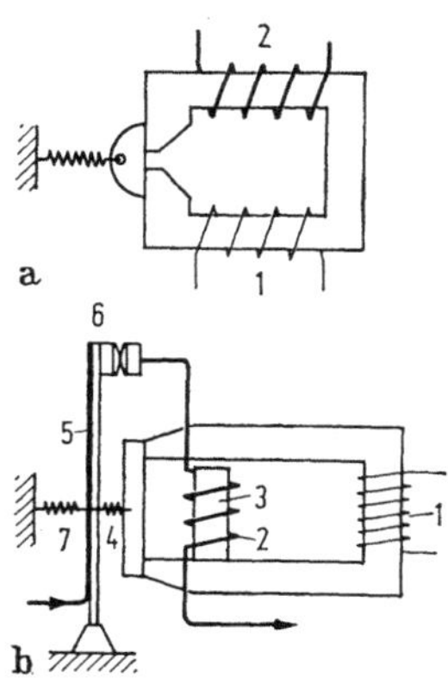

Abb. 123. Haltemagnet mit Gegenerregung, (a) ohne, (b) mit Streujoch (Erläuterungen im Text)

Das durch die Ströme in der Wicklungf *2* zustande kommende Feld wirkt den Kratlinien der Spannungsspule entgegen, lenkt sie vom Polschuh ab und macht die Haltekräfte unwirksam. Ein schnelleres Abklingen dieser Kräfte erreicht man durch den zusätzlichen Einsatz von Verbunddrosseln, s. S. 193. Nachteilig ist, daß die Haltekräfte und somit die Auslösestromstärken von der Spannung abhängig sind. Es sind also besondere Stromquellen gleichbleibender Spannung (z. B. gut gewartete Batterien) zweckmäßig. An die Stelle der Erregerspulen *1* können auch Dauermagnete treten. Der Schalthebel *5* und damit das bewegliche Schaltstück *6* wird beim Verschwinden der Haltekraft durch kräftige Federn *7* in die Ausschaltstellung gezogen.

Im Gegensatz dazu werden bei *Haltemagneten mit Schlaganker* bei Gegenerregung die beweglichen Schaltstücke in die Ausschaltstellung geschlagen, s. Abb. 124a. Die Charakteristik erfährt dadurch eine wesentliche Veränderung. Das Gerät wird von zwei Magneten gesteuert. Der Haltemagnet *2*, der im Ruhezustand unter dem Einfluß der Federn *4* den Schlaganker *3* trägt, wird von einer Stromschiene oder Wicklung *9* erregt. Er ist schon bei Schalternennstrom so hoch gesättigt, daß keine nennenswerten Flußsteigerungen mehr möglich sind. Den Auslösemagneten *1* erregt die Hauptstromwicklung *8*. Er ist weniger gesättigt und gewinnt bei einem bestimmten Auslösestrom das Übergewicht gegenüber der Zugkraft des Haltemagneten, so daß der Anker *3* von ihm abgerissen wird. Er trifft nach kurzem Weg *10* auf den Schalthebel *5* und schlägt ihn gegen die Wirkung der Federn *4* aus der Einschaltstellung heraus.

Durch den unmittelbar einsetzenden Kraftimpuls öffnet sich der Schalter, die beiden Magnete werden stromlos und der Schlaganker kehrt, gezogen von den Rückzugfedern *4*, in die Ausgangsstellung zurück. Der Schalthebel beginnt also seinen Öffnungsweg mit einer großen Anfangsgeschwindigkeit. Die Kontaktdruckfeder *13* verzögert sie bis 0 und kehrt dann seine Bewegungsrichtung wieder um. Es muß mithin dafür gesorgt werden, daß sie sich nach der Umkehr entspannt und unwirk-

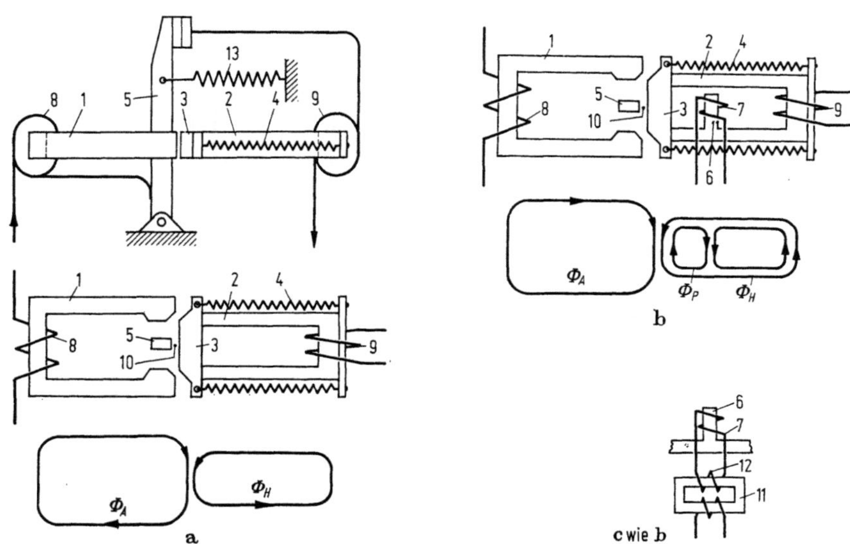

Abb. 124. Haltemagnet mit Schlaganker, a) ohne, b) mit Polarisationsspule, c) mit Impulswandler [nach Fehling (2), Pfeiffer u. Reiss (2)]

1 Auslösemagnet,   *2* Haltemagnet,   *3* Schlaganker,   *4* Schlagankerrückzugsfeder,   *5* Kontakthebel, *6* Polarisationskern,   *7* Polarisationsspule,   *8* Schlagankerspule,   *9* Haltemagnetwicklung,   *10* Aufschlagweg,   *11* Impulswandler,   *12* Impulswandlerspule,   *13* Kontaktdruckfeder

Φ_A Auslösefluß, Φ_H Haltefluß, Φ_P Polarisationsfluß

sam gemacht wird. Die Ausschaltbewegung wird u. U. zum Schluß durch eine Bremse aufgefangen. Der Schlaganker entklinkt weiterhin ein Freiauslöseschloß, so daß der Schalthebel in der Ausgangsstellung verbleibt. Beide Magnete können vom Hauptstrom erregt werden, wodurch eine Fremderregung überflüssig ist. Der Haltemagnet errreicht auf Grund der hohen Sättigung schon etwa bei Nennstrom die höchste Haltekraft. Die Schnellschalter mit Schlaganker haben deshalb gegenüber denen, deren Auslösemechanismus unter Einwirkung von Rückzugfedern freigegeben wird, wie z. B. den reinen Haltemagnetschaltern Vorzüge. So z. B. wächst, wenn ein Schalthebel aus der Ein- in die Aus-Stellung durch Federkraft gezogen wird, die Ausschaltgeschwindigkeit mit steigendem Öffnungsweg. Kurz vor der Ausschaltstellung hat der Hebel seine größte Geschwindigkeit. Beim Schlaganker wird ihm durch den Stromimpuls von einem stark beschleunigten Anker eine große Anfangsgeschwindigkeit erteilt. In Abb. 125 sind die Öffnungswege der Hebel in Abhängigkeit von der Zeit dargestellt, Kurve *1* bei Freigabe eines Ausschaltmechanismus, Kurve *2* bei Anwendung eines Schlagankers. Beide erreichen gleichzeitig nach der Zeit t_3 den größten Öffnungsweg s_m. Für den Weg s_b jedoch, der z. B. für den Einsatz des Lichtbogens in Frage kommt, benötigt der Hebel *1* die längere Zeit t_2 gegenüber t_1. Allerdings muß man zu t_1 noch einen Zuschlag für die Ankerbeschleunigung machen, in der der Hebel *5* den erforderlichen Stoßimpuls erhält. Dieser Zeitverlust ist aber sehr klein, so daß trotzdem ein erheblicher Gewinn mit Bezug auf die Öffnungszeit eines Schalters erzielt wird. Auch wächst die Zugkraft am Auslösemagneten mit steigendem Strom schneller als am Haltemagneten. Beim Schlaganker wird die Auslösegrenze eingestellt, indem man den Luftspalt zwischen ihm und der Polfläche des Ausschaltmagneten verändert.

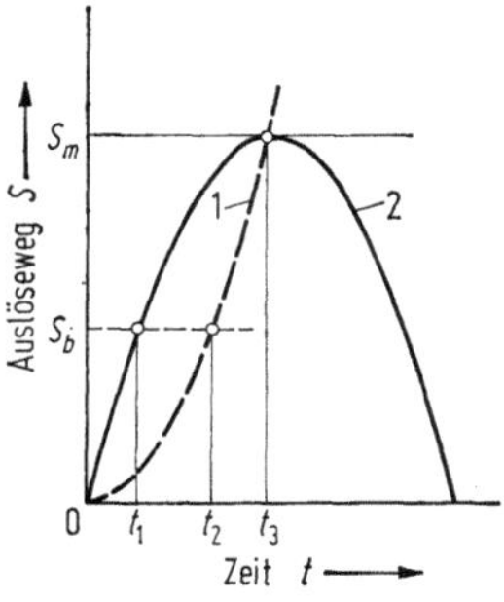

Abb. 125. Bewegungsvorgänge bei Schnellschaltern

1 mit reinem Haltemagnet und Freigabe der Schalterauslösekräfte, *2* mit Haltemagnet und Schlaganker

Die Spannungswicklungen der Haltemagnete werden aber durch schnelle Stromänderungen in den Hauptstromwicklungen beeinflußt. Das hat zur Folge, daß in ihnen eine der Flußänderung des Magneten entgegengesetzt wirkende Stromänderung auftritt und der Strom in der Spannungsspule ansteigt, so daß der Haltefluß nur langsam nach Maßgabe ihrer magnetischen Zeitkonstante verschwindet. Wenn die Stromänderungs-Geschwindigkeit sehr groß ist, dann ist eine Umpolung des Magnetsystems möglich, wodurch bei hoher Magnetisierung in der entgegengesetzten Richtung der vollständige Abfall des Ankers verhindert wird. Um das zu vermeiden, schaltet man in ihren Kreis zur Stromstabilisierung eine *Verbunddrossel*, also einen Transformator, der entgegengesetzt vom Hauptstrom erregt wird, s. Abb. 126 b. Damit wird die Änderung des Vorerregerstromes unterbunden, s. EINSELE (2, S. 218), das induktive Anwachsen des Haltestromes verringert und die Öffnungszeit des Schalters verkürzt. Man erreicht dadurch, daß der Fluß im Haltemagneten jeder Veränderung des Überstromes augenblicklich folgt und in kürzester Zeit zum Verschwinden gebracht wird, so daß der Halteanker freigegeben und der Schalter durch die Ausschaltfedern geöffnet werden kann.

In einer besonderen Form erscheint der Haltemagnet als *Sperrmagnet*. Der Unterschied gegen den in Abb. 123 b liegt darin, daß eine Meßwicklung (Sperrspule) in Fenstern des Magneteisens angeordnet ist, s. Abb. 127 a. Die Induktion jeweils eines Fenster-Seitenstegs liegt normalerweise ganz nahe bei der Sättigung. Beim Erreichen des Ansprechstromes wird der linke Schenkel sofort gesättigt, so daß sein Fluß nicht weiter steigen kann, der andere zunächst entregt und dann wiederum bis zur Sättigung in der umgekehrten Richtung erregt. Bevor die Stege gesättigt sind, hat aber die Flußverschiebung keine Wirkung. Der Gesamtfluß durch den Anker bleibt erhalten. Bei großem Sperrstrom sind die Teilflüsse links und rechts der Fenster wegen der Sättigung fast gleich groß, aber entgegengesetzt gerichtet. Der Fluß durch den Anker

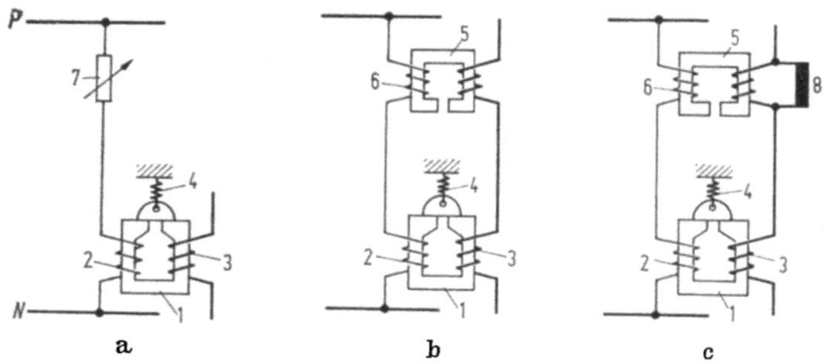

Abb. 126. Vorerregungsspule eines Haltemagneten
a) ohne, b) mit Zusatztransformator, c) desgl. mit induktivem Nebenschluß
1 Haltemagnet, *2* Spule für Vorerregung, *3* für Hauptstromerregung, *4* Ankerrückzugsfeder, *5* Zusatztransformator, *6* Spannungswicklung auf *5*, *7* Vorschaltwiderstände, *8* Nebenschluß

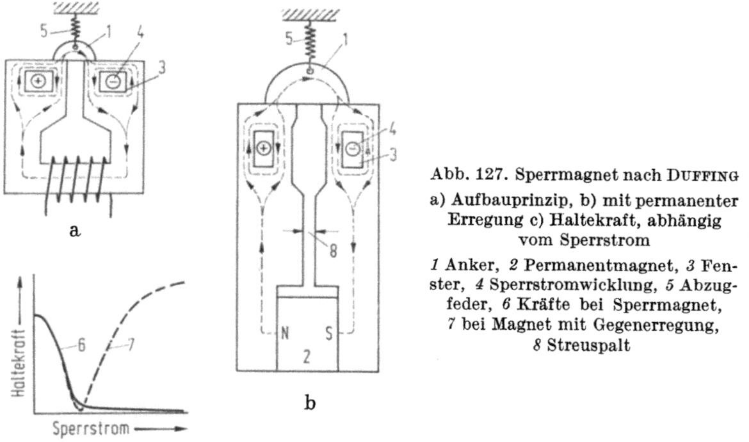

Abb. 127. Sperrmagnet nach DUFFING
a) Aufbauprinzip, b) mit permanenter Erregung c) Haltekraft, abhängig vom Sperrstrom

1 Anker, *2* Permanentmagnet, *3* Fenster, *4* Sperrstromwicklung, *5* Abzugfeder, *6* Kräfte bei Sperrmagnet, *7* bei Magnet mit Gegenerregung, *8* Streuspalt

ist abgesperrt und kann auch bei größter Stromanstiegsgeschwindigkeit und größten Erregerströmen nicht mehr nach der anderen Seite ansteigen. Diese Sperrmagnete arbeiten mit einem außerordentlich geringen Zeitverzug. Die Vorerregerspule kann nach DUFFING (2) durch einen in den Eisenkreis eingeführten Dauermagneten *2* ersetzt werden, s. Abb. 127b. Dann muß der Streufluß verhältnismäßig sehr groß sein (etwa 90 v. H.), um eine Entmagnetisierung durch den erhöhten Durch-

flutungsbedarf zu verhindern, s. EINSELE (2, S. 173, 187). Die Haltekraft des Ankers sinkt schnell unter die der Abzugsfeder, so daß dieser
Arbeit verrichten kann. Wenn man den Sperrmagneten zum Ausklinken
der Verriegelung unter Federkraft stehender Schaltorgane benutzt, dann

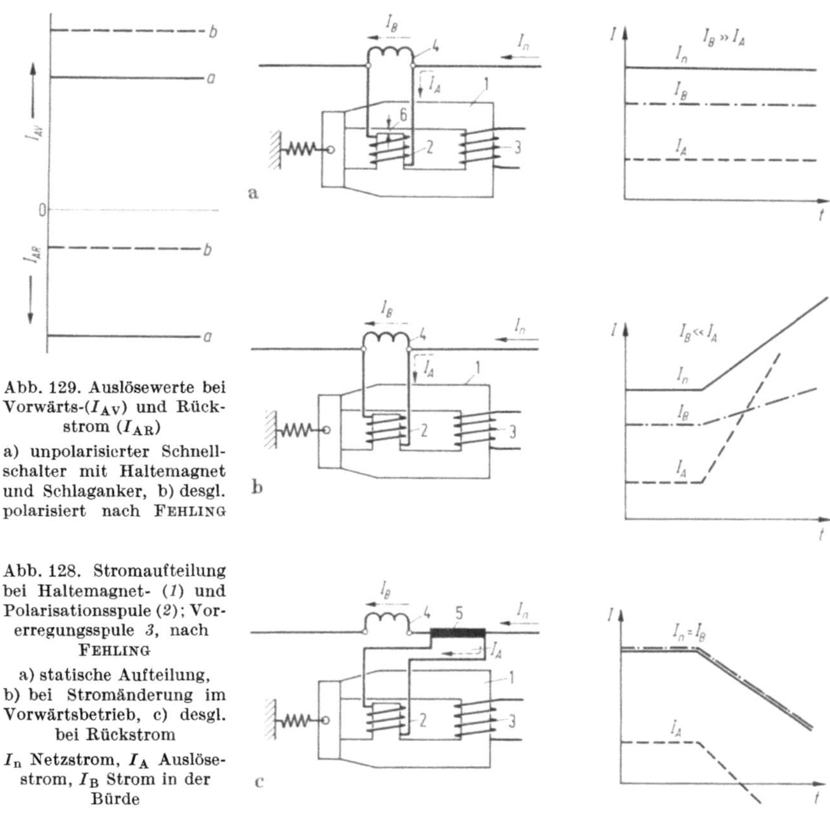

Abb. 129. Auslösewerte bei Vorwärts-(I_{AV}) und Rück-strom (I_{AR})

a) unpolarisierter Schnell-schalter mit Haltemagnet und Schlaganker, b) desgl. polarisiert nach FEHLING

Abb. 128. Stromaufteilung bei Haltemagnet- (*1*) und Polarisationsspule (*2*); Vor-erregungsspule *3*, nach FEHLING

a) statische Aufteilung, b) bei Stromänderung im Vorwärtsbetrieb, c) desgl. bei Rückstrom

I_n Netzstrom, I_A Auslöse-strom, I_B Strom in der Bürde

beträgt natürlich der Auslöseverzug ein Mehrfaches der Eigenzeit des
Sperrmagneten selbst. Es bleiben aber immer noch nur Schaltverzüge
in der Größenordnung von einigen msec übrig. In Verbindung mit einer
Blattabreißfeder und einem Rollenschloß werden Zeiten von 2···3 msec
erzielt, s. Gerät Abb. 131b, S. 199. Im Gegensatz zu Magneten mit
Gegenerregung fällt bei Sperrmagneten die Kraft mit steigendem Sperrstrom immer mehr ab, s. Abb. 127c. Die Gefahr der Flußumkehr besteht nicht. Das Prinzip des Sperrmagneten ist u. a. bei Rückstrom-
schaltern (s. S. 263) und Fehlerstromschaltern (s. S. 223) angewandt
worden.

13*

Der steuerbare Magnetkreis der *Haltemagnetschalter mit Streujoch* kann als Schutzglied für eine, aber auch *für zwei Stromrichtungen* verwandt werden, s. FEHLING (3). Die Auslösung wird nach Abb. 128 durch einen Nebenschluß zu der Spule auf dem Streujoch *2* gesteuert.

Der Stromverlauf im Nebenschluß bestimmt dabei die Auslöserichtung des Schnellschalters. Abb. 128a zeigt die statische Stromaufteilung. Verwendet man das Gerät ausschließlich für den Kurzschlußschutz von Stromerzeugern im Vorwärtsstromgebiet, dann hat der Nebenschluß eine geringe Induktivität *4*, z. B. die einer Blasspule, s. Abb. 128b. Für den Rückstromschutz verwendet man eine u. U. mit der Blasspule in Reihe liegende zusätzliche Induktivität *5*, s. Abb. 128c.
Abb. 128b zeigt auch die Aufteilung bei Stromänderung für Vorwärtsstromschutz. Bei schneller Stromänderung etwa im Kurzschlußfall bewirkt die Induktivität der Blasspule einen höheren Strom (I_A) in der Auslösewicklung. Der steil ansteigende Strom erzeugt im vorderen Magnetkreis des Haltemagneten einen dem Haltefluß entgegengesetzten Fluß, so daß die Haltekraft am Anker geschwächt und damit der Schalter ausgelöst wird. Steigt im Gegensatz dazu der Strom nur langsam an, dann bleibt die Stromaufteilung nach Abb. 128a noch einigermaßen erhalten. Die Auslösung erfolgt, sobald in der Auslösespule die notwendige Stromstärke erreicht worden ist. Sie kann durch Veränderung des Jochluftspaltes *6* reguliert werden. Bild c gibt die Stromaufteilung für den Rückstromfall an. Auf diese Weise wird das Gerät stromanstiegsempfindlich, entweder für den Vorwärtsstromschutz der Stromerzeuger oder den Rückstromschutz in Stromerzeugergruppen mit Parallelbetrieb.

Eine *stromrichtungsempfindliche Anordnung bei einem Haltemagneten mit Schlaganker* nach Abb. 124b entsteht, wenn man die Polarisationsspule *7* an eine unveränderliche fremde Gleichspannung legt. Dann werden die Auslöseströme in beiden Richtungen unterschiedlich. Über die Vorgänge bei der Polarisierung s. METZGER (1). Ohne derartige Zusatzglieder arbeiten diese Geräte mit Schlagankern in beiden Stromrichtungen bei einem bestimmten eingestellten Auslösestrom gleich schnell (unpolarisierte Schnellauslösung). Der durch die Polarisationsspule bedingte zusätzliche Kraftlinienfluß ergibt für Rückstrom z. B. einen normalen, für Vorwärtsstrom gesteigerten Auslösestrom, s. Abb. 129 und FEHLING (3). Die für die Einstellung des Auslösestromes übliche Veränderung des Abstandes zwischen dem Auslösemagneten *1* (s. Abb. 124a) und dem Anker *3* wirkt im Sinne einer Verstärkung der Grenze für den Vorwärtsstrom und einer Verminderung der Ansprechgrenze für den Rückwärtsstrom. Das Verhältnis der beiden Stromwerte zueinander läßt sich durch Änderung des Luftspaltes am Nebenschlußjoch einstellen.
Der *Sperrmagnet* (s. S. 193) wirkt zunächst unabhängig von der Stromrichtung, aber je nach der Bemessung des Spaltes und der Lage der Fenster für den Sperrstrom wird bei einer bestimmten Richtung des Auslösestromes der innere Fluß abgedrängt, so daß er nur den engen Spalt *8* durchsetzt, s. Abb. 127b. Der äußere Fluß wird dagegen verstärkt, und es erfolgt keine Auslösung. Bei umgekehrter Stromrichtung kann der

gesamte Kraftfluß abgedrängt werden, und das Gerät löst aus. Damit die Auslösestromstärke bei Rückwärtsstrom kleiner ist als bei Vorwärtsstrom, ist ein passender Nebenschluß, z. B. eine Drossel einzubauen, die als luftspaltloser Bandkern, z. B. mit rechteckiger Magnetisierungskennlinie aufgebaut ist. Sie muß bei Stromumkehr ummagnetisiert werden und drängt dabei den Gesamtstrom auf den Leiter im Sperrmagneten ab. Im normalen Betrieb, d. h. bei Vorwärtsstrom, ist der Bandkern durch den Schalterstrom magnetisch gesättigt und daher bei Überströmen wirkungslos. Beim Auftreten eines Rückstromes tritt jedoch infolge der Ummagnetisierung eine starke Drosselwirkung auf, so daß schon bei kleinen Stromwerten der für das Ansprechen des Sperrmagneten erforderliche Auslösestrom zustande kommt, wie z. B. bei dem Gleichstromschnellschalter nach Abb. 131b, S. 199. Der nach der Auslösung ummagnetisierte Bandkern wird dann beim Wiedereinschalten des Gerätes durch einen Hilfsstromkreis, der gleichzeitig mit dem Ferneinschaltbefehl geschaltet wird, in seine ursprüngliche Magnetisierungslage zurückgeführt. Die Rückstromrichtung kann durch Umpolen der Hilfsstromwicklungen leicht geändert werden.

Die Haltemagnete aller Art können auch noch mit einer zusätzlichen von der Hauptstrom-Schalterauslösung unabhängigen Fremd-*Schnell-*, bzw. einer genauso wirkenden direkten *Impulsauslösung* ausgerüstet werden. Für Haltemagnete mit Streujoch s. FEHLING (3), für solche mit Schlaganker Abb. 124c. Bei einer Stromänderung wird in der Sekundärspule *12* des Wandlers ein Strom induziert und auf die Spule *7* geleitet. Dadurch wird der magnetische Kraftfluß je nach Anschluß der Wandlerspule verstärkt oder geschwächt, so daß zunächst eine Spät- oder Frühauslösung zustande kommt. Der Stromwandlerkern besitzt Luftspalte zum Einstellen der Auslösewerte. Je nach Schaltung ist es auch möglich, daß die Spät- oder Frühauslösung in beiden Stromrichtungen oder nur in einer bestimmten Richtung wirksam wird. Einer dynamischen Frühauslösung in der einen Richtung kann z. B. eine dynamische Spätauslösung in der anderen entsprechen. Die Beschränkung auf eine Stromrichtung ist z. B. bei stark schwankenden Betriebsströmen u. a. Anfahrströmen in Bahnanlagen oder Motorströmen bei Reversier-Walzwerksantrieben von Bedeutung, wie überhaupt die Einsatzgebiete der Fremd-Schnellauslösung in Industrieanlagen mit besonderer Aufgabenstellung zu finden sind, s. FEHLING (3). Eine weitere Einrichtung für ein Fremdkommando bei einem Haltemagneten mit Schlaganker, aber abweichend von Abb. 124, mit zwei symmetrischen Magnetsystemen s. Abb. 130. Die Hauptstromwicklungen *4* erregen sowohl die Halte- (*2*) als auch die Auslösemagnete *1*. Die Haltemagnete sind bereits bei Nennstrom des Schalters fast gesättigt und haben ihre höchste Haltekraft erreicht. Bei Überstrom überwiegt die Kraft des Auslösemagneten die des Haltemagneten, der Schlaganker *3* wird vom Haltemagneten zum Auslösemagneten hin stark beschleunigt und trifft wie bei den anderen Anordnungen auf den Auslösehebel. Das so gekennzeichnete Schlagankersystem arbeitet an sich in beiden Stromrichtungen gleichwertig. Der Ausschaltverzug wird mit 2—3 msec angegeben. Diese Zeit kann durch den zusätzlichen Einsatz von Schnellstauslösern (s. S. 202) noch verkürzt werden. Über die Zusatzspulen *5* kann der Haltekraftfluß Φ_H beeinflußt werden und der Schalter eine stromanstiegsempfindliche Auslösecharakteristik erhalten, dabei geht der Ausschaltverzug auf 0,3 bis 0,6 ms herab. Diesen Impuls kann man über einen Impulswandler wie in Abb. 124c erteilen.

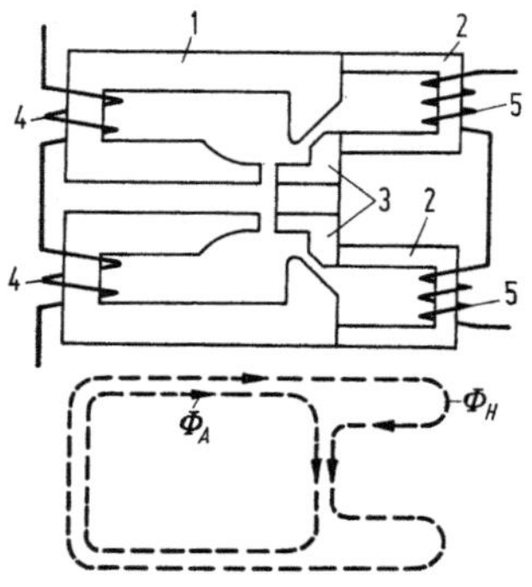

Abb. 130. Fremdschnellauslösung — direkte Impulsauslösung — bei Haltemagnet mit Schlaganker ohne Polarisationswicklung (AEG)

1 Auslöse-, *2* Haltemagnet, *3* Schlaganker, *4* Schlagankerwicklung, *5* Schnellauslösespule (*di/dt*-Spule)
Φ_A Auslösekraftfluß, Φ_H Haltefluß

Es sind auch noch *indirekte Impulsauslösungen* möglich. So z. B. kann bei Stromänderungen im Sekundärkreis des Wandlers ein magnetisches Relais oder ein elektronischer Schalter eingeschaltet werden, oder aber es wird durch die Stromanstiegsempfindlichkeit das Schaltgerät nicht über den Schlaganker, sondern über den Arbeitsstromauslöser durch Entklinken des Schaltschlosses abgeschaltet. Mit einer solchen Anordnung umfaßt man z. B. bei Bahnen am Ende auslaufender Strecken Kurzschlußströme, die kleiner sind als der eingestellte Auslösewert des als Streckenschalter verwandten Schnellschalters, s. Kanneberg und Treptow. Ausgeführte Gleichstromschnellschalter s. Abb. 131, ein Ausschaltoszillogramm Abb. 132.

Bei *Schnellschaltern für Wechsel- und Drehstrom* würden die Gleichstromlösungen unter Verwendung von Haltemagneten usw. (s. S. 191) einen verhältnismäßig hohen technischen und damit auch zu kostspieligen Aufwand notwendig machen, da bei ihnen ja dreipolig geschaltet werden muß, während man bei Gleichstrom weitgehend mit einpoliger Schaltung auskam. Ein weiterer wesentlicher Unterschied besteht aber darin, daß den Gleichstromschaltern unter dem Einfluß der Zeitkonstante der zu beherrschenden Stromkreise für eine strombegrenzende Kurzschlußausschaltung mehr Zeit zur Verfügung steht als bei Drehstrom.

Ein bei Wechselstrom allgemein verwendbares Prinzip besteht in der *Verwendung eines Schlagankers*, d. h. die Kurzschluß-Schnellauslöser trennen die Stromkreise unmittelbar, indem sie auf die Kontaktbrücke

a   b

Abb. 131. Gleichstrom-Schnellschalter, zur Schnellauslösung werden außer Fernschaltelementen verwandt: bei a) nach FEHLING und TREPTOW ein Haltemagnet mit Schlaganker und ein davon unabhängiger elektrodynamischer Schnellstauslöser (AEG-Telefunken), bei b) nach GRÜNFELD und SCHMELCHER Sperrmagnete für dynamische Überstrom- und Rückstromauslösung, wahlweise für di/dt-unabhängige und -abhängige Auslösung verwendbar (Siemens-AG)

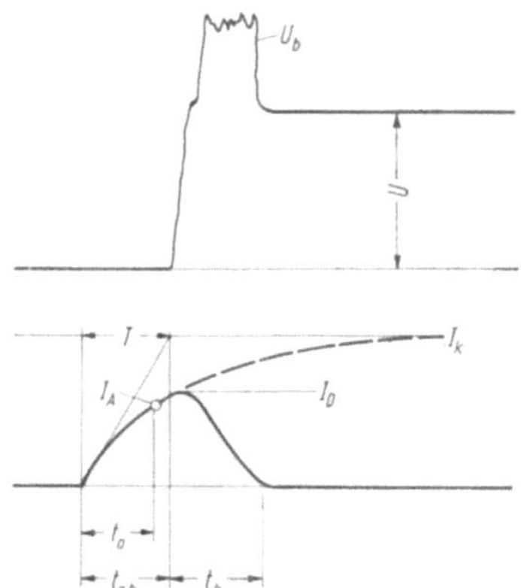

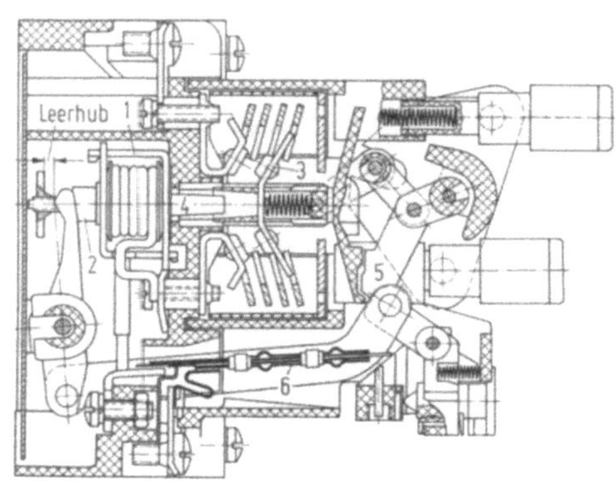

Abb. 132. Oszillogramm einer Gleichstromschnell-Kurzschlußauslösung

$U = 600$ V, $I_k = 29$ kA, $I_D \sim 18$ kA, Ansprechstrom $I_A \sim 16$ kA, $T \sim 15$ msec

Abb. 133. Kurzschlußstrombegrenzender Motorschutz-Leistungsschalter mit Schlaganker in „Aus"-Stellung

1 magnetischer Schnellauslöser, 2 Magnetanker, 3 Kontaktbrücke, 4 Schlagstift mit 2 verbunden, 5 Verklinkung, 6 thermischer Auslöser nach HILD (Klöckner-Moeller)

aufschlagen. Dabei öffnen sich die Kontaktstellen schlagartig, und gleichzeitig entklinkt sich das Schaltschloß. Dieses Verfahren ist zuerst von COHN (1) angegeben worden. Es wird zum Schnellschalten, insbesondere bei Leistungsschaltern kleiner Nennströme bis zu etwa 100 A angewandt. Der Vorteil dieser Methode liegt darin, daß der richtig bemessene Magnet bei Überschreiten des Ansprechstromes anzieht und sofort durchzieht. Ein Nachteil liegt darin, daß der Auslöser erst einen bestimmten Leerweg durchlaufen muß, ehe es zur Kontaktöffnung kommt und daß die Ma-

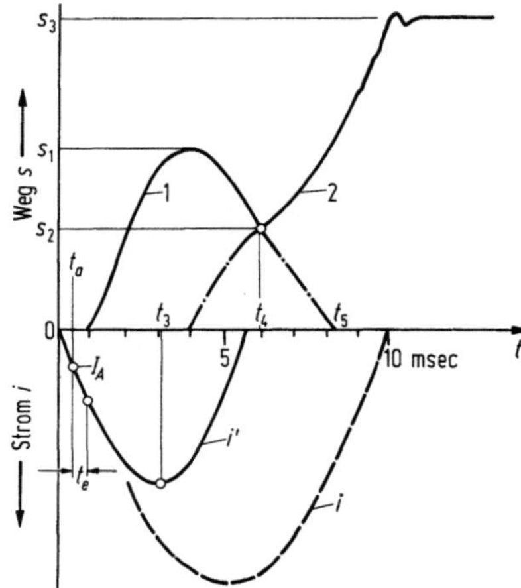

Abb. 134. Schaltstückbewegungs- und Stromdiagramm für ein Gerät mit Schlaganker nach Abb. 133

1 Schaltstückweg durch Schlaganker,
2 durch Entklinkung des Schaltschlosses
I_A Ansprechstrom, i' beeinflußter Strom

gnetkraft bei hohen Strömen infolge der Sättigung nicht so stark ansteigt wie bei der auf S. 203 beschriebenen Ausnutzung der Strombahnkräfte. Auf der anderen Seite werden durch die Ausnutzung der Magnetkraft die dabei möglichen Kontakt-Unsicherheitsgebiete (s. Abb. 137, S. 205) vermieden. Abb. 133 zeigt ein solches Gerät mit Schlaganker im Schnitt nach HILD (1). Der Stift 4 wirkt auf die Kontaktbrücke *3*. Ein Kontaktbewegungs- und Stromdiagramm s. Abb. 134. Die beweglichen Schaltstücke werden bis zu einem maximalen Öffnungsweg S_1 zurückgeschleudert und nähern sich mit Abklingen des Stromes wieder den festen Schaltstücken. Die Kontaktöffnung beginnt nach Ablauf von t_e. Bei t_3 entklinkt sich das Schaltschloß. Bei t_4 mündet die Rücklaufbewegung in die Kontaktöffnung durch das Schaltschloß. Ohne diese käme es bei t_5 wieder zu einer Kontaktschließung. Der beeinflußte Strom liegt erheblich unter dem unbeeinflußten. Über solche Konstruktionen s. a. BEHRENS und REISS sowie DRUBIG und FRIEDRICH. Abb. 135 zeigt weitere auf diesem Prinzip aufgebaute Geräte.

Die mit dem Schlaganker erzielten Erfolge wurden noch gesteigert, indem man vom magnetischen Kurzschluß-Schnellauslöser als Auslöse-

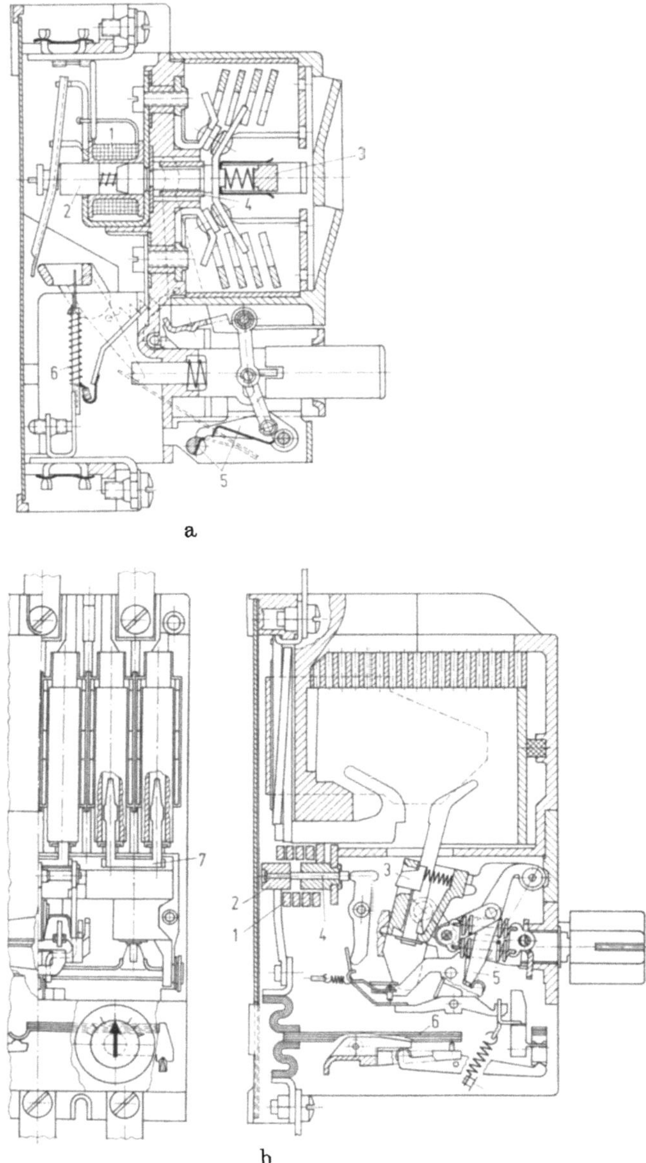

Abb. 135. Weitere schnellschaltende Drehstrom-Geräte mit Schlaganker in Ausschaltstellung
a) nach Behrens u. Reiß (AEG-Telefunken); b) nach Drubig u. Friedrich (Brown-Boveri); *1* Magnetspule des Schnellauslösers, *2* Magnetanker, *3* Kontaktbrücke, *4* Schlagstift mit *2* verbunden,
5 Verklinkung, *6* thermischer Auslöser, *7* Verbindung zweier Kontakthebel zur Hintereinanderschaltung

element zum sog. „*elektrodynamischen Schnellstauslöser*" überging. Diese Elemente beruhen darauf, daß vom Wechselstrom bzw. Strömen mit hoher Anstiegsgeschwindigkeit durchflossene Spulen in einem damit eng gekoppelten Ring einen entgegengesetzt gerichteten Strom induzieren, wobei infolge der abstoßenden Wirkung der beiden Ströme der Ring und die mit ihm verbundenen Konstruktionselemente eine sehr hohe Beschleunigung erfahren, s. Abb. 136a. Der Stößel *3* besteht gelegentlich

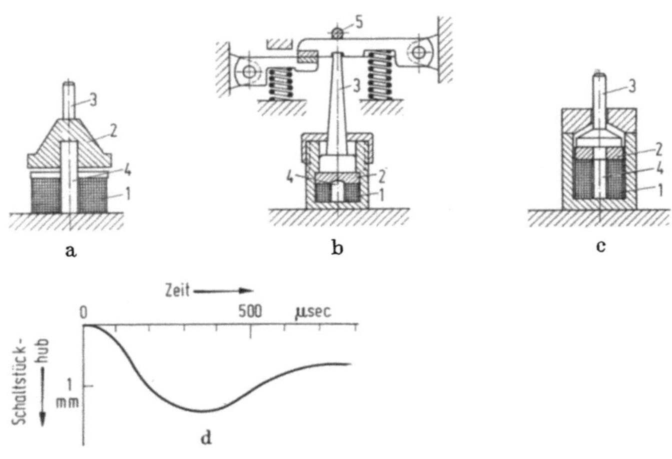

Abb. 136. Elektrodynamische Auslösemagnete
a) nach FEHLING, b) nach EINSELE und KESSELRING, c) nach ERK, d) Wegzeitdiagramm nach EINSELE und KESSELRING
1 Spule, *2* Ring, *3* Schlagstössel, *4* Führungsstift, *5* Brechstift

aus Isolierstoff. Ein Stabkern *4* aus magnetisch weichem Stahl, der gleichzeitig der Führung des Ringes *2* dient, verbessert die Koppelung zwischen Ring und Spule, s. a. HOLFERT und LOJAK. Bei der Anordnung b ist die feststehende Spule in eine Isoliermasse hoher elektrischer und mechanischer Festigkeit eingebettet. Dieses auf den ersten Blick so einfach erscheinende Prinzip konnte aber erst auf Grund umfangreicher Untersuchungen (s. EINSELE und KESSELRING) betriebssicher verwirklicht werden. Die damit entwickelten Kräfte sind außerordentlich hoch. Zur Erzielung kleiner Eigenzeiten müssen sie in kurzer Zeit erreicht werden. Ihre Wirkungsdauer braucht jedoch nur in der Größenordnung der Eigenzeit zu liegen. Im Hinblick auf die gewünschte schnelle Schaltstücköffnung hat sich eine Anordnung bewährt, die ohne Zwischenglieder auf das Kontaktglied einwirkt, s. Abb. 136b. Mit der Ausführung nach Abb. 136c wurden auch bei sehr kleinen Abmessungen, z. B. rund 30 mm Durchmesser nach ERK (1) Kräfte bis zu 5000 kp erzielt. Abb. 136d zeigt die

Weg-Zeitkennlinie eines elektrodynamischen Auslösers. Es ist notwendig, die Schloßverklinkung mit der Kontaktöffnung unmittelbar mechanisch zu koppeln, damit das bewegliche Schaltstück schnell in die volle Ausgangsstellung gelangt. Man erreichte von der Impulseinleitung bis zur Schaltstücktrennung Zeiten in der Größenordnung von etwa 0,5 msec. Durch diese kurzen Eigenzeiten werden die ansteigenden Kurzschlußströme stark begrenzt. Es besteht noch die Möglichkeit eines Fremdkommandos von der Anlage her, das die Öffnung des Schalters unabhängig von dem jeweiligen Betriebsstrom herbeiführt. Ein Stromimpuls besonders hoher Steilheit kann praktisch nur durch die Entladung eines Kondensators erzielt werden, s. FEHLING (4). In Verbindung mit dieser Fremdauslösung ist eine Steuerung auf verschiedene Art möglich, z. B. in einer den Strom messenden Einrichtung, die bei einem Mehrfachen des Nennstromes des Prüflings den zur Auslösung erforderlichen Impuls gibt. Auch kann man eine vom Stromanstieg abhängige Auslösezeit erzielen. Dann wird die ihm proportionale Spannung mit einem Wandler erzeugt. Die elektrodynamischen Schnellstauslöser werden auch zusätzlich zu der elektrodynamischen Kontaktabhebung (s. unten) verwandt und bei Gleichstrom zu Haltemagneten mit Schlaganker, s. S. 198. Während der Schnellschalter mit Schlagankerauslösung noch einen beachtlichen Ausschaltverzug hat, wird er bei der Verbindung mit einem elektrodynamischen Schnellstauslöser auf 0,3 bis 0,6 msec herabgesetzt, s. BRÜCKNER (4).

Es lag nahe, zur schnellen Kontakttrennung und der dabei erforderlichen Massenbeschleunigung, weil sehr große Kräfte notwendig sind, sie in den mit dem Stromquadrat steigenden *elektrodynamischen Kräften der Strombahn* zu suchen, also mit ihnen die Schaltstücke abzuheben. Auch hierbei wird der Lichtbogeneinsatz von dem Ablauf anderer mechanischer Vorgänge getrennt. Es bleibt nur die Zeit übrig, die der Stromanstieg bis zum Einsatz der elektrodynamischen Wirkungen braucht. Dann öffnen sich die Kontaktstellen ohne Rücksicht auf die Lage der Auslöser und die Ansprechzeiten zwischengeschalteter Glieder selbsttätig. Das ist ein Vorgang, der früher immer nur als eine unerwünschte Nebenerscheinung anzusehen war. Die Geschwindigkeit der Abhebung ist außer von der Höhe des Kurzschlußstromes natürlich von den Massen abhängig. Die Schwierigkeit bei der Anwendung des Prinzips liegt in dem Umstand, daß ein Kontaktapparat, der auf Selbstabhebung von einer bestimmten Stromstärke an gebaut ist, auch schon bei niedrigeren Strömen langsam eine Schwächung der Kontaktkraft erfährt. Da die Abhebekräfte jedoch mit dem Quadrat der Stromstärke wachsen, so können die Verhältnisse leicht so gestaltet werden, daß selbst wenn die Kontaktkräfte bei einem hohen Vielfachen des Gerätenennstromes durch die elektrodynamischen Gegenkräfte vollständig aufgezehrt werden, sie beim Nennstrom und den Betriebsströmen, z. B. den Motorströmen, nur eine ganz unbedeutende Schwächung erfahren. So z. B. wurden nach Hillebrand und Reiss (2) bei einem solchen strombegrenzenden Leistungsschalter für etwa 200 A Nennstrom die Kontaktkräfte gegenüber denen im stromlosen Zustand durch Nennstrombelastung nur um 0,3 v. H. vermindert und die Stoßströme beim Einschalten von Käfigläufermotoren oder Transformatoren bewirkten lediglich eine nur wenige Millisekunden andauernde Kontaktkraftminderung um 35 v. H. Sie blieb deshalb ohne Auswirkung auf die Schaltstücke. Dagegen erfordern aber Leistungsschalter herkömmlicher Bauart, bei denen sich die Stromspitzen praktisch voll entwickeln und u. U. mehrere Halbwellen hindurch Kurzschlußströme fließen, Kontaktkräfte, die über denen liegen, die zur Führung des Nennstromes notwendig sind. Sie müssen ausreichen, um sich den auftretenden elektrodynamischen Kräften entgegenstellen zu können, anderenfalls würden vor Einsetzen des Ausschaltvorganges die Schaltstücke häufig öffnen und wieder schließen sowie dabei Verschweißungsgefahr oder ein beträchtlicher Abbrand auftreten. Benutzt man dagegen die elektrodynamischen Abstoßkräfte der Einzelteile der Strombahn zur Öffnung des Stromkreises vor Erreichen des Maximums, dann ist eine erhebliche Verminderung der Kontaktkräfte gegenüber denjenigen bei normalen Auslöseschaltern möglich. Die Kräfte brauchen nur mit Rücksicht auf die Erwärmung der Schaltstücke beim thermischen Nennstrom bemessen zu sein. Dadurch wird der Mechanismus entlastet. Die Methode bringt aber *gewisse Schwierigkeiten* mit sich, denn es ist nicht o. w. gesagt, bis zu welcher Höhe ein Kurzschlußstrom, auch wenn er zum Schluß sehr hohe Werte annehmen will, bei der ersten Vorwelle ansteigt. Das hängt von der Einschaltphasenlage ab, s. S. 54. Die Zeit bis zum Einsatz der Lichtbogenentwicklung wird umso kürzer, je größer der Kurzschlußstrom ist. Es ist aber nicht einfach, über die Ausschaltzeiten exakte Angaben zu machen. Das wäre nur für einen symmetrischen Wechselstrom ohne Gleichstromglied möglich, s. Abb. 137a, beim unsymmetrischen hängt es wesentlich davon ab, ob bzw. wann die Kurzschlußströme einen Wert annehmen, der für die dynamische Kontaktabhebung erforderlich ist. Bei der Ansprechgrenze i_{dyn1} würde die Kontaktabhebung nach der Zeit t_1 beginnen, aber etwa nach der Zeit t_2 ohne weitere Maßnahmen — auch wenn der Strom durch die Lichtbogenspannung nicht beeinflußt wurde — wieder rückläufig werden. In Wirklichkeit ist der Stromverlauf jedoch meist asymmetrisch, d. h. vom Gleichstromglied abhängig. Hierbei kann die erste Welle eine verhältnismäßig kleine Amplitude aufweisen, die nicht ausreicht, den Begrenzungsmechanismus in Tätigkeit zu setzen, s. z. B. Teilbild b. Die Amplitude der Vorwelle ist kleiner als der angenommene Ansprechstrom i_{dyn1}. Erst nach der gegenüber a erheblich längeren Zeit t_1 wäre eine Kontaktöffnung möglich, weil der Strom in der nächsten Halbwelle zu erheb-

lich höheren Werten ansteigt. Die Gesamtschaltdauer wird also in diesem
Falle verlängert. Bei dem Teilbild c, bei dem ein etwas späterer Einsatz
des Stromes angenommen wurde, ist die Vorwelle höher; sie erreicht z. B.
eine Amplitude ungefähr in Höhe des Ansprechstromes i_{dyn1}, d. h. Abhebe-
punkt und Rückkehrpunkt liegen sehr nahe beieinander, die Gefahr einer
Schaltstückverschweißung wäre groß. Bei der Ansprechstromstärke i_{dyn2}
würde diese Schwierigkeit wegfallen, aber die Ansprechzeit gegenüber
dem Wert nach Teilbild a erheblich wachsen. Es sind also *zusätzliche*

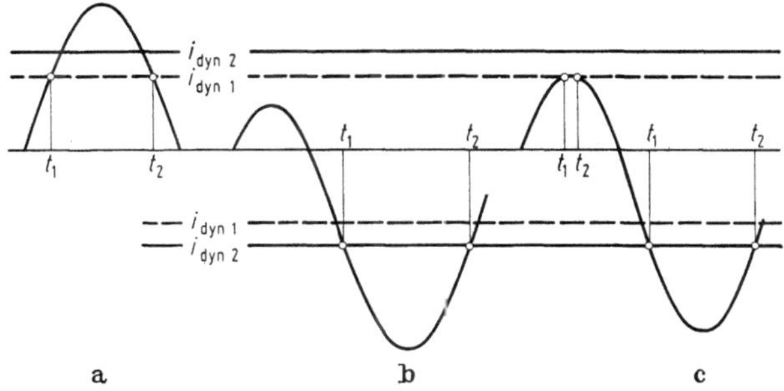

Abb. 137. Selbstabstoßungsgrenze und Stromkurvenform

a) Strom — Sinusform; b) Einschaltstrom bei $\cos \varphi = 0{,}2$ u. Einsatz 3 msec nach normalem Stromnulldurchgang; c) kritische Ansprechgrenze in der Spitze der ersten Halbwelle bei i_{dyn1}; i_{dyn} Strom,
bei dem die Schaltstückabhebung einsetzt

Mittel notwendig, um Zustände, wie in dem Bild c in Verbindung mit
dem Strom i_{dyn1} und die Rückbewegung der durch elektrodynamische
Vorgänge bewirkten Schaltstückablösung nach dem Zeitpunkt t_2 zu verhüten — „Kritischer Bereich". Zur *Durchführung der dynamischen Kontakttrennung* werden die Strombahnen, insbesondere die Kontaktglieder
so angeordnet, daß sie in einer Stromschleife liegen. Dieser Schleife gibt
man eine Form, die zusätzliche Kontaktabhebekräfte erzeugt, z. B. eine
enge Schlaufe, s. Abb. 138a. Dadurch werden die Abhebekräfte gegenüber einer auf kürzestem Weg geführten Strombahn recht bedeutend.
Zusatzkräfte werden aus der ohnehin meist notwendigen Verwendung
von Haupt- und Abbrennschaltstücken entwickelt und die Einzelteile so
angeordnet, daß sich beim Öffnen der Hauptschaltstücke *2* durch eine
weitere enge Schleife gesteigerte Abhebekräfte einstellen, s. Teilbilder b.
Hierbei ist der Kontaktapparat geschlossen und bei Beginn der Öffnung
dargestellt. Diese neue, sehr enge Stromschleife darf aber natürlich nicht
zu lang sein, um den Übertritt der Stromfäden nicht zu erschweren. Die
Stromkräfte zerfallen dann in drei Anteile, die abstoßende Kraft zwischen zwei parallelen Strombahnen, die Stromengekraft an der Kontaktstelle selbst und die Schleifenkraft, herrührend von der gesamten, durch

die Strombahn gebildeten Schleife. Alle diese Kräfte sind praktisch proportional dem Quadrat des Kurzschlußstromes.

Zusätzliche Einrichtungen sind mit Rücksicht auf den „*kritischen Bereich*" (s. Abb. 137c) notwendig, denn bei den durch elektrodynamische Wirkung sich öffnenden Schaltgliedern strombegrenzender Selbstschalter besteht die Gefahr, daß, wenn der Schalter bei einem Kurzschluß nicht

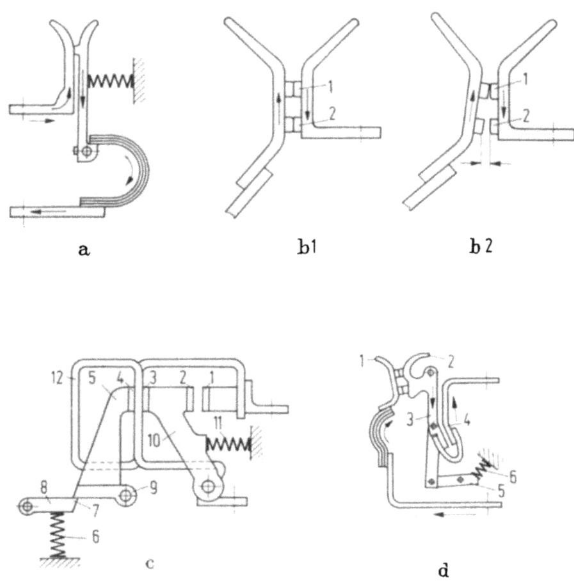

Abb. 138. Kontaktöffnung durch dynamische Kräfte der Strombahn
a) Grundprinzip, b) Beseitigung des kritischen Bereichs durch Zusatzkräfte bei zweistufigem Kontaktapparat, c) desgl. durch zwei Kontaktstellen nach PAUKERT, d) desgl. durch Doppelschleife nach BURKHARD (zu c) u. d) Erläuterungen im Text)

mit genügender Geschwindigkeit öffnet, sich die Schaltstücke durch die wechselnden Abhebekräfte während der einzelnen Wechselstromperioden so lange ständig öffnen und schließen — „Pumpen" —, bis auch das Schaltschloß auslöst und der Schalter endgültig geöffnet hat. Dabei wären naturgemäß die Schaltstücke dauernden Lichtbogeneinwirkungen ausgesetzt, die zu starken Abbrandschäden führen und die Möglichkeit der Verschweißung beträchtlich erhöhen. Den elektrodynamischen Rückstoß allein auszunutzen ist also nicht möglich. Es sind verschiedene Lösungen vorgeschlagen und durchgeführt worden. So z. B. wurden Rastelemente eingebaut, die das bewegliche Schaltstück bei einer Öffnungsbewegung ungehemmt in eine der Öffnungsgeschwindigkeit entsprechende Raststufe einrasten lassen, aber eine Rückbewegung vor der

Drehung der Hauptschaltwelle in die Öffnungslage verhindern. In anderen Fällen wird das Schaltstück bei seiner ersten Bewegung über einen Totpunkt hinausgeschleudert, so daß eine Wiederkontaktgebung nicht zustande kommen kann. Andere Mittel zur Verhütung eines Rücklaufs im kritischen Fall sind Kniehebel in der Stromschleife oder aber vor allem Überstromauslöser, die unterhalb der Selbstrückstoß-Grenze in Erscheinung treten und so schnell wirken, daß nach einem elektrodynamischen Rückstoß bei Wieder-Absinken der Stromwelle das bewegliche Schaltstück sich nicht wieder auf das feste legen kann. Diesem Zweck dienen die Schnellstauslöser, s. S. 202. Auf der anderen Seite bedingen aber die Kontaktkräfte, die bei Nennstrom notwendig sind, daß die elektrodynamische Ansprechgrenze verhältnismäßig hoch liegt, s. S. 203. Eine unsichere Kontaktgebung, d. h. ein Strombereich mit ungenügender Kontaktkraft muß unbedingt vermieden werden.

Man kann auch den Kontaktapparat selbst so durchführen, daß sich die Kräfte nach Öffnung der Kontaktstelle schnell stark ändern. Zum Beispiel dient der Verhütung des Rückstoßes die Ausführung nach Abb. 138 c. Dabei sind nach PAUKERT zwei Kontaktstellen hintereinander geschaltet. Dem Berührungspunkt $1/2$ liegt eine Magnetspule 12 parallel. Bei Kurzschlußströmen kommt es zuerst zur Trennung dieser Kontaktstelle mit einem geringen Kontaktspalt von 1 bis 2 mm. Der Strom durchsetzt dann die Spule 12 und die dynamischen Kräfte steigen sprunghaft an. In dem Magnetfeld der Spule 12 liegt das bewegliche Kontaktglied 5. Mit dessen Hilfe öffnet sich die Kontaktstelle $3/4$, so daß es an den Hauptschaltstücken nicht mehr zu Verschweißungen kommen kann. Sobald das bewegliche Schaltstück 5 einen bestimmten Weg zurückgelegt hat, verschiebt sich der Hebel 9 und der Sperrriegel 7 so, daß eine Wiederberührung der Schaltstücke $3/4$ nicht mehr zustande kommt. Der Selbstschalter bleibt also zunächst ausgeschaltet. Bei erneutem Einschalten werden die Elemente wieder in die Ausgangslage gebracht. Bei der Anordnung nach Abb. 138 d, s. BURKHARD (5), kommt noch ein zweiter Vorgang hinzu. Bei einer bestimmten Stromstärke überwindet der in leichter Knicklage befindliche Teil 3 der zusammen mit Teil 4 gebildeten Stromschleife über die Wippe 5 die Federkraft 6, die ihn in der Ruhestellung hält. Dadurch wird dem Schaltstück eine sehr hohe Beschleunigung erteilt, zu der die Feder 6 zusätzlich beiträgt und gleichzeitig das Schaltschloß entriegelt.

Die Maßnahmen zur Verhütung des Rückstoßes, also der Wiederkontaktgabe, müssen auch wirksam sein, wenn bei sehr hohen Kurzschlußströmen mit entsprechend hohen Schaltgeschwindigkeiten des sich bewegenden Stückes Rückprellungen aus der Endlage heraus zum Wiederkontaktschluß führen können. Bei Geräten großer Nennstromstärken entstehen weitere Schwierigkeiten, weil es bei der Beschleunigung der Schaltstücke auf das Verhältnis der Kraft, die auf sie einwirkt, zu ihrer Masse ankommt. BRÜCKNER (3, 4) schließt aus einem Rechenbeispiel, daß ein Schalter mit elektrodynamischer Kontaktabhebung für sehr große Nennstromstärken deshalb nur schwer zu verwirklichen ist.

Die außerordentlich kurze für die Kommutierung des Stromes vom Haupt- zum Vorschaltstück zur Verfügung stehende Zeit schließt die

Verwendung zusätzlicher magnetischer Blasung aus, da die Induktivität der Blasspule ein lichtbogenfreies Unterbrechen des Stromes am Hauptschaltstück nicht möglich machen würde, s. MAU. Es ist demnach notwendig, die erforderliche Wanderungsgeschwindigkeit des Lichtbogens durch entsprechende Ausbildung der Schaltstücke und durch die Stromführung stark zu machen. Es liegen bei Kurzschlüssen in dreiphasigen Systemen leicht Verhältnisse vor, bei denen nicht in allen Polen die Ströme zum dynamischen Öffnen der Schaltstücke oder zur Öffnung über den Schnellstauslöser führen. Man sorgt dann dafür, daß von dem erstöffnenden Pol ausgehend die anderen ebenfalls ausgeschaltet werden.

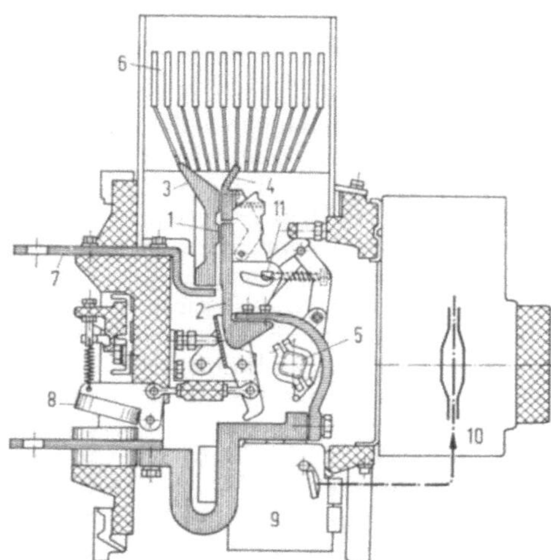

Abb. 139. Strombegrenzender Schalter mit dynamischem Rückstoß nach TREPTOW und WULF

1 festes Hauptschaltstück, *2* beweglicher Kontaktarm, *3* u. *4* Abreißschaltstücke, *5* Schaltwelle, *6* Löschblechkammer, *7* Anschluß, *8* Kurzschlußschnellstauslöser, *9* Überlast- und Kurzschlußauslöser, *10* Einschaltkraftantrieb, *11* Polverklinkungsstelle (AEG-Telefunken)

Abb. 139 zeigt als Beispiel für Geräte mit strombegrenzender Ausschaltung durch elektrodynamische Kontaktlösung ein solches für Nennstromstärken von 400 bis 2000 A der AEG. Wenn die elektrodynamischen Kräfte des Kurzschlußstromes größer sind als die Kontaktkraft, dann werden die Schaltstücke durch sie aufgeschleudert. Durch die dabei bewirkte Bewegung wird die Polverklinkung *11* gelöst, dadurch die Kontaktkraftfedern entspannt und das Zurückprellen des beweglichen Schaltstückes verhindert. Liegt der Scheitelwert des auftretenden Kurzschlußstromes unterhalb dessen, der zur dynamischen Kontaktlösung führt, dann bewirken diese dynamischen Kräfte des Kurzschlußstromes lediglich eine Verringerung der Kontaktkraft. Damit es bei Abkühlung dann nicht zu einem Verschweißen der Schaltstücke kommt, ist der Kurzschlußschnellstauslöser *8* eingebaut. Er stellt sicher, daß auch bei einem Kurzschlußstrom unterhalb der Ablösungsgrenze die Schaltstücke innerhalb der ersten Halbwelle des Kurzschlußstromes geöffnet werden, ehe es zum Verschweißen kommt. Dieser Schnellstauslöser ist über eine isolierte Zugstange mit dem Kontaktsystem gekoppelt und wirkt unmittelbar auf die Schaltstücke. Zusätzlich betätigt er einen Kraftspeicher, der das Schaltschloß entriegelt und den Kontaktarm in die Ausschaltstellung führt, s. FEHLING (5) sowie TREPTOW und WULF (1)

Für das *Gesamt-Strom-Zeitdiagramm* ist es wesentlich, mit wie vielen Abschnitten, bezogen auf die Auslösestromstärke, man es zu tun hat. Da ist zunächst einmal der Bereich *1* der Betriebsströme, s. Abb. 140. In diesem Bereich und auch in dem weitergehenden *2* lösen einstellbare thermische (a) und im allgemeinen magnetische Auslöser (b) durch Entriegelung des Schaltschlosses aus. Der Abschnitt *2* setzt z. B. erst oberhalb der beim gesunden, aber blockierten Motor auftretenden Ströme ein, s. S. 92. In diesen Abschnitt fallen auch verhältnismäßig niedrige Kurzschlußströme. In dem Abschnitt *2*a können die Kontaktkräfte, obwohl durch die Abhebekräfte noch keine Lösung der Schaltstücke voneinander erfolgen

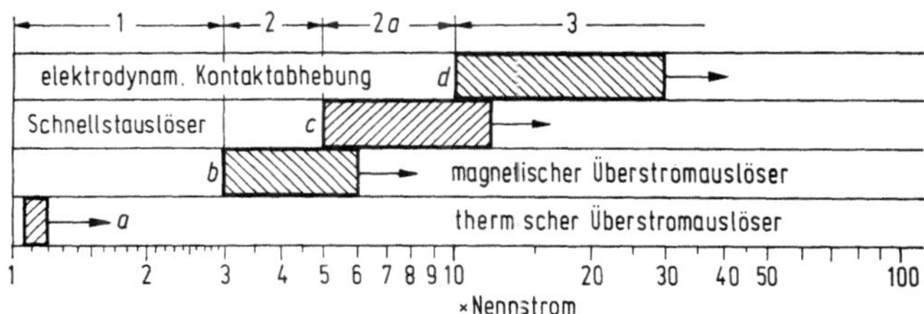

Abb. 140. Beispiel für die Ansprechbereiche der Schutzelemente von Leistungsschaltern mit elektrodynamischer Kontaktabhebung (Erläuterungen im Text)

kann, schon beträchtlich geschwächt werden, so daß man mit Kontaktschwierigkeiten (Verschweißungen) rechnen müßte. Deshalb wird bei vielen Konstruktionen ein zusätzlicher Schnellstauslöser (c) eingebaut, der unmittelbar auf den Kontaktmechanismus einwirkt. Er ist bei größeren Geräten meistens erforderlich und bewirkt unter Umgehung des normalen Ausklinkprozesses durch die von ihm entwickelten Kräfte eine sehr schnelle Trennung der Schaltstücke. Im Abschnitt *3* tritt dann die unmittelbare elektrodynamische Schaltstückabhebung (d) in Tätigkeit. Es trennen sich die Schaltstücke, und der Lichtbogen wird z. B. in das System der Löschbleche hineingetrieben. In dieser Zeit hat der Schnell- bzw. Schnellstauslöser die Entriegelung des Schalters vorgenommen.

Die *Grenzen für die einzelnen Abschnitte* sind natürlich nicht alle festliegend. Die thermischen Auslöser (a) sprechen zwischen dem 1,05- bis 1,2fachen Nennstrom mit Verzögerung an. Die Einstellung der magnetischen Auslösung richtet sich danach, ob es sich um Motorschutzschalter oder Verteilungsschalter, die in erster Linie dem Leitungsschutz dienen, handelt. Die Grenzen liegen im ersteren Falle etwa zwischen dem 8- und 14fachen Nennstrom, beim Leitungsschutz zwischen dem 3- und 6fachen, s. Tab. 3, S. 120. Der Einsatz von Schnellstauslösern erfolgt unterschiedlich, meistens dürften die Einstellwerte zwischen 5- und 12fachem Nennstrom liegen. Hierfür werden im allgemeinen wie auch für die elektrodynamische Abhebung Momentanwerte angegeben. Letztere liegen über dem 10fachen Nennstromscheitelwert. Ein Beispiel des Zusammenwirkens von thermischer Auslösung, normalem magnetischem Kurzschlußauslöser, Schnellstauslöser und elektrodynamischer Kontaktabhebung s. Abb. 141.

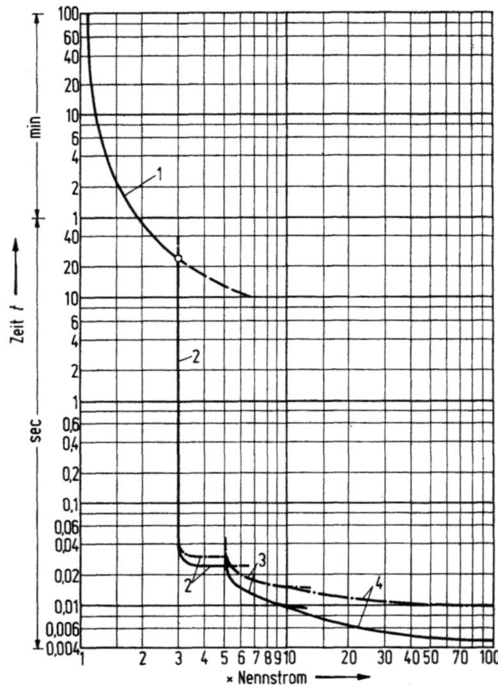

Abb. 141. Beispiel für die Ausschaltkennlinie eines strombegrenzenden Leistungsschalters
—·—·— Gesamtausschaltzeit, ——— Öffnungsverzug
1 thermischer Überstromauslöser, *2* magnetischer Kurzschlußauslöser, *3* Kurzschluß-Schnellstauslöser, *4* Auslösung durch elektrodynamische Stromkräfte

Solche Geräte lassen sich *in Verbindung mit Schnellstauslösern* (s. S. 202) *auch für Gleichstrom* verwenden, s. z. B. Treptow (5). Das Anwendungsgebiet ist gegenüber den Geräten mit Haltemagnet und Schlaganker unterschiedlich. Der Ausschaltverzug ist größer, was z. B. beim Einsatz als Streckenschalter ohne Bedeutung ist. Auch ist eine unterschiedliche Auslösestromstärke in beiden Stromrichtungen (s. z. B. Abb. 129, S. 195) nicht möglich. Die Geräte eignen sich gut zum Schutz von Halbleitern und entsprechen besonders den extremen Anforderungen innerhalb einer Großanlage, z. B. bei einem stromrichtergespeisten Walzwerkantrieb.

Über die Abhängigkeit des Durchlaßstromes, des Wärmeintegrals und des
Ausschaltverzuges von der Stromanstiegsgeschwindigkeit bei dem auf
dieser Grundlage aufgebauten Gleichstrom-Schnellschalter MY-Rapid der
AEG s. TREPTOW und WULF (2).

Bei der Anwendung des Kurzschlußauslösers mit Schlagwirkung auf
die Kontaktbrücke sowie vor allen Dingen auch bei der Anwendung der

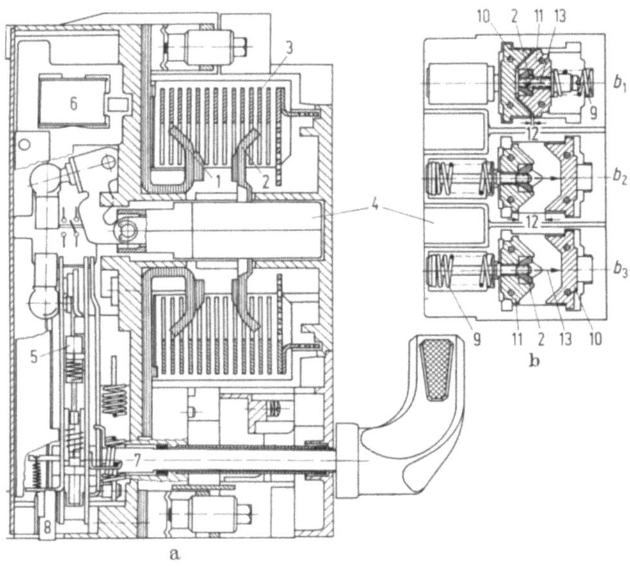

Abb. 142. Strombegrenzungsschalter mit Kontakttrennung durch Zugmagnete nach HILD (Klöckner-
Moeller)

a) Schnitt durch das Gerät ohne Auslöseblock, b) Horizontalschnitt durch den Brückenträger 4, b_1 für
Kontakt-Kraft-Verstärkung, b_2 u. b_3 für strombegrenzende Ausschaltung

1 feststehende Schaltstücke, 2 Kontaktbrücke, 3 Löschblechkammer, 4 Kontakt-Brückenträger,
5 Schaltschloß, 6 Spannungs-Auslöser, 7 Antrieb, 8 Angriff der Stromauslöser vom Auslöserblock her,
9 Kontaktdruckfeder, 10, feststehender Magnetteil, 11 Magnetanker, 12 Magnethub, 13 Ankerbewe-
gungsrichtung

elektrodynamischen Kontakttrennung sind oft Verrastungsmechanismen
notwendig, um zu vermeiden, daß in bestimmten Überlastbereichen der
Kontaktapparat gefährdet wird. Sonst kann es z. B. zu dem berüchtigten
„Pumpen" der beweglichen Schaltstücke kommen, s. S. 206. Bei dem
Schlagankermagneten vermeidet man dieses Pumpen, indem man auf dem
Wege des Ankers das Schaltschloß des Gerätes entklinkt. Diese Maßnahme
geht jedoch stets zu Lasten des Öffnungsverzugs. In Grenzfällen ist
dennoch eine Doppelschaltung möglich. Bei der elektrodynamischen
Kontakttrennung ist bei der Betrachtung der genannten Schwierigkeiten

14*

der Umstand wichtig, daß die Kraftwirkung der Stromschleife nach dem Öffnen der Kontaktstelle ständig abnimmt. Bei der *Kontakttrennung durch Zugmagnete* ist es aber möglich, daß der Kraftüberschuß des Magneten auf seinem Ankerweg ständig zunimmt und auf diese Weise die kritischen Bereiche überwunden werden, s. Abb. 142a. Mit dem beweglichen Schaltstück *2* ist ein Magnetanker *11*, s. Teilbild b_2 und b_3 für die strombegrenzende Wirkung, verbunden, das Gegenstück *10* ist ortsfest. Im Einschaltzustand ist der Eisenpfad offen. Bei Überströmen werden Kräfte auf das Schaltstück ausgeübt, wobei der bewegliche Magnetanker es von der die Kontaktauflagen tragenden Seite her umfaßt. Dabei ist das Magnetjoch *10* am Schaltstückträger *4* in einem solchen Abstand angeordnet, daß unter Berücksichtigung der Schaltstückdurchfederung im eingeschalteten Zustand noch ein hinreichender Luftspalt als Öffnungsweg für das Schaltstück verbleibt. Die Anordnung wird wirksam, sobald bei Überströmen die Zugkraft des Magneten ausreicht, um die Feder *9* zu überwinden. Der Magnetanker schaltet zügig durch und ein „Pumpen" der beweglichen Schaltstücke wird vermieden. Neben den Magnetkräften wirken auf das Schaltstück die Kontaktabhebekräfte und die der Strombahn. Der Magnetzug ersetzt alle beim Ausschalten eines verklinkten Schalters notwendigen Vorgänge. Nach Beendigung des Ausschaltvorganges geht der Anker *11* wieder in seine Ruhelage. In Verbindung mit der Kontaktdruckfeder *9*, die eine flache Charakteristik hat, kann der Magnet so ausgelegt werden, daß er — sobald es zur Öffnung der Kontaktstelle kommt — stets in die Offenstellung durchzieht und das Schaltstück für die Dauer des Stromflusses geöffnet hält. Damit ist sichergestellt, daß trotz des erreichten extrem kurzen Öffnungsverzuges noch genügend Zeit zur Lösung der Schaltschloßverklinkung durch die üblichen Auslöseglieder zur Verfügung steht und der Schaltstückträger *4* in seine Ausschaltlage gebracht wird. Mit den gleichen Konstruktionselementen, die lediglich in eine andere Lage zueinander gebracht werden (s. Abb. 142b_1), kann man zu der bei selektiv verzögert arbeitenden Geräten erwünschten Kontaktkraftverstärkung kommen und eine Abhebung im eingeschalteten Zustande verhindern. Das Gerät weist zur schnellen Entwicklung der Lichtbogenspannung zwei Unterbrechungsstellen je Pol jeweils in Verbindung mit der weiteren Unterteilung der Lichtbögen in dem Löschblechsystem auf. Bei einer Kurzschlußstromstärke in Höhe von etwa der 7fachen Auszugsstromstärke des Magnetsystems liegt der Öffnungsverzug bei etwa 0,5 msec, und die Lichtbogenspannung erreicht in 4 bis 7 msec ihr Maximum, s. HILD (2). Ein Ausschaltoszillogramm eines solchen Gerätes s. Abb. 158d, S. 245.

Während die bisher genannten Lösungen alle auf der Entwicklung magnetischer Kräfte beruhen, sind noch einige *thermisch-mechanische Lösungen* bekannt geworden. So z. B. werden mit kleinen detonierenden

Sprengladungen sehr kurze Ansprechverzugszeiten von etwa 0,5 msec erzielt. Sie entwickeln um mehrere Größenordnungen höhere Kräfte als z. B. die Haltekräfte bei Magneten, s. a. BRÜCKNER (1, 2, 4), FLÖTH (2), MARX und SCHMITZ, SCHMITZ und SCHWETZKE. Damit erzielt man eine sehr starke Kurzschlußstrombegrenzung. Wenn die Geräte auch in erster Linie in Gleichstrom- sowie Mittelspannungsanlagen eingesetzt werden, so findet man sie aber auch mit Erfolg in leistungsstarken Niederspannungs-Industrienetzen. Der Aufbau der Elemente erfolgt so, daß mit Zündmitteln geladene Sprengkapseln definierte Aufreißstellen besitzen. Die verhältnismäßig große Energie der Sprengmittel kann durch elek-

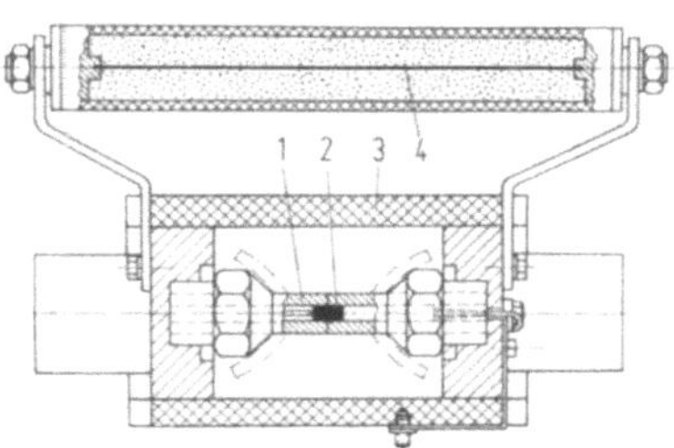

Abb. 143. Aufbau (Schnitt) eines I_s-Begrenzers (Calor-Emag)

1 Sprenghülse, *2* Sprengkörper, *3* Schutzkörper, *4* Parallel-Sicherung

trische Zündung mit kurzer Reaktionszeit schnell frei gemacht werden. Man kann damit einen Stromkreis unmittelbar öffnen, indem man ein dafür vorgesehenes Stück eines Stromleiters zerstört oder sie auch mittelbar zur Schalthandlung heranziehen, indem sie z. B. unter Federkraft stehende Schaltorgane entriegelt. Dabei sind die Sprengkapseln ihrerseits von einer Hülle aus sprödem Werkstoff eng umschlossen. Die Kraft einer gespannten Feder wird von ihr aufgenommen und beschleunigt nach der Zerstörung der Hülse die beweglichen Schaltelemente. Die Zeiten für die Zerlegung der Sprengbrücke hängen von ihrem Querschnitt und der Größe der Sprengladung ab. Die Zersprengungszeit für die Kapsel ist durch die Leistung, die als Zündimpuls wirkt, bestimmt. Sie konnte nicht wesentlich unter 30 μsec verkürzt werden, s. BRÜCKNER (1). Zur Erzielung geringer Zeiten ist die Auslösung durch den Stromanstieg (di/dt) (s. S. 129) wesentlich. Zum Zünden bedarf es eines plötzlich einsetzenden Stromes hinreichend hoher Spannung, indem man z. B. die Zündenergie einem entsprechend großen Kondensator mit hoher Ladespannung entnimmt. Weiter kommen elektrodynamische Schnellstauslöser (s. S. 202) in Betracht. Eine grundsätzliche Anordnung eines Schalters mit Sprengauslösung s. MARX und SCHMITZ. Mit anderen Mitteln ist es nicht möglich, eine derart große Kraft in außerordentlich kurzen Zeiten freizugeben. Natürlich erhalten solche Geräte noch eine mechanische Freigabe durch magnetische Auslöser. Die unmittelbare Auftrennung eines stromführenden Leiters durch eine Sprengladung erfolgt im Sprengtrenner (Calor „I_s-*Begrenzer*"), s. Abb. 143. Über den Einsatz von I_s-Begrenzern s. a. Böttger, über Betriebserfahrungen in Niederspannungsnetzen s. Brückner (2) und über die Wirtschaftlichkeit s. Heilmann.

Die schnelle Auftrennung eines Stromkreises kann auch durch Schmelzen oder *Verdampfen erhitzter Leitungsstücke* geschehen, s. Einsele und Kesselring. So z. B. entwickeln sich in einer fettgefüllten Patrone, die von einem stromdurchflossenen Draht durchsetzt wird, um den beim Auftreten eines hohen Stromstoßes eine Dampfschicht entsteht, hohe Drücke. Die Druckentwicklung kann zur Auslösung verwandt werden.

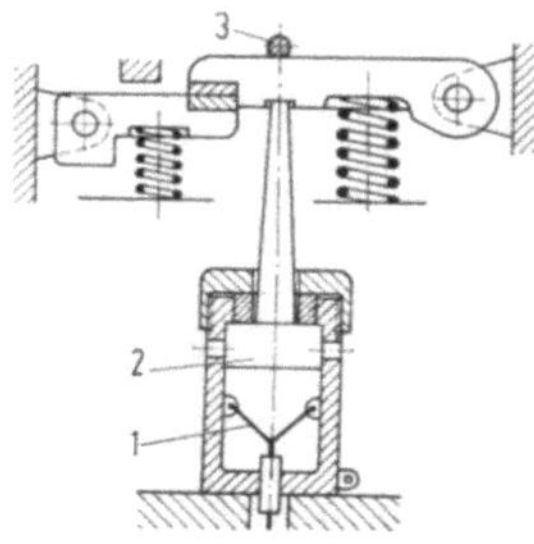

Abb. 144. Prinzip eines Fettpatronenauslösers nach Einsele und Kesselring (Erläuterung im Text)

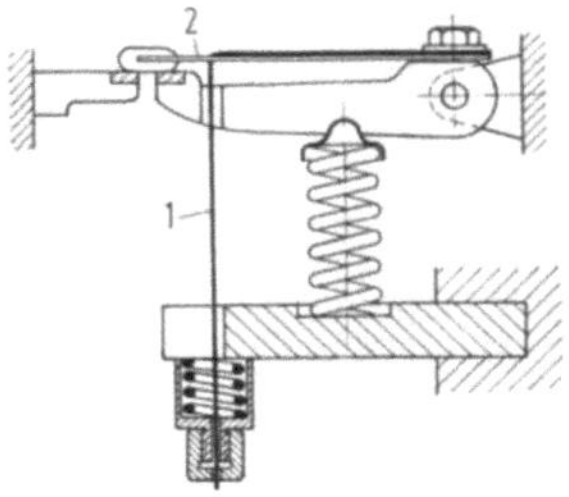

Abb. 145. Prinzip eines Spanndrahtauslösers nach Einsele und Kesselring (Erläuterung im Text)

In einem geschlossenen, mit Flüssigkeiten gefüllten Gefäß kann bei der Verdampfung ein theoretisch unendlich hoher Druck entstehen. In Abb. 144 ist *1* der Schmelzdraht. Der Kolben *2* wird hochgeschleudert, der Brechstift *3* zerstört. Der Auslösestromkreis ist vom Hauptstromkreis isoliert. Der Schaft des Kolben *2* besteht aus Isolierstoff. Der Schmelzdraht kann z. B. durch eine Kondensatorentladung verdampft werden. Messungen ergaben Schaltzeiten unter 0,1 ms. Ähnliche Wirkungen werden durch *Schmelzen von Sperrgliedern*, z. B. eines Drahtes erreicht Beim Auslösen verdampft man den Draht durch einen hohen Stromimpuls. Naturgemäß müssen auch hier nach jeder Schaltung Teile der Auslöser ersetzt werden, s. Abb. 145. Es wurden Schaltzeiten von etwa 0,2 ms erreicht.

Die Durchführung der *Selektivität* ist bei strombegrenzenden Drehstrom-Leistungsschaltern, so wie sie bei den klassischen Geräten durch Verwendung von kurzverzögerten Überstromauslösern (s. S. 165) möglich ist, nur in einem begrenzten Bereich durchführbar. Darüber hinaus würde sie dem Sinn dieser Geräte widersprechen, deren Zweck ja gerade die Begrenzung der Kurzschlußströme nach Höhe und Dauer ist. Bei einem schweren Kurzschluß schalten deshalb die in Reihe liegenden Geräte aus. Soweit die Fehlerströme unterhalb der Grenze liegen, an der die strombegrenzenden Elemente einsetzen, sind aber die Selektivitätsverhältnisse die gleichen wie bei den normalen Auslöseschaltern. Sie werden in der üblichen Weise durch die unterschiedlichen Nennströme bzw. die Kurzverzögerung der Auslöser erreicht. Selektivität ist sogar noch vorhanden, wenn die Durchlaßströme der nachgeschalteten Geräte niedriger sind als die Ansprechgrenze der Strombegrenzungseinrichtungen des vorgeschalteten Gerätes.

Bei gelegentlich schweren Kurzschlüssen könnte ein schnelles und sicheres Ausschalten u. U. den größeren Vorteil bedeuten gegenüber dem Nachteil, daß es notwendig ist, ein Vorschaltgerät wieder einschalten zu müssen. Die schweren Kurzschlüsse, die ein besonders hohes Schaltvermögen erfordern, treten ohnehin in der Nähe der Einspeisestelle auf. Hier sind aber gerade bei der Zeitselektivität die längsten Verzögerungszeiten erforderlich. Bei parallelen Abzweigen, die Begrenzungsschalter enthalten, bewirken sie, daß infolge der außerordentlich schnellen Kurzschlußausschaltung die Unterspannungsauslöser der anderen Geräte gar nicht erst zum Ansprechen kommen.

Es sind verschiedene Vorschläge gemacht worden, um die Selektivität zu ermöglichen. So z. B. wird sie bei der „KU-Selektivität" der AEG, s. Koch sowie Treptow (1), durch Kurzunterbrechung erreicht. Zunächst öffnen alle in Reihe liegenden Selbstschalter durch den Kurzschlußstrom angeregt mit ihrer konstruktionsbedingten Eigenzeit. Dann wird durch eine Automatik die Wiederschließung aller Geräte mit Ausnahme des der Kurzschlußstelle nächstliegenden veranlaßt, also die vorgeschalteten strombegrenzenden Schalter bei einer Kurzschlußausschaltung nach Ablauf einer kurzen Pause erneut eingeschaltet. Dabei müssen die Probleme der spannungslosen Pause in Betracht gezogen werden. Die Energieversorgung aller Verbraucher wird zwar kurzzeitig unterbrochen, aber innerhalb weniger Perioden wieder eingeleitet. Die Methode ermöglicht es, eine Verteilungsanlage mit strombegrenzenden Leistungsschaltern bei Kurzschluß selektiv arbeiten zu lassen. Auch erhöhen mehrere gleichzeitig ansprechende Geräte das Ausschaltvermögen, s. Treptow (2). Selbstverständlich sind Geräte mit Kraftantrieb notwendig. Nachteilig gegenüber der normalen selektiven Staffelschaltung ist bei dieser Methode die spannungslose Pause bis zur Wiedereinschaltung des strombegrenzenden Zuleitungsgerätes, so daß zwischenzeitlich wohl alle Schütze und dgl. abgefallen sind, s. Stolpp. Auch bei den I_s-Begrenzern (s. S. 214) scheidet die zeitliche Staffelung zur Erzielung von Selektivität aus, denn damit würden die Vorteile der kurzen Schaltzeiten aufgegeben. Über Möglichkeiten in Verbindung mit der di/dt-Auslösung s. Brückner und Keders.

7 Sonderformen und Kombinationen von Leistungs- schaltern für bestimmte Anwendungsgebiete

7.1 Leitungsschutzschalter

Sie treten an die Stelle von Schmelzsicherungen und haben magnetische Schnell- und thermische Überstromauslösung. Maßgebend ist VDE 0641/3.64. Diese Arbeit beruht auf der CEE-Publikation 19. Einige abweichende Bestimmungen für den Einsatz auf Schiffen s. VDE 0644/7.55. Die Geräte haben gegenüber Schmelzsicherungen die Vorteile, die

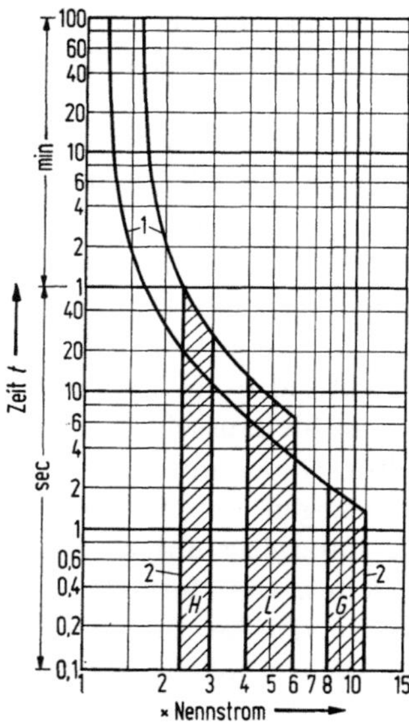

Abb. 146. Auslösecharakteristiken für Leitungsschutzschalter

1 thermische Auslöser — Richtwerte,
2 Schnellauslöser — Ansprechbereiche

auch die Leistungs-Selbstschalter an sich bieten, s. S. 36. Die Auslösecharakteristik liegt erheblich höher als die Abschmelzkennlinie einer Sicherung gleicher Nennstromstärke. Sie bleibt aber z. B. bei einem Schalternennstrom von 10 A immer noch unter dem Grenzwert für eine Kupferleitung von 1,5 mm². Abb. 146 zeigt die Mittelwerte (1) für die thermische Auslösung. Die VDE-Arbeiten geben wie bei den Sicherungen einen kleinen und großen Prüfstrom an. Der kleine ist bei Geräten mit einem Nennstrom von 10 A 1,5mal, über 10 A 1,4 mal Nennstrom, der große Prüfstrom entsprechend 1,9 und 1,75fach. Eingetragen ist weiterhin der Bereich der Schnellauslösung für die Ausführungsformen H, L, G. H ist vorwiegend für die Verwendung im Haushaltstromkreis vorgesehen. Die Grenze für das Ansprechen der Schnellauslöser liegt verhältnismäßig tief, um — ordnungsgemäße Erdung und Nullung vorausgesetzt — das Bestehen gefährlicher Berührungsspannungen zu verhindern. Das Gerät wird dann in weniger als 50 ms ausgeschaltet. Bei der Ausführung L für Leitungsschutz liegt die Grenze höher. Das Schaltvermögen soll bei Wechselstrom mindestens 1,5, bei Gleichstrom 1 kA betragen. Im Ausland, z. B. USA und Frankreich, liegt der Grenzstrom wie bei Motorschutzschaltern niedriger. Die Geräte müssen 1 Stunde lang den 1,05-fachen Nennstrom aushalten und beim 1,35fachen in einer Stunde auslösen, s. EBEL und VELTEN und auch die Ausführung G der CEE-Publ. 19 zur Absicherung von Gerätestromkreisen aller Art.

Die hohen Kurzschlußströme, die in neuzeitlichen Industrieanlagen, Ortsnetzen mit hoher Energiedichte, Großbauten mit mehreren eigenen Transformatoren, ferner in Maschennetzen sowie durch die fortschreitende Elektrifizierung in Haushalt und Gewerbe auftreten können, stehen häufig im Widerspruch zu den geringen Werten von 1 bzw. 1,5 kA, deren Beherrschung VDE 0641 fordert. In der Hausinstallation gehen die möglichen Kurzschlußströme zwar sehr schnell auf verhältnismäßig bescheidene Werte zurück, z. B. ist es — um bei 380 V einen Kurzschlußstrom von 20 kA auf 1,5 kA zu dämpfen — nur notwendig, daß eine Doppelleitung von 6 mm² bei 40 m Länge vorhanden ist. In Industrienetzen und Installationsanlagen von Großbauten, z. B. Hochhäusern, sind die Zuleitungen zu den Verteilungstafeln aber im allgemeinen kürzer und die Steigleitungen weisen große Querschnitte auf. Über die Netzgestaltung in Großbauten s. a. PETERS. An Verteilungstafeln in Wohnhäusern wurden Ströme bis zu 5 kA festgestellt, s. a. DRUBIG (2). Es war also notwendig, für den Einsatz an diesen Stellen das Schaltvermögen zu erhöhen. Der nächste Weg zu seiner Steigerung bestand darin, eine Sicherung so auf den Selbstschalter abzustimmen, daß er beim Überschreiten seines Ausschaltvermögens geschützt wird. Das Ansprechen großer Vorsicherungen kann aber nur in seltenen Fällen hingenommen werden, weil dann stets auch eine größere Anzahl nicht gestörter Stromkreise ausfällt und in der Hausinstallation Vorsicherungen sehr oft nur vom Stromversorgungsunternehmen ausgewechselt werden dürfen. Auf der anderen Seite fordert man von Geräten für höhere Kurzschlußströme bei 1,5 mm²-Kupferleitungen mindestens noch Selektivität gegenüber 80 A-Sicherungen, bei 2,5 mm² gegenüber 100 A. Deshalb wurden die Bemühungen zur Steigerung der Eigenkurzschlußfestigkeit der Geräte fortgesetzt, s. MÖLLER. Ein grundsätzlich möglicher Weg war die Erhöhung der Impedanz des Schalters, so daß höchstens der Strom, den er beherrscht, fließen kann. Das ist nur bei Geräten für kleine Nennströme noch möglich. Unter diesen Umständen wurden auch für die Leitungsschutzschalter die Möglichkeiten zur Herstellung von Selbstschaltern mit höherem Schaltvermögen in der Richtung erprobt wie bei den Schnell- und Begrenzungsschaltern (s. S. 175), indem man den Ausschaltverzug möglichst klein und die auftretende Lichtbogenspannung möglichst hoch wählte, s. a. DRUBIG (1). Damit stellte man die Selektivität gegenüber den Vorsicherungen und den Schutz der Leiter sicher, s. DÖRRIES. Bei 220 V werden heute weitgehend 10 kA beherrscht, bei 380 V 3 kA, bei den strombegrenzenden Schaltern vermindern sich

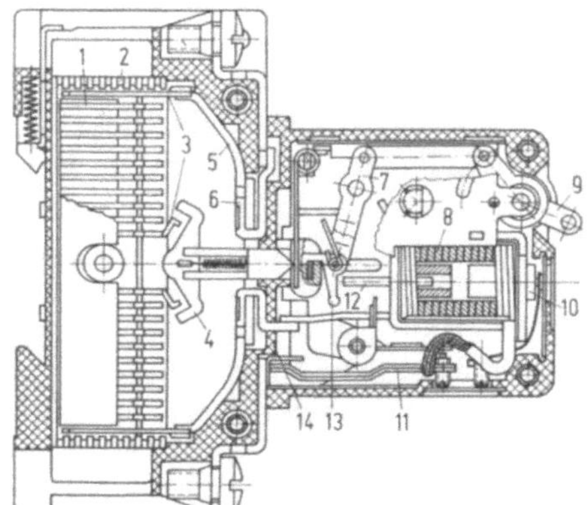

Abb. 147. Leitungsschutzschalter in Ausschaltstellung (Klöckner-Moeller)

1 Löschbleche, *2* Ausblasöffnungen, *3* Lichtbogenleitbleche, *4* Kontaktbügel, *5* Lichtbogenführung, *6* Kontaktstück, *7* Schaltgestänge, *8* magnetischer Schnellauslöser, *9* Betätigungshebel, *10* Schlaganker, *11* Thermischer Auslöser, *12* Auslöse-Schlagstift, *13* Klinkhebel, *14* Trennwand zwischen Lichtbogenraum und Schloß

bei höheren Strömen Ausschaltverzug und Lichtbogenzeit noch weiter, z. B. der Ausschaltverzug von 1,1 msec bei 1500 A auf 0,7 msec bei 3000 A und die Lichtbogendauer von 4,4 msec auf 2,6 msec, s. BURKARD. Dadurch wird auch etwaige Lichtbogenarbeit an der Schadenstelle in günstigem Sinne beeinflußt. Versuche über die unterschiedliche Auswirkung bei Geräten hoher und niedriger Lichtbogenspannung s. RAMMELSBERG. So kennzeichnen die Steigerung des Schaltvermögens und der Selektivität bei kleinen Abmessungen die neuere Entwicklung.

Abb. 147 zeigt einen Schnitt durch ein Gerät mit strombegrenzendem Charakter. Der magnetische Schnellauslöser *8* wirkt über den Schlagstift *12* auf den Klinkhebel *13* sowie unmittelbar auf den Kontaktbügel *4*. Die Auslösebewegung wird durch die elektrodynamischen Kräfte zwischen der Lichtbogenführung *5* und dem Bügel *4* unterstützt. Die Ausbildung der Kontaktschiene *6* bewirkt eine Bogenausweitung und Schleifenbildung, dadurch bewegt der Bogen sich schnell in das Löschblechsystem *1*. Die Lichtbogengase entweichen durch die Öffnungen *2*. Von dem Lichtbogenraum ist der Schaltmechanismus durch die Wand *14* vollkommen getrennt.

Mehrpolige Leitungsschutzschalter werden aus einpoligen, sehr flach entwickelten Geräten mit 17,5 mm bzw. 3/4 Zoll (Schmalbauweise) durch

Aneinanderreihen zusammengebaut. Dann vervielfacht sich das Maß 17,5. Die mehrpolige Ein- und Ausschaltung wird durch Kuppelung der Schalthebel erreicht, die mehrpolige Ausschaltung nach einpoligem Ansprechen des Auslösers durch eine zusätzlich durchgehende Auslösewelle im Innern, s. KULMER. Die Konstruktionen werden auch für Schnappbefestigungen geliefert. Die Geräte ertragen hohe Rüttelbeanspruchungen in jeder Einbaulage, s. FREYTAG und SCHULTE. Für Steuerungsaufgaben werden die Leitungsschutzschalter mit Hilfsschaltern versehen. Ein Sammelgehäuse mit Schmalautomaten und durchsichtiger Abdeckung s. Abb. 148.

a   b

Abb. 148. Verteilerkästen mit Leitungsschutzschaltern (Klöckner-Moeller)
a) mit abnehmbarem Deckel, b) mit Klappe zum Zugängigmachen der Tasten

Auf die strombegrenzende Wirkung legte man in Amerika und Frankreich weniger Wert als in Deutschland und verblieb bei der langsamen Ausschaltung, s. EBEL und VELTEN. Hierbei erfolgt die Löschung im natürlichen Nulldurchgang. Der Aufbau ist naturgemäß einfacher, aber die Ströme werden nicht begrenzt. Sie werden für höhere Stromstärken als VDE 0641 verlangt (25 A) gebaut. Ihre konstruktiven Merkmale sind nicht von der Sicherung her bestimmt.

7.2 Leistungstrenner und -Umschalter

Über die Ansprüche an Trenner s. S. 156. Die Einhaltung der Trennstreckenmaße beim Kontaktspalt wird bei anderen Geräten nicht gefordert. Die übrigen Anforderungen an ein Schaltgerät, z. B. die Rückzündungsfreiheit bei Wechselstrom oder die Notwendigkeit, bei Schützen die Schlagarbeit für die einzelnen Konstruktionselemente, insbesondere die Schaltmagnete niedrig zu halten, machen weitgehend nur wesentlich kleinere Kontaktspalte notwendig. Ein Schalter mit Trennereigenschaften sollte mindestens vor jeder Anlage vorhanden sein. VDE 0113 schreibt ihn für den Hauptschalter einer Be- und Verarbeitungsmaschine vor. Ein Trenner braucht an sich kein Schaltvermögen zu haben. Er kann Leer-, Last-, Motor- oder Leistungsschalter sein, s. unten. Beim Vorhandensein eines Kurzschlußschaltvermögens spricht man von einem „Leistungstrenner". Das war früher in der Niederspannungs-Schaltgerätetechnik ein unbekannter Begriff. Da, wo es galt, einen Kreis abzutrennen, verwandte man Hebelschalter mit einem verhältnismäßig großen Schaltweg, die durch die Lage ihrer Antriebselemente auch den Ein- bzw. Ausschaltzustand meist gut anzeigten. Ihr Schaltvermögen war aber sehr gering. Heute sind zwar auch Lastschalter auf dem Markt, die den Nennstrom, z. B. durch die Anwendung von Löschblechen, erheblich überschreiten. Es kann aber immerhin vorkommen, daß man mit einem solchen Schalter auch einen stillstehenden Motor abzuschalten versucht oder u. U. unbewußt auf einen bestehenden Kurzschluß einschaltet. Das Einschalten eines solchen Leistungstrenners ist — selbst wenn sich eine Kurzschlußstelle im Stromkreis befindet — ungefährlich, ebenfalls das Ausschalten auch in der Zeit, in der hohe Stromstärken fließen. Die Geräte werden also da eingesetzt, wo die Möglichkeit einer Einschaltung auf einen bestehenden Kurzschluß gegeben ist, zu dessen selbsttätiger Ausschaltung Leistungsschalter oder auch NH-Sicherungen vorhanden sind. Würde man im Gegensatz dazu ein Schaltgerät verwenden, das nicht in der Lage ist, die möglichen Kurzschlußströme am Einbauort zu schalten, dann müßte das im Zusammenwirken mit einer NH-Sicherung geschehen und auf alle Fälle dafür gesorgt werden, daß man in jedem Augenblick den in der Anlage möglichen Kurzschlußstrom beherrschen kann. Verwendet man statt der Sicherung einen nicht strombegrenzenden Leistungsschalter, dann wird der Trenner beim Einschalten u. U. mit dem vollen Kurzschlußstrom beansprucht, was — wenn er dafür nicht gebaut ist — zu Schaltstückverschweißungen oder gar Polkurzschlüssen führt. Bei einem Lastschalter liegt das Schaltvermögen oft nur beim Nennstrom und der Grenzstrom der NH-Sicherung etwa bei 1,3 × Nennstrom, s. Abb. 149. Dabei wäre das schraffierte Gebiet a ungedeckt, d. h. beim Ausschalten der dazugehörigen Ströme der Schalter überfordert, und es bestände Gefahr für die Anlage und den Bedienenden, denn diese Ströme fließen entsprechend der Sicherungscharakteristik verhältnismäßig sehr lange Zeit. Beim Einsatz eines Schaltgerätes mit Motorschaltvermögen in Verbindung mit einer nennstromgleichen NH-Sicherung wird das Gefahrengebiet schon erheblich verringert, s. die Schraffur b. Nach Überschreitung der Stromstärke, bei der der Kurzschlußstrom von der Sicherung übernommen werden soll, also der Schalter überfordert ist, muß ihre strombegrenzende Wirkung so groß sein, daß der Schalter auch bei Strömen über seinem Nennschaltvermögen noch ohne Schwierigkeiten einschaltbar ist. Wenn diese Bedingung erfüllt ist, kann die Kombination bis zum Schaltvermögen der Sicherung eingesetzt werden. Das kann aber nur an Hand von Herstellerangaben entschieden werden. Ein Leistungstrenner für das volle Kurzschluß-

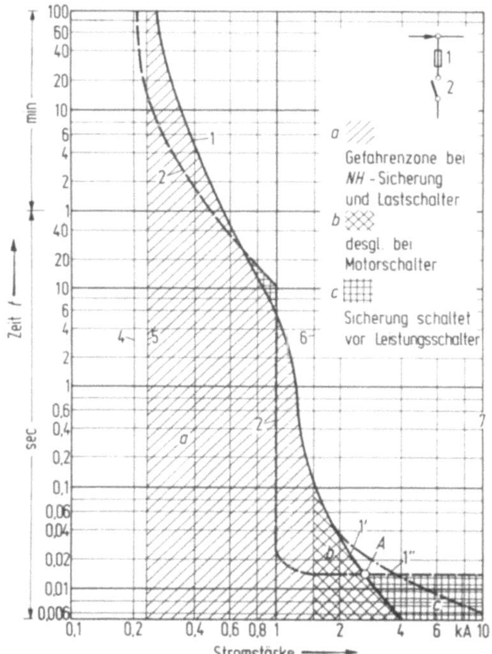

Abb. 149. Beispiel für die Auslösekennlinie (*1*) einer NH-Sicherung (flink-träg) 200 A und das unterschiedliche Schaltvermögen verschiedener Geräte gleichen Nennstromes (*4*); *5* Schaltvermögen eines Lastschalter; *6* desgl. eines Motorschalters; *7* eines Leistungsschalter, zum Vergleich seine Kennlinie (*2*); *1'* Schmelzzeit, *1''* Gesamt-Ausschaltzeit der Sicherungen

schaltvermögen des Einbauortes enthebt aller dieser Überlegungen. In seinem Stromkreis muß natürlich ein anderes Element zur selbsttätigen Kurzschlußabschaltung vorhanden sein. Bei den Leistungstrennern wird die Lage der Trennstellen vorteilhaft durch durchsichtige Abdeckungen sichtbar gemacht, auch wenn das in VDE 0660 nicht ausdrücklich verlangt wird. In der Hochspannungstechnik wird der Begriff „Leistungstrenner" auch verwandt, wenn das Gerät das volle Einschaltvermögen auf Kurzschluß besitzt, aber nicht das Ausschaltvermögen, s. SZENTE-VARGA. In den Niederspannungsschaltanlagen verbindet sich dagegen mit ihm die Tatsache, daß er sowohl das Ein- wie das durch VDE 0660 verlangte Aus-Schaltvermögen besitzt.

Die Leistungsschalter sowie -Trenner werden auch als *Umschalter* gebaut. Dabei sind meist 2 Geräte mit gemeinsamem Betätigungselement verbunden, wobei beim Umschalten zwangsläufig die „Aus"-Schaltstellung durchlaufen wird, oder auch 2 Geräte gegeneinander verriegelt, wobei jedes sein Betätigungselement behält. Es können 2 Abgänge oder auch 2 Zugänge, die wechselseitig benutzt werden, vorhanden sein, s. Abb. 150.

7.3 Stationsschutzschalter

Die Anwendung der Nullung erfordert die Einhaltung einiger in VDE 0100/12.65 § 10 N aufgestellten Bedingungen. Die wichtigste ist, daß die Leitungsquerschnitte so zu bemessen sind, daß bei Kurzschluß zwischen einem Außenleiter und dem Nulleiter mindestens ein bestimmter Vielfachwert (s. Tafel 1, VDE 0100) des Nennstromes der nächsten vor-

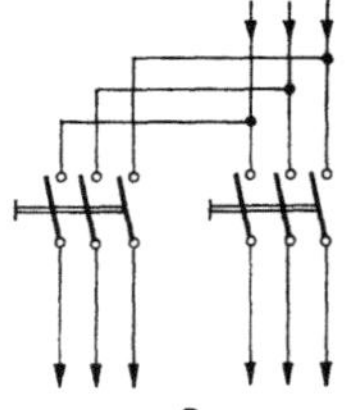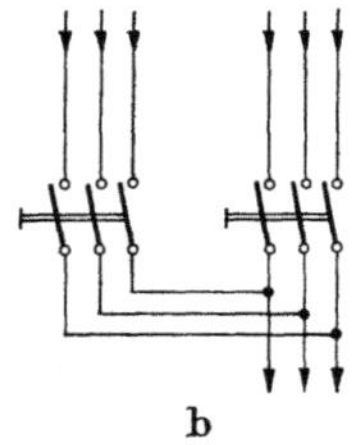

Abb. 150. Unterschiedliche Schaltung bei Leistungsumschaltern und -Trennern

a) ein Zugang, zwei Abgänge;
b) zwei Zugänge, ein Abgang

geschalteten Stromsicherungen zum Fließen kommt. Das sind u. U. recht beträchtliche Ströme. An die Stelle der Sicherungen können auch „Stationsschutzschalter" treten (§ 10 N b 1.1). Damit sind die Bedingungen leichter erfüllbar, weil nicht mehr die Sicherungen der Außenleiter maßgebend sind, sondern ein in den Nulleiter einzubauender verzögerter Stromauslöser (oder Relais), der mit Rücksicht darauf, daß der normalerweise fließende Nulleiterstrom nur einen Teil des Außenleiterstromes ausmacht, auch für eine kleinere Nennstromstärke aufgebaut ist. Statt des Nulleiterauslösers kann auch ein vom Differenzstrom der drei Außenleiter beeinflußter verwandt werden, s. Ruff. Derartige Schutzelemente lassen sich für einen relativ niedrigeren Ansprechwert einstellen, z. B. den zweifachen Nennstrom. In VDE 0660 Teil 1/3.68 Tafel 13 sind Richtwerte für die Ansprechzeiten der Schutzauslöser bei Stationsschaltern verzeichnet. Danach sind z. B. bei einer Ansprechspannung von 65 V Zeiten bis zu 30 sec zulässig. Abb. 151a zeigt die Anordnung beim

Einbau eines Nulleiter-Stromauslösers, der abhängig von der Stromstärke die Auslösung des Gerätes bewirkt, Abb. 151b eine solche zur Ermittlung des Differenzstromes der Außenleiter durch einen Differenzstromwandler. Dabei geht man davon aus, daß bei Stationen mit Stichleitungen, insbesondere bei Fehlern an entlegenen Stellen, u. U. ein erheblicher Teil der Fehlerströme nicht über einen, dem Schalter zugeordneten Nulleiterstrom-Auslöser fließt, so daß die Schutzwirkung des Schalters in Frage gestellt ist. Der Wandler macht die Auslösung von

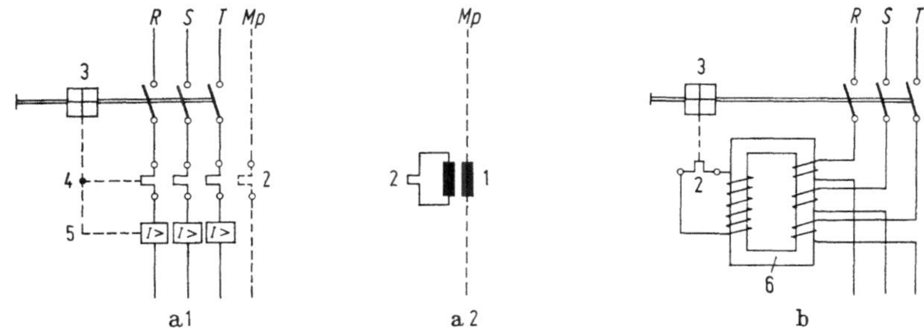

Abb. 151. Stations-Schutzschalter

a) mit Nulleiter-Schutzauslöser, a₁) unmittelbare Beheizung des Auslösers, a₂) Beheizung über Wandler, b) mit Differenzstromwandler

1 Stromwandler im Nulleiter, *2* thermischer Auslöser, *3* Schaltschloß, *4* thermische, *5* magnetische Auslöser in den Außenleitern, *6* Differenzwandler

der Unsymmetrie des Drehstromnetzes abhängig. Im Gegensatz zu den Fehlerstromschutzschaltern in den Verbraucherkreisen werden bei 4-poligem Netz in diesem Fall lediglich die drei Außenleiter durch den Eisenkern geführt. Addieren sich diese Ströme nicht zu 0, dann wird der Sekundärkreis von einem Strom durchsetzt, der auf ein Auslöseelement wirkt. Auslöser im Nulleiter werden bei größeren Stromstärken über Wandler beheizt und besitzen auch weitgehend Temperaturkompensation. Die Auslöser im Außenleiterkreis unterscheiden sich nicht von den Überstromauslösern bei Leistungs-Selbstschaltern. Das Ausschaltvermögen muß mindestens dem für Leistungsschalter geforderten entsprechen.

7.4 Fehlerspannungs- (FU-) und Fehlerstrom- (FI-) Schutzschalter

Auch diese Geräte sollten als Leistungsschalter ausgeführt werden, denn im Fehlerfalle können kurzschlußartige Erdströme oder gleichzeitig mit Isolationsfehlern Kurzschlüsse auftreten. Ein Kurzschluß-Ausschaltvermögen wird jedoch von den einschlägigen VDE-Arbeiten nicht verlangt, sondern für die Fehlerspannungsschalter nach VDE 0663 lediglich, daß sie im eingeschalteten Zustand Kurzschlußströme aushalten, und zwar bei Nennströmen bis 63 A in Höhe von 1500 A bei cos $\varphi \sim 1$. Für die Fehlerstrom-Schutzschalter sind die geforderten Kurzschlüsse bei in Reihe geschalteten Sicherungen im eingeschalteten Zustand etwa die gleichen wie bei Leistungsschaltern nach VDE 0660. Der cos φ liegt mit 0,8 hierbei jedoch sehr hoch. Die Fehlerspannungs- und Fehlerstrom-Schutzauslösung wird auch mit Leistungsschaltern verbunden. Daß es mit einfachen Lastschaltern hier nicht getan ist, s. u. a. SCHREYER. Man baut z. B. auch Leitungsschutzschalter (s. S. 216) mit einer Fehlerstrom-Schutzauslösung zusammen. Dadurch wird das Schaltvermögen dieser Geräte erreicht.

7.5 Geräte mit Schlagwetter- und Explosionsschutz

Sie sollen die Gefahren von Kurzschlußlichtbögen nicht nur durch rasche Ausschaltung bannen, sondern jeder Kurzschluß muß auch erkannt und ein Wieder-Draufschalten auf ihn mit Sicherheit verhindert werden. Deshalb wird nach VDE 0118/8.60 § 22 b im Kohlebergbau und in den von der Bergbehörde als brandgefährdet erklärten Betrieben anderer Bergbauzweige verlangt, daß Leistungsschalter mit magnetischen Auslösern oder Relais eine Kurzschlußsperre (s. S. 140) erhalten. Die Schutzart „erhöhte Sicherheit" (e) kommt nicht in Betracht, wesentlich ist die „druckfeste Kapselung" (d). Dabei werden die Geräte in Gehäuse eingebaut, die bei einer im Inneren stattfindenden Explosion dem Explosionsdruck standhalten. Die Spaltweiten und Spaltlängen an allen Gehäuseöffnungen, also an den Deckeln, Durchführungen für Wellen und elektrischen Anschlüssen müssen so bemessen sein, daß sie zünddurchlaßsicher sind. Das wird an jedem einzelnen Gerät durch Explosionsprüfungen in einer Druckkammer nachgewiesen. Die Schaltwelle wird mit dem Gehäuse so verriegelt, daß es bei eingelegtem Schalter nicht geöffnet und bei offenem Gehäuse der Schalter nicht geschlossen werden kann. In Betracht kommen insbesondere die VDE-Bestimmungen VDE 0170/2.61 und VDE 0171/2.61, „Vorschriften für schlagwetter- und explosionsgeschützte elektrische Betriebsmittel". Man versucht, in explosionsgefährdeten Räumen die Aufstellung der elektrischen Betriebsmittel auf das notwendigste zu beschränken und die Schaltgeräte außerhalb unterzubringen. Bei der ständig zunehmenden Ausdehnung dieser Anlagen, namentlich in der chemischen und Erdölindustrie, bereitet ein solches Vorhaben naturgemäß vielfach große Schwierigkeiten, so daß die Anwendung explosionsgeschützter Geräte unerläßlich ist. VDE 0105 Teil 11/3.69 § 9 verlangt, daß im Steinkohlenbergbau unter

Tage die dem Kurzschlußschutz dienenden Relais und Auslöser bei Nennspannungen über 220 V bis 1000 V und bei Nennspannungen bis 220 V — wenn die Nennströme über 100 A liegen — mindestens alle zwei Jahre mit einer Prüfeinrichtung auf ihre Wirksamkeit untersucht werden. Hierbei ist der Ausschaltverzug festzustellen. Einen explosionsgeschützten Leistungsschalter s. Abb. 152.

Abb. 152. Schlagwetter- und explosionsgeschützter Leistungsschalter — Schutzart druckfeste Kapselung (Calor-Emag)

7.6 Maschennetzschalter

Durch maschenartige Verbindung einzelner Netzknotenpunkte nach mehreren Seiten hin entstehen Maschennetze, s. Abb. 153. Sie haben dann die Vorteile einer guten Spannungshaltung, einer großen Sicherheit der Stromversorgung und außerdem noch verminderter Verluste. Ein weiteres Kennzeichen eines Maschennetzes ist, daß es über mehrere Transformatoren eingespeist wird. Das bringt eine stets vorhandene Sofortreserve für den Fall, daß eine Transformatorenstation ausfällt. Deren Belastung verteilt sich dann auf die anderen, wobei allerdings Bedingung ist, daß man die Transformatoren und ihre Schaltgeräte für zeitlich begrenzte Überlastungen auslegt. Bei einem Kurzschluß in einem vermaschten Netz führt die fehlerhafte Teilstrecke immer den größten Kurzschlußstrom, alle benachbarten einen kleineren. Deshalb kann beim Maschennetz durch entsprechende Ausrüstung mit Schutzeinrichtungen,

z. B. den „Maschennetzsicherungen" mit flacher Charakteristik und relativ hohem Grenzstrom das selektive Ausschalten einer schadhaft gewordenen Leitungsstrecke zwischen zwei Knotenpunkten erreicht werden, so daß die Zahl der im Fehlerfall gestörten Abnehmer gering ist. Es
bleibt die Möglichkeit, daß bei Schäden in den Einspeisetransformatoren
bzw. ihren Zuleitungen aus dem Niederspannungsnetz rückwärts in die
Fehlerstellen eingespeist wird. Die Aufgaben der in diesen Netzen einzusetzenden Schaltgeräte sind also andere als in Strahlnetzen. Bei letz

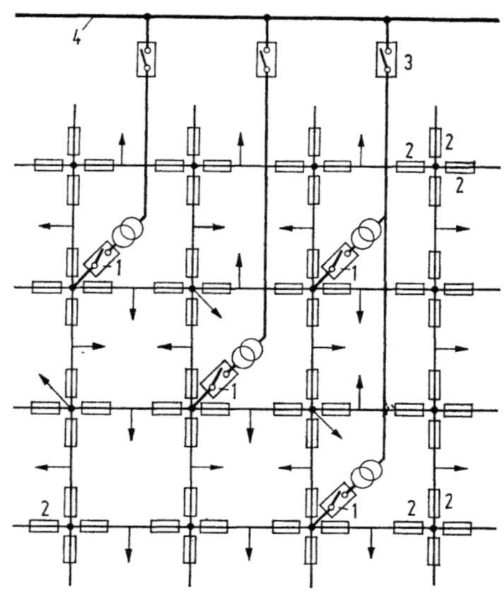

Abb. 153. Maschennetz
1 Maschennetzschalter, 2 Sicherungen, 3 Hochspannungsschalter, 4 Schaltanlage

teren übernimmt der Einspeiseschalter den Schutz der Transformatoren
vor Überlastung und stellt weiterhin die selektive Ausschaltung sicher.
Im Maschennetz ist die Lastverteilung ausgeglichen und genügend Reserve vorhanden, auch wenn eine Einspeisung ausfällt. Der Einspeise-
Transformator ist deshalb im allgemeinen nicht voll belastet und ein
Überlastschutz nicht mehr so wichtig. Wesentlich ist die Verhinderung
der Rückspeisung. Das geschieht durch ein „*Rückwatt-* oder *Leistungs-
richtungs-Relais*", das dem *Maschennetzschalter* auch den Namen „Rückwattschalter" eingebracht hat. Anfangs wurden noch weitere Forderungen gestellt, die heute in den Hintergrund getreten sind, s. Cohn (2). So
z. B. ist man von der Forderung, daß der Schalter bei hochspannungsseitigem Ausschalten des Transformators auslösen soll, damit dieser nicht
niederspannungsseitig erregt wird, im Laufe der Zeit wieder abgekom

men. Maßgebend war dabei, daß die Geräte sonst zu empfindlich wurden, denn auch Ausgleichströme, die sich betriebsmäßig zwischen verschiedenen Netzteilen vorübergehend einstellen, konnten zu unerwünschten Ausschaltungen von Speiseleitungen führen. Der Verzicht hat zur Folge, daß die Rückstromrelais nicht mehr auf die Leerlaufleistung des Transformators anzusprechen brauchen. Selbstverständlich steht dann der Hochspannungsschalter auch im ausgeschalteten Zustand unter Spannung. Würde man versuchen, die Probleme des Maschennetzschutzes lediglich mit Überstromgeräten zu lösen, so käme man zu zwei sich widersprechenden Forderungen an die Überstrom-Zeitcharakteristik der Schutzapparatur. Wenn ein Kurzschluß im Niederspannungsnetz stattfände, so wäre es erwünscht, daß der Überstromschutz des Transformators eine größere Verzögerung hätte als die der nächsten Maschennetzsicherung. Läge ein Fehler im Transformator oder dessen Speisekabel vor und es würde nach hochspannungsseitiger Abschaltung des Kabels und des Transformators Energie vom Niederspannungsnetz zur Fehlerstelle zurückfließen, so müßte umgekehrt der Überstromschutz des Transformators schneller ansprechen als die nächsten Sicherungen im Niederspannungsnetz. Diese entgegengesetzten Forderungen verlangen ein richtungsempfindliches Auslöseorgan. Schnellwirkende Überstromelemente würden auch die Eingrenzung der Störungsstelle unmöglich machen. Die Maschennetzschalter erhalten also keine Überstrom- oder Kurzschlußauslöser, s. SCHMELCHER und SCHALLER, sondern nur die Einrichtung gegen das Auftreten von Rückströmen in das Hochspannungsnetz. Wegen des Wegfalls der Bimetall- und Kurzschlußauslöser läßt sich der Gerätenennstrom bei gleichem Schaltermodell im allgemeinen erhöhen. Andererseits müssen die Geräte aber einen Überstrom mindestens so lange führen können, bis er an anderer Stelle, z. B. durch die Sicherungen im Maschennetz, unterbrochen wird. Um diese zeitliche Überlastung zu ermöglichen, werden die Schalter für eine etwa 25 bis 35 v. H. höhere Nennstromstärke als die des zugehörigen Transformators ausgewählt. Das heißt, man nutzt die mögliche Erhöhung des Gerätenennstromes nicht aus.

Die *Rückwatt-* oder *Leistungs-Richtungsrelais* sind dreiphasig und beruhen auf dem Ferraris-Prinzip, sind also ähnlich einem Zähler aufgebaut. Bei Rückstrom wird die zustande kommende Drehung zum Schließen eines Kontaktgliedes für einen Arbeitsstromauslöser benutzt. Die einzelnen Phasengruppen arbeiten auf ein gemeinsames Ausschaltglied. Man wendet die sogen. 60°-Schaltung an, d. h. man führt jedem Leistungsmeßsystem den Strom einer Phase und die Sternspannung der voreilenden zu. Dadurch erreicht man bei Kurzschlüssen mit etwa 60° induktiver Phasenverschiebung, wie sie im Niederspannungsnetz vorherrschen, bei 3poligem Kurzschluß das relativ größte Drehmoment. Bei 2poligem

15*

Kurzschluß erhält dann eines der beiden vom Kurzschlußstrom durchflossenen Systeme die volle Sternspannung, bei 1poligem wirkt grundsätzlich ein Spannungssystem mit dem vom Kurzschlußstrom durchflossenen Stromsystem zusammen. Der Anschluß erfolgt meistens über
Wandler. Ansprechströme solcher Rückwattrelais, abhängig von der
Phasenverschiebung zwischen Strom und Spannung, sowie der Spannungshöhe und der Zahl der betroffenen Pole s. PFEIFFER und WEHRLE.
Eine günstige und damit übliche Einstellung ist die auf 30 v. H. der
Transformatorennennleistung, weil dabei gelegentlich auftretende Aus-

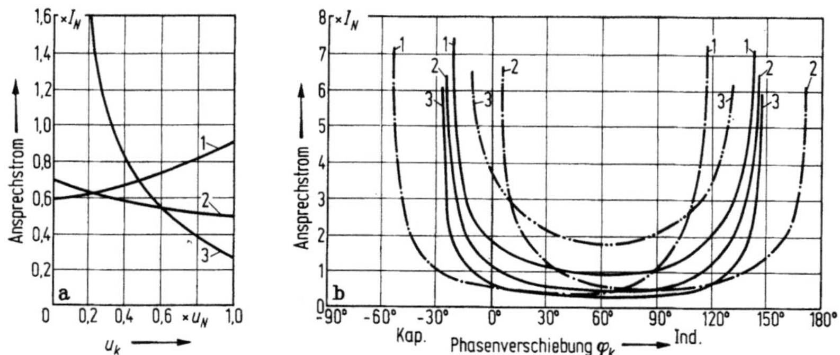

Abb. 154. Beispiel für die Ansprechströme eines Rückleistungsrelais bei Maschennetzschaltern im
Kurzschlußfalle (nach PFEIFFER und WEHRLE)
a) abhängig von der Kurzschlußspannung U_k, b) von der Phasenverschiebung φ_k
1 einpoliger, *2* zweipoliger, *3* dreipoliger Kurzschluß
——— 100 v. H. U_N, —··—··— 20 v. H. U_N, —·—·— 0 v. H. U_N

gleich- und Trafoleerlaufströme nicht zur Auslösung führen, s. HALMAGYI
(1). Das Stromminimum liegt meist bei einer Phasenverschiebung von 60°
induktiv. Bei anderen φ-Werten ist der Ansprechstrom stark von der
Spannungshöhe abhängig, s. Abb. 154, außerdem natürlich von der Zahl
der Pole, über die Rückleistung fließt. Die Rückleistungsrelais werden
weitgehend getrennt vom Schalter angeordnet. Sie müssen noch bei
Spannungsabsenkungen bis auf 10 v. H., wie sie bei Kurzschlüssen im
Trafo vorkommen können, sicher arbeiten. Die normalen Arbeitsstromauslöser entsprechen dieser Forderung nicht, wohl aber Kondensator-
auslöser (s. S. 139). Über deren betriebliche Vorzüge s. SCHMELCHER und
SCHALLER sowie HALMAGYI (1).

Die *Gesamtausschaltzeit* eines Maschennetzschalters setzt sich aus dem
Bewegungsverzug des Leistungsrelais in Verbindung mit dem Arbeits-
stromauslöser, der Schaltereigenzeit und der Lichtbogenzeit zusammen.
Man rechnet mit einem Gesamtwert von etwa 200 msec. In Netzen hoher
Belastungsdichte wurde sie mit Rücksicht auf selektives Schalten der

Maschennetzschalter-Kombinationen gegenüber anderen Schutzeinrichtungen herabgesetzt, indem man z. B. die Ansprechzeiten des Rückleistungsrelais durch Verkürzung des Kontaktweges verminderte. Man kam dabei bis auf 100 ms herab. Im übrigen ist der Bewegungsverzug der Rückleistungsrelais vom Strom- und Spannungsvielfachen abhängig. Wichtig ist, daß man sich dazu entschlossen hat, den Maschennetzschalter als ausgesprochenen Leistungsschalter auszuführen. Das war bei dem heutigen Stand des Selbstschalterbaues ohne erheblichen Mehraufwand möglich.

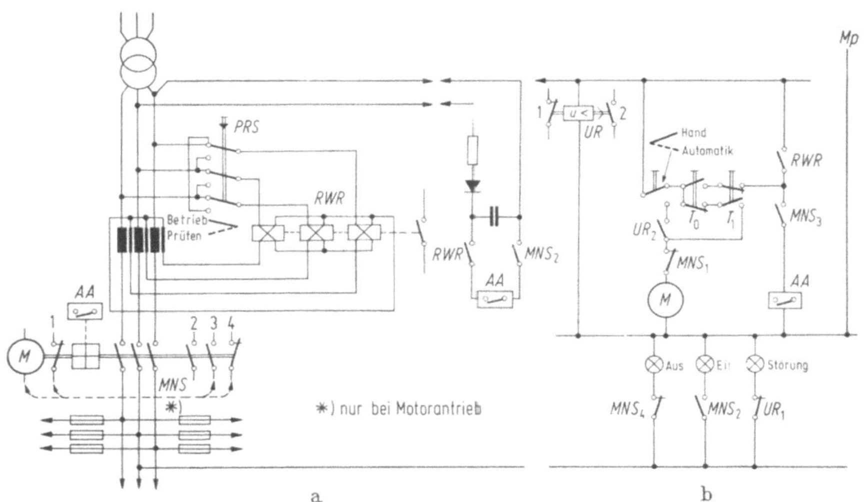

Abb. 155. Schaltplan eines Maschennetzschalters

a) für Handantrieb und Kondensatorauslöser, b) für Motorantrieb mit selbsttätiger Wiedereinschaltung MNS Maschennetzschalter, PRS Prüfschalter, RWR Rückwattrelais, AA Arbeitsstromauslöser, UR verzögertes Spannungs-Rückgangsrelais

Die Geräte erhalten von außen bedienbare *Prüfschalter*. Beim Umschalten auf „Prüfung" wird durch Ströme normaler Energierichtung in den zyklisch umgeschalteten Spannungsspulen des Relais eine Rückleistung vorgetäuscht, die bei einwandfreiem Gerät eine Auslösung hervorrufen muß. Damit wird also sowohl die Arbeitsweise des Rückleistungsrelais wie die Betriebsbereitschaft der Auslöseorgane nachgeprüft. Die Schaltung eines derartigen Gerätes mit Prüfschalter und Kondensatorauslöser s. Abb. 155a. Für *Störungs- und Schaltstellungsmeldung* wird, damit sie auch bei ausgeschaltetem Schalter möglich sind, die Steuerspannung nicht von den Transformatorenklemmen, sondern vom Netz entnommen. Der *Antrieb* erfolgt im allgemeinen von Hand. Es werden aber auch Geräte mit Kraftantrieb für Fernbetätigung gebaut. Diese Fernbetätigung wird gelegentlich von einer Zentrale aus durch willkürlich auf das Drehstromnetz gegebene Steuerimpulse, z. B. über Zwischenrelais durch tonfrequente Impulse gesteuert. Sie hat vor allen Dingen Bedeutung in Netzen, deren Belastungsverhältnisse kurzzeitig starken betriebsmäßigen Schwankungen unterliegen sowie solchen, bei denen u. U. nicht unerhebliche Ersparnisse durch zeitweises Abschalten von Umspannstationen und damit Verminderung der Leerlaufverluste möglich sind. Die Geräte werden auch für selbsttätiges Wiedereinschalten nach Eintritt normaler Verhältnisse gebaut. Über die Frage, ob sich das lohnt und zweckmäßig ist, gehen die Meinungen auseinander. Diese Rückschaltung wird heute seltener verlangt. Wird sie gefordert, so besorgt sie das Rückleistungsrelais, sobald die Spannung des unbelasteten Transformators höher ist als die des Maschennetzes. Es fließt dann z. B. über einen Vorwiderstand ein Wirkstrom ins Netz und bewirkt den Anlauf des Relais in anderer Richtung und damit die Wiedereinschaltung. Auch geht man zur Einleitung einer selbsttätigen Wiedereinschaltung so vor, daß man mittels eines oder zweier Hilfsschütze oder Schaltrelais die Netzspannung abtastet, wobei die Anzugsspannung dieser Elemente verhältnismäßig sehr hoch gewählt wird, z. B. in der Höhe von 85 v. H. der Nennspannung. Diese reine Spannungsmessung hat sich in Verbindung mit den verhältnismäßig unempfindlichen Relais als brauchbar erwiesen. Die Wiedereinschaltung erfolgt u. U. mit einer Verzögerung von einigen Sekunden. Ein Schaltplan eines Maschennetzschalters mit selbsttätiger Rückschaltung s. Abb. 155b und VOIGTLÄNDER (1). Der Schalter soll bei Einstellung auf „Automatik", wenn die Rückkehr der Spannung am Transformator durch das Relais UR festgestellt ist, automatisch wieder einschalten.

7.7 Motorstarter

Unter der Bezeichnung „Motorstarter" ist in den USA seit langem eine Kombination von Netzschaltelementen, Schützen, Elementen für Überlast- und Kurzschlußschutz sowie Befehls- und Meldegeräten üblich, s. HEUMANN (Teil 2, S. 313ff). Der Schutz wird dabei häufig noch thermischen Relais an Schützen bzw. Sicherungen zugewiesen. Besonders zweckmäßig ist aber eine Vereinigung von Leistungsschaltern mit Überlast- und Kurzschlußauslösern und den weiterhin oben angegebenen Geräten. Diese Starter werden, einschließlich der Innenverdrahtung, am Fließband anschlußfertig hergestellt. Am Aufstellungsort sind nur noch die Zu- und Ableitungen anzuschließen. Die Methode gewährleistet den niedrigsten Preis und, da die Lage aller Teile zueinander gut durchgeplant ist, den geringsten Platzbedarf bei übersichtlicher Anordnung. Durch

Motorleistung und Netzspannung sind alle zugehörigen Werte im Gegensatz zur Einzelprojektierung, bei der mit mehr oder weniger großer Mühe jedes für einen Antrieb erforderliche Element bestimmt werden muß, zwangsläufig festgelegt. Die Verwendung von Motorstartern setzt deshalb sowohl die Projektierungs- wie auch die Montagezeiten erheblich herab und erhöht die Unfall- und Betriebssicherheit. Die eingebauten Hauptschalter sind von außen bedienbar, dadurch kann der gesamte

Abb. 156. Motorstarter mit Leistungsschalter (*1*), Schütz (*2*), Steuerkreissicherung (*3*), Signallampe (*4*), Taster (*5*) (Klöckner-Moeller)

Antrieb zuverlässig vom Netz getrennt werden. Es sind auch Ausführungen mit mechanischer Verriegelung zwischen Abdeckung und Hauptschalterbetätigung auf dem Markt. An Stelle eines einfachen Schützes können naturgemäß auch Kombinationen wie Umkehrschütze, Sterndreieckschütze und dgl. treten. Abb. 156 zeigt den Aufbau eines solchen Gerätes mit einem Leistungsschalter. Die Geräte finden Anwendung als selbständige Elemente zum Anbau an Maschinen bzw. in Zuleitungen, aber auch als Bausteine von Verteilern und Schaltschränken, s. S. 283. Eine größere Anzahl von Motorstartern für eine Fabrikanlage wird zum „Motorschaltschrank" zusammengefaßt. *Kranschaltkästen* s. S. 270.

8 Die Lebensdauer

Man unterscheidet grundsätzlich *zwei Arten* der Lebensdauer. Zunächst ist festzustellen, wie viele Schaltungen ein Gerät in seinen mechanisch bewegten Teilen aushält. Hinzu kommt — nicht nur von der Schaltzahl abhängig — der Schaltstückverschleiß, also die im wesentlichen elektro-thermische Abnutzung, die ihrerseits bedingt ist durch die Ströme, die Spannungen, den Charakter des Stromkreises, z. B. seine Phasenverschiebung, die Stromanstiegsgeschwindigkeit und dgl. Gerade in dieser Richtung gehen die Beanspruchungen bei den Leistungsschaltern weit auseinander, so daß bei ihnen im Gegensatz zu anderen Schaltgeräten die Vorausbestimmung der Lebensdauer nicht einfach ist. Bei Betriebsschaltgeräten, z. B. den Schützen, kann man in mehr oder weniger genauem Umfang die durch die Arbeitsmethode bedingten Beanspruchungen bezügl. der Strombelastung und der Zahl der Schaltspiele vorher ermitteln. Solche Aufgaben können auch einem Leistungsschalter zusätzlich zufallen. Meist dient er aber lediglich dazu, bei Beginn und Ende der Arbeitszeit die Anlage ein- bzw. auszuschalten, wobei der Nennstrom bei Nennspannung im allgemeinen nicht überschritten wird und die Stromkreisverhältnisse relativ günstig sind. Hinzu tritt dann nach seiner Zweckbestimmung die u. U. sehr schwere Beanspruchung der Schaltstücke und damit zusammenhängend auch die des ganzen Gerätes, wenn er Kurzschlußströme zu bewältigen hat. Maßgebend ist, wieviele Störungen im Leitungssystem oder auch bei den angeschlossenen Stromverbrauchern auftreten, so daß er in Funktion treten muß, ferner die Höhe der dabei tatsächlich auftretenden Kurzschlußströme. Die Beeinflussung der mechanischen Abnutzung durch die Schaltlichtbögen und dgl. führt zu dem Begriff „Gerätelebensdauer", in der alle Einflüsse zusammengefaßt sind, mechanische Abnutzung, Schaltstückabnutzung und die gegenseitige Beeinflussung. Über die grundsätzlichen Fragen der Lebensdauer von Schaltgeräten s. FRANKEN (9, S. 231 ff. sowie 275 ff.). Leistungsschalter, die in erster Linie als Betriebsschalter für Motoren oder andere Stromverbraucher verwandt werden, müssen natürlich neben ihrem Kurzschlußverhalten für die mechanische und elektrische Lebensdauer bei einer größeren Anzahl von betriebsmäßigen Schaltungen gebaut sein.

8.1 Die mechanische Lebensdauer

Für deren Beurteilung hat VDE 0660 Teil 1/3.68 Tafel 7 fünf Geräteklassen A bis E aufgestellt. Die hierfür festgestellten Richtwerte liegen zwischen 1 000 und 10^7 Schaltspielen. Bei Zwischenwerten erhalten die Buchstaben eine Zusatzzahl. So z. B. bedeutet C3, daß die Lebensdauer des Gerätes bei $3 \cdot 10^5$ Schaltungen liegt. Für die Leistungsschalter kommen in der Praxis nur die drei unteren Geräteklassen in Betracht, also Gruppe A mit 1 000, B mit 10 000, C mit 100 000 Prüfschaltungen. Dabei sind vor allen Dingen große Leistungsschalter sowie Schnellschalter über 2 000 A der Gruppe A, solche bis 2 000 A der Gruppe B und Motorschalter der Gruppe C zuzurechnen. Die tatsächlich zugelassenen Werte liegen oft etwas höher. Bei ferngesteuerten Geräten werden sie wegen der hohen Einschaltgeschwindigkeiten gegenüber Handbetrieb u. U. wieder verringert. Die Geräte sollen mit Rücksicht auf die mechanische Lebensdauer mit höchstens 30 bis 50 Schaltungen je Tag eingesetzt werden. Mehrere Schaltungen nacheinander zur Probe bzw. zum Einrichten sind zulässig. Leistungsschalter sind kein Ersatz für Schütze und für hohe Schalthäufigkeiten schon mit Rücksicht auf die größeren Bedienungskräfte naturgemäß nicht geeignet, wohl aber vorzüglich für alle die Stellen, an denen Dauerbelastbarkeit und Kurzschlußfestigkeit bei geringer Schalthäufigkeit in vorderster Linie stehen. Die mechanische Lebensdauer stellt also grundsätzlich eine Kenngröße dar, die von der elektrischen Belastung des Gerätes unabhängig ist. Ihre Grenze ist erreicht, wenn Geräteteile durch Verschleiß unbrauchbar werden. Die Beurteilung der mechanischen Abnutzung ist bis heute im wesentlichen immer noch eine Frage langwieriger Versuche. Die Verschleißforschung hat zwar auf diesem Gebiet erhebliche Fortschritte gemacht, ohne Versuche sind aber noch keine abschließenden Voraussagen möglich. Bei Leistungsschaltern ist dieser Punkt jedoch nicht so kritisch wie bei Schützen, bei denen man mit sehr vielen Prüfschaltungen zu rechnen hat. Die Abnutzung ist in erster Linie durch den *Reibungsverschleiß* und durch Stoßdeformation bedingt. Hierzu kommen Ermüdungsschäden an den Konstruktionselementen, besonders als Folge von Kerbwirkungen. Das praktische Verhalten hängt erfahrungsgemäß oft von scheinbar geringfügigen Einflüssen ab und läßt sich nicht aus einigen definierten Stoffeigenschaften ableiten.

Der außerordentlich wichtige Reibungsverschleiß ist von den Werkstoffen der beiden aufeinander reibenden Körper abhängig, ferner von deren Form und Oberflächenbeschaffenheit. Es ist nicht etwa so, wie häufig angenommen wird, daß grundsätzlich jeder harte Stoff bei der Reibung einen niedrigeren Verschleiß aufweist. Wesentlich sind dabei das Schmiermittel zwischen den beiden reibenden Flächen und die entstehenden Verschleißprodukte. Weiter bestimmend sind die Gleitwege, der Druck, die Gleitgeschwindigkeit und nicht zuletzt die Temperatur der Flächen. Besonders vorteilhaft erwies sich die Verwendung von Formpreßstoffen in Zusammenwirkung mit Metall. Die Reibung zwischen diesen Stoffen und dementsprechend auch der Verschleiß sind gering. Die eigentlichen Gründe sind noch nicht bis in die letzte Konsequenz geklärt. Über das günstige Verhalten einer derartigen Stoffkombination s. u. a. FRANKEN (9, S. 234). Weiterhin hängt der Verschleiß von der Druckkraft, mit der zwei aufeinander reibende Stücke zusammenwirken, ab. Es muß deshalb auf eine Verringerung der spezifischen Drücke, z. B. durch breitere Ausgestaltung der Auflageflächen, hingewirkt werden. Der Stoß erfordert sorgfältige Auswahl der Geschwindigkeiten und der Massenanhäufung, wobei an die Stelle von Metall in vielen Fällen Preßstoff mit seinem geringen spezifischen Gewicht treten kann. Besondere Aufmerksamkeit ist der Lebensdauer aller Schaltmagnete zu widmen, s. FRANKEN (9, S. 235).

Die mechanische Lebensdauer ist außer bei der Prüfung nicht unbedingt eine konstante Zahl. In der Praxis können *Nebenwirkungen*, insbesondere der Schaltstückbeanspruchung vermindernd auf sie einwirken. Das gilt für Leistungsschalter in erhöhtem Maße, wenn man die Kurzschlußabschaltungen in Betracht zieht. Die Einwirkung kann geschehen durch Abbrandpartikel der Schaltstücke, Angriffe auf Isolierstoffe und dgl. Die Lebensdauer kann also von der Betriebsart abhängig sein. Wichtig ist auch das Fernhalten von Staub und Feuchtigkeit durch entsprechende Aufstellung und Kapselung.

8.2 Die Schaltstück-Lebensdauer

Sie sollte möglichst so groß sein wie die mechanische, jedenfalls ist das der Idealfall. Er läßt sich nur für die betriebsmäßige Beanspruchung verwirklichen, die kaum größer als Nennstrom ist. Der normale Verschleiß wird aber von der nicht vorhersehbaren Kurzschlußbeanspruchung überschattet. Wenn ein Gerät mit dem höchstzugelassenen Kurzschlußstrom und der in der Prüffolge vorgesehenen Zahl der Schaltungen beansprucht wurde, dann ist annähernd mit dem vollen Verschleiß der Schaltstücke zu rechnen, s. S. 246. Manches Gerät wird aber einen schweren Kurzschluß nie zu schalten haben, andere öfter. Schon daß die in einer Anlage möglichen Kurzschlußströme die beherrschbaren erreichen, ist selten. Neben der Stromstärke und der Zahl der Kurzschlüsse spielen auch die Stromkreisverhältnisse eine besondere Rolle. Man kann annehmen, daß z. B. im allgemeinen bei niedrigerer Ausnutzung der Kurzschlußstromstärke der Leistungsfaktor günstiger wird.

An den Vorgängen, die die *elektrisch-thermische Abnutzung* der Schaltstücke bedingen, ist eine große Anzahl von Faktoren entscheidend beteiligt. Dazu gehören mechanische Verformung durch hohe Kontaktdruckkraft und gegenseitige Reibung, Schmelzen von Kontaktmetall und Wiedererstarrung in anderer Form, Verlust von Metall durch Oxydation, Verdampfen oder Verspritzen, Überführen von Metall von der einen Schaltstückhälfte auf die andere. Von weiter entscheidendem Einfluß ist — wie schon gesagt — die Art des Stromdiagrammes beim Ein- und Ausschaltvorgang, die Form und die Stoffe der Schaltstücke, ihre Geschwindigkeit, die Prellerscheinungen, ja sogar u. U. die Oberflächengestaltung durch den vorhergehenden Schaltvorgang. Untersuchungen über den Schaltstückverschleiß bei Niederspannungsgeräten setzten schon vor Jahren, jedoch in erster Linie an Schützen ein.

Auch die physikalischen Grundlagen sind in einem ausgedehnten Schrifttum, jedoch immer mit Bezugnahme auf einen bestimmten Vorgang, behandelt worden. Eine Übersicht über die Einzelvorgänge s. FRANKEN (9, S. 238). Zu den wesentlichen Erscheinungen gehört dabei die flüssige Brücke. Es werden Metallspitzen flüssig und müssen sogar verdampfen. Bei zunächst teilweiser Verflüssigung entsteht eine erhöhte Wärmeentwicklung, da die Leitfähigkeit der Metalle in diesem Gebiet sinkt. Die flüssige Brücke tritt als Folgezustand der punktförmigen ersten bzw. letzten Berührung, bei Prellschlägen oder aber bei einem sogen. „kurzen Lichtbogen" auf, bei Leistungsschaltern ist sie auch noch möglich durch dynamische Abhebung der Schaltstücke um geringe Beträge, ehe der Ausschaltvorgang einsetzt. Die Schaltstücke erleiden dabei wesentliche Verluste an der Anode. Das abgebrannte Volumen ist nach Untersuchungen, z. B. von PAETOW bei kleineren Stromstärken dem Quadrat der Stromstärke proportional, bei höheren, worunter sämtliche Kurzschlußströme fallen, macht sich bei Silber und Kupfer der Einfluß des Thomson-Effektes sogar durch den Faktor I^3 bemerkbar. Die Abhängigkeit des Abbrandes von der Stromstärke ist also außerordentlich groß.

Die Prellung führt von der ersten punktförmigen Berührung, je nach Rückschlagweg und Wärmeentwicklung in der Berührungszeit zur flüssigen Brücke und weiterhin zum Lichtbogen. Sie spielt weniger eine Rolle, da durch die zur Beherrschung des Einschaltstromes erforderlichen hohen Kontaktkräfte die kinetische Energie der prellenden Massen auf dem Deformationsweg aufgezehrt wird.

Die wesentlichsten Abnutzungsquellen sind aber die *Lichtbögen* verschiedener Art. Solange der Elektrodenabstand noch kleiner als die freie Weglänge der Kathodenelektronen ist, sind Verluste an der Anode zu verzeichnen. Beim langen Bogen tritt der Verlust vorwiegend an der Kathode auf. Dieses unterschiedliche Verhalten kommt daher, daß sich der lange Bogen auf der Anode verteilt, so daß in der kurzen Zeit keine genügend hohe Temperatur entstehen kann. Die Wärmeentwicklung und somit auch der Abbrand ist beim ruhenden kurzen Bogen, also während der Stehzeit eines Bogens der Stromstärke, oder besser gesagt der Strommenge, in etwa proportional. Bei Bogenverlängerung nach der Stehzeit, also z. B. bei der Blaseinwirkung durch das Eigenfeld oder ein magnetisches Fremdfeld, hängt der Stromstärkeeinfluß von der Wanderungsgeschwindigkeit des Bogens, mithin der Konstruktion ab. Dabei ist es wesentlich, in welchem Umfang schmelzflüssiges Schaltstückmaterial durch Verspritzen verlorengeht, d. h. seine Wiederanlagerung nicht möglich ist. Dieser Vorgang wird dadurch unterstützt, daß jedes Stromelement im Kontaktspalt von den übrigen Teilen der Strombahn oder durch etwaige zusätzliche Blasfelder nach außen gerichtete Druckkräfte erfährt, die u. U. auch Stoffteilchen, die auf dem Wege zur Gegenelektrode sind, aus dem Kontaktspalt entfernen.

So wirkt auf die stromdurchflossene Schmelze im Fußpunktbereich eine zum Elektrodenrand gerichtete Kraft, die ein Verspritzen erheblicher Stoffmengen zur Folge haben kann. Dieser Vorgang zeichnet sich häufig durch abhängig von der Stromstärke plötzlich erheblich stärker werdende Abbrandmengen aus. Bei Kupferschaltstücken geschah das nach TURNER und TURNER bei etwa 1 kA. Bei höheren Stromstärken war außerdem das Streuband bedeutend breiter als unterhalb. Dieser Vorgang ist der gleiche, wie er sich bei Untersuchungen an Silberschaltstücken bei Schützen ergeben hat, s. FRANKEN (1) und (9, S. 245). GREMMEL stellte fest, daß bei Strömen unterhalb 5 kA die Streuung der Meßwerte meistens verhältnismäßig groß ist. Die Ursache ist darin zu suchen, daß dabei eine Elektrode von z. B. 8 mm Durchmesser auf der Stirnfläche noch nicht vollständig bedeckt wird. Der Lichtbogen wird sich deshalb oft aus der Mittellage heraus bewegen, wobei das magnetische Eigenfeld die seitliche Auslenkung des Bogens noch weiter verstärkt und ihn zum Elektrodenrand hin bewegt. Wegen der Lichtbogenbewegung war auch bei Strömen unterhalb 10 kA eine Trennung der Anoden- und Kathodenverluste praktisch nicht möglich. Bei höheren Stromstärken überwogen bei Werkstoffen mit niedriger Siedetemperatur wie Kupfer und Silber die Kathodenverluste. Bei den Sinterstoffen sind die Lichtbogenfußpunkte nicht so beweglich wie bei den homogenen Werkstoffen. Sie setzen sich bevorzugt auf der höhersiedenden Komponente fest und stabilisieren den Bogen, s. a. ERK und SCHRÖDER. Der Abbrand tritt dann in dampfförmigem Zustand auf und ist erheblich geringer als bei homogenen Stoffen. Aus diesem Grunde ist auch der Einfluß der magnetischen Zusatzfelder auf den Abbrand bei diesen Stoffen nicht so groß wie bei den homogenen. Nach GREMMEL stiegen bei Sinterstoffen mit Wolfram die Verluste an Anode und Kathode bei Stromstärken über etwa 5 kA steil an. Bei einer bestimmten Stromstärke, im untersuchten Fall 6 bis 8 kA, verdampfte der gesamte Kupfer- bzw. Silberanteil. Dadurch entfällt die temperaturbegrenzende Wirkung dieser Metalle und die Temperatur an der Elektrodenoberfläche kann auf höhere Werte, u. U. sogar bis zum Siedepunkt des Wolframs ansteigen. Der verhältnismäßig starke Anstieg des Abbrandes mit steigender Stromstärke ist wohl auch darauf zurückzuführen, daß der Wärmeentzug durch die Elektroden um so geringer ist, je höher die Stromstärke und nach HOLM z. B. über 10 kA auf ein gegenüber der Gesamtenergie des Bogens vernachlässigbares Maß zurückgeht. Meistens wächst der Abbrand unter sonst gleichen Bedingungen mit dem Strom in einer Potenz weit über 1. Ein roher Mittelwert dürfte das Quadrat sein. Deshalb sind die Abbrandunterschiede zwischen Betriebsstrom-Ausschaltung und Kurzschlußstrom-Ausschaltung erheblich stärker als der an sich schon hohe Stromstärkenunterschied erwarten läßt. Hinzu kommt noch, daß man bei Abbrandermittlungen, abhängig von der Stromstärke, keinen kontinuierlichen Verlauf feststellt, sondern in einem bestimmten Stromstärkebereich plötzlich erhebliche Steigerungen auftreten, um dann mit etwa der gleichen Strompotenz weiter anzuwachsen.

Ein Verharren der Bogen in engen Spalten, z. B. 2 bis 4 mm, führt erfahrungsgemäß zu erhöhten Verlusten. Bei größeren Spalten wird die Wärmezufuhr an die Lichtbogenfußpunkte vermindert und mehr Wärme an die Umgebung der Säule abgeführt. Dann sinkt auch die Menge des verdampften oder verspritzten Stoffes.

Außerhalb des thermisch-elektrischen Verschleißes liegt der vor allem durch Relativbewegung bedingte *Reibverschleiß*. Man vermindert ihn durch Wälzkontakte. Im übrigen braucht man die zum Reibverschleiß führende Relativbewegung bei Schaltstücken aus unedlen Stoffen zur Beseitigung von Oxydschichten und dgl. Auch ist sie von günstiger Einwirkung auf die beherrschbaren Einschaltströme, s. S. 54. Bei der Relativbewegung weisen die Schaltstücke eine Abnutzung auf, auch wenn sie gar keinen Strom führen. Der Reibverschleiß tritt aber selbstverständlich hinter dem Abbrandverschleiß bei sehr hohen Stromstärken zurück, beim Schalten des Nennstromes kann er dagegen schon wichtig sein. Bei den Hauptstromschaltstücken vermeidet man die Reibung. Das ist möglich bei Silberschaltstücken. Sie brauchen sie nicht zum Reinigen der Oberfläche.

Die *Maßnahmen zur Abbrandverminderung* ergeben sich aus dem Gesagten zwangsläufig. Da ist einmal die Vermeidung der Prellung und dynamischer Abhebungen, ferner die Verminderung der Lichtbogenzeit auf das mögliche Maß. Insbesondere handelt es sich darum, bei Wechselstromschaltern unbedingt die Wiederzündung zu vermeiden, anderenfalls wächst natürlich jedweder Abbrand bedeutend an. Bei Kontaktstellen mit Einrichtungen zur Weiterbewegung des Lichtbogens, z. B. auf Lichtbogenhörnern und dgl. ist diese zu beschleunigen, denn von der Zeit, die der Bogen braucht, um von den Schaltstücken auf die Abbrandhörner zu gelangen, hängt die Beanspruchungsdauer der Schaltstücke und damit ihr Verschleiß ab. Dabei ist auch entscheidend, in welchem Ausmaß der Kontaktwerkstoff stabilisierend auf die Lichtbogenfußpunkte einwirkt. Die Schaltstücklebensdauer hat man durch *Legierungen* und *Sinterstoffe* zu verbessern versucht. Insbesondere sind es Silberverbindungen mit Cu, Ni, Cd, CdO sowie Verbindungen mit Wolfram, s. S. 98. Die meisten Untersuchungen über den Einfluß des Elektrodenmaterials haben den Nachteil, daß sie nur mit verhältnismäßig niedrigen Stromstärken betrieben wurden, z. B. solchen bis 1 kA.

Die Wanderungsprozesse der Schaltstückstoffe sind im Gegensatz zu den Geräten, die der betriebsmäßigen Ein- und Ausschaltung dienen, wie z. B. den Schützen, bei den Leistungsschaltern nicht von so ausschlaggebender Bedeutung wie etwa bei Silber der sog. „Spareffekt", s. FRANKEN (1; 9, S. 244). Abgesehen davon, daß er nur bei Schaltstücken aus Edelmetall möglich ist, und bei Leistungsschaltern die Abreißschaltstücke aus möglichst hochschmelzbaren Stoffen bestehen müssen. Die Silberhauptschaltstücke, die bei zwei- und dreistufigen Kontaktanordnungen vorhanden sind, sollten gar nicht in die Gefahr kommen, einen Lichtbogen führen zu müssen. Die Möglichkeit der Stiftbildung infolge von Stoffwanderungen kommt an den Hauptschaltstücken bei Leistungsschaltern aus den gleichen Gründen ebenfalls nicht in Betracht. Sie ist aber bei den Hilfsschaltelementen der Leistungsschalter durchaus denkbar, s. FRANKEN (9, S. 245). Eine besondere Beachtung der zweckmäßigen *Ausschaltgeschwindigkeit* zur Niedrighaltung der Verluste ist bei Leistungsschaltern meistens nicht möglich, denn bei kurzschlußartigen Strömen ist wesentlich, daß sich entweder der Lichtbogen schnell ausweitet oder bei den meisten modernen Konstruktionen in das System der Entionisierungsbleche gedrängt werden muß. Bei Betriebsschaltern wie Schützen sind bei Wechselstrom die Verhältnisse günstig, wenn die Öffnungsgeschwindigkeit gering ist.

Der Verschleiß hängt weiterhin noch von der *Induktivität* des zu schaltenden Kreises ab. Wenn der cos φ hoch ist, d. h. wenn es möglich ist, daß der Strom bei der Schaltstückberührung sofort in voller Höhe auftritt, dann ist naturgemäß auch ein etwaiger Einschaltverschleiß viel höher als bei gleicher Stromstärke und einem schlechten cos φ, bei dem die hohe Stromstärke erst später auftreten kann, s. Abb. 30, S. 55. Bei Leistungsschaltern kommen aber hohe cos φ-Werte praktisch nur bei niedrigen Stromstärken vor. Beim Ausschalten hoher Kurzschlußströme wächst der Verschleiß, wenn der cos φ klein ist.

Ansprüche an die Schaltstücklebensdauer behandelt VDE 0660 Teil 1/ 3.68 lediglich für Last- und Motorschalter. Beim Kurzschlußversuch und dessen Auswertung nach § 73 verlangt man, daß nach der Durchführung der Prüffolge die Schaltstücke noch betriebsfähig sind, s. S. 246. In einigen ausländischen Vorschriften sind auch Lebensdauerversuche z. T. mit Nennstrombelastung aufgeführt. Dabei geht die Zahl der geforderten Prüfschaltspiele überall mit steigendem Gerätenennstrom erheblich zurück. Der Leistungsfaktor ist mit etwa 0,75 bis 0,8 festgelegt. In der IEC-Empfehlung 157-1 (Aug. 1964), Tafel V und Abs. 8.2.6 ist ein Lebensdauerversuch mit belastetem Schalter noch nicht vorgesehen.

Bezüglich der *Schaltstücklebensdauer* geht man im übrigen *zwei Wege*. Entweder halten die Schaltstücke bei Betriebsströmen genauso lange wie das Gerät selbst — das ist bei vielen Betriebsschaltgeräten, z. B. Schützen der Fall — oder aber man rechnet mit ihrer Auswechselung. Das gilt für das Gros der Leistungsschalter mit Ausnahme der Geräte in Kompaktbauweise, s. S. 158. Die Hersteller geben heute meistens an, daß die Schaltstücklebensdauer der Selbstschalter im normalen Betrieb, d. h. beim Ausschalten des Nennstromes, gleich der mechanischen ist, dagegen bei häufigen Kurzschlußausschaltungen die Abreißschaltstücke erneuert werden müssen.

9 Die Prüfung der Leistungsschalter

Die Schaltgeräte gehören zu den Elementen der Technik, die sich weitgehend der exakten Berechnung entziehen. Eine wahrscheinliche Lösung findet sich im allgemeinen auf Grund der Erfahrung, aber es ist eine Erhärtung durch den Versuch notwendig. Das gilt besonders für den Nachweis des Kurzschlußschaltvermögens, zu dessen Erprobung verhältnismäßig ausgedehnte Anlagen erforderlich sind. Die „Modelluntersuchungen", die im Zuge der Entwicklung an einzelnen, noch nicht im Rahmen der normalen Fertigung aufgebauten Geräten durchgeführt werden oder die „Forschungsarbeiten", die zur Beschaffung grundlegender Erkenntnisse dienen, die dem Aufbau oder der Konstruktion oder den Anforderungen zugrunde gelegt werden können, sollen nicht behandelt werden, sondern die sog. „Typenprüfung", die nach Abschluß der Entwicklungsarbeiten und Aufnahme der Produktion einsetzt. Sie umfaßt im Gegensatz zur „Stückprüfung" und deren erweiterter Ausdehnung im Rahmen der „Stichprobenprüfung" die Untersuchung aller Eigenschaften sowie die Feststellung kennzeichnender Werte mit dem Ziel, bei deren Einhaltung die Wahrscheinlichkeiten bzw. Sicherheit der Erfüllung der gewährleisteten Eigenschaften sicherzustellen.

Bei Leistungsschaltern sind *die üblichen Messungen,* z. B. des Kontaktwiderstandes, des Spannungsabfalls, der Prellvorgänge, der Strombahnerwärmung, der Funktionszeiten und dgl. dieselben wie bei anderen Schaltgeräten, s. FRANKEN (9, S. 250). Von besonderer Bedeutung ist dagegen die *Prüfung des „Ein- und Aus-Schaltvermögens".* Eine getrennte Prüfung dieser beiden Eigenschaften wie bei Motorschaltern ist entbehrlich. Über die Durchführung der Prüfung s. VDE 0660 Teil 1/3.68 § 67 bis 73. Man benutzt dabei Anordnungen aus Widerständen und Luftdrosseln, u. U. auch von Kondensatoren. Sie bedingen bei gegebener Spannung eine bestimmte Stromaufnahme und einen bestimmten Leistungsfaktor bzw. bei Gleichstrom eine bestimmte Zeitkonstante und ermöglichen es, einigermaßen reproduzierbare Verhältnisse zu schaffen. Die zu prüfenden Geräte müssen mit der größten zugelassenen Anzahl von Auslösern (Strom- und Spannungsauslöser), Hilfsschaltern und dgl. ausgestattet, in Gebrauchslage gebracht und mit den vorgesehenen Abdeckungen, Kapselungen und Anschlußleitungen versehen werden. Die Stromauslöser und Relais werden dabei für den größten Nennstrom bemessen, der für das angegebene Schaltvermögen zugelassen ist. Wenn der

Hersteller auch den Anschluß des Netzes an die Verbraucheranschlüsse erlaubt, dann ist eine zweite Prüfung in dieser Anschlußform durchzuführen. Die Schalter sind isoliert aufzustellen und dabei alle elektrisch leitenden Teile, die nicht mit der Hauptstrombahn leitend verbunden sind, wie z. B. Hilfsschalter, über eine Kennsicherung (3) und den Schutzwiderstand R_3 (s. Abb. 157) an den Sternpunkt der Stromquelle oder einen durch induktive Widerstände mit höchstens 1 Ω je 100 V Sternspannung

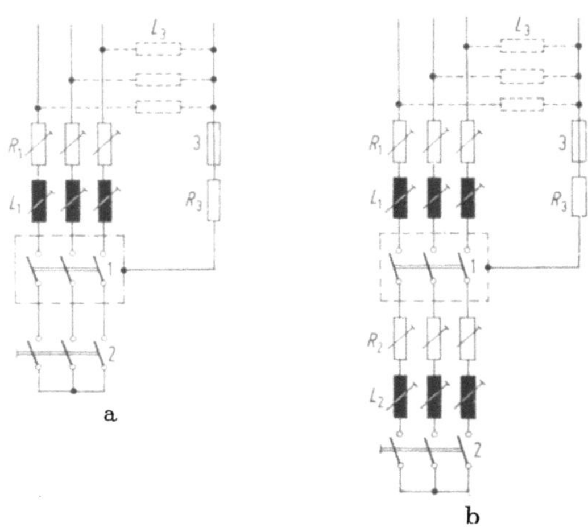

Abb. 157. Prüfstromkreise für Leistungsschalter
a) bei höchstem Schaltvermögen; b) bei Abstandskurzschlüssen und Strömen unter dem Höchstwert
1 Prüfling, *2* Draufschalter, *3* Kennsicherung, Cu-Draht, 0,1 mm Durchmesser
R_1, R_2 Belastungswiderstände, R_3 strombegrenzender Widerstand 1 Ω je 100 V Sternspannung, L_1, L_2 Belastungsdrosseln, L_3 etwaige induktive Widerstände zur Sternpunktbildung

gebildeten Sternpunkt zu legen. Damit werden bei der Prüfung etwa auftretende Überschläge ermittelt. Für die Kennsicherung wird ein Kupferdraht von 0,1 mm Durchmesser gewählt, dem ein Schutzwiderstand vorgeschaltet ist, der etwa 1 Ω je 100 V Sternspannung haben soll. Bei der Prüfung liegen alle die Stromstärken begrenzenden Widerstände und Induktivitäten vor dem Schalter. Drosseln dürfen nur parallel geschaltet werden, wenn sie praktisch die gleiche Zeitkonstante haben. Die Schalter sollen auch alle Ströme unter dem Höchstwert beherrschen, u. U. mit gewissen Einschränkungen bei Gleichstrom und Mittelfrequenzen, s. S. 73. Bei diesen Prüfströmen müssen die zusätzlichen Drosseln und Widerstände hinter dem Schalter liegen, damit im Gerät selbst ein entsprechender Spannungsabfall zwischen den einzelnen Polen zustande kommt.

Bei solchen Prüfungen werden die Ergebnisse noch weitgehend von den zufällig in der Anlage gegebenen *Einschwingfrequenzen und Überschwingfaktoren* beeinflußt. Einheitliche Mindestwerte sind hierfür in VDE 0660 — soweit Leistungsschalter in Betracht kommen — noch nicht festgelegt worden. Im Gegenteil, der Einbau geeigneter Parallel-Kapazitäten und -Widerstände ist nicht erlaubt. Im Betrieb sind die Geräte, bedingt durch die Lage von Induktivität, Widerstand und Kapazität zueinander, wohl immer einer schwächeren Belastung ausgesetzt als im Prüffeld bei der Feststellung des Schaltvermögens. Es ist nicht unerwünscht, daß die Schalter dadurch eine gewisse Sicherheit gegenüber den maximal zu erwartenden Beanspruchungen im Netz aufweisen, da es sich ja um Sicherheitsorgane handelt. Dieser Sicherheitszuschlag ist aber je nach den Verhältnissen der Prüfanlage unterschiedlich. Der Grund ist darin zu suchen, daß im Prüffeld eine Serienschaltung der Induktivitäten und Widerstände zur Einstellung eines bestimmten Leistungsfaktors der Belastung angewandt wird. Auch sind die Kapazitätsverhältnisse weitgehend gänzlich andere. Dadurch entstehen schärfere Spannungsbeanspruchungen der Schaltstrecke als im praktischen Betrieb, da die tatsächliche Belastung im Netz z. T. einer Parallelschaltung von Induktivität und Widerstand entspricht, was bei gleichem cos φ eine wesentlich stärkere Dämpfung der wiederkehrenden Spannung bewirkt. Ferner ist zu berücksichtigen, daß der Einfluß einer Ohmschen Last auf die Dämpfung von der Frequenz der wiederkehrenden Spannung abhängig ist. Sobald in VDE 0660 die Einschwingfrequenz und Überschwingfaktoren als Richtwert festgelegt sind, wie es bei Motorschaltern für Drehstrom-Asynchronmotoren bereits der Fall ist, s. FRANKEN (9, S. 268), kann die Anpassung durch Parallelschalten relativ kleiner Kapazitäten und hochohmiger Widerstände zu den verwandten Drosseln der Versuchsanlagen erfolgen. In der IEC-Arbeit 157-1, August 1964, ist bei $I_k'' < 20\,\mathrm{kA}$ eine Dämpfung durch einen Parallelwiderstand für höchstens 0,6 v. H. Prüfstrom erlaubt, der aber der Wirklichkeit nicht entspricht. Diese Festlegung geht offenbar von der Voraussetzung aus, daß in der Praxis immer irgendwelche parallel geschalteten Stromkreise vorhanden sind. Eine solche Annahme kann aber nicht grundsätzlich gemacht werden. So z. B. würde ein Schalter, der zwischen dem Transformator der Hauptverteilung liegt, die Voraussetzung nicht vorfinden. Ein solcher Widerstand bewirkt bei hochfrequenten Kreisen meist einen aperiodischen Spannungsverlauf. In dieser Richtung sind — wie schon auf S. 90 gesagt — noch weitere Untersuchungen und Festlegungen über die Prüfkreise, z. B. die Ansprüche an die Frequenzen und dgl. erforderlich.

Wenn der Hersteller mit Rücksicht auf die Lichtbogenausbreitung *Einbauabstände* angibt, dann müssen bei der Prüfung in diesem Abstand Metallplatten isoliert angebracht werden. Geprüft wird mit einer *Fre-*

quenz, die nicht um mehr als $\pm$ 5 v. H. vom Nennwert abweicht. Geräte, die für Nennfrequenzen von 40 bis 60 Hz bestimmt sind, werden mit 50 Hz geprüft, wenn vorausgesetzt werden kann, daß diese Frequenzabweichung auf das Prüfergebnis keinen wesentlichen Einfluß hat. Das ist bei strombegrenzenden Schaltern nicht der Fall. Die Prüf-*Spannung* ist die 1,1fache Nennspannung. Bei Geräten für Bahnanlagen, die für Wechselstrom bestimmt sind, steigt sie auf die 1,15fache, bei solchen für Gleichstrom auf die 1,2fache Nennspannung. Im übrigen sind die Kennwerte des Prüfstromkreises, d. h. die Zeitkonstanten und die Leistungsfaktoren, den Tafeln 26 und 27 VDE 0660 Teil 1/3.68 zu entnehmen, s. a. Tab. 2, S. 38. Die dabei angegebene Zuordnung des Schaltvermögens zum Schalternennstrom ist nur als Mindestwert anzusehen. Wenn kritische Strombereiche zwischen dem Strom 0 und dem höchsten Strom zu erwarten sind, so muß in diesem Bereich zusätzlich geprüft werden. Bei der Prüfung von Leistungsschaltern muß sowohl der Fall, daß der Kurzschluß bei geschlossenem Schalter auftritt, als auch der, daß mit ihm die Einschaltung eines Kurzschlußkreises erfolgt, berücksichtigt werden. Deshalb wird bei der Erprobung eine gewisse *Schaltfolge* verlangt, d. h. eine Anzahl von Schaltungen wird durchgeführt, bei denen der Kurzschluß erst bei eingeschaltetem Gerät auftritt, während in anderen Fällen der Schalter auf den Kurzschluß eingeschaltet wird. Die Zahl dieser Ein- bzw. Ausschaltungen, sowie die Dauer der Pause zwischen den einzelnen Schalthandlungen sind von wesentlichem Einfluß auf das Ergebnis der Prüfung. Diese Programme sind nicht in aller Welt gleich. VDE 0660 Teil 1/3.68 Tafel 29 gibt in Übereinstimmung mit der IEC-Publikation 157-1 eine Prüffolge in der Art an, daß der Kurzschlußstrom bei vorher eingelegtem Schalter 1 $\times$ ausgeschaltet und 2 $\times$ auf den Kurzschluß eingeschaltet wird, d. h. O–t–CO–t–CO, wobei O Ausschalten, CO Ein- und Ausschalten bedeutet. Die Pause t ist auf 15 sec bis 3 min festgelegt. Berechtigt ist die Frage, ob das vorgesehene Prüfverfahren mit den verhältnismäßig wenigen Schaltungen die asymmetrischen Stromeinflüsse in genügendem Ausmaße berücksichtigt. Während man bei einem Einphasen-Wechselstromkreis meist mit verminderter Einwirkung des Gleichstromgliedes rechnen muß, ist das beim Einschalten von Drehstrom nicht in gleichem Ausmaß der Fall. Im Abstand von je 60°el tritt immer wieder eine Spitze des Drehstroms auf. Es können deshalb nur die Unterschiede in diesem Bereiche herangezogen werden. Sie schwanken, z. B. bei $\cos \varphi = 0{,}4$ zwischen dem Maximum und dem 0,97fachen Wert, s. Abb. 7b, S. 10. Die angegebene Schaltfolge eignet sich also für 3polige Geräte, für 1- und 2polige Wechselstromkreise ist sie ungeeignet. Mit dem angegebenen Prüfverfahren wird das Ausschaltvermögen eines 3poligen Schalters im Drehstromnetz unter der Voraussetzung ermittelt, daß der Zustand des Mittelpunktleiters gegen Erde ohne Einfluß ist und daß

16*

nach dem Ausschalten auf der Abgangsseite die Spannung 0 herrscht. Es gibt auch noch *andere Prüffolgen*, z. B. ausgedehntere, die ein geringeres Schaltvermögen ergeben. Sie kann auch verkürzt werden, Minimum nach VDE 0660 § 13 s 2 O–t–CO. Bei dieser Verkürzung, wie sie z. B. u. a. für Schaltkombinationen aus Schaltern bzw. aus Schaltern und Kurzschlußsicherungen vorgesehen ist, ermittelt man meist ein höheres Schaltvermögen. Es wird dabei unterstellt, daß das Gerät nach Beseitigung des Kurzschlusses ausgewechselt wird. Bei den Ergebnissen derartig abweichender Prüffolgen ist selbstverständlich die Methode anzugeben.

Die Anlage soll so bemessen sein, daß der *Effektivwert der wiederkehrenden Spannung* mindestens gleich der 0,9fachen Prüfspannung ist. Diese Forderung stellt Ansprüche an die Ergiebigkeit der Stromquelle, notfalls muß die Leerspannung entsprechend erhöht werden. Wichtig ist ferner, daß zur Messung des Prüfstromes das Gerät überbrückt werden muß, denn es muß zunächst einmal der *unbeeinflußte Prüfstrom* (s. S. 44) *eingestellt* werden. Diese Einstellung wird oszillographisch gemessen. Das Schaltvermögen wird auch oft bei dem gleichen Gerät durch *unterschiedliche Auslöseelemente*, z. B. den Einbau von Bimetallauslösern, mit im Verhältnis zum Gerätenennstrom kleinem Nennstrom vermindert. Deshalb ist Prüfung mit den verschiedenen in Betracht kommenden Stromauslöseelementen bei jeweils höchster Einstellung notwendig. Ein Prüfoszillogramm s. Abb. 158. Parallel zu den Schaltstellen liegende Meßkreise dürfen bei der Ausschaltprüfung keine kleineren Widerstände als 20 Ω je V der zu messenden Spannung haben, s. VDE 0660 § 70e.

Schwierigkeiten bereitet die *Ermittlung des Prüfkreis-Leistungsfaktors*. Man erhält ihn aus der Phasenverschiebung zwischen dem unbeeinflußten Prüfstrom und der Leerlaufspannung. Eine Methode zu seiner genauen Ermittlung gibt es nicht. VDE 0660 Teil 1 § 71 d führt noch 2 Methoden an, einmal die Ermittlung aus der Zeitkonstante, dann bei Verwendung eines Hilfsgenerators. Wenn die Leistung der Prüfstromquelle im Verhältnis zum Prüfstrom groß ist, z. B. die vorzuschaltenden Ohmschen und induktiven Widerstände größer sind als der 10fache Wert der inneren Widerstände des Netzes, dann kann der $\cos \varphi$ aus Spannungs- und Strommessungen an den Ausgangsklemmen der Stromquelle bei der Messung des Prüfstromes bestimmt werden. Die Feststellung der Zeitkonstanten bei Gleichstrom ist dagegen verhältnismäßig einfach. Sie wird aus dem oszillographisch zu messenden Anstieg des unbeeinflußten Stromes ermittelt.

Über die *Auswertung der oszillographischen Messungen* bei der Prüfung von Leistungsschaltern s. weiterhin VDE 0660 § 71 und 72. Für den Einschaltstrom ist der größte Augenblicksstrom im Eichoszillogramm maßgebend. Bei Drehstrom gilt der größte Augenblickswert der Ströme aller drei Phasen. Der aus dem Oszillogramm ermittelte Wert muß mindestens

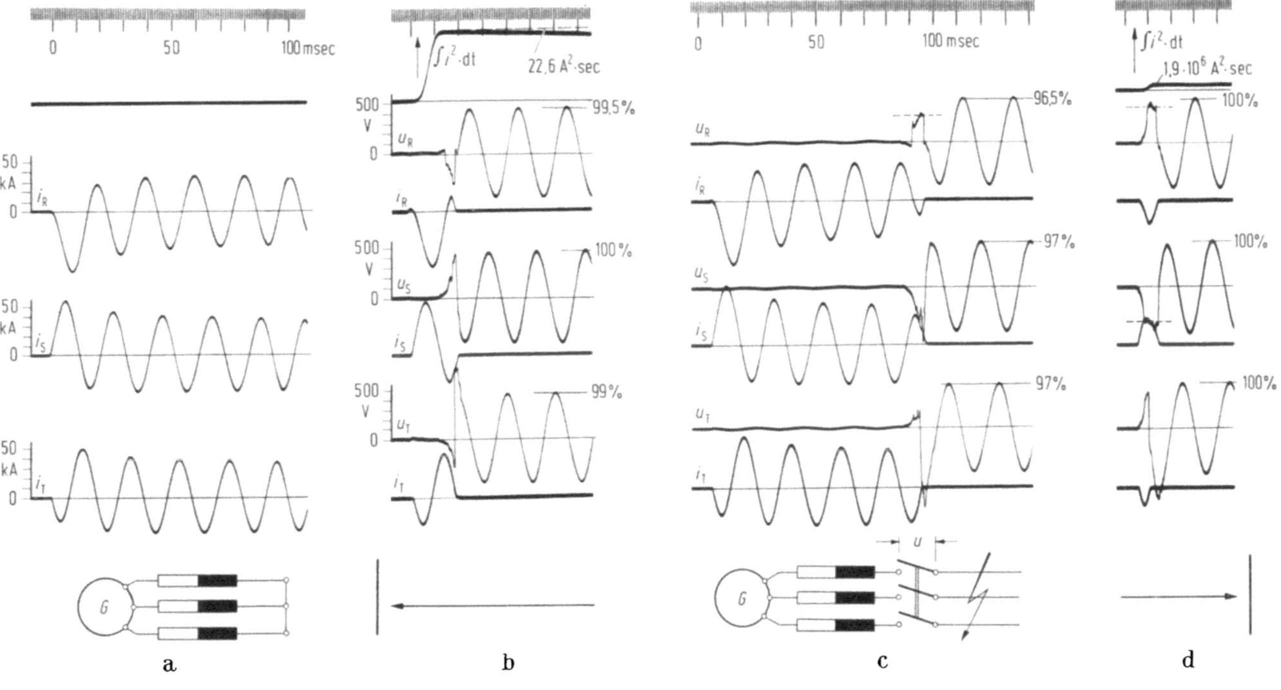

Abb. 158. Drehstromausschaltoszillogramme

a) unbeeinflußte (prospektive) Strom-Ausschaltung durch Sicherheitsschalter, b) unverzögerte Ausschaltung, c) kurzverzögerte Ausschaltung, d) strombegrenzende Ausschaltung mit Zugmagneten nach Abb. 142, bei (c) in gleicher Weise als Druckmagnete zur Kontaktdruckverstärkung

U Spannung am Kontaktspalt, $\int i^2 \cdot dt$ für Phase R

gleich demjenigen sein, der aus Ausschaltstrom, multipliziert mit den durch das Gleichstromglied bedingten Faktoren (s. Tab. 1 und Abb. 3), errechnet wird. Das setzt voraus, daß man bei einer solchen Phasenlage einschaltet, die in einer Phase die Kontaktgebung im Spannungsnulldurchgang bedingt. Eine Toleranz von $+10$ v. H. ist zugelassen.

Die *Prüfung gilt* als *bestanden* (s. VDE 0660 § 73), wenn der Schaltlichtbogen nicht stehen bleibt, kein Lichtbogen zwischen den Polen oder anderen unter Spannung stehenden sowie zur Erdung bestimmten Teilen auftritt. Ferner sollen die Schaltstücke betriebsfähig bleiben und nach ordnungsgemäßer Rückstellung des Antriebs ihre Ausgangslage einnehmen. Falls Zweifel an der Betriebsfähigkeit der Schaltstücke bestehen, soll ein Erwärmungsversuch mit Nennstrom gemacht werden. Dabei darf keine Übertemperatur auftreten, die zur Beschädigung der Isolierteile führen kann. Die Einhaltung der Erwärmungsgrenzen nach VDE 0660 Teil 1 Tafel 20 wird dagegen nicht mehr gefordert. Eine Vergrößerung der Prüfschaltzahl ersetzt die Probe nicht, denn ein Schalter kann u. U. zahlreiche Ausschaltungen durchführen, aber schon nach den ersten Schaltungen nicht mehr in der Lage sein, den Strom zu führen, s. TONIOLO und CANTARELLA. Eine Zeitangabe ist für diesen Versuch in VDE 0660 nicht gemacht worden. Eine Belastungszeit für eine Schichtdauer, d. h. für 8 Stunden, wäre aber wohl als Minimum zu fordern, eine Belastung bis zur Beharrungstemperatur zweckmäßig. Die übrigen Teile des Gerätes wie Strombahn, Hilfsschalter, Abdeckung usw. dürfen weder durch Stromkräfte noch durch Erwärmung oder Lichtbogeneinfluß beschädigt werden und die vorhandenen Auslöser und Relais nach der Schaltvermögensprüfung in ihrer Arbeitsweise nicht beeinträchtigt sein. Bei Ölschaltgeräten darf über dem Ölspiegel keine Zündung eintreten, der Ölstand nach der Prüfung den vorgeschriebenen Mindestwert nicht unterschreiten und der Ölbehälter nicht undicht sein. Die Leistungsschalter müssen nach Beendigung der Prüfung noch ein ausreichendes Isolationsvermögen haben und nach VDE 0660 Teil 1 § 73 a 6 mindestens 1 Minute lang eine Spannungsprüfung mit doppelter Nennisolationsspannung aushalten.

Eine Prüfung für den Fall der *Phasenopposition* ist in VDE 0660 nicht vorgesehen, weil diese Beanspruchung bei den meisten Schaltern gar nicht auftreten kann und deshalb Sonderabmachungen vorbehalten bleiben muß. Eine Erschwerung der Schaltvermögensprüfung wäre bei Geräten mit kurzen Eigenzeiten, z. B. solchen, die kleiner sind als die halbe Zeitkonstante, angebracht, indem vor allem mit Rücksicht auf den kurzen Prüfzyklus (s. S. 244) eine Schaltung mit maximaler Asymmetrie gefordert würde wie es für Hochspannungsgeräte, z. B. bei einem Mindestausschaltverzug kleiner als 60 ms in VDE 0670 Teil 1/1.64 § 38 Tafel 5 Abs. 2.3.1 in Anlehnung an die IEC-Publikation 56-1/1954 Abs. 65 der

Fall ist, s. a. HORN. Eine besondere Prüfung des Nennstoßstromes und des Nennkurzzeitstromes ist im allgemeinen bei Leistungsschaltern nicht erforderlich. Der Nachweis, daß das Schaltgerät die erforderliche *Kurzschlußfestigkeit* und *Überlastfestigkeit* besitzt, wird schon durch die Prüfung des Schaltvermögens erbracht. Eine besondere Prüfung ist aber notwendig, wenn das Nenneinschaltvermögen eines Gerätes kleiner ist als der vom Hersteller für den geschlossenen Zustand angegebene Nennstoßstrom, ferner bei Schaltgeräten mit Auslösern oder Relais, deren Nennstrom kleiner als der Gerätenennstrom ist. Der Kurzzeitstrom muß besonders geprüft werden, wenn die Schaltgeräte keine Kurzschlußauslöser besitzen wie z. B. bei den Leistungstrennern, bei Geräten mit Kurzschlußauslösung, wenn infolge der Verzögerungszeit der Auslöser oder Relais größere thermische Belastungen des Gerätes möglich sind als bei der Prüfung des Schaltvermögens; weiterhin bei Stromauslösern und Relais in Schaltgeräten, wenn sie bei der Schaltvermögensprüfung des Gerätes nicht mitgeprüft worden sind. Bei der Feststellung des Nennkurzzeitstroms (1-sec-Strom) nach VDE 0660 Teil 1 § 76 wird das Gerät 1 sec lang mit der vom Hersteller angegebenen Kurzzeitstromstärke belastet. Bei kürzerer Prüfdauer sind die Ströme entsprechend zu erhöhen. Eine solche Prüfung gilt als bestanden, wenn durch die Erwärmung keine Beschädigung von Geräteteilen entsteht. Bei diesem Versuch werden die Geräte vorher mit Nennstrom bis zum Erreichen der Enderwärmung aufgeheizt, also der betriebswarme Zustand hergestellt. Sowohl bei der Feststellung des Nennstoßstromes wie bei dem des 1-sec-Stromes kann mit verminderter Spannung geprüft werden.

Für die *Durchführung der Kurzschluß-Ausschalteversuche* sind entsprechend ergiebige *Stromquellen*, die die in Betracht kommenden Ströme und Spannungen mit der erforderlichen Konstanz liefern, selbstverständlich die wichtigste Voraussetzung. Bis zu einem gewissen Umfang, der sich nach den örtlichen Verhältnissen richtet, können bei Wechselstrom die entsprechenden Leistungen dem Netz entnommen, also über Transformatoren eingespeist werden. Diese Möglichkeit ist aber in den meisten Prüffeldern sehr schnell ausgeschöpft. Gelegentlich kann man noch die Energie einer Hochspannungs-Hochleistungs-Prüfanlage über Transformatoren geringer Streuspannungen entnehmen, anderenfalls — und das ist die Regel — müssen die Schaltvermögensversuche wenigstens bei Strömen > 20 kA an besonderen Generatorenanlagen vorgenommen werden. Es kommen dafür aber keine normalen, sondern nur sog. „Stoßstromgeneratoren" in Betracht, wie sie von den Hochspannungs-Hochleistungsprüffeldern her bekannt sind. Der Kurzschluß wird dabei an einem Generator durchgeführt, der in der Zwischenzeit vom Netz abgeschaltet ist und nur die ihm innewohnenden kinetischen Energien zum Aufbringen der Kurzschlußleistung zur Verfügung hat. Die Projektierung dieser Maschinen ist nicht einfach. Die wesentlichen Schwierigkeiten liegen einmal darin, daß die hohen Kurzschlußbeanspruchungen, die beim Versorgungsgenerator möglicherweise in seinem Leben nie auftreten, hier die alltägliche Beanspruchung darstellen. Weiterhin ist Vorsorge zu treffen, daß der Feldzusammenbruch während des Kurzschlusses nicht dazu führt, daß der Strom durch die Ankerrückwirkung zurückgeht oder die wiederkehrende Spannung zu niedrig ausfällt. Dann spielen noch die Eigentümlichkeiten des Generator-Kurzschlußdiagramms eine Rolle, s. RÜDENBERG (S. 537).

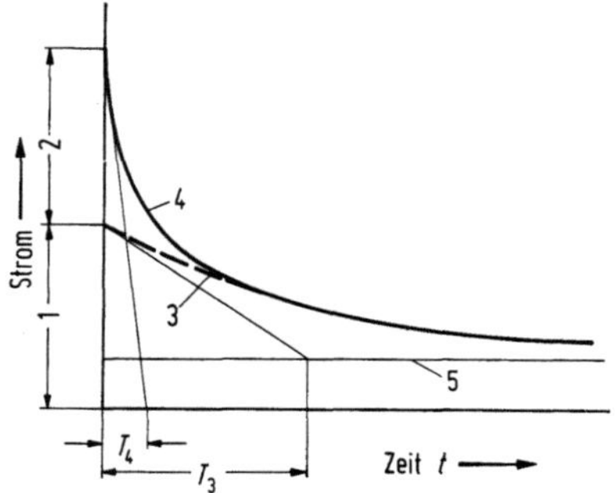

Abb. 159. Anteile des Wechselstrom-Kurzschlußstromes bei Generatoren

1 Anfangswert des transienten Stromes $3 - I'_k$, *2* subtransienter Zuschlag, *4* Verlauf des subtransienten Stromes $-- I''_k$, *5* Dauerkurzschlußstrom, T_3 und T_4 Zeitkonstanten

In dem *Generator-Kurzschlußdiagramm* Abb. 159 stellt die Kurve *3* mit dem Anfangswert *1* den transienten Kurzschlußstrom, d. i. der „Übergangs"-Kurzschlußstrom I'_k, Kurve *4* mit dem Anfangszuschlag *2* den subtransienten oder „Anfangs-Kurzschlußstrom I''_k dar.

Die Zeitkonstanten dieser Einzelvorgänge sind außerordentlich unterschiedlich. T_3 ist die des transienten Anteils am Kurzschluß-Wechselstrom. Sie liegt etwa zwischen 1/4 und 1 sec. Das *transiente Wechselstromglied 3* ist in seiner Spitze wesentlich bedingt durch den Scheinwiderstand des Generators und die von ihm entwickelte Spannung. Der Strom bricht dann langsam auf den Dauerkurzschlußstrom *5* zusammen. Die Gründe hierfür liegen im Drehzahlabfall und dem damit verbundenen Spannungsrückgang der Maschine, weiterhin aber wesentlich in der Rückwirkung des Wechselstroms auf die Magnetfelder. Der *subtransiente Zuschlag* stellt einen Wechselstromanteil dar, der mit den Eisenteilen gekuppelt ist, die ihrerseits Dämpferwirkungen ausüben, also gekuppelt mit Tertiärkreisen, vor allem den massiven Eisenteilen in Wicklungsnähe. Die Zeitkonstante dieses Stromes, T_4, ist wesentlich kleiner als T_3. Ohne besondere Maßnahmen kann es vorkommen, daß die subtransiente Spitze den doppelten Wert der transienten erreicht, so daß der Wechselstrom beim Einschalten zunächst in doppelter Höhe des Prüfstromes liegen würde. Hinzu kommt immer noch das Gleichstromglied, das sich als Vielfaches des überhöhten Wechselstromanteils auswirkt.

Es erscheint notwendig, dafür zu sorgen, daß die subtransiente Komponente des Kurzschlußstromes nicht zu groß ausfällt, weil anderenfalls

der Kurzschlußstromverlauf von dem hinter einer Transformatorenanlage
üblichen erheblich abweicht. Das ist nur denkbar, wenn der Generator
wenig massives Eisen enthält, also vor allem das Polrad mit Blechpaketen
ausgeführt wird. Das setzt aber eine verhältnismäßig geringe Drehzahl

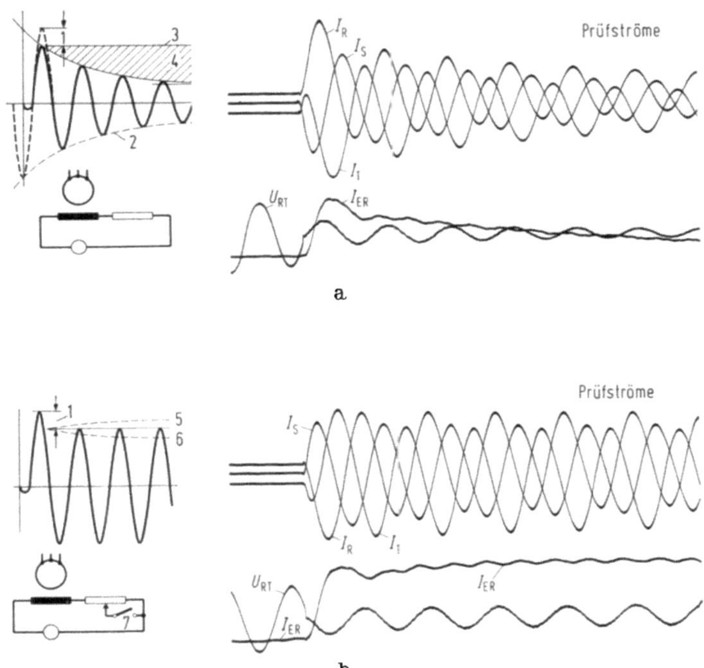

Abb. 160. Kurzschlußausschaltung am Drehstromgenerator — Wirkung des Erregerstromes auf den
transienten Generator-Kurzschlußstrom, 50 kA, 550 V, $\cos \varphi = 0,4$

a) ohne, b) mit Stoßerregung durch Schließen des Schalters 7

1 subtransienter Zuschlag und Ausgleich-Überwert, *2* abklingender Strom, *3* angestrebter konstanter
Wert, *4* erforderlicher Ausgleich der Ankerrückwirkung durch Gleichstrom-Stoßerregung, *5* Stoß-
Über-, *6* Untererregung

I_{ER} Erregerstrom, U_{RT} Spannung zwischen diesen beiden Phasen

voraus. Bei der in Abb. 164, S. 254, dargestellten Prüfanlage wurde erreicht, daß der subtransiente Zuschlag nur 8 v. H. ausmacht.

Will man die Stromerhöhung im Anfang in Kauf nehmen, dann gibt es
zwei unbefriedigende Möglichkeiten. Würde man den Kurzschlußwechselstrom gleich dem transienten „Übergangs-Wechselstrom" setzen, dann
bedeutete das für die Geräte beim Einschaltprozeß gegenüber demjenigen
hinter einem Transformator bei gleichem Kurzschlußwechselstrom eine

unnötige Erschwerung, die auch bei schnellschaltenden Geräten zum Ausdruck kommt. Wenn man den subtransienten oder „Anfangs-Kurzschlußstrom" zugrunde legt, dann muß die Maschine notgedrungen im weiteren Verlauf auf den Übergangs-Kurzschlußwechselstrom abfallen, also auf zu kleine Ströme. Beide Lösungen sind für die Praxis nicht zweckmäßig.

Nach der Unterdrückung des subtransienten Zuschlages verbleibt dann noch der *langsame*, durch die Ankerrückwirkung bedingte, *Zusammenbruch der Spannung* nach Einsetzen des Stromstoßes. Er hat naturgemäß zur Folge, daß auch der Strom mit der transienten Zeitkonstante zurückgeht, z. B. nach Abb. 160a Kurve *2*, während ein konstanter Wert *3* auf eine gewisse Dauer wünschenswert ist. Damit die Spannung und damit auch der Strom möglichst lange konstant bleibt, wird die Gleichstromerregung stoßartig erhöht. Das geschieht durch Überbrückung eines bestimmten Teiles eines Vorschaltwiderstandes (s. Schalter *7* in Abb. 160b). Das Ausmaß der Überbrückung hängt von der Höhe des eingestellten Prüfstromes ab. Die Stromerhöhung im Erregerkreis kann z. B. bei 1:10 liegen. Die Abbildung zeigt den Stromverlauf bei einem dreiphasigen Generatorkurzschluß mit und ohne Stoßerregung. Auf diese Weise erzielt man auf eine gewisse Zeit hin eine praktisch konstante Wechselstromkurve, d. h. solange der Läufer in der Lage ist, kinetische Energie herzugeben. Man erreicht damit also einen Zustand, der in etwa dem Transformatorendiagramm identisch ist. Mitgeprüft worden ist hinter einem derartigen Generator eine Erhöhung des Einschaltvermögens um den verbliebenen subtransienten Zuschlag. Er kann je nach der Situation der Prüfanlage nicht unbedeutend sein. Bei nicht voller Ausnutzung der Prüfmaschine verschwindet er. Der auf gleicher Höhe gehaltene Strom wird selbstverständlich noch durch das verklingende Gleichstromglied erhöht. Wenn die Stoßerregung über- oder unterbemessen ist, wird der zunächst gleichbleibend gestaltete Drehstrom ansteigen oder hinter dem Anfangswert zurückbleiben, s. Abb. 160b, Kurven *5* und *6*. Bei Stoßerregung steigt der Erregerstrom zunächst nur langsam von seinem alten Wert und erreicht dann umgekehrt proportional der Anstiegsgeschwindigkeit des Wechselstromes einen verhältnismäßig hohen Wert, der mit Schwankungen von 100 Hz fast konstant bleibt. Dieser starke Anstieg tritt, wenn auch nicht genau im gleichen Maße, ebenfalls bei Bild a ohne Stoßerregung auf, mit dem Unterschied, daß dieser Erregerstrom genauso wie der Wechselstrom etwa nach einer *e*-Funktion abklingt.

Der *Fundierung der Maschine* ist große Aufmerksamkeit zu widmen, weil bei den Kurzschlußversuchen auf das Fundament schlagartig sehr große Kräfte einwirken. Der Verlauf der Drehmomentkurve ergibt ein unsymmetrisches Bild, einer Druckbeanspruchung folgt eine Zugbeanspruchung von fast gleichem Ausmaß. Die höchsten Werte treten bei 2poligen Kurzschlüssen auf.

Die grundsätzliche Anordnung der *Schaltstrecke* zeigt Abb. 161. Für die volle Ausnutzung der Maschine werden keine zusätzlichen Drosseln und Widerstände verwandt. Vorhanden ist ein Sicherheitsschalter (*1*), der in jedem Fall in der Lage ist, den vollen Kurzschlußstrom der Maschine zu bewältigen, ein Draufschalter (*2*) und zuletzt der Prüfling (*3*). Man schaltet bei einem Teil der Versuche den Prüfling auf den Kurzschluß ein und läßt dann den Kurzschlußstrom ausschalten. In einer gewissen Anzahl von Fällen wird dagegen der Prüfling vorher eingeschaltet und entsprechend den Vorkommnissen der Praxis erst durch den Draufschalter (*2*) der Kurzschluß eingeleitet. Um geringere Stromstärken und die verschiedenen Ausmaße des Leistungsfaktors einstellen zu können, kommen

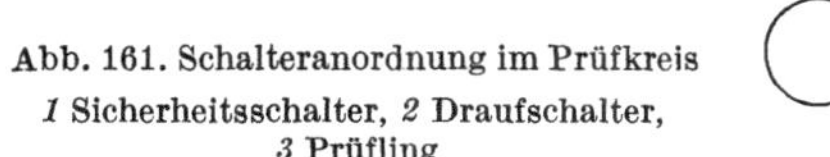
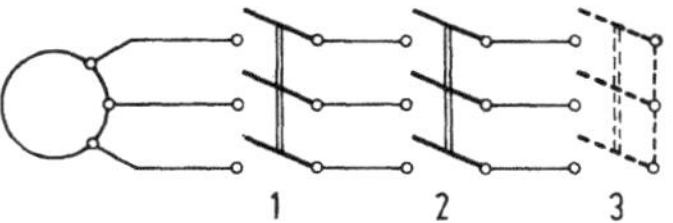

Abb. 161. Schalteranordnung im Prüfkreis
1 Sicherheitsschalter, *2* Draufschalter,
3 Prüfling

noch Drosseln und Widerstände hinzu, s. Abb. 162. Alle Teile der Einrichtungen müssen natürlich den durch die hohen Stromstärken bedingten dynamischen Kräften standhalten und die Wärmeaufnahmefähigkeit entsprechend groß sein. Auf der anderen Seite ist es nötig, mit außerordentlich kurzen Leitungsstrecken zu arbeiten, denn bei der Niederspannung spielen die Spannungsabfälle in ihnen eine große Rolle, und es könnte sonst leicht vorkommen, daß man die Maschine nicht auszunutzen vermag. Zur Messung dieser Ströme verwendet man geeignete Nebenwiderstände, bei denen bifilare Ableitungen zur Vermeidung der Einstreuung der starken Felder notwendig sind.

Der *Sicherheitsschalter* (*1*) dient zur Überwachung des Generators und der gesamten Prüfanlage im Falle eines Versagens des zu prüfenden Gerätes. Ferner soll er auch die Möglichkeit geben, eine Beschädigung des Prüflings auf ein Mindestmaß herabzusetzen. Selbstverständlich muß er in der Lage sein, die höchsten in der Anlage vorkommenden Ströme zu beherrschen. Es war in Leistungsprüffeldern im allgemeinen üblich, die zu prüfenden Objekte bis zur Zerstörung zu beanspruchen, weil damit genau die Grenze der Leistungsfähigkeit festgestellt ist. Eine Prüfung bis zur Zerstörung ist aber bei einer Typenprobe nicht nur kostspielig, sondern hat vor allem den Nachteil, daß die Ursache des Versagens nachher nicht mehr einwandfrei festzustellen ist. Der Sicherheitsschalter vermeidet Stehlichtbögen unerwünschter Dauer und be-

grenzt damit das Ausmaß der von ihnen bewirkten Schäden. Deshalb ist
es notwendig, daß er durch den „Taktgeber" (s. u.) in einem sehr kurzen
Zeitabstand hinter dem zu prüfenden Schalter automatisch in Funktion
tritt. Er muß sehr reichlich bemessen sein. Beim *Draufschalter* liegt das
wesentliche Problem in der Bewältigung der sehr hohen Einschaltströme.

Abb. 162. Verstellbare Drosseln und Widerstände für Kurzschlußstromprüfung, s. auch Abb. 164b

Man verwendet z. B. Schaltstücke mit hoher Relativgeschwindigkeit.
Ein solcher Schalter wird unter Vorspannung von Federn verklinkt und
dann die Federn ausgelöst. Sehr wichtig ist der gleichzeitige Angriff der
Schalterpole. Besondere Genauigkeit ist zur Erzielung einer Einschaltung
ohne Gleichstromglied, bzw. mit dem höchsten Gleichstromglied notwendig. Dabei werden auch gestaffelte Schaltungen vorgenommen, wobei
z. B. bei Drehstrom zum Schalten ohne Gleichstromglied zuerst ein Ein-
phasenkreis geschlossen wird und der dritte Pol erst 90°el. später folgt.
Eine solche gestaffelte Einschaltung ohne Gleichstromglied s. Abb. 163.
Zunächst werden die Pole R und S geschlossen, 5 msec später T. Eine
solche Anlage braucht die für einen Generator üblichen *Schutzeinrich-*

tungen. Beim Auftreten eines Fehlers sowie zur Verhütung einer lang dauernden Belastung muß der Generator ausgeschaltet und, was genauso wichtig ist, schnellstens entregt werden, um weitere Zerstörungen durch die eigenen Energielieferungen auf ein kleinstmögliches Maß zu beschränken. Diesem Vorgang dient die „Schwingungsentregung". Die Kommandos zur Abwicklung des Schaltprogramms werden von den sogen. *Taktgebern* gegeben. Das sind Walzen- oder Nockenschaltgeräte mit verstellbaren Kontaktgliedern, die die einzelnen Kommandos in außerordentlich kurzen Zeitabständen erlauben. Die Programmentwicklung geht von dem

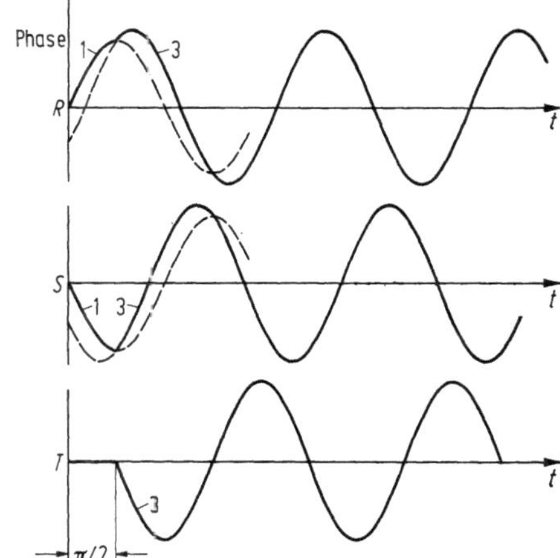

Abb. 163. Gestaffelte Einschaltung ohne Gleichstromglied bei Drehstrom

1 einphasiger Kreis, *3* dreiphasiger Kreis

Augenblick ab, in dem z. B. der Draufschalter den Stromstoß zustande bringt. Für die einzelnen sonstigen Schaltelemente sind ihre Eigenzeiten zu berücksichtigen, so daß manche schon vor dem Zeitpunkt des Kurzschlußstrom-Einsatzes eingeschaltet werden müssen, damit ihr tatsächlicher Kontaktschluß- oder Öffnungspunkt im richtigen Abstand hinter dem Stromeinsatz liegt. Zwangsläufig vorher wird der Sicherheitsschalter eingelegt und dann in kurzem Abstand hinterher wieder geöffnet. Die Schwingungsentregung wird regelmäßig in Tätigkeit gesetzt, der Antriebsmotor während des Stoßes ausgeschaltet und dgl. Teilbilder einer solchen Anlage mit zwei Generatoren, von denen jeder Ströme bis 50 kA eff bei 550 V, $\cos \varphi = 0{,}4$, also einem Stoßkurzschlußstrom bis 100 kA hergibt, s. Abb. 164. Ausführliche Beschreibung einer derartigen Teilanlage s. FRANKEN (6). Die Generatoren können auch parallel betrieben werden und liefern dann Kurzschluß-Wechselströme bis 85 kA, 550 V, $\cos \varphi = 0{,}2$. Das bedeutet einen Stoß-Kurzschlußwechselstrom von 200 kA.

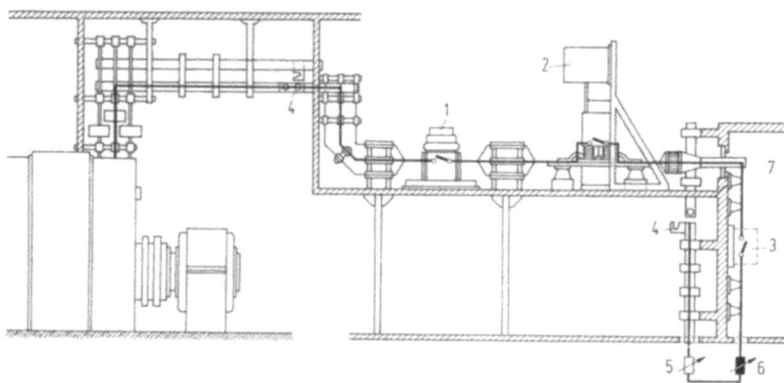

Abb. 164. Doppelgeneratoren-Prüfanlage für Niederspannungs-Leistungsschalter (Klöckner-Moeller), Einzelgenerator bis 550 V, I_k'' 50 kA, $\cos \varphi = 0{,}4$, $I_S = 100$ kA, im Parallelbetrieb 85 kA bei 550 V, $\cos \varphi = 0{,}2$ $I_S = 200$ kA

a) Rückansicht mit einem Teil der Generatoren und Hilfsmaschinen; b) Verbindung eines Einzelgenerators mit der Prüfzelle: *1* Sicherheitsschalter, *2* Draufschalter, *3* Anschlüsse für Prüfling, *4* Umschaltlaschen, *5* Vorwiderstände, *6* Vorschaltdrosseln nach Abb. 162 im Keller, *7* Prüfzelle; c) Ansicht der drei Prüfzellen mit den Kombinationsschienen

10 Auswahl und Anwendung der Leistungsschalter

Die Auswahl der Leistungsschalter unterscheidet sich von der anderer
Schaltgeräte wesentlich dadurch, daß hier nicht die Betriebsströme, sondern die möglichen Kurzschlußströme im Vordergrund des Interesses
stehen. Deshalb ist neben den üblichen Begriffen wie Netzspannung,
Strombelastungsfähigkeit, Umgebungstemperatur, Zahl der Schaltungen
und dgl. in erster Linie der unbeeinflußte Kurzschlußstrom an der Einbaustelle entscheidend, und zwar der größte und der kleinste, ersterer für
die dynamischen und thermischen Beanspruchungen der Anlage, letzterer
für die Ansprechsicherheit der Schutzeinrichtungen, s. S. 16. *Bei Wechselstrom* gilt der symmetrische Anteil. Der hinzukommende Gleichstrom-
anteil wird durch die Angabe des Leistungsfaktors ausgedrückt. Im Kurzschlußfall beherrscht der Schalter auch den durch das Gleichstromglied
bedingten unsymmetrischen Strom. Es ist also nicht erforderlich, ihn bei
der Auswahl besonders zu berücksichtigen, so lange der zugrunde gelegte
Leistungsfaktor nicht unterschritten wird. Die Angabe des Kurzschlußwechselstromes und des Leistungsfaktors enthält gleichzeitig eine solche
über das zulässige Einschaltvermögen, wenigstens über dessen Mindestwert. Es berechnet sich aus dem Produkt Kurzschlußwechselstrom $\cdot \sqrt{2} \times$
Stoßfaktor, s. Abb. 3 und Tab. 1, S. 11. Die Berücksichtigung zusätzlicher Werte ist allenfalls notwendig, wenn die Energiequelle ein Nieder-
spannungsgenerator ist, s. S. 248. Soweit es sich um einen Hauptschalter
handelt, also einen solchen, der gleichzeitig den vollen Strom des Transformators führt, ist eine Rücksichtnahme auf das Schaltvermögen nicht
mehr erforderlich, weil das Verhältnis des Nennausschaltvermögens zum
Gerätenennstrom durch VDE 0660 mit mindestens 40 bis 50 festgelegt
worden ist, s. Tab. 2, S. 38. Selbst bei einem Transformator mit nur 4 v.H.
Streuspannung kann lediglich der 25fache Nennstrom als Kurzschlußstrom auftreten. Etwas anderes ist es bei Geräten kleinen Nennstromes,
die als Abzweig- oder Verbraucherschalter unmittelbar an der Sammelschiene liegen. Von ihnen wird ein relativ sehr hohes Schaltvermögen
verlangt, nach dem die Geräte auszuwählen sind. Dabei hat es natürlich
einen gewissen Sinn, kostet aber Geld, wenn man im Interesse der Aus-
tauschbarkeit für größere Bezirke weitgehend Geräte mit dem gleichen
Kurzschlußschaltvermögen auswählt und deshalb vielleicht gezwungen
ist, solche größerer Nennstromstärken zu wählen, als sie der Einbauort
erfordert.

Bei *Gleichstrom* gilt der höchste stationäre, mit der Summe der Ohm-schen Kreiswiderstände bis zur Einbaustelle errechnete Kurzschlußstrom und neben der Spannung als weitere Charakterisierung die Zeitkonstante $T = L/R$. Für deren Feststellung muß man also auch die Summe der induktiven Widerstände ermitteln. VDE-Richtwerte für die Zeitkon-stante s. Tab. 2, S. 38. Bei Industrieanlagen rechnet man mit 13 msec. Ausschaltungen mit größeren Zeitkonstanten bedeuten eine wesentliche Erschwerung der Lichtbogenlöschung. Für Bahnanlagen wird das Schalt-vermögen bei höheren Zeitkonstanten angegeben. In Gleichstromkreisen wird — gleichgültig, ob es sich um Gleichrichterkreise oder solche mit Kommutatormaschinen handelt — auf eine besonders schnelle Aus-schaltung immer Wert gelegt.

Für alle Stromarten gilt, daß der zulässige *Laststrom* im allgemeinen der geforderte Dauerstrom ist. Nur in Sonderfällen, wie z. B. bei den Kranschaltern (s. S. 268) kann man den Aussetzstrom zugrundelegen. Bei der Bemessung der Geräte in dieser Hinsicht sollte nicht zu sparsam vorgegangen werden. Den zugelassenen Erwärmungen liegen nach VDE 0660 Teil 1/3.68 § 29 Tagesmittelwerte der umgebenden Luft von 35 °C und eine Spitzentemperatur von 40 °C zugrunde. Zulässige Erhöhungen im Innern geschlossener Geräte sind nicht festgelegt. Sie unterliegen der Selbstverantwortung der Hersteller.

Die *Schalthäufigkeit* kann für Leistungsschalter nicht allzu hoch liegen. Das liegt in der Natur der Sache. Die mechanische Lebensdauer entspricht den Klassen A und B, d. h. 1 000 und 10 000 Schaltungen, oft auch einem Vielfachen davon. Ausläuferschalter, z. B. Motorschutzschalter mit Kurz-schlußausschaltvermögen, die gleichzeitig Betriebsschalter sind und bei denen deshalb mit einer höheren Schalthäufigkeit zu rechnen ist, müssen hierfür gewählt werden. Deshalb findet man, insbesondere bei Geräten für kleinere Nennströme auch höhere Werte der mechanischen Lebens-dauer, z. B. die der Klasse C, wobei auch die Schaltstücke im Motorbetrieb beim Ausschalten des laufenden Motors auf etwa die gleichen Werte kommen. Die zulässige Schalthäufigkeit fernbetätigter Leistungsschalter wird vom Hersteller angegeben, z. B. 20/h.

Für die Anforderungen bei der Auswahl käme weiterhin noch die Be-rücksichtigung der *Einschwingfrequenzen* und des Überschwingfaktors (s. S. 84ff.) in Betracht. Für diese sind jedoch noch keine Festlegungen getroffen worden. Die Frequenzen der Prüfanlagen liegen weitgehend über den notwendigen Anforderungen.

Bei der *Kombination* von Leistungsschaltern *mit NH-Sicherungen* (s. S. 42) muß darauf geachtet werden, daß sie geeignet ist, alle Ströme auch über das Ausschaltvermögen des Gerätes hinaus bis zum höchstmög-lichen satten Kurzschlußstrom zu unterbrechen. Auch muß man ohne jede Gefahr auf letzteren einschalten können. Der Gedanke liegt nahe, diese Sicherung ebenfalls durch einen Leistungsschalter zu ersetzen und ihn so auszuwählen, daß das Kurzschlußschaltvermögen über dem an der Einbaustelle geforderten liegt. Dabei muß aber vorausgesetzt werden, daß im Gegensatz zu einer normalen Selektivschaltung nunmehr die Kurzschluß-Auslösezeit, d. h. der Schaltverzug des vorgeschalteten Gerätes kleiner ist als der des nachgeschalteten.

10.1 Geräte normaler Bauart je nach Einsatzbestimmung

Die *Geräte* können u. a. als Generatorschalter, Transformator-Schutzschalter, Kabel- und Leitungsschutzschalter, Motorschutz-Leistungsschalter, Unterspannungs-, Kondensator-, Verteilerschalter und dgl. verwandt werden, wobei lediglich die *Auswahl der Auslöseelemente* etwas unterschiedlich ist, s. a. Tab. 3, S. 120.

Transformatoren- und *Generatoren-Schutzschalter* erhalten stets Überlastschutz und Schutz gegen Kurzschlußschäden durch magnetische Schnellauslöser. Gegenüber den nachgeschalteten Überstromschutzorganen, wie Schmelzsicherungen und Leistungsselbstschaltern, wird volle Selektivität durch einstellbare kurzverzögerte Schnellauslöser erreicht. Bei einem Generator wird der thermische Auslöser auf seinen Nennstrom eingestellt. Da das Verhalten der Antriebsmaschine zu Rückwirkungen auf das Netz und damit zu unerwünschten Erscheinungen (Frequenz- und Spannungsänderungen) führen kann, verwendet man Auslöser mit flinker Kennlinie, d. h. Trägheitsgrad *I*, s. S. 261. Schalter für Generatoren im Einzelbetrieb brauchen meist nicht selektiv auszuschalten. Sie erhalten unverzögerte Magnetauslöser, die bei Drehstrom auf etwa mindestens 6-, bei Gleichstrom auf 3mal Generatorennennstrom eingestellt sind. Bei aus Generatoren gespeisten Gleichstromanlagen macht der Selektivschutz einige Schwierigkeiten, weil die zeitliche Staffelung auf die Zeit beschränkt ist, während der ein Generator einem Kurzschlußstrom ausgesetzt werden darf. Das sind wegen der Rundfeuergefahr höchstens 200 bis 250 msec, s. WANGERIN. Wenn die maximale Verzögerungszeit am Hauptschalter nur 180 msec beträgt, ist die thermische Beanspruchung der Anlage nicht zu groß. Bei Generatoren im Parallelbetrieb ist dagegen die selektive Staffelung unerläßlich. Ein zusätzlicher Auslöser für unverzögerte Ausschaltung wird mit Rücksicht auf die Rückspeisung durch Fehler an der Antriebsmaschine oder am Generator und seiner Zuleitung so eingestellt, daß der Kurzschlußstrom des Generators allein zu seiner Auslösung nicht ausreicht, s. VOIGTLÄNDER (2). Bei Generatoren und Transformatoren sieht man weitgehend von der Anwendung der Unterspannungsauslöser ab. Im übrigen werden bei Generatoren verzögerte angewandt, da bei ihnen sonst — solange diese nicht erregt sind — keine

Einschaltung möglich wäre. Dabei wird die Verzögerungszeit meistens höher gewählt als bei verzögerter Kurzschlußauslösung. Bei Transformatorenschaltern werden verzögerte und unverzögerte Unterspannungsauslöser verwandt. Wenn aber bei Transformatoren der Selbstschalter eingeschaltet bleiben soll, auch wenn die Hochspannung ausbleibt, dann tritt an die Stelle eines Unterspannungsauslösers ein Arbeitsstromauslöser. Mit seiner Hilfe, aber auch mit Unterspannungsauslösern ist ferner Ausschaltung durch Buchholzschutz, Kontaktthermometer oder Drucktaster möglich.

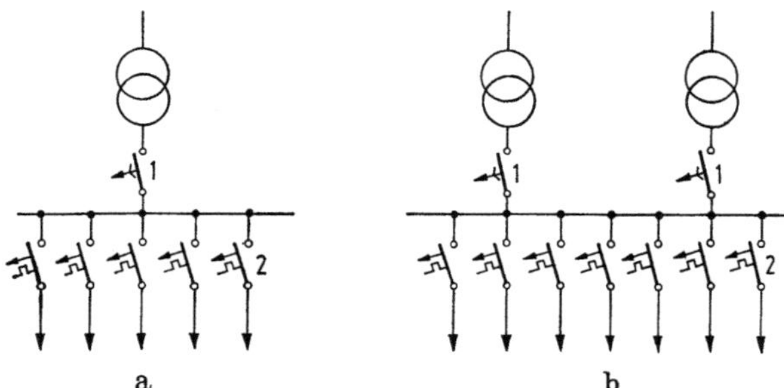

Abb. 165. Haupt- (*1*) und Abgangsschalter (*2*)
a) Einfach-, b) Doppeleinspeisung

Unter den Haupt-, Verteiler-, Abgangs- und Verbraucherschaltern gibt der *Haupt- oder Zentralschalter* die Möglichkeit, eine Stromverteilungsanlage im Gefahrenfall ohne Rücksicht auf den Belastungszustand spannungslos zu machen, s. Abb. 165a. Er muß dann selbstverständlich in der Lage sein, die höchsten vorkommenden Kurzschlußströme zu beherrschen. Die Verteiler- oder Abgangsschalter brauchen naturgemäß ihrem Einsatz entsprechend nur für eine geringere Nennstromstärke ausgelegt zu werden als der Hauptschalter. Wenn sich aber zwischen dem Hauptschalter und den Abgangsschaltern nur kurze Leitungsstücke befinden, dann ist der Anspruch an das Schaltvermögen praktisch der gleiche. Ein solcher hinter parallel geschalteten Transformatoren (s. Abb. 165b) muß sogar für deren Summenwert gebaut sein, also für ein größeres Schaltvermögen als der Trafoschutzschalter. Das Bestreben jeder Betriebsführung geht naturgemäß dahin, bei einer Störung im System der abgehenden Leitungen nur denjenigen Abgangsschalter zum Ansprechen zu bringen, der der Kurzschlußstelle am nächsten liegt, also Geräte für selektive Staffelung (s. S. 165) zu verwenden. Beim Hauptschalter in der Unterstation ist die Betätigung sehr selten. Er ist normal geschlossen und der mechanische Verschleiß vernachlässigbar. Abgangsschalter, insbesondere für Werkzeugmaschinen, werden dagegen vielleicht 1000× im

Jahr geschaltet, in extremen Fällen noch häufiger, so daß die mechanische Lebensdauer wichtiger wird. Die Verbraucherschalter, die für die einzelnen Stromverbraucher, z. B. die Motoren in einer Werkzeugmaschine bestimmt sind, liegen am Ende einer Stromverteilungsanlage. Bei ihnen ist die Schalthäufigkeit und die Lebensdauer sehr zu beachten. Man rechnet zu ihnen im allgemeinen Geräte bis 200 A Nennstrom, zu den Abgangs- oder Verteilerschaltern solche bis zu 400 A. Bei Geräten für höhere Stromstärken nimmt man an, daß sie vorwiegend als „Haupt-"(Einspeise-) Schalter dienen. Bei den Verbraucherschaltern soll bei Kurzschlußstrom die Ausschaltung unverzüglich erfolgen. Hierbei und insbesondere bei störungsempfindlichen Anlageteilen sind strombegrenzende Schalter ein besonders wirksames Schutzorgan. Für die Haupt- und Verteilerschalter empfehlen sich vor allem Geräte mit Zeitselektivität. Die Verbraucherschalter sind demnach die kürzeste Zeit mit dem Kurzschlußstrom belastet, wogegen Verteilerschalter, die bei gleichem Kurzschlußstrom für Staffelzeiten aufgebaut sind, diesen Strom auf längere Dauer ertragen müssen. Diese Unterscheidung ist für den Konstruktionsaufwand von Bedeutung. Die geforderte Stromtragfähigkeit beeinflußt die Abmessungen, insbesondere die der Strombahn.

Be- und Verarbeitungsmaschinen aller Art sollen nach VDE 0113 § 11 einen Hauptschalter erhalten, der in der Lage ist, alle elektrischen Einrichtungen der Maschine vom Netz zu trennen. Dafür werden sehr häufig auch Leistungsschalter verwandt, obwohl der Kurzschlußschutz für den stärksten Leiterquerschnitt nicht in der Maschine untergebracht zu werden braucht, sondern es bei der Verwendung von Schmelzsicherungen sogar empfohlen ist, sie außerhalb der Maschinen in der Netzzuleitung anzuordnen, um das Hintereinanderschalten mehrerer Sicherungen für den gleichen Zweck zu vermeiden. An den Maschinen-Hauptschalter werden einige besondere Bedingungen gestellt. Die Schaltstücke sollen beim Ausschalten zwangsläufig getrennt werden, d. h. es muß das Antriebselement mit den Kontaktgliedern gekuppelt sein und nicht etwa der Ausschaltvorgang von der Funktionsfähigkeit irgendwelcher Federn abhängen. Das ist bei Leistungsschaltern nicht grundsätzlich der Fall und bedarf eines besonderen Herstellerhinweises. Neben dem „Hauptschalter" kommen bei den Maschinen noch sogen. „Gefahrenschalter" in Betracht, die meistens über die ganze Maschine verteilt sind und im Gefahrenfalle all das abschalten, was an der Maschine — ohne daß neue Gefahren heraufbeschworen werden — abgeschaltet werden kann. Zum Beispiel dürfen nicht abgeschaltet werden Bremskreise, Spannplatten und dgl. Diese Schalter sind mit roter Farbe auffällig zu kennzeichnen. Besitzen die Maschinen keinen besonderen Gefahrenschalter, dann dient der Hauptschalter gleichzeitig als solcher, und sein Bedienungselement muß mit roter Farbe gekennzeichnet sein. Für die Hauptschalter wird weiter

17*

„Trenner-Eigenschaft" (s. S. 156) verlangt. Diese Schalter werden gelegentlich mit einem besonderen Abgriff (Anschluß zwischen Hauptschaltgliedern und Überstromauslösern) versehen, um an Arbeitsmaschinen das Gerät gleichzeitig als Motorschutzschalter für den größten Motor benutzbar zu machen. Dabei kann der Abgriff vor und hinter dem Kurzschlußauslöser liegen, s. Abb. 166. Bei den Maschinen-Hauptschaltern empfiehlt sich für ihre Sperrung (s. S. 106) z. B. eine Vorrichtung, die das Einhängen mehrerer Vorhängeschlösser ermöglicht.

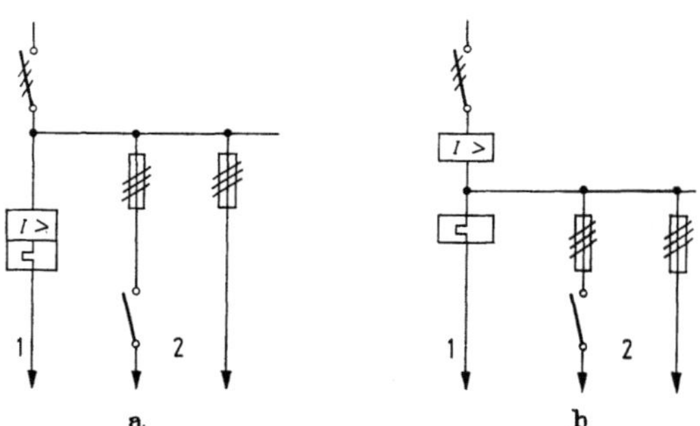

Abb. 166. Leistungsschalter mit Abgriff für Hauptmotor
a) zwischen den Schaltgliedern und Auslösern, b) zwischen Kurzschluß- und thermischen Auslösern
1 zu dem durch den Leistungsschalter geschützten Motor, *2* zu weiteren Stromverbrauchern

Bei den *Verbraucherschaltern* als *Motorschutz-Leistungsschalter* sind die Ansprüche an die thermisch-verzögerten Schutzauslöser gegeben durch den Wunsch, den Motor bei gefährlicher Überlast auszuschalten, ihm aber andererseits die Eigenschaft der Überlastbarkeit in den zulässigen Grenzen zu lassen. Die zu stellenden Forderungen sind in VDE 0660/3.68 Teil 1 § 37 bzw. Tafel 12 enthalten. Die Werte gehen von einem für Dauerlauf bestimmten Motor aus. Bei langdauernder Überschreitung seines Nennstromes, auch um verhältnismäßig kleine Werte, soll er abgeschaltet werden, auf der anderen Seite aber die Empfindlichkeit nicht zu groß sein, deshalb liegen die Grenzströme bei allpoliger Belastung zwischen 1,05 und 1,2 mal Motor-Mennstrom. Die Zahl 1,05 geht davon aus, daß es möglich sein soll, den Motor auch bei 5 v. H. Spannungsrückgang noch mit vollem Drehmoment zu betreiben. Bei höheren Überlastungen soll die Auslösezeit mit steigendem Strom sinken. Für zwei weitere Punkte der „Auslösekennlinie" sind noch gewisse Grenzen gesetzt. Der Auslöser soll 2 Minuten lang — ausgehend vom warmen Zustand — den 1,5fachen Motor-Nennstrom aushalten und bei einem mittleren Stillstandsstrom in Höhe von 6 mal Nennstrom für die Auslösezeit gewisse Mindestgrenzen nicht unterschreiten. Hierbei werden zwei Stufen unter-

schieden, und zwar soll diese Zeit, ausgehend vom kalten Zustand für
Motoren mit leichtem Anlauf $T_\mathrm{I} > 2$ sec und für Motoren mit schwerem
Anlauf $T_\mathrm{II} > 5$ sec sein. Bei nur ein- oder zweipoliger Belastung sind
höhere Grenzströme zulässig, s. FRANKEN (10, S. 150). Weiterhin hat die
Raumtemperatur Einfluß auf die Auslösecharakteristik, vorausgesetzt,
daß keine Kompensationseinrichtungen eingebaut sind, s. FRANKEN
(10, S. 133—140). Die Anpassung der Geräte an die Motornennströme
geschieht meistens durch Wegverstellung an Hand einer Skala. Mit Rück-

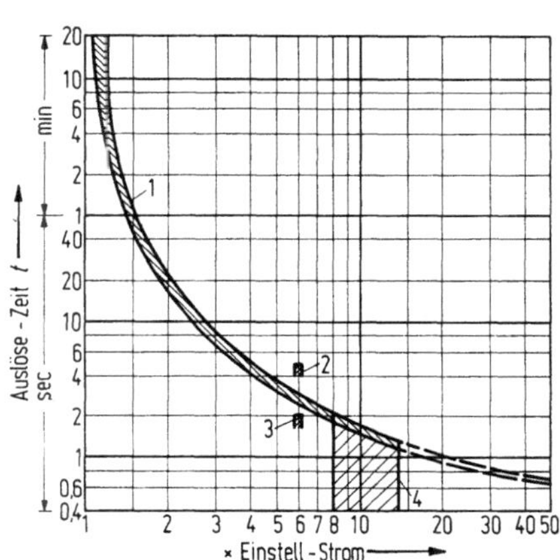

Abb. 167. Auslösekennlinien eines
Motorschutz-Leistungsschalters

1 thermische Auslösung, *2* Mindest-
auslösezeit bei Trägheitsgrad T_II,
3 desgl. bei T_I, *4* Schnellauslösung,
dabei Grenzwerte bezogen auf den
höchsten Einstellstrom

sicht auf die möglichen unsymmetrischen Belastungen sollen die thermischen Auslöseelemente allpolig sein. Bei Aussetzbetrieb und in besonders gearteten Anwendungsfällen kann auf die allpolige thermische
Überwachung auch verzichtet werden. Das geschieht z. B. beim Mehr-
motorenkran, s. S. 269. Bei Motorschutz-Leistungsschaltern löst der
zusätzliche Überstrom-Schnellauslöser die Tätigkeit der thermischen
Auslöser oder Relais oberhalb einer bestimmten Überlastung, die mindestens in Höhe des Stillstandsstromes der Motoren liegt, ab. Dabei sind
die Schnellauslöser im allgemeinen fest eingestellt. Die Charakteristik
eines Motorschutz-Leistungsschalters s. Abb. 167. Die Angabe von Auslösekennlinien aus dem betriebswarmen Zustand heraus ist in einfacher
Form exakt nicht möglich. Sie hängt von der Höhe der Vorbelastung und
der Pause zwischen ihr und der neuen Überlast ab. Verhältnismäßig
kleine Pausen und kleine Unterbelastungen während der Betriebszeit
verändern den Betrag schon recht beträchtlich. Vor allen Dingen ist aber
die unterschiedliche Höhe des Grenzstromes zwischen 105 und 120 v. H.
Nennstrom entscheidend, s. FRANKEN (10, S. 102). Diese vom Motorstrom durchsetzten Schutzglieder haben die gleiche Stromlast wie der
Motor selbst. Die Auswirkungen dieser Belastung sind aber z. T. recht

verschieden. Insbesondere wirkt sich die bei Motor und Auslöser unterschiedliche Zeitkonstante aus. Die Motoren selbst vertragen deshalb meistens länger dauernde Belastungen, als die Gerätekennlinien zulassen. Die Praxis hat gezeigt, daß die Geräte mit verhältnismäßig geringer Zeitkonstante im großen und ganzen ihren Ansprüchen entsprechen. Die geringere Belastungsfähigkeit äußert sich u. U. durch vorzeitige Auslösung bei schweren Anlaufbedingungen s. FRANKEN (10, S. 167 u. 218) sowie bez. der Motorausnutzung im aussetzenden Betrieb (FRANKEN, 10, S. 178). Erwünscht wäre, daß die Auslöser ein Wärmeabbild des Motors darstellten. Das ist aber wirtschaftlich nicht möglich und auch mit Rücksicht auf die übrigen Anlageteile nicht zweckmäßig. Die Zeitkonstanten der marktgängigen Geräte sind für den Leitungsschutz geeignet, s. FRANKEN (10, S. 191). Bei Anwendung eines solchen Gerätes und Schweranlauf des betreffenden Motors kommt u. U. kurzzeitige Überbrückung der thermischen Auslöseelemente in Betracht, s. z. B. FRANKEN (10, S. 219). Der Schutz durch stromdurchflossene Auslöseelemente kann weitgehend ergänzt oder abgelöst werden durch Temperatur-Überwachungselemente im Motor, die bei Leistungsschaltern dann vorzugsweise auf die Nullspannungsauslöser einwirken, s. FRANKEN (10, S. 262—269). Die Motorschutzschalter liegen als Verbraucherschalter am Ende des Energiestranges. Eine Rücksichtnahme auf nachgeordnete Schalter bezüglich der Selektivität ist deshalb nicht notwendig. Geräte, die diese Motorschutzbedingungen erfüllen, aber keine Kurzschlußströme ausschalten können — d. h. keine Ströme entsprechend VDE 0660 Teil 1 Tafel 26 und 27 beherrschen —, werden nur als Motorschutz-Schalter bezeichnet. Es handelt sich dabei — außer um einige Rastschalter — weitgehend um die Kombination eines Schützes mit thermischen Relais. Eine ausführliche Darstellung s. FRANKEN (10).

Bei *Leistungsschaltern für Kondensatoranlagen* ist mit Rücksicht auf die Oberwellen ein Gerät für einen Dauerstrom mindestens in Höhe des 1,2- bis 1,3fachen Kondensatoren-Nennstromes zu wählen, auch soll der Einstellstrom thermischer Überwachungsgeräte 20 bis 25 v. H. höher liegen. Bei der Auswahl der Schnellauslöser muß auf die hohen Einschaltstromstöße (s. Abb. 19, S. 24) Rücksicht genommen werden, insbesondere auf die Ströme, die beim Zuschalten paralleler Kondensatorengruppen entstehen. Zu deren Verminderung sollten die Parallelgruppen in einem so großen Abstand angebracht werden, daß eine ausreichende Induktanz zwischen ihnen liegt. Auch ist eine Herabsetzung der Gesamtleistung der einzelnen Gruppen zweckmäßig.

Bei der Aufteilung der Stromversorgung auf zwei getrennte Netze (s. Abb. 168a) sind im Normalfall beide zu einer Niederspannungsverteilung gehörende Transformatoren eingeschaltet, wobei der *Kuppelschalter* zwischen den beiden Systemen geöffnet ist. Bei Störung eines Netzes schaltet der entsprechende Transformatorenschalter aus, und der Kuppelschalter wird nach einiger Zeit geschlossen. Die Umschaltzeit ist oft verhältnismäßig groß, z. B. mehrere Sekunden. Schnelle Umschaltungen bringen u. U. einen unruhigen Betrieb, s. a. TRÜMPER (1). Ganz allgemein werden Kuppelschalter zum Verbinden und Auftrennen wichtiger Strompfade anstelle von Trennlaschen mit Schraubenverbindungen verwandt, insbesondere bei Einspeisung über mehrere parallel arbeitende Transformatoren. Dabei darf der Einstellwert des Magnetauslösers nicht größer sein als der Kurzschlußstrom eines Transformators. Ferner sind sie im Ringnetz vonnöten, s. Abb. 168b. Der Kuppelschalter (1) wird u. U.

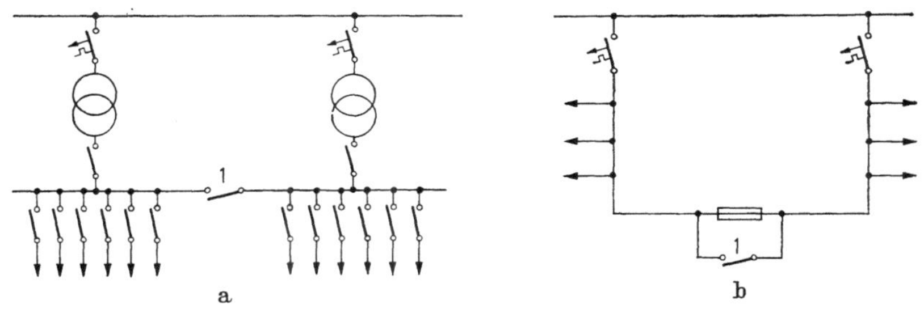

Abb. 168. Kuppelschalter (1)

a) Paralleltransformatoren — Kupplung im Störungsfalle und bei geringer Last, b) Ausweitung des Strahlennetzes zum Ringnetz

zusätzlich zu einer Sicherung gelegt, um bei Störung in einem Speisekabel nicht das ganze Netz ausfallen zu lassen. Der Sicherung kann auch ein Leistungstrenner parallel geschaltet werden, um nach Abtrennen der Schadenstelle das Netz über den Kupplungspunkt hinaus wieder in Betrieb nehmen zu können. Es handelt sich meistens um Geräte größerer Nennstromstärken. Häufig setzt man für diesen Zweck Leerschalter bzw. einen Lastschalter mit Trennereigenschaften ein, s. SCHMELCHER (3). Empfehlenswert sind aber auch hier Geräte mit hohem Schaltvermögen.

Gleichstrom-Rückstromschalter erhalten Auslöser (s. S. 132), die im allgemeinen bei einem Rückstrom in Höhe von 10 v. H. des Nennstromes ansprechen. Hinzu kommt Überstromauslösung, soweit nicht kombinierte Überstrom-Rückstromauslöser (s. S. 133) verwandt werden. Weiter kommen Haltemagnete ohne Streujoch mit Gegenerregung und Zusatztrafo in Betracht, s. S. 194. Bei Gleichstrom-Schnellschaltern kann bei Haltemagneten mit und ohne Schlaganker (s. S. 196) durch ein und dasselbe Element Überstrom- und Rückstromauslösung durchgeführt werden. Sie wirken auch abhängig von der Stromanstiegsgeschwindigkeit, in gleicher Weise die „Rückstromsperre" sowie der „Sicherungsreduktor",

s. S. 133. Eine Lösung für Antriebsmaschinen, die über mehrere parallel geschaltete Stromrichter gespeist werden, wobei jedem Gleichrichterkreis ein Schnellschalter mit Sperrmagnet (s. S. 193) zugeordnet ist, beschreiben GRÜNEFELD und SCHMELCHER.

10.2 Geräteeinsatz für Sondergebiete

Leistungsschalter in Bahnanlagen können hier nur kurz behandelt werden. Bei Straßenbahnen und dgl., sowie im Bergbau unter Tage herrscht immer noch der Gleichstrom vor. Er wird in Gleichrichtern erzeugt. Über deren Schutz s. S. 265. Der Einsatz von Leistungsschaltern beschränkt sich jetzt wesentlich auf den Schutz der Speise- und Fahrleitungen. Kurzschlüsse sind in Bahnanlagen verhältnismäßig häufig. Sie müssen so schnell unterbrochen werden, daß sie sich auf das Gleichrichterwerk erst gar nicht mehr auswirken und der Fahrbetrieb auf den anderen parallel liegenden Strecken ungestört weitergeführt werden kann. Deshalb kommen als Streckenschalter nur relativ schnelle Leistungsschalter und ausgesprochene Schnellschalter (s. S. 191) in Betracht. Sie verhindern bei Streckenkurzschlüssen das Auslösen der Schalter in den Unterwerken und damit den Ausfall der Stromlieferung an die übrigen Strecken. Jeder Streckenschalter erhält ein empfindliches Rückstromrelais, das bereits bei etwa 10 v. H. Rückstrom anspricht. Von dem Ausmaß des Ausschaltverzuges im Verhältnis zur elektromagnetischen Zeitkonstante des Kurzschlußkreises hängt der Durchlaßstrom ab. Die Überstromauslöser müssen dabei so aufeinander abgestimmt sein, daß immer nur der der Störungsstelle zunächst liegende Schalter auslöst. Die Zeitkonstante des Kurzschlußkreises liegt bei Bahnanlagen höher als bei industriellen, s. Tab. 2, S. 38. Während der Kurzschlußstrom mit größerem Abstand von der Stromerzeugungsanlage immer kleiner wird, steigt die Zeitkonstante eines solchen Kreises an, z. B. von 10 msec am Anfang der Strecke auf 30 msec an ihrem Ende, wobei der Strom aber stark absinkt, s. PFEIFFER und REISS (2). Mit größer werdender Zeitkonstante, also hinter größeren Streckenabschnitten, sinkt die Anstiegsgeschwindigkeit des Stromes stark ab. Bei großen Streckenlängen ändert sich die Zeitkonstante, da mittlerweile der Einfluß der Zentrale verschwunden ist, praktisch nicht mehr, während der mögliche Kurzschlußstrom immer noch absinkt. Bei der Beurteilung der Geräte muß also auf die gegensätzlichen Werte von Zeitkonstante und Kurzschlußstrom Rücksicht genommen werden. Eine Schwierigkeit besteht darin, daß man bei von den Einspeisestellen entfernt liegenden Kurzschlußstellen mit Rücksicht auf Oberleitungs- und Schienenwiderstände vor allem, wenn der Kurzschluß über einen Lichtbogen führt, Kurzschlußströme von

Betriebsströmen schlecht unterscheiden kann. Die Kurzschlußströme sind oft niedriger als der gewöhnlich auftretende Summen-Anfahrstrom, und es fällt dann zunächst schwer, diese Ströme, die Dauerkurzschlußströme sein können, rechtzeitig auszuschalten. Auf der anderen Seite fordert aber VDE 0115, daß Ausschaltvorrichtungen für Kurzschlußvorgänge vorhanden sind, die aber bei den höchsten betriebsmäßig auftretenden Belastungen nicht ausschalten sollen. Grundsätzlich bestehen zwei Kriterien, um einen Kurzschlußstrom am Ende der Strecke von den Anfahrströmen in der Nähe der Speisestelle zu unterscheiden, s. FREESE und PFEIFFER. Ein Maßstab hierfür ist die Spannung. Sie bricht bei einem Kurzschluß am Ende der Strecke bis auf einen meist geringen Spannungsabfall am Lichtbogen zusammen, während beim Anfahren von Zügen die Spannungsabsenkung erheblich kleiner ist. Sie kann deshalb zur Anzeige des Kurzschlußes und zur Auslösung des Streckenschalters verwandt werden. Dazu benutzt man z. B. ein Spannungsrelais am Ende der Strecke, das über eine Steuerleitung entlang der Fahrleitung den an der Speisestelle eingebauten Streckenschalter über Arbeits- oder Ruhestromauslöser ausschaltet. Eine solche lange Hilfsleitung ist natürlich störanfällig. Ein anderer Maßstab ist die Stromanstiegsgeschwindigkeit. Bei einem Kurzschluß am Ende der Strecke unterscheidet sich der Stromverlauf in charakteristischer Weise von dem beim Anfahren der Züge. Der Strom steigt um so schneller an, je näher die Kurzschlußstelle an einem Unterwerk liegt. Es werden elektronische Zusatzgeräte zur Ermittlung der Stromanstiegsgeschwindigkeit in Verbindung mit Impulsauslösungen verwandt, s. z. B. GEBAUER, sowie TREPTOW und WULFF (2).

Auch als Wagenhauptschalter sind schnelle Geräte von Vorteil. Sie vermeiden, daß die Motoren beim Kurzschluß auf der Strecke als Generatoren auf ihn einspeisen und damit gefährdet sind, s. TREPTOW und WULFF (2). Bei den Bahngeräten muß die zulässige Spannungserhöhung von jeweils 20 v. H. auch bezügl. des Schaltvermögens beachtet, also bei einem 800-V-Netz mit 960 V geprüfte Geräte verwandt werden. Mit Rücksicht auf die Erschütterungen und Stöße beim Fahrbetrieb müssen die Anker der Auslöseelemente u. U. ausgewuchtet werden. Über die besonderen Kurzschlußprobleme beim Einsatz von Silizium-Gleichrichtern auf Lokomotiven s. SITTNIK.

Beim *Schutz von Gleichrichteranlagen* ist deren verhältnismäßig geringe Überlastbarkeit bez. Strom und Spannung zu beachten. Kurzschlußartige Überströme bilden sich bei außerhalb und innerhalb der Gleichrichter auftretenden Fehlern aus. Bei den äußeren Fehlern kann der Belastungswiderstand ganz oder teilweise kurzgeschlossen sein. Bei einem inneren Kurzschluß hat ein Ventil die Sperrfähigkeit verloren. Besonders umfangreich sind die Schwierigkeiten bei Anlagen mit mehreren parallel arbeitenden Gleichrichtern. Es soll nur derjenige ausschalten, bei dem die

Rückzündung eingetreten ist. Dabei werden dann u. U. die gesunden Gleichrichter überlastet, so daß sie ebenfalls ausgeschaltet werden und kurze Zeit später die ganze Anlage ausfällt. Zum Schutz der Gleichrichter verwendet man weniger Schnellschalter, die im Falle einer Rückzündung den gestörten Gleichrichter selektiv abschalten, denn wenn die Leistungsschnellschalter auch schon sehr hohe Ausschaltgeschwindigkeiten erzielen, so erscheinen sie im Hinblick auf die Überlastungsmöglichkeiten der Dioden noch zu groß. Einen *wirksamen Schutz* für die Dioden und damit gegen die Zerstörung der Gleichrichter durch kurzschlußartige Ströme bieten die „Kurzschließer", mit denen die Sekundärwicklungen der Gleichrichter-Transformatoren kurzgeschlossen werden, so daß der Hochspannungsschalter anspricht, s. HOLFERT und LOJAK. Die Kurzschließer fallen schon etwa 2 msec nach dem Auftreten des Fehlers ein. Bei normalen Belastungen treten sie gar nicht in Tätigkeit, sondern nur die Überstromelemente des Leistungsschalters. Über die Ausführung solcher Kurzschließer s. u. a. PELENC. Um jede Fehlerquelle auszuschalten, nutzt man zur Fehlerentdeckung vorwiegend die Messung von di/dt. Ein weiteres Mittel sind Sprengsicherungen (I_S-Begrenzer, s. S. 213). Auch kommen äußerst flinke Sicherungen in Betracht, s. HORST, JOHANN und SCHULZE-BUXLOH.

Anderenfalls und grundsätzlich zum Ausschalten von Überströmen werden die strombegrenzenden Gleichstromschnellschalter verwandt. Sie enthalten für den Überlastschutz thermische oder magnetische Überstromauslöser- und Relais. Zum Schutz gegen die Wirkungen der Kurzschlußströme sind ultraschnelle Geräte erforderlich, z. B. mit elektrodynamischen Schnellstauslösern (s. S. 202). Jedem Gleichrichter wird ein polarisierter Schnellschalter als Kathodenschalter zugeordnet, der in Rückwärtsrichtung, d. h. bei Einspeisung in den fehlerhaften Gleichrichter schon bei sehr kleinen Strömen auslöst, während die Auslösung in Vorwärtsrichtung erst bei wesentlich höheren Strömen erfolgt. Auf diese Weise ist es möglich, nur den kranken Gleichrichter auszuschalten und die gesunden in Betrieb zu lassen. Durch den Übergang zur unmittelbaren Impulsauslösung (s. S. 197) kann der Schnellschalter auch stromanstiegsempfindlich gemacht werden. Bei Großanlagen mit einer hohen Stromanstiegsgeschwindigkeit kommt aber selbst bei der Ausschaltung des Rückstroms durch Schnellschalter noch ein so großer Rückstrom zustande, daß Überlastungen der benachbarten Einheiten möglich sind. Der weiteren Herabsetzung der Ausschaltzeit dient in diesen Fällen die „Rückstromsperre", s. S. 133.

Ein Schutz, der für die Gleichrichter im gesamten Strombereich am günstigsten ist, existiert noch nicht. Deshalb werden auch mehrere Schutzglieder eingesetzt. Man verwendet Staffelungen zwischen Leistungsschalter und Kurzschließer, bzw. Leistungsschalter, Kurzschließer und überflinken Sicherungen oder auch zwischen anderen Kombinationen der erwähnten Schutzelemente, s. SCHULZE (2).

Daß der Schnellschalter nicht im Vordergrund steht, wenn es sich um den Schutz der Gleichrichter im Falle einer Rückzündung handelt, liegt daran, daß man einen *Überstrom* wesentlich einfacher und *schneller sperren kann, als es mit mechanischen Schaltern möglich ist*, indem man die Gleichrichter beeinflußt und die Gitter gegenüber der Kathode negativ macht. Der Stromrichter erlischt dann beim nächsten Stromnulldurchgang der gerade brennenden Anoden. Im Störungsfalle sperrt man durch Gitter-Schnellabschaltung alle Gleichrichter und schaltet die gesunden automatisch wieder zu. Transistor-Gitterrelais sprechen in Mikrosekunden an. Um die Schnelligkeit bei der Auslösung durch solche Mittel richtig auszunutzen, muß die Beeinflussung von der Stelle ausgehen, an der die Störung im Augenblick des Entstehens zuerst erfaßt werden kann. Das ist für den Rückstrom der Anodenstrom. Beim Kathodenstrom macht sie sich erst bemerkbar, wenn der Strom entsprechend der Zeitkonstanten schon 0 geworden ist.

Hebezeuge erfordern Schaltgeräte in der Hauptzuleitung, wozu weitgehend Leistungsschalter und -Trenner herangezogen werden. Der Einsatz und die Ausführung sind durch VDE 0100/12.65 § 28N und die Vorschriften der Berufsgenossenschaften bestimmt.

Mit dem *Netzanschluß-Schalter* muß die gesamte Krananlage allpolig, zwangsläufig an leicht zugänglicher Stelle im Bereich des Hebezeuges ausgeschaltet werden können. Bei Mehrfach-Einspeisung einer Schleifleitung müssen die Geräte eine Wiedereinschalt-Sperre besitzen. Besser ist noch, die Schalter grundsätzlich zu verriegeln, z. B. durch mechanische Sperren mit Vorhängeschlössern. Von ihnen wird nicht verlangt, daß es sich um „Leistungsschalter" handelt, wohl aber sollen sie „Motorschalter-Eigenschaften" besitzen. Empfehlenswert ist hier wenigstens der Einsatz von Leistungstrennern, die in der Lage sind, die gesamte elektrische Anlage bei jeder beliebigen Belastung abzutrennen, s. S. 219. Liegen an der gleichen Schleifleitung mehrere Kräne, dann muß das Gerät selbstverständlich für die Summe der Motorströme bemessen sein. Es soll in jedem Fall, auch wenn es sich nicht um einen Leistungstrenner handelt, Trennereigenschaften besitzen. Der Anbau eines Unterspannungsauslösers, um hiermit die Einschalt-Sperrung durchzuführen, ist nicht zu empfehlen. Er gehört in den „Kranschalter". Anderenfalls würde er auch bei ganz kurzzeitigem Ausbleiben der Netzspannung ansprechen und den gesamten Betrieb stillegen.

Wenn mehrere Hebezeuge von der gleichen Schleifleitung gespeist werden, ist weiterhin an jedem einzelnen ein *Trennschalter* erforderlich. Durch ihn wird die elektrische Anlage des einzelnen Hebezeuges spannungslos gemacht, ohne die anderen, an der gleichen Schleifleitung angeschlossenen durch Ausschalten des Netzanschlußschalters stillzusetzen. Liegt an der Schleifleitung nur ein einziges Hebezeug, dann muß er ebenfalls angewandt werden, falls der weiterhin erforderliche „Kranschalter" nicht unmittelbar hinter den Stromabnehmern der Hauptschleifleitung liegt. Ein Trenner ist also immer erforderlich, wenn der Bedienungsstand an der Katze befestigt ist. Zwischen Stromabnehmer und Trenner darf kein Abzweig sein, es sei denn, daß bei Sonderstromkreisen, z. B. für Steckdosen, Beleuchtung, Belüftung und dgl. bei Spannungen über 42 V ein zweiter Trennschalter angebracht ist, der gegen unbefugtes Einschalten gesichert sein muß. Das gilt ferner für durch Sicherheitsbestimmungen geforderte elektrische Einrichtungen, die bei Instandhaltungs- und Änderungsarbeiten nicht abgeschaltet werden dürfen und ohne Verwendung von Schleifleitungen oder Schleifringkörpern während der genannten Arbeiten in Betrieb gehalten werden. Zur Erhöhung der Sicherheit wird eine galvanische Trennung vom speisenden Netz empfohlen. Die Trennschalter werden auf der Kranbühne in handlicher Reichweite vom Einstieg zum Kranführerstand angebracht. Bei gewissen einfachen Kränen kann man auf sie verzichten, s. VDE 0100 § 28 N Abs. b 2.2 und 2.3. Bei Anordnung in der Kranführerkabine sollten sie „Motorschaltvermögen" besitzen, damit sie auch als Notschalter benutzt werden können. Auch hier sind Leistungstrenner von Vorteil. Ist der Trennschalter lediglich ein Lastschalter, so daß er das erforderliche Ein- und Ausschaltvermögen für den gesamten Kreis nicht besitzt, dann ist über ein eingebautes Hilfsschaltglied eine elektrische Verriegelung mit dem Kranschalter (s. u.) zweckmäßig, so daß der Trennschalter niemals unter Last geschaltet werden kann.

Jedes Hebezeug muß mit einem *Kran-* oder *Kranhauptschalter* versehen sein, mit dem alle Bewegungen des Hebezeuges vom Bedienungsstandort aus stillgesetzt werden können. Im allgemeinen ist es ein Leistungs-Selbstschalter mit lediglich allpoliger magnetischer Kurzschluß- sowie Unterspannungsauslösung. Ausdrücklich gefordert wird diese Form nicht. Wenn für den Kurzschlußschutz Schmelzsicherungen mit entsprechendem Schaltvermögen vorhanden sind, können auch Leistungstrenner mit Unterspannungsauslösern verwandt werden. Aber gerade bei Kranschaltern ist ein Leistungs-Selbstschalter sehr zu empfehlen. Abschließbarkeit in der Ausschaltstellung ist nicht unbedingt verlangt. Bei größeren Motorleistungen werden die Leitungsquerschnitte von und zum Kranschalter oft so groß, daß ihre Verlegung von der Kranbrücke zu dem in der Krankanzel untergebrachten Schalter Schwierigkeiten bereitet. Auch ist diese Unterbringung aus räumlichen Gründen oft unerwünscht. Es empfiehlt sich dann, Kranschalter mit Fernantrieb zu versehen, die auf der Kranbrücke angebracht, vom Kransteuersessel aus über Drucktaster ein- und ausgeschaltet werden. Bei gewissen kleinen Hebezeugen kann nach VDE 0100 § 28 N Abs. b 3.3 auf den Kranschalter ver- zichtet werden. Die Stromkreise für die Beleuchtung, den Lasthebemagne- ten und die Heizung werden vor dem Kranschalter abgezweigt, damit sie auch nach seiner Ausschaltung in Betrieb bleiben können.

Der Kranschalter wird erweitert zum „*Kranschaltkasten*", indem ver- zögerte, meist thermische Überstromauslöser zum Schutz der einzelnen Antriebsmotoren hinzugefügt werden. Sie arbeiten meistens über die Unterspannungsauslösung auf das Hauptgerät. Vorteilhafter ist es je- doch, für jeden einzelnen Antriebsmotor einen Leistungsschalter mit Kurzschluß-Schnellauslösung und allpoligem thermischem Schutz ein- zubauen, denn dann wird bei einem Schadensfalle an einem Motor nur dieser abgeschaltet, und man kann notfalls mit den anderen weiterfahren. Die Kranschaltkästen dienen mithin als Haupt- und Schutzschalter für die Motoren der Anlage. Der Hauptschalter hat nur Kurzschluß-Schnell- und Unterspannungs-, aber keine thermischen Auslöser, ferner Hilfs- schalter auf der Schalter- und der Antriebswelle. Ein ausreichender Über- lastungsschutz für Motoren kann beim aussetzenden Betrieb mit großer Schalthäufigkeit nur durch unmittelbar in die Motorentwicklung ein- gebaute Schutzelemente erzielt werden, s. FRANKEN (10, S. 262). Es ist weiterhin üblich, in den Kranschaltkasten auch den für die Schützen- steuerung erforderlichen Steuertransformator, die Schutzelemente für die Steuerstromkreise sowie meistens auch Schalter und Sicherungen für Kabinenbeleuchtung, Heizung, Scheinwerfer sowie den Transformator für Licht und Heizung sowie ferner den „Prüfschalter" (s. unten) ein- zubauen. Hinzu kommt eine Einrichtung zur Sicherung gegen unbe- fugtes Einschalten, z. B. Vorhängeschlösser. Die Ausrüstung wird ver- vollständigt durch Hilfsschaltelemente bzw. Arbeitsstromauslöser, die für die Durchführung der Verriegelung (s. S. 271), also den Nullastzwang geeignet sind. Gegen das Einschalten bei fehlender Spannung schützt der Unterspannungsauslöser. Der Nennstrom der eingebauten Geräte wird meistens für 40 v. H. ED in Höhe des 1,4- bis 1,5fachen des zulässigen Dauerstromes angegeben. Einen Schaltplan für einen 3-Motorenkran mit 2poligen thermischen Schutzrelais für jeden einzelnen Motor, die auf den Hauptschalter wirken, s. Abb. 169, einen Kranschaltkasten mit Leistungs- Selbstschaltern für jeden Motor s. Abb. 170.

Ein weiteres Gerät, der „*Prüfschalter*", soll es ermöglichen, eine Steu- erung, z. B. eine Schützensteuerung, durchzuprüfen, ohne daß die Strom- verbraucher wie Motoren und Bremslüfter eingeschaltet werden. Dazu muß die Hauptstromverbindung zwischen der Steuerung und den Moto- ren gelöst werden. Die Abtrennung der Motoren kann durch einfache drei- polige Trennschalter erfolgen. Zu empfehlen ist jedoch die Erweiterung des Kranschalters durch Leistungsschalter für jeden Motor, s. oben. Natürlich müssen beim Einsatz mehrerer Leistungsschalter zur Prüfung

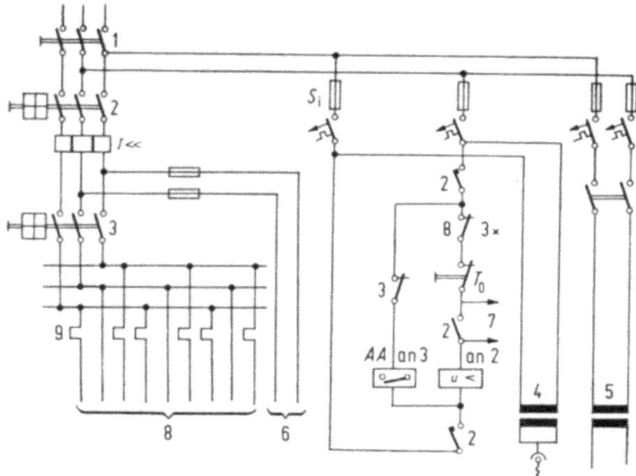

Abb. 169. Schaltplan zu einem Kranschaltkasten für 3-Motoren-Kran mit Trenn- oder Netzanschluß-schalter (*1*), Kranschalter (*2*), Prüfschalter (*3*), Leitungen zu den Steckdosen (*4*), zu den Schein-werfern, Beleuchtung, Heizung und dgl. (*5*), zur Schützensteuerung (*6*), den Verriegelungskontakt-stücken in der Nullstellung der Meisterschalter (*7*), *8* geht zu den Motoren, *9* sind je zwei einpolige auf den Kranschalter wirkende thermische Relais für die Motoren; Si Sicherungen oder Leitungsschutz-schalter

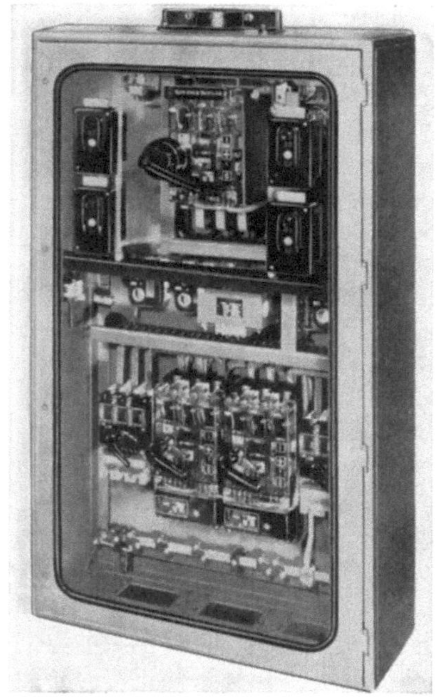

Abb. 170. Kranschaltkasten für 4-Motoren-Kran mit Leistungsschalter als Kranschalter, desgl. 4 für die einzelnen Motoren, Schaltern für Kabinenbeleuchtung, Heizung, Scheinwerfer sowie den Transformator für Licht, Heizung usw.

im allgemeinen alle gezogen werden. Zwischen den Leistungsschaltern für die einzelnen Motoren bzw. dem Prüfschalter und dem Kranschalter mit Unterspannungsauslösung läßt sich eine elektrische Verriegelung so ausbilden, daß die genannten Geräte nur bei ausgeschaltetem Kranschalter eingeschaltet werden können. Sie erhalten dazu Arbeitsstromauslöser für Dauereinschaltung. Es ist dann nicht möglich, daß sich beim Einlegen des Prüfschalters usw. ein Antrieb in Bewegung setzt. Stromlaufplan s. Abb. 171. Der Kranschalter wird bei der Prüfung eingeschaltet, weil die Steuerspannung für die Schützensteuerung hinter ihm abgenommen werden muß.

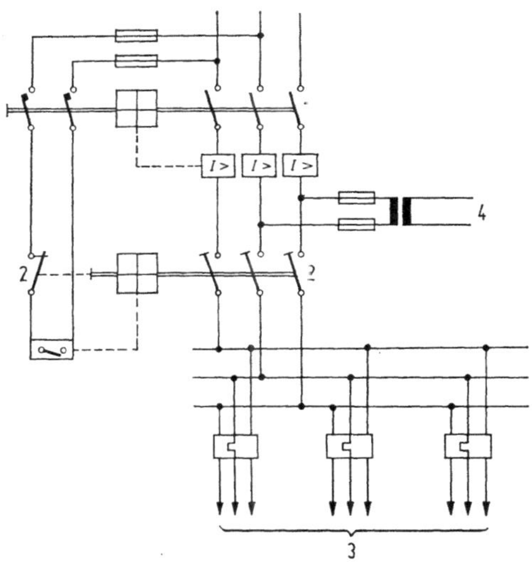

Abb. 171. Sicherheitsprüfschaltung für Kranantriebe
1 Kranschalter, *2* Prüfschalter, *3* Abgangskreise zu den Motoren, *4* zum Steuerstromkreis

Zwischen einem Leistungsschalter, z. B. dem Kranschalter, und der angeschlossenen Steuerung sind *Verriegelungen — Sicherheitsschaltungen —* erforderlich. Man unterscheidet dabei *drei Arten.*

Die *Nullkontakt-Verriegelung* fordert die Nullstellung aller Steuer- oder Meisterschalter vor Einlegen des Kranschalters. Dadurch wird ein unbeabsichtigtes und daher gefährliches Anlaufen der Motoren beim Einschalten des Kranschalters verhindert. Zu diesem Zweck erhält jeder dieser Schalter nach Abb. 172 einen Hilfsschalter (*1*), der in der Nullstellung geschlossen ist. Alle diese Hilfsschalter sind hintereinander geschaltet und liegen im Kreise der Unterspannungsspule (*3*) des Kranschalters. Die Unterspannungsauslösung muß dabei so durchgebildet sein, daß sie vor der Kontaktgabe des Leistungsschalters wirksam wird,

s. „Freiauslösung vor Schaltstückberührung", S. 103. Der Kranschalter kann nur geschlossen werden, wenn alle Steuer- oder Meisterschalter in Nullstellung stehen. Dabei wird die Unterspannungsspule am Kranschalter durch voreilende Hilfsschaltglieder (4) an der Antriebswelle bei ausgeschaltetem Hauptgerät spannungslos gemacht. Nach erfolgter Einschaltung werden die Hilfsschalter (1) durch den Schalter (6) überbrückt.

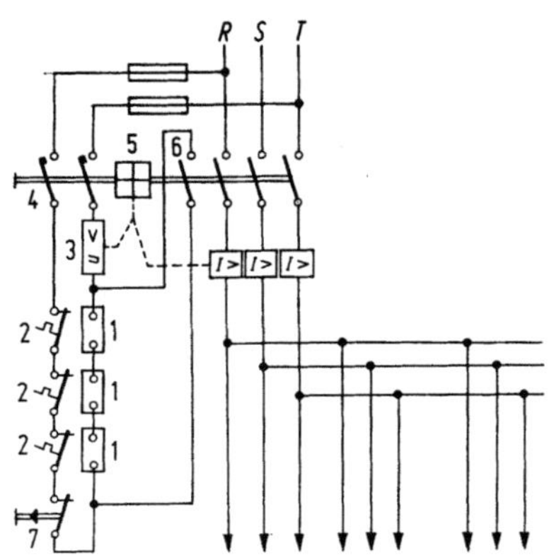

Abb. 172. Nullkontaktverriegelung

1 Hilfskontaktglieder i. d. Nullstellungen aller Steuerschalter, 2 desgl. a. d. thermischen Überstromelementen, 3 Unterspannungsauslöser, 4 Hilfskontaktglieder a. d. Antriebswelle voreilend, 5 Schaltschloß, 6 Überbrückungsglied für 1 auf der Schaltwelle, 7 Notaustaster

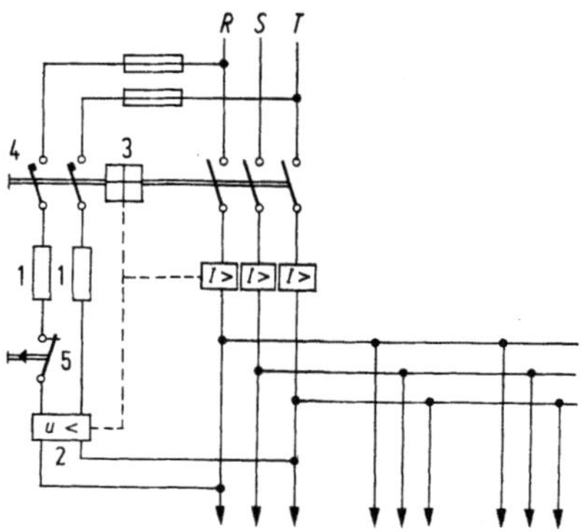

Abb. 173. Hamburger Schaltung

1 Vorwiderstände, 2 Unterspannungsauslöser, 3 Schaltschloß, 4 Antriebs-Hilfsschaltglieder voreilend, 5 Notaustaster

Bei der sogen. „*Hamburger Schaltung*" sind an den Steuergeräten besondere Verriegelungsschaltglieder nicht notwendig. Es wird die Einschaltung verhindert, bis die Verbindung zwischen Kranschalter und Motoren durch die in Nullstellung gebrachten Steuer- bzw. Meisterschalter unterbrochen sind, s. Abb. 173. Bevor sich beim Einschalten des Leistungsschalters die Hauptschaltstücke berühren, wird durch zwei voreilende Antriebsshilfsschalter (4) über zwei Widerstände (1) die Unterspannungsspule (2) des Leistungsschalters mit dem Netz verbunden. Die Widerstände sind so abgestimmt, daß die Spule den Magneten zum Einschalten bringt, wenn praktisch keine Ohmschen oder induktiven Widerstände zu ihr parallel liegen. Solche Parallelwiderstände können Motorwicklungen oder auch Schaltmagnetspulen sein. Dann ist die Unterspannungsspule in mehr oder weniger großem Umfang kurzgeschlossen, ihr Magnet kann nicht anziehen; und die Einschaltung des Leistungsschalters ist nicht möglich. Diese Funktion ist selbstverständlich vom Widerstand der noch eingeschalteten Glieder abhängig. Sie erstreckt sich nur bis herab zu einem Relais bestimmten Widerstandes, der vom Hersteller angegeben werden muß. Meistens sollen auch bei 110 v. H. Netzspannung nicht mehr als 50 v. H. an der Unterspannungsspule auftreten.

Eine Sicherheitsschaltung zur Verhütung des Weiterlaufens von Motoren bei Störungen an den Schützensteuerungen s. FRANKEN (9, S. 339, Abb. 189). Die Kranhauptschalter können dabei ohne großen Aufwand gleichzeitig als Sicherheitsschalter ausgebildet werden, der in Funktion tritt, wenn aus irgendeinem Grunde, z. B. durch Überbelastung bei hohen Einschaltstromspitzen, Kurzschlußströmen oder Reibungen Schütze verschweißt sind bzw. die Ausschaltung auf andere Weise nicht zustande kommt. In einem solchen Falle ist u. U. ein Schützen-Ausschaltkommando unwirksam. Es fällt weder beim Zurückschalten der Bremslüftmagnet ein, noch wird der Motor ausgeschaltet. Wegen der Verriegelung der beiden Richtungsschütze gegeneinander ist auch ein Rückfahren unmöglich. Man kann sich nur noch durch Ziehen des Hauptschalters helfen. Die Verriegelung mit dem Hauptschalter ist dabei außerordentlich vorteilhaft. Sie kann grundsätzlich in einfacher Weise durch einen Arbeitsstromauslöser mit Zeitrelais erzielt werden. In Verbindung mit den im Kranbetrieb ohnehin erforderlichen Meisterschaltern für die Schütze sind auch noch einfachere Lösungen möglich, bei denen kein Zeitelement notwendig ist, sondern lediglich bei der Bemessung der Schaltwege des Meisterschalters zwischen Betriebs- und Nullstellung darauf Rücksicht zu nehmen ist, daß im ordnungsgemäßen Zustand das betreffende Richtungsschütz abfällt, ehe in der Nullage des Meisterschalters Kontaktgebung erfolgt.

Wird z. B. eine Kontaktstelle für den Arbeitsstromauslöser des Hauptschalters in der Nullstellung vorgesehen und ferner im Leitungszug zu diesem Auslöser ein Schließer am Schütz, dann wird beim Zurückdrehen der Steuerwalze in die Nullstellung — falls das Hilfsschaltglied noch Kontakt gibt — der Arbeitsstromauslöser erregt. Durch entsprechenden Abstand zwischen der ersten Betriebs- und der Nullstellung oder andere verzögernde Mittel wie z. B. Zwischenrasten kann der Zeitunterschied so groß gehalten werden, daß der Arbeitsstromauslöser nur anspricht, wenn tatsächlich das Schütz nicht abfällt, s. Abb. 174. In ähnlicher Weise sind auch Sicherheitsmaßnahmen bei umständlicheren Schaltungen, z. B. bei Gegenstromschaltung und dgl., durch Meisterschalter über Schütze, möglich. Ist die Trägheit des Auslösers am Kranschalter so groß, daß er auf einen beim Durchreißen des Meisterschalters über die Nullstellung gegebenen Stromimpuls nicht anspricht, dann eignen sich die Schaltungen nach Abb. 175a bei Anwendung eines Arbeitsstromauslösers, b eines Unterspannungsauslösers.

Es sind auch noch andere, z. T. sehr unübersichtliche und infolgedessen nicht immer recht betriebssicher erscheinende Methoden empfohlen worden. Eine sehr wirksame besteht in der Anwendung zweier unabhängiger Schütze in Hintereinander-Schaltung und in der allpoligen Unterbrechung des Steuerstromkreises durch die Befehlsschalter.

Ein-Phasenlauf, z. B. durch das Durchschmelzen einer Sicherung infolge eines einpoligen Erdschlusses, hat insbesondere im Kranbetrieb

18 Franken, Niederspannungs-Leistungsschalter

beachtliche **Nachteile**, s. S. 35. Sie werden durch den Einsatz mehrpoliger Leistungsschalter statt Sicherungen vermieden.

Beim *Bergbau* können die gleichen Schwierigkeiten auftreten wie bei Bahnschaltern und langen Fahrdrähten, d. h. daß die Kurzschlußströme am Ende außerordentlich viel niedriger sind als am Anfang der Leitung.

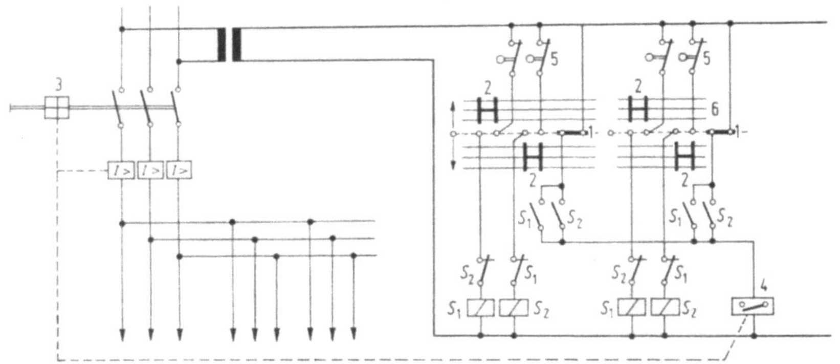

Abb. 174. Sicherheitsschaltung bei Störungen an Schützen, Beispiel gezeichnet für zwei Motoren, aber beliebig ausdehnbar

1 Hilfskontaktglieder i. d. Nullstellung d. Steuerorgane, *2* desgl. Richtungskontaktgeber, *3* Schaltschloß, *4* Arbeitsstromauslöser, *5* Hilfsstromendschalter, *6* Steuerschalter, S_1 u. S_2 Richtungsschütze

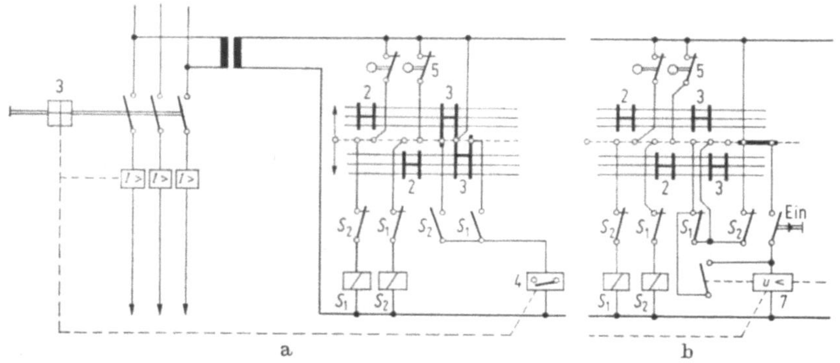

Abb. 175. Wie Abb. 174, aber auch wirksam beim schnellen Durchreißen der Walzen i. d. andere Arbeitsrichtung

a) mit Arbeitsstrom- (*4*), b) mit Unterspannungsauslöser (*7*)

Das gilt insbesondere, wenn der Abbau fortschreitet. Dann ist es nicht immer möglich, den Transformator auf kurze Entfernung an den Motorantrieb heranzuholen, so daß relativ große Leitungslängen zwischen Betriebsmittel und Transformator vorhanden sind. Das kann so weit gehen, daß die Motoreinschaltströme der Größenordnung dieser Kurzschlußströme nahekommen. Hier sollen die magnetischen Auslöser nach VDE 0118 schon beim 0,8fachen des kleinsten errechneten 2poligen Kurzschlußstromes ansprechen. Es ist dabei natürlich zu klären, ob dieser Wert noch über dem Motoranlaufstrom liegt, s. HUESMANN.

Auch auf *Schiffen* ist bei dem stark angewachsenen Eigenbedarf an elektrischer Energie die mögliche Kurzschlußstromstärke gestiegen und damit die Notwendigkeit des Einsatzes von Leistungsschaltern. Großer Wert wird auf die Lebensdauer, sowohl die mechanische wie die der Schaltstücke gelegt, weil anderenfalls Ersatzteile in größerem Umfange notwendig wären. Zu beachten ist die Korrosionsfestigkeit. Die Normalausführungen reichen aber auch weitgehend für das Seeklima. Besonders erwünscht ist, daß auch bei schwerem Seegang, insbesondere bei kleinen Schiffen, keine ungewollte Schaltstellung für Leistungsschalter möglich ist, also eine stoß- und rüttelfeste Ausrüstung. Es sind besondere Vorrichtungen möglich, die ein Blockieren in der einen bzw. anderen Stellung erlauben, ohne daß die Freiauslösung beeinträchtigt wird, s. STÖWE.

10.3 Die Leistungsschalter in der Stromverteilung

Das auf S. 34 ff. geschilderte Verhalten von Sicherungen und Leistungsschaltern legt es nahe, die Energieverteilung restlos mit letzteren durchzuführen. Es herrscht aber noch vielfach die Auffassung, daß es ganz ohne Schmelzsicherungen nicht ginge. In den Niederspannungsanlagen hat die Schmelzsicherung zwar ihre beherrschende Stellung viel länger behalten als in den Hochspannungsanlagen. Aber auch hier ist ein Umschwung zu verzeichnen, und es ist verständlich, daß man das *schmelzsicherungslose Niederspannungsnetz* anstrebt, s. SECK (1), sowie SECK und WIERNY. Dabei spielt auch eine Rolle, daß Überstromselbstschalter gleichzeitig „Trenner" sein können und man mit ihnen noch andere als Überstromschutzelemente verbinden kann. In einigen Teilgebieten ist der Ersatz schon früher erfolgt. So verläßt man sich beim Motorschutz aus verständlichen Gründen nicht auf die vorgeschaltete Abschmelzsicherung, sondern verwendet geeignete Motorschutzschalter entsprechender Eichung, s. S. 260. Auch in der Hausinstallation hat sich der Leitungsschutzschalter (s. S. 216) weitgehend durchgesetzt. An den übrigen Stellen des Netzaufbaues, an denen es sich darum handelt, gegen Über- und Kurzschlußströme zu schützen, wurden die dreipoligen Leistungsselbstschalter früher den Bedürfnissen oft nicht ganz gerecht. Die Ansprüche des Netzes hinsichtlich der Kurzschlußströme waren stärker und schneller gewachsen als die Entwicklung der Schaltgeräte. Außerdem machte ihr Einbau Schwierigkeiten, da es bei älteren Konstruktionen noch notwendig war, auf den Lichtbogenraum Rücksicht zu nehmen. Während

man früher froh war, daß man für die verhältnismäßig hohen Kurzschlußströme, die in der modernen industriellen Industrieverteilung auftreten
können, in der NH-Sicherung ein Mittel hatte, das ziemlich allen Verhältnissen gewachsen war, hat die neuere Entwicklung der Schalter diese
Rücksichtnahme im allgemeinen nicht mehr notwendig gemacht. Erst
durch die neuzeitlichen Lichtbogenlöscheinrichtungen, die zu einem verhältnismäßig hohen Ausschaltvermögen führten, konnte der Forderung
nach möglichst restlosem Ersatz der Schmelzsicherung durch Leistungs-
selbstschalter aus wirtschaftlichen Gründen entsprochen werden. Im
letzten Jahrzehnt hat die Entwicklung bei verhältnismäßig bescheidenen
Baumaßen zur Beherrschung sehr hoher Kurzschlußstromstärken geführt, und die Erzeugnisse wurden sehr preiswürdig. Von einem im Verhältnis zur Anlage außerordentlich hohen Investitionsaufwand kann
keine Rede mehr sein. Für den gesteigerten Einsatz haben die auf S. 36
zusammengefaßten Vorzüge den Ausschlag gegeben. Leistungsschalter
erhöhen nicht nur Unfall- und Betriebssicherheit wesentlich, sondern
sind auch gegenüber Sicherungen wegen der Einsparungen an Platz, Zeit
und Material meist schon bei der Anschaffung — ganz sicher durch Verkürzung der Ausfallzeiten — viel wirtschaftlicher. Bei Neuanlagen wird
ihnen deshalb sowohl in der Hausinstallation als auch in der Industrie der
Vorzug gegeben. Die wahlweise Zuordnung von magnetischen Schnellauslösern verschiedener Ansprechwerte zum gleichen Überlast- (Bimetall-)
Auslöser läßt unter voller Ausnutzung der Dauerbelastbarkeit der elektrischen Betriebsmittel auch bei niedrigen Überlastungen eine schnelle
Ausschaltung erreichen. Bei höheren Überlastungen, z. B. durch Anlaufströme von Käfigläufern, ist dagegen die Ausschaltzeit der Schalter erheblich größer als die der NH-Sicherungen, bei mittleren Kurzschlußströmen kleiner, so daß bei den Sicherungen etwaige Lichtbögen und
Berührungsspannungen länger anstehen. Bei hohen Kurzschlußströmen
ist es umgekehrt. Ein wirklich satter Kurzschluß kommt nur selten zustande, viel häufiger ist ein Schluß in Verbindung mit dem Lichtbogen,
dessen Brenndauer natürlich möglichst kurz sein soll. Die sichere Beherrschung der kleinen und mittleren Ströme ist deshalb ebenso wichtig wie
die des größten Kurzschlußstromes, der selbstverständlich der Projektierung zugrunde gelegt werden muß, s. a. SECK (1).

Zum Aufbau einer schmelzsicherungslosen Verteilung gibt es noch
eine Zwischenstufe, die *schmelzsicherungsarme*. Dabei sieht man aus ver-
meintlichen wirtschaftlichen Gründen davon ab, für alle Abgänge
Leistungsselbstschalter mit ausreichendem Schaltvermögen zu verwenden. Eine Kombination von Leistungsschaltern mit Vorschaltsicherungen
für einen hohen Nennstrom, aber ersterer mit kleinem Schaltvermögen
nach Abb. 114, s. S. 173, bringt in vielen Dingen fast den gleichen
Effekt mit geringerem Aufwand. Bei richtiger Zuordnung der Elemente

erreicht die Kombination das Schaltvermögen des Schmelzeinsatzes. Die Vorschaltsicherung spricht nur selten an. Diese Verbindung ersetzt zwar die Schmelzsicherung nicht vollständig, behebt aber weitgehend einige ihr üblicherweise anhaftende Mängel und verschafft einige der erwähnten Schaltervorteile durch die Tatsache, daß nunmehr für die Schmelzsicherung ein höherer Nennstrom gewählt wird als für den Überlast- und Kurzschlußstrom nach VDE 0100 möglich wäre. Sie muß so gewählt sein, daß sie spätestens an der Grenze des Schalter-Schaltvermögens zuerst anspricht, aber auch nicht viel früher. Im Überlastfall übernimmt der Leistungsselbstschalter den Schutz allein. Bei Kurzschlüssen bis zum Schaltvermögen des Leistungsselbstschalters arbeitet der magnetische Schnellauslöser voll selektiv zur Vorschaltsicherung. Dabei ist es natürlich wichtig, darauf zu achten, daß Leistungsselbstschalter verwandt werden, deren Mindestkommandodauer so klein ist, daß auch beim Ansprechen der Vorschaltsicherung der Leistungsselbstschalter die Anlage dreipolig vom Netz trennt. Bei modernen Leistungsschaltern kann man die Erfüllung dieser Forderung voraussetzen.

In diesem Zusammenhang ist es zweckmäßig, darauf aufmerksam zu machen, daß die auf dem Markt befindlichen kleinen Motorschutzschalter mit Bimetall- und Schnellauslösern dem Streben nach einer sicherungslosen oder sicherungsarmen Verteilung weitgehend entgegenkommen, so daß man auch im Bezirk der elektrischen Steuerungen von dem Prinzip mehr Gebrauch machen kann als es häufig noch der Fall ist. Besonders vorteilhaft erweist sich hierbei der Umstand, daß bei diesen Geräten, soweit sie für geringe Einstellströme ausgelegt sind, der Eigenwiderstand so groß ist, daß sie ohne Rücksicht auf etwaige weitere Leitungswiderstände den Kurzschlußstrom auf einen Wert begrenzen, dem der Schalter in jedem Fall gewachsen ist. Sie schützen sich selbst gegen Zerstörung, s. auch S. 177. Bei größeren Motorleistungen erlauben sie eine verhältnismäßig starke Vorschaltsicherung oder einen entsprechenden Leistungsschalter, hinter dem die Geräte für mehrere Motoren zu einer Gruppe zusammengefaßt sind, s. a. SECK (2).

Das Bestreben, Kraftinstallationen sicherungslos aufzubauen, findet in der Praxis manchmal zunächst seine Grenze an dem erforderlichen Aufwand, denn es ist notwendig, an jede Einbaustelle ein Gerät zu setzen, das ein den möglichen Kurzschlußströmen dieses Netzpunktes entsprechendes Schaltvermögen besitzt. Insbesondere bei Abgangsschaltern an oder in geringer Entfernung von den Sammelschienensystemen treten oft im Verhältnis zu ihrem Nennstrom relativ hohe Kurzschlußströme auf. In diesem Fall, aber auch ganz allgemein ist es möglich, nachgeordnete Schalter mit einem Schaltvermögen auszunutzen, das unter erleichterten Prüfbedingungen festgestellt wurde. Man geht bei dieser Überlegung auch davon aus, daß im allgemeinen die satten Kurzschlüsse an den Abgangsstellen eines Leistungsschalters sehr selten sind. Unabdingbare Folgerung bleibt naturgemäß, daß jedes Schaltelement die Kurzschlußströme an seiner Einbaustelle beherrschen kann, weiterhin, daß nach Behebung der Störungsursache und nach seiner Wiedereinschaltung die Anlage in Betrieb genommen und wenigstens noch bis zur nächsten ordnungsgemäßen Betriebspause bei ausreichender Isolation für die Betriebsspannung der Nennstrom geführt werden kann. Eine solche differenzierte Auswahl der Geräte erlaubt die Festlegung des Schaltvermögens bei einem unterschiedlichen Prüfzyklus, s. S. 244. Der Normalzyklus nach VDE 0660 ist $O-CO-CO$, der kleinste Zyklus $O-CO$. Um bei gelegentlichem Auftreten schwerer Kurzschlüsse hinter den Abgangsschaltern diese zu entlasten, sorgt man dafür, daß die magnetischen Schnellauslöser des vorgeschalteten Gerätes ansprechen, wenn das mit dem härteren Prüfzyklus für das nachgeschaltete Gerät festgestellte Kurzschlußschaltvermögen überschritten wird. Man spricht dann von einer *Schaltkaskade*. Wenn bei dem wirklich seltenen Auftreten des höchsten Kurzschlußstromes der Einbaustelle gleichzeitig ein anderes vorgeschaltetes Gerät auslöst, dann ist die erhöhte Ausnutzung des Abgangsschalters durchaus möglich. Ein sofortiges gleichzeitiges Wiedereinlegen beider Schalter ist unwahrscheinlich, denn die Tatsache des gleichzeitigen Ansprechens zweier Geräte ist das untrügliche Zeichen, daß bei dem Abgangsschalter ein außergewöhnlich hoher Kurzschlußstrom zu beherrschen war, der zum Auslösen des vorgeordneten Gerätes führte. Dann ist es selbstverständlich, nach der Quelle der Störung zu suchen und den Schalter erst nach ihrer Behebung wieder einzuschalten. Eine sofortige Einschaltung würde ja auch gar nichts nutzen, wenn nicht gleichzeitig der vorgeordnete Schalter wieder eingelegt wäre. Auch ohne das Eingreifen des vorgeordneten Gerätes wären die nachgeordneten in der Lage, nach der Ausschaltung noch einmal einen erneut auftretenden Kurzschluß auszuschalten. Das vorgeschaltete Gerät, „*Kaskadenschalter*" genannt, dient gleichzeitig als Hauptschalter der Anlage und verursacht praktisch keinerlei Mehrkosten.

Der Überlastungsschutz des Abganges wird in der Kaskade von den thermischen Auslösern des Abgangs-Leistungsselbstschalters allein übernommen, ebenfalls mit seinen normal eingestellten magnetischen Schnellauslösern der Schutz gegen die auftretenden Kurzschlußströme bis zum Überschreiten des genannten Schaltvermögens. Bis zu diesem Wert ist also volle Selektivität gewährleistet. Bei höheren Kurzschlußströmen spricht auch der Kaskadenschalter an. Durch seine Wiedereinschaltung kann die Anlage sofort wieder in Betrieb genommen werden, der von der Störung betroffene Abgang natürlich erst nach Behebung der Kurzschlußursache. In der nächsten Betriebspause muß der Abgangsschalter geprüft und notfalls ausgewechselt werden, falls die Behebung des gesamten Kurzschlusses selbst nicht so langwierig gewesen ist, daß dies schon während dieser Zeit geschehen konnte. In der Praxis wird mit dieser Anordnung der gleiche Effekt erzielt wie mit der aufwendigeren Kraftinstallation bei ausschließlicher Verwendung von Leistungsselbstschaltern, die mit der schärferen Schaltfolge und den für den Einbauort errechneten Kurzschlußströmen geprüft sind. In Abb. 176 liegt die Ansprechgrenze des Schnellauslösers des Kaskadenschalters (1) mit 7 kA (3) etwas unter der Grenze des mit $O-CO-CO$ festgestellten

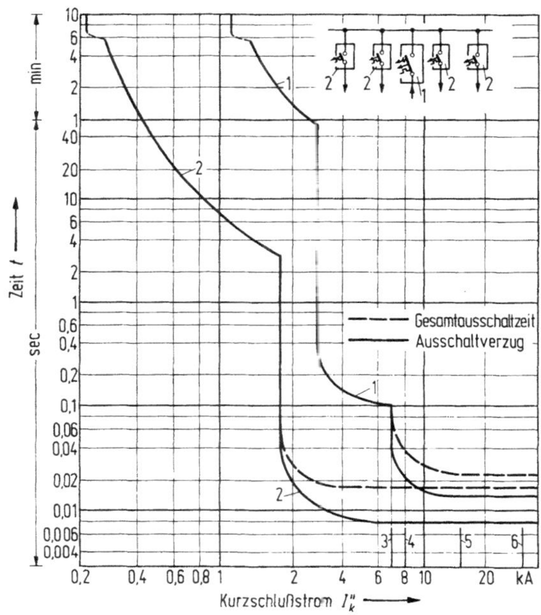

Abb. 176. Kaskade mit kurz- und unverzögert abschaltendem Hauptschalter
1 Haupt- (Einspeise-) Schalter, I_N 1000 A, *2* Abgangs- (Verteiler-) Schalter, I_N 200 A, *3* Ansprechgrenze der unverzögerten Auslöser von *1*, *4* VDE Schaltvermögen $O-CO-CO$ von *2*, *5* Schaltvermögen $O-CO$ von *2*, *6* VDE-Schaltvermögen $O-CO-CO$ von *1*

Schaltvermögens (*4*) für die nachgeordneten Schalter (*2*) mit 8 kA. (*5*) gibt die tatsächliche Grenze für den nachgeordneten Schalter an, d. h. ein größeres Schaltvermögen wird von ihm auf keinen Fall verlangt. Das Ausschaltvermögen des vorgeordneten Gerätes ist entsprechend seinem größeren Nennstrom noch bedeutend höher und geht bis zu 30 kA (*6*). Es ist durchaus nicht notwendig, daß — wie in Abb. 176 dargestellt — die Geräte einer solchen Kaskade räumlich eng beineinander angeordnet werden. Der Kaskadenschalter kann auch in einer vorgeordneten Anlage installiert werden. Der Kurvenverlauf zeigt ein Beispiel für die Auslösekurven in Verbindung von thermischer Auslösung mit Schnellauslösung,

letztere bei dem größeren Gerät, im ersten Teil kurzverzögert, dann un-
verzögert. Bei der Kaskade bleiben alle Vorteile der sicherungslosen
Kraftinstallation voll erhalten. Sie ist raumsparend und preiswert, s.
SECK (1). Die Vorteile treten besonders in Erscheinung, wenn von dem
Abgangsschalter ein im Verhältnis zu seinem Nennstrom sehr hohes
Schaltvermögen gefordert wird. Das Selektivsystem ist natürlich besser,
aber oft nicht das wirtschaftlichste.

Es ist nicht unbedingt notwendig, den Kaskadenschalter als Anzeige-
element für die Überschreitung eines bestimmten Schaltvermögens bei
dem Abgangsschalter heranzuziehen. Das ist wichtig, wenn er nicht in die
Abnehmeranlage, sondern eine vorgeschaltete eingebaut ist. Die Kurz-
schlußanzeige überträgt man dann einem *„Kurzschlußanzeiger“*, s.
Abb. 93 S. 145. Dessen Anzeigevorrichtung wird erst zurückgestellt, wenn
der beanspruchte Abgangsschalter geprüft ist. Die Anzeiger müssen naturgemäß in allen Polen eingebaut werden, denn das Signal erscheint u. U.
nur bei einem oder zwei Polen. Sie können jedem Abgangsschalter oder
auch gemeinsam dem Kaskadenschalter (Zuleitung) zugeordnet werden.
Erstere Anordnung ist vorzuziehen, wenn Abgangsschalter und Kaskadenschalter nicht leicht gleichzeitig überblickt werden können.

Eine solche Kaskade ist mit den einschlägigen *VDE-Bestimmungen*
vereinbar. Das Ausschalten von Kurzschlußströmen durch Vorschalt-
sicherungen ist üblich und auch in den Vorschriften ausdrücklich erlaubt.
Die Übertragung dieser Aufgabe auf moderne, besonders entwickelte
Schalter ist eine logische Konsequenz. Es handelt sich dabei um eine
„Schaltkombination“ aus Schaltern nach VDE 0660 Teil 1/3.68 Tafel 26
Zeile 25 bzw. 27 Zeile 17, wobei der Kurzschlußschutz durch einen
Leistungs-Selbstschalter dargestellt wird, s. a. VDE 0100/12.65 Tafel 1
S. 30, Zeile 2. Dieser Strom wird also in Übereinstimmung mit den ein-
schlägigen VDE-Bestimmungen beherrscht. Das geforderte erhöhte
Schaltvermögen wird im Rahmen der zugelassenen Mindest-Prüfschalt-
folge VDE 0660 § 13 s2 $O-CO$ noch bestritten.

Von diesen Voraussetzungen unterscheiden sich *die in den USA gebräuchlichen Kaskadenschaltungen* nach American Standard C37.13
1963. Im Interesse einer besonders preiswerten Kombination verlangt
man nicht, daß die nachgeordneten Schalter den gleichen Grad an Betriebssicherheit aufweisen, den man von einer Energieverteilung normalerweise erwartet. Der der Stromquelle am nächsten liegende Schalter
muß ein Kurzschlußschaltvermögen entsprechend der Einbaustelle besitzen, ferner unverzögert wirkende Auslöser haben, die bei höchstens
80 v. H. Nennkurzschluß-Schaltvermögen des nachgeordneten Schalters ansprechen. Für das von dem letzteren Schalter verlangte Schaltvermögen gilt diese Voraussetzung aber nicht. Das für die Einbaustelle
berechnete darf ein Vielfaches des Nennkurzschluß-Schaltvermögens

sein. Die Vielfachwerte hängen vom Nennstrom ab und gehen bis zu dem fast zweifachen. Nach einer Ausschaltung bei über dem Kurzschlußschaltvermögen liegenden Strömen muß das Gerät vor der Wieder-Inbetriebsetzung geprüft und im Bedarfsfalle ersetzt werden. Es sollte zum Schutz der Bedienung mit Fernantrieb versehen sein.

An die Stelle zahlreicher Leistungsschalter in der Stromverteilung können auch billigere *Kurzschließer* (s. S. 266) treten, die den Ausschaltvorgang auf ein vorgeschaltetes Gerät verlagern. Dabei gefährdet aber ein Kurzschlußstrom nicht nur den Verbraucherzweig, sondern es wächst auch die Beanspruchung der Stromerzeugungsanlage, so daß möglichst schnell ausgeschaltet werden muß.

10.4 Montage und Umweltvoraussetzungen für den Geräteeinsatz

Für die *Montage der Geräte* gelten die Herstellerangaben. Viele Erzeugnisse kann man sowohl in der Befestigungsebene verdreht, z. B. um je 90° nach links und rechts, und auch gegen die Befestigungsebene geneigt verwenden. Den möglichen Erschütterungen beim Schalten größerer Geräte, besonders bei Fernbetätigung, begegnet man durch Befestigung auf Schwingmetall oder Aufbau auf einem besonderen, vom Schaltgerüst getrennten Traggestell. Hinzu kommt eine elastische Verbindung der Schalteranschlüsse an den Sammelschienen, s. z. B. PLATH (S. 126). *Voraussetzung für den Einbau* ist nach VDE 0660 § 29, daß die relative Feuchtigkeit bei 40 °C 50 v. H. nicht überschreitet. Bei niedrigeren Temperaturen können höhere Luftfeuchtigkeiten zugelassen werden, z. B. 90 v. H. bei 20 °C. Gelegentlich auftretende mäßige Kondenswasserbildung muß berücksichtigt werden. Bei gekapselten Geräten sind die Verhältnisse im Innern der Gehäuse maßgebend. Bei sehr schwierigen Bedingungen, z. B. häufig eintretender Betauung, empfiehlt sich die Verwendung von Filterstutzen zum Luftausgleich und Verminderung der Betauung. Bei dauernd mit Feuchtigkeit gesättigter Luft kommt Innenbeheizung hinzu, die bei ausgeschalteten Geräten die Temperatur über dem Taupunkt hält. Für *Tropenausführungen* enthalten DIN 50014 und 50 015 (Dezember 1959) definierte Klimate, die auch als Richtlinien für die Prüfung von Geräten gelten können. Für trocken-warmes Klima sind Geräte in Normalausführung verwendbar. Es muß aber bezüglich der Stromlast der Einfluß der Raumtemperatur über dem Tagesmittel von 35 °C beachtet werden. Für feucht-warmes Klima sind „tropenfeste" Leistungsschalter einzusetzen. Dabei sind zur Beurteilung der Klimabeständigkeit Wechselbeanspruchungen nach DIN 50016 erforderlich.

10.5 Erdschlußüberwachung bei Überschlagbögen

Außer den satten Kurzschlüssen zwischen den Polen oder von einem
Pol zur Erde können auch Kurzschlußströme geringeren Ausmaßes auftreten, z. B. bei Überschlaglichtbögen, Erdschlußfehlern oder Kurzschluß
in einer Motorwicklung. Es ist sehr schwer, etwas über das Verhältnis
der bei Lichtbogeneinfluß auftretenden Kurzschlußströme zu den bei
sattem Kurzschluß möglichen auszusagen. Bei höheren Spannungen,
z. B. 500 V, gehen sie leicht auf 1/4 und 1/5 des vollen Kurzschlußstromes,
bei niedrigerer Spannung jedoch auf ganz wenige Prozente zurück, wenn
sie nicht sogar schnell erlöschen. Einen schnellwirkenden Schutz gegen
solche Ströme geringer Stärke durch den Kurzschlußauslöser kann es
nicht geben, weil man sonst die Einstellung, bezogen auf die normalen
Einstellströme, sehr niedrig halten müßte, während sie auf der anderen
Seite durch die Forderung, daß durch die betriebsmäßigen Ströme und
auch vor allem durch die normalen betriebsmäßigen Schaltprozesse
keine Ausschaltung erfolgen darf, nach unten hin begrenzt sind. Es sind
hierfür Elemente notwendig, die auf Ströme von Phase zur Erde ansprechen, und nicht nur Phase gegen Phase. Mit anderen Worten: solche,
die den Weg des Stromes feststellen. Zur Erdschlußüberwachung wurden
aus diesem Grunde Überstromauslöser im Nulleiterkreis vorgeschlagen,
die dann ihrerseits auf die Spannungsauslöser der Schalter einwirken.
WEDDENDORF erklärt diese Methode für sicher, um der kleinen Ströme
bei Nulleiter-Lichtbogen-Störungen Herr zu werden. Bei Geräten in
Metallkapselungen kann man auch ein Erdschluß-Überwachungsgerät
zwischen Kapselung und Transformatorennullpunkt einschalten, s.
PEACH. Zur Einschränkung der Auswirkungen solcher Lichtbögen ist die
Begrenzung der Lichtbogenzeit und des Stromes sehr vorteilhaft vorausgesetzt, daß die entstehenden Ströme groß genug sind, um die Schnell-
schalteinrichtungen in Tätigkeit zu setzen. Zur Verminderung der Druck-
wirkung ist man dazu übergegangen, die Abdeckungen so durchzubilden,
daß sie sich beim Eintreten eines solchen Falles selbsttätig öffnen.

10.6 Räumliche Kombinationen von Leistungsschaltern untereinander und mit anderen Geräten — Aufbau von Verteilern

Neben der Anwendung einzelner Leistungsschalter für sich gekapselt
findet man sie weitgehend in Gruppen zusammengefaßt. Hierfür stehen
fabrikfertige Kombinationen zur Verfügung, in erster Linie die Verteiler.
Ihre Entwicklung ist so fortgeschritten, daß auch bei Anlagen für große
Stromstärken offene Kombinationen in einem besonderen Raum nicht

mehr nötig sind. Die Verteiler werden aus einzelnen Kästen als Bausteine
zusammengesetzt. Sie können an der Wand befestigt werden oder, was
entschieden vorzuziehen ist, auf einem Sockel stehend auf dem Boden.
Die Leitungseinführung ist bei der letzteren Lösung die zweckmäßigere.
Der Sockel wird für die Aufteilung der ankommenden Leitungsbündel verwandt (Kabelrangierraum). Genormte Grundgehäuse ermöglichen arbeits-
sparende Projektierung. Schnellverschlüsse schaffen an den hierfür ge-

Abb. 177. Isoliertgekapselter sicherungsloser Verteiler aus Bausteinen mit durchsichtigen
Abdeckungen — Einbauten vorzugsweise Leistungsselbstschalter (Klöckner-Moeller)

eigneten Stellen schnelle Zugängigkeit. Eine solche Verteilung mit abgehenden, durch Leistungsschalter geschützten Strängen s. Abb. 177.
Eine zweite Gruppe von Verteilern entsteht durch den Zusammenbau
verhältnismäßig hoher Schränke oder Kästen, die seitwärts aneinander
gesetzt werden, s. Abb. 178. In allen Fällen ist es möglich, mit Leistungsschaltern auch die übrigen zum Betrieb und zur Überwachung des betreffenden Abgangs erforderlichen Geräte zusammenzubauen. Sehr vorteilhaft ist die Verwendung durchsichtiger Abdeckungen, die den Zustand
der Schienensysteme und der eingebauten Geräte erkennen lassen, ohne
daß die Abdeckungen geöffnet werden, s. S. 150. Die Verteiler werden

bei größeren Anlagen meistens nicht massiert für alle Abgänge am gleichen Ort aufgestellt, sondern ein „Hauptverteiler" speist in „Unterverteiler" ein. An den letzteren sinkt dann das zu fordernde Ausschaltvermögen in dem Maße, in dem der Kurzschlußstrom der Transformatoren durch die Zwischenleitungen gedämpft worden ist, s. Abb. 12, S. 15. Bei Verteilungen, die überwiegend Motorabgänge enthalten, werden sämtliche zu einem Abgang gehörenden Schaltgeräte in einem besonderen

Abb. 178. Metallgekapselter Verteiler aus Einzelschränken, zusammengebaut mit Leistungsselbstschaltern für Zu- und Abgänge (Klöckner-Moeller)

Abschnitt der Anlage vereinigt, möglichst in Form der vorgefertigten „Motorstarter", s. S. 230. An die Stelle der Hauptsicherung tritt für jeden einzelnen Motor möglichst ein Leistungsschalter, der gleichzeitig den Motorschutz übernimmt.

Eine besondere Bedeutung kommt den *Verteilern in schutzisolierter Form* zu. Die vollständige Isolation ist eine aktive Schutzmaßnahme, denn sie ist ständig wirksam im Gegensatz z. B. zur Nullung, die lediglich das Bestehenbleiben einer unzulässig hohen Berührungsspannung verhindern kann. Über schutzisolierte Geräte s. a. S. 151.

Bei den Aufbauten mit mehreren Abgangskästen, z. B. Motorstartern, übereinander führen von den Sammelschienen zu den Geräten Stromschienen, die gleichnamige Pole der Einzelabgänge erreichen, s. Feldschienen *2*, Abb, 179 u. FRANKEN (8).

Die genannten Systeme sind in den letzten Jahren durch *einschieb- oder einsteckbare Geräte* weiter entwickelt worden, s. z. B. Abb. 180. Bei ihnen wird verlangt, daß sie ohne Lösen von Anschlüssen herausgezogen und von den Zuleitungen getrennt werden können. Bei der Entwicklung ging man wesentlich davon aus, Reparaturen und Umstellungen durch das Fachpersonal schnell und bequem möglich zu machen, um Produktionsausfall als Folge langer Stillstandszeiten zu verhindern. Früher wurde in Großanlagen bei mit Produktionsumstellungen verbundenen Änderungen häufig unter Spannung gearbeitet. Abgesehen von der Unfallgefahr leidet dabei auch die Sorgfalt der Ausführung. Oft können nur Provisorien geschaffen werden, die mit erneutem Arbeitsaufwand später in Betriebspausen ersetzt werden müssen. Die Konstruktionen mit den Einschüben machen es möglich, im Störungsfall schnell und gefahrlos ohne Ausschalten der übrigen Abzweige eingreifen zu können. Eine Verriegelung stellt sicher, daß die Schalter nur in ausgeschaltetem Zustand bewegt werden können und die Einfahr-Kontaktstücke stets stromlos geschaltet werden. Ein unbeabsichtigtes Herausziehen des Einschubes unter Last muß durch mechanische oder elektrische Mittel verhindert werden, die auch einer Verriegelung der Schalter gegen Kurzschlußkräfte bewirken, s. KÖNIG. Auch bei Stahlkonstruktionen hat man Geräte-Einschübe aus Isolierstoff hoher Schlagfestigkeit und Kerbzähigkeit gefertigt, so daß keine Schutzmaßnahme über Schleifkontakt erforderlich ist, s. FAUL.

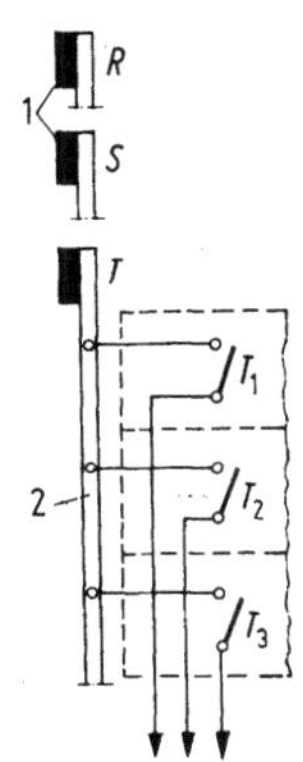
Abb. 179. Schienensystem bei untereinander angeordneten Abgangsfeldern

1 Haupt-, *2* Feldsammelschienen

Außer der Auszieh- bzw. Ausfahrbarkeit sind *noch andere Forderungen* vorhanden. So z. B. wird oft eine Schottung der Teilräume gegeneinander und gegen den Sammelschienenraum verlangt. Etwa auftretende Kurzschlußlichtbögen sollen auf ihren Entstehungsort lokalisiert werden und nicht vom Einschub auf das Sammelschienensystem oder umgekehrt übergreifen können. Eine Abschirmung gegen die benachbarten Teile der Anlage, auch die zur Unterbringung der Kabelanschlüsse und Sammelschienen, ist deshalb die Regel. Bei Verzicht auf die Schottung ist eine weitgehende Isolierung der spannungsführenden Teile üblich. Auch werden, um die bei Kurzschlüssen auftretenden Gase gefahrlos aus der Anlage ableiten zu können, Druckentlastungen durch selbsttätiges Öffnen der Abdeckungen ermöglicht, s. KIRSTEIN.

Bei den einschiebbaren Leistungsschaltern wird auf einem „Einschub" zusammen mit ihnen all das montiert, was als Hilfsmaterial dazu gehört, z. B. Schnellauslöser-Verzögerungseinrichtungen (RC-Glieder), eine etwaige Schützensteuerung für den Motorantrieb, elektrische Schaltstellungsanzeiger, Taster und dgl. Ein solcher Einschub- oder Schaltwagen hat mindestens *zwei Positionen*, „eingefahren" oder „Betriebsstellung", „ausgefahren" oder „Trennstellung", in die er meist ohne Öffnen der Frontabdeckung, also bei geschlossener Schranktür gefahren werden kann. Dabei ist der Stromkreis auf der Verbraucherseite ohne besonderen Trenner spannungslos und die Stellung des Schalters arretiert. Die Hilfsstromkreise sind noch mit dem Steuernetz verbunden („Teststellung"). Man kann den Schalter hinsichtlich seiner Funktion überprüfen, ohne daß der Hauptstromkreis tatsächlich geschlossen wird. Die Teststellung kann auch eine zweifache sein, wobei nur in einer Zwischenstellung die Steuerleitungen noch in Betrieb bleiben. Anderenfalls werden zur vollständigen Abtrennung auch die Hilfsstromanschlüsse über Steckschaltglieder (Steuerleitungskuppelung) geführt, oder aber die Hilfskreise müssen noch abgeklemmt werden. Das erstere ist erforderlich, wenn der Schalter Kraftantrieb bzw. Hilfsschaltglieder für Meldezwecke hat. So geschieht das Ausfahren der Schalter in die Teststellung meistens bei geschlossener Tür. Ein Öffnen der Anlage ist nur notwendig, um den Einschub auszuwechseln. Nur im ausgeschalteten Zustand läßt sich der Schalter aus den Einfahrkontakten herausziehen. Bis dahin bleiben die Geräte umhüllt, während sie unter Spannung stehen. Dabei wird u. U. das Erreichen der spannungslosen Situation durch einen Anzeiger gemeldet. Auch geht man dazu über, die Geräte in dieser Stellung mechanisch feststellbar zu machen. Das Verbleiben der Geräte in den Schaltzellen schützt sie vor Staubablagerungen und vermeidet eine Versperrung der Außenräume. Bei der Verbindung zu den Sammelschienen und den Ableitungsschienen durch lamellierte Einfahrkontakte muß man auf die im Kurzschlußfalle auftretenden stromdynamischen Kräfte achten.

Der *Aufbau solcher Verteiler* erfolgt meistens so, daß alle Einschubgrößen die gleichen Grundflächenabmessungen mit bestimmten Vielfachen eines Grundmaßes aufweisen. Dann lassen sich bei betriebsbedingten Änderungen Umstellungen auf Geräte anderer Leistungen leicht und schnell durchführen. Die Größenunterschiede der Einschübe liegen dabei z. B. im Höhenmaß oder auch in der Breite. Oft werden mit derartig ausgebauten Hauptverteilungen auch gleich sicherungslose Unterverteilungen, z. B. solche mit Motorstartern verbunden, die neben den Motorschützen usw. ebenfalls weitgehend einen Leistungsschalter aufweisen, s. S. 230.

Die einzelnen Einschübe sind unabhängig voneinander und können, ehe sie eingeschoben, vollständig montiert werden. Es ist sehr wesentlich, daß sie, wie auch z. B. die „Motorstarter", hinsichtlich ihrer Innenschaltungen in gewissem Umfang normalisiert sind. Vernünftigerweise wird man bei der Projektierung nicht alle möglichen Stromstufen zum Einsatz bringen, sondern eine gewisse Auswahlreihe für eine bestimmte Anlage wählen, s. HAIN und TRÜMPER (1 und 2). Die Frontplatten tragen

Abb. 180. Verteiler mit Kippschalteinheiten (Calor-Emag)

etwaige Schalthebel, Signallampen, Kontrollinstrumente und dgl. Es werden auch Schaltschränke mit Kippschalt- statt ausziehbaren Einheiten gebaut, s. SCHIEFERENZ u. Abb. 180. Aus wirtschaftlichen Gründen wünscht man oft die einschiebbaren Geräte nur an den Energie- (Haupt-)-Verteilern, also ausfahrbar nur den Zuleitungsschalter, z. B. Geräte mit mindestens 400 A Nennstrom. Bei den anderen Geräten wird zwar dann keine Ausfahrbarkeit, aber leichte Auswechselbarkeit gefordert. *Energie-* und auch *Steuerungsverteiler* werden außer in der beschriebenen Form mit der gleichen Zielsetzung *als vollständig schutzisolierte Einrichtungen*

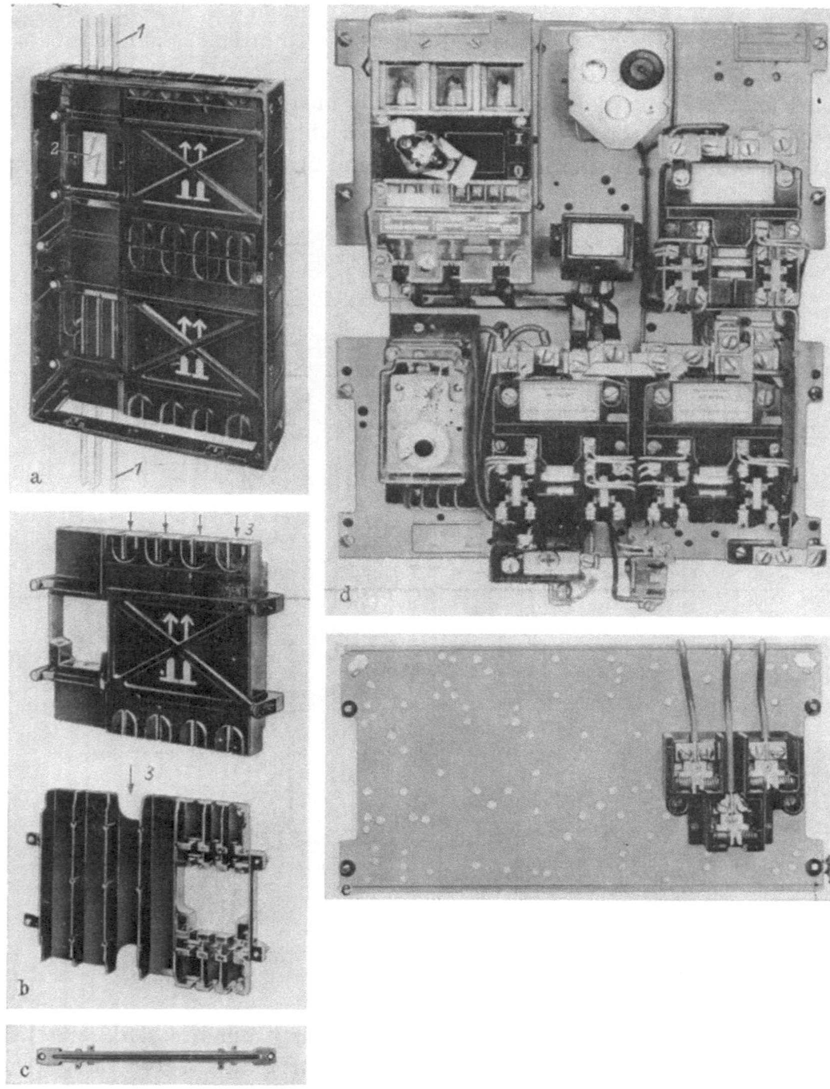

Abb. 181. Aufbauelemente eines Verteilers entsprechend Abb. 177 mit unter Spannung veränderbaren Abgängen (Klöckner-Moeller)

a) Unterkästen, b) Isolierstoffschale, c) Zwischensteg, d) Geräteeinsatz (mit Leistungsschalter, selbsttätigem Stern-Dreieck-Schalter und dgl.), e) Rückansicht eines Einsatzes mit 3poliger Trennvorrichtung

1 Feldsammelschienen, 2 Verschlußplatten für Trennstelle, 3 Leitungskanäle u. ausbrechbare Vorpressungen

mit unter Spannung veränderbaren Abgängen gebaut, wobei die Geräteeinsätze auf Platten befestigt in die Verteilergehäuse eingeschoben (ein-
gesteckt) und dann durch Schrauben festgehalten werden. Dabei ließ
sich die volle Veränderbarkeit der Abgänge erreichen, insbesondere auch
für die zahlreichen Betriebe, die einen durchlaufenden Produktionsablauf
erfordern, Aufbauelemente s. Abb. 181. Von den Hauptsammelschienen
führen die Feldsammelschienen *1* durch die Unterkästen a zu den einzelnen Geräteeinsätzen, z. B. d. Die Isolierstoffschalen b decken die Feldsammelschienen ab und lassen nach vorne nur die Öffnungen für die
Trennvorrichtung e frei. Wenn das betreffende Feld nicht benutzt wird,
kann diese Öffnung durch eine Verschlußplatte *2* abgedeckt werden. Die
Isolierstoffschalen b erfüllen außer der Abdeckung und Unterstützung
der Feldsammelschienen noch die Aufgabe, die abgehenden Leitungen zu
führen. Sie sind auf dem Boden der Unterkästen festgeschraubt. In ihrer
linken Hälfte verläuft das Feldsammelschienensystem *1*. Auf der Rückseite der Schale sind die Rillen erkennbar, die zusammen mit dem Ge-
häuseboden die durchgehenden Leitungskanäle von den Klemmen im
Sockel bis zum obersten Einbauraum bilden. Die Schalen haben an ihren
Rändern ausschlagbare Vorpressungen *3*, durch die jeder Leitungskanal
unmittelbar vom Einbauraum zu erreichen ist. Die Konstruktion nutzt
den Raum hinter dem Geräteeinsatz und neben der Feldschienenzu-
leitung voll für die abgehenden Leitungen aus. Für jeden Einsatz ist die
abgehende Leitung getrennt verlegt und mechanisch geschützt. d ist ein
Geräteeinsatz mit einem Leistungsschalter und einem selbsttätigen Stern-
dreieckschalter. Er enthält ferner die Steuerleitungssicherungen und Meßinstrumente. Auf der Rückseite e befinden sich dreipolige Trennkontakt-
glieder. Weiterhin tragen die Unterkästen Zwischenstege c. Deren unterschiedliche Abstände ermöglichen unterschiedliche Einbauhöhen für die
Geräteeinsätze. Über den Aufbau dieses Systems s. SCHARHAG. Das
äußere Bild eines solchen Verteilers entspricht Abb. 177, S. 283. Die Geräteeinsätze werden durchsichtig abgedeckt. Die Hauptschalter haben
alle mechanische Deckelverriegelung. Dadurch wird mit Sicherheit ein
Herausnehmen des Geräteeinsatzes unter Spannung verhindert. Über
Schaltanlagen mit Einsatzplatten, die es erlauben, die einzelnen Abgänge
leistungs- und anzahlmäßig auch nach der Montage zu ändern, s. a.
SCHMITT und MARKERT. Schränke für Maschinensteuerungen, bei denen
der Leistungsschalter als Hauptschalter nach VDE 0113 eingesetzt ist,
werden ähnlich Abb. 170, S. 270, aufgebaut.

Schrifttum

Amft, D.: Spannungsgradient und Druck des Lichtbogens im engen Isolierstoffspalt, Elektrie 20 (1966) 329—332.

Angelopoulos, M.: Über magnetisch schnell fortbewegte Gleichstrom-Licht-
bögen, ETZ-A 79 (1958) 572—576.

Avramescu, A.: Technische Fortschritte in der Konstruktion von Niederspannungs-
Schaltapparaten, Electrotehnica 12 (1964) 81—91.

Ayrton, H. A.: Electric Arc, London 1902.

Babikow, M. A.: Wichtige Bauteile elektrischer Apparate, Berlin: VEB Verlag
Technik, Bd. 1 (1954).

Beer, F.: (1) Über Ausgleichsvorgänge an Vor- und Hauptkontaktsystemen elektrischer Schalter, Wiss. Z. Elektrotechnik Ilmenau, Bd. 2 (1964) 133—147.
(2) Experimentelle Bestimmung kontaktabstoßender Kräfte an Abhebekontakt-
stücken, Elektrie 21 (1967) 389—391.

Behr, H.: Fernantriebe für Leistungsschalter, Klöckner-Moeller-Post 1968, H. 1,
42—51.

Behrens, G., u. A. Reiss: Mbs 16, ein neuer Leistungsschalter mit hohem Ausschaltvermögen, AEG-Mitt. 52 (1962) 91—94.

Bergold, K.: Dynamisches Verhalten des elektrischen Niederstrombogens, ETZ-A
82 (1961) 161—167.

Bergold, K., u. K. Faikus: Zur Frage des Kontaktverschweißens bei Leitungsschutzschaltern, ETZ-B 17 (1965) 130—133.

Blancpain, A., u. J. Bonnefois: Protection des Installations Basse Tension a
Courant Alternatif par Disjoncteurs-Limiteurs a Hautes Performances. Principe
et Réalisation. Bull. de la Société Française des Electriciens, Tome VIII 1958,
447—458.

Böttger, C.: Betrachtungen über die Anwendung von I_s-Begrenzern in Drehstromanlagen, Calor-Emag Mitt. 1965, H. 1, 28—35.

Bouvier, G.: La Protection Contre les Courants de Court-Circuit dans les Installations a Basse Tension. Rev. Générale de L'Èlectricité 64 (1955) 591—601.
Ref. ETZ-A 77 (1956) 711.

Bron, O. B.: Lichtbogenwanderung in einem magnetischen Feld (russ.), Elektri-
schestwo (1966) 7, 1—6.

Brückner, P.: (1) Ein neuartiges Schaltgerät mit äußerst kurzen Schaltzeiten,
ETZ-A 79 (1958) 33—40.

— (2) Schaltprobleme und Betriebserfahrungen mit I_s-Begrenzern, ETZ-B 11
(1959) 65—69.

— (3) Die wachsenden Kurzschlußleistungen und ihre Beherrschung in Niederspannungsanlagen, ETZ-B 14 (1962) 511—519.

— (4) Niederspannungsschaltgeräte und -anlagen, ETZ-A 85 (1964) 583—588.

Brückner, P., u. A. Erk: Federkraftspeicher für Schaltgeräte mit kurzen Schaltzeiten, ETZ-A 82 (1961) 141—147.

Brückner, P., u. Th. Keders: Selektives Schalten in äußerst kurzen Zeiten mit
I_s-Begrenzern, ETZ-A 81 (1960) 741—744.

Büchner, G.: Verlängern von Lichtbögen mit Hilfe magnetischer Felder zum
Unterbrechen von Wechselströmen, ETZ-A 80 (1959) 71—77.

BURGHARDT, G.: (1) Der Einfluß der wiederkehrenden Spannung auf das Löschverhalten kurzer Wechselstromlichtbögen in Niederspannungsprüfkreisen, Die Elektr. Ausr. (1963) Ausg. B, H. 2, S. 43—51 (Teil 1) und H. 3, S. 86—94 (Teil 2).
— (2) Wiederverfestigung erloschener Lichtbogenstrecken bei Doppelunterbrechung in Luftschützen, ETZ-A 85 (1964) 306—311.
— (3) Über den Einfluß der Lichtbogenlänge und der Lichtbogenverlustarbeit auf die Wiederverfestigung kurzer Wechselstromlichtbögen in Luft, ETZ-A 85 (1964) 161—166.
BURKARD, Th.: Leitungsschutzschalter Typ HS für Einbau in Verteilungen und Zählertafeln, Conti-Elektro Ber. 10 (1964) H. 2, S. 79—81.
BURKHARD, G.: (1) Untersuchungen über das Lichtbogenverhalten in Löschblechkammern, Elektrie 14 (1960) 424—428.
— (2) Ein Beitrag zur Lichtbogenwanderung auf ferromagnetischen Flächenelektroden, Elektrie 15 (1961) 363—369.
— (3) Über die Ausbildung der Teillichtbögen in Löschblechkammern, Elektrie 16 (1962) 270—276, Ref. ETZ-B 15 (1963) 36.
— (4) Probleme der Entwicklung von Niederspannungsschaltgeräten, Elektrie 17 (1963) 337—339.
— (5) EBL 1000 — ein strombegrenzend wirkender Niederspannungs-Leistungsschalter, Elektrie 21 (1967) 45—50.
BURKHARD, G., u. E. WERNER: Über das Verhalten von Kontaktgelenkverbindungen bei großen Strömen, Elektrie 19 (1965) 24—27.
BURSTYN, W.: Elektrische Kontakte und Schaltvorgänge, 4. Aufl., Berlin/Göttingen/ Heidelberg: Springer 1956.
COHN, A.: (1) Bau von Motorschutzschaltern mit Rücksicht auf Motorschutz und Kurzschlußschutz, ETZ 51 (1930) 233—238 u. 283—286, Ref. E & M (1930) 1113—1114.
— (2) 25 Jahre Maschennetzschalter, ETZ-A 73 (1952) 765—768.
DENZEL, P., u. H. VIERFUSS: Beitrag zur Messung der Impedanzen von Niederspannungsnetzen, ETZ-A 87 (1966) 159—165.
DÖRRIES, A.: Hochleistungs-Installationsselbstschalter in Schmalbauweise, AEG-Mitt. 54 (1964) 292—298.
DOMONKOS, S.: (1) Einfluß der magnetischen Blasung auf die Lichtbogenlöschzeit in Wechselstromschützen, Period. Polytechn. 6 (1962) 125—148.
— (2) Über die zwischen den Deion-Löschblechen und dem Lichtbogen auftretenden Kräfte, Period. Polytechn. 8 (1964) 79—92.
— (3) Die Bestimmung der den Lichtbogen an die Löschbleche anziehenden Kräfte, Period. Polytechn. 9 (1965) 125—137.
DRUBIG, H.: (1) Einfluß von Lichtbogenspannung und Ausschaltverzug auf die Beanspruchung der Niederspannungs-Leistungsschalter, VDE-Fachber. 18 (1954) II/11—II/16.
— (2) Neue Hochleistungs-Installations-Selbstschalter für höchste Kurzschlußströme, ETZ-B 10 (1958) 117—121.
— (3) Die Kurzschlußschnellabschaltung von Ein- und Dreiphasen-Wechselstrom, BBC-Nachr. 44 (1962) 202—213.
DRUBIG, H., u. O. FRIEDRICH: Entwicklung der strombegrenzenden Niederspannungs-Leistungsschalter GRH 63 und GRH 100, BBC-Nachr. 50 (1968) 84—90.
DÜBEL, W., u. H. WARKENTIEN: Silbergetränkte Wolframkontakte für Niederspannungs-Leistungsschalter, Elektrie 17 (1963) 114—117.
DUFFING, P.: (1) Die Entwicklung eines neuen lichtbogenfreien Synchronschalters, VDE-Fachber. 14 (1950) 41—44.
— (2) Der Sperrmagnet, ETZ-A 74 (1953) 343—346.

DZIMIANSKI, J. W., u. T. B. JONES: Characteristics of the High-Current Argon Arc, Electr. Engng. 73 (1954) 1106.

EBEL, H., u. W. VELTEN: Neue Leitungsschutzschalter, BBC-Nachr. 48 (1966) 646—651.

EIDINGER, A.: Lichtbogenlöschung und wiederkehrende Spannung in Niederspannungs-Schaltgeräten, VDE-Fachber. 20 (1958) 68—72.

EIDINGER, A., u. W. RIEDER: Das Verhalten des Lichtbogens im transversalen Magnetfeld, Arch. Elektrotechn. 43 (1957) 94—114.

EINSELE, A.: (1) Die Technik der Niederspannungs-Schaltgeräte, aus „Die Entwicklung der Starkstromtechnik bei den Siemens-Schuckert-Werken" (1953) 263—276.

— (2) Schaltgeräte für Niederspannung, in E. v. RZIHA: Starkstromtechnik, Bd. 2, 8. Aufl., Berlin: Ernst & Sohn 1960, S. 103ff.

EINSELE, A., u. F. KESSELRING: Rückstromsperre und Sicherungsreduktor mit elektrodynamischem Antrieb, ETZ-A 79 (1958) 137—143.

ERK, A.: (1) Strombegrenzende Schnellschalter für Starkstromanlagen, ETZ-B 14 (1962) 169—174.

— (2) Über die thermische Beanspruchung von Starkstromkontaktstücken bei Kurzzeitbelastung mit hohen Strömen, ETZ-A 85 (1964) 226—231.

ERK, A., u. H. FINKE: Über das Verhalten unterschiedlicher Kontaktwerkstoffe beim Einschalten prellender Starkstrom-Schaltglieder, ETZ-A 86 (1965) 297 bis 302.

ERK, A., u. K.-H. SCHRÖDER: Stabilisierung magnetisch abgelenkter Lichtbogenfußpunkte durch Verbundwerkstoffe, Elektrie 22 (1968) 162—165.

ERK, A., u. M. SCHMELZLE: Einfluß des Kontaktwerkstoffes auf das Löschverhalten kurzer Schaltlichtbögen, VDE-Fachber. 25 (1968) S. 75—80.

ERK, A., u. H. WESTHOFF: Über das Verschweißen geschlossener Starkstromkontaktstücke bei hohen Wechselströmen, ETZ-A 85 (1964) 231—238.

FABRIZI, D.: The Contribution of Motors and Generators to a Short Circuit, Results of Laboratory and Marine Tests, IEEE-Transact. on Applic. and Ind. 83 (1965) 337—343, Ref. ETZ-A 87 (1966) 150.

FAUL, S.: Niederspannungs-Isoschub-Anlagen mit ausfahrbaren Geräteeinheiten, BBC-Nachr. 47 (1965) 295—301.

FECHANT, L.: Vitesse de déplacement d'arcs électriques dans l'air, Rev. Gen. de L'Electricite 68 (1959) 519—526.

FEHLING, H.: (1) Ein neuer Schnellschalter für den selektiven Rückstromschutz parallel arbeitender Kontaktgleichrichter, AEG-Mitt. 47 (1957) 160—163.

— (2) Über die Kontaktbeanspruchung an Schnellschaltern bei hohen Spitzenströmen, AEG-Mitt. 48 (1958) 191—196.

— (3) Die neue AEG-Gleichstrom-Schnellschalterreihe GEARAPID H und S, AEG-Mitt. 48 (1958) 201—210.

— (4) Strombegrenzende Ausschaltung mit einem Gearapid-Schnellschalter im Wechselstromkreis, ETZ-B 14 (1962) 537—539.

— (5) Die neue Reihe strombegrenzender AEG-Niederspannungs-Leistungsschalter Typ MY für 400 bis 2000 A Nennstrom, AEG-Mitt. 54 (1964) 270—174.

— (6) Neue Erkenntnisse an Schaltlichtbögen hoher Stromstärke bei Niederspannungs-Leistungsschaltern, ETZ-A 85 (1964) 133—138.

FEHLING, H., u. A. TREPTOW: Gearapid S 2002, ein neuer AEG-Gleichstrom-Schnellschalter mit hoher Strombegrenzung und extrem kurzen Ausschaltzeiten, AEG-Mitt. 51 (1961) 360—365.

FLECK, B.: Hochspannungs- und Niederspannungs-Schaltanlagen, 5. Aufl., Essen; Girardet 1965.

FLOERKE, H., u. H. WIERNY: Niederspannungs-Schaltanlagen, -Verteiler und -Schaltgeräte, ETZ-B 18 (1966) 482—490.

FLÖTH, H.: Der I_s-Begrenzer, das Schnellschaltgerät zur Verhütung hoher Kurzschlußströme, Calor-Emag-Mitt. 1960, H. III/IV, S. 31.

— (2) Kurzschlußströme in Niederspannungsanlagen und ihre Ausschaltung, Calor-Emag-Mitt., H. II/III 1965, S. 20—37.

FRANKEN, H.: (1) Untersuchungen über Schaltstückverschleiß, E & M 59 (1941) 145—153.

— (2) Die Einschaltströme in Motorkreisen und ihre Auswirkung auf die Schaltgeräte, VDE-Fachber. 12 (1948) 45—54.

— (3) Vollendete Isolierstoffkapselung, ETZ-B 4 (1952) 187—189.

— (4) Der Schutz der elektrischen Geräte gegen die Umwelt und der der Umwelt gegen die Geräte, Elektro-Post 6 (1953) 92—97.

— (5) Eigentümlichkeiten der Zugkraftkurve von Wechselstrommagneten, Elektro-Post 7 (1954) 112—115.

— (6) Aus unserer Prüf- und Entwicklungsarbeit, Klöckner-Moeller-Post 1956, H. 1, S. 1—52.

— (7) Das Verhalten von Schaltgeräten beim Abschalten laufender Drehstrom-Induktionsmotoren, ETZ-A 78 (1957) 458—462.

— (8) Niederspannungsschaltanlagen in der Industrie, Elektro-Welt 1957, S. 147 bis 150.

— (9) Schütze und Schützensteuerungen, 2. Aufl., Berlin/Heidelberg/New York: Springer 1967.

— (10) Motorschutz, Überströme — Übertemperaturen, Berlin/Göttingen/Heidelberg: Springer 1962.

FREEMAN, A. T.: High-Speed D. C. Circuit-Breaker Design, The Engineer, 217 (1964) 740—744, Ref. Elektrie 19 (1965) U 57.

FREESE, H.-J., u. A. PFEIFFER: Das Abschalten entfernter Kurzschlüsse in Gleichstrom-Bahnanlagen, AEG-Mitt. 43 (1953) 125—131.

FREYTAG, G., u. H. SCHULTE: W-Automaten für Leitungs- und Geräteschutz, Siemens-Z. 39 (1965) 388—389.

FRÖLICH, O.: Über den Widerstand des elektrischen Lichtbogens, ETZ 4 (1883) 150—154.

GEBAUER, E.: Welche Schutzfunktionen haben Schaltgeräte in der Fördertechnik zu übernehmen? El. App. Mitt. 6 (1966) H. 2, S. 23—27.

GERDESSEN, P.: Klöckner-Moeller baut Leistungsschalter, Klöckner-Moeller-Post 1956, H. 1, S. 61—64.

GREMMEL, H.: Das Abbrandverhalten der Elektroden von Starkstromlichtbögen bei kurzer Lichtbogendauer, Diss. Braunschweig 1963.

GRÜNEFELD, E., u. Th. SCHMELCHER: Kombinierter Überstrom-Rückstrom-Schnellschalter für 6000 A, 1500 V Gleichspannung, Siemens-Z. 38 (1964) 262— bis 264.

HADDOCK, J. B. S.: Moulded Case Circuit-Breakers, El. Times 147 (1965) 3—7.

HAIN, R.: NTS-Verteilungen mit ausziehbaren Schalteinheiten, Conti-El. Ber. Juli/Sept. 1963, S. 172—176.

HALMÁGYI, G.: (1) Netzspannungsunabhängige Auslösung des Maschennetzschalters durch ein Kondensator-Auslösegerät, AEG-Mitt. 53 (1963) 396—399.

— (2) Moderner Anlagenschutz durch strombegrenzende Niederspannungs-Leistungsschalter, VDI-Z. 108 (1966) 579—582.

HEIDECKE, K.: Überwachungseinrichtungen für gleichstrombetätigte Leistungsschalter-Auslösekreise, Elektrie 16 (1962) 307—308.

HEILMANN, W.: Betrachtungen über die Wirtschaftlichkeit von I_s-Begrenzern, Calor-Emag-Mitt., H. I/II 1963, S. 36—41.

HEUMANN, G. W.: Magnetic Control of Industrial Motors, Part 2: Alternating-Current Motor Controllers, New York/London: Wiley & Sons 1961.

HEUMANN, K., u. F. KOPPELMANN: (1) Die Problematik des synchronen Schaltens von Wechselstrom mit mechanischen Schaltern im Niederspannungsbereich, ETZ-A 86 (1965) 417—421.

— (2) Lichtbogenfreies Schalten von Wechselstrom mit mechanischen Schaltern in Verbindung mit Paralleldioden im Niederspannungsbereich, ETZ-A 86 (1965) 496—500.

HILD, K.: (1) Strombegrenzender Motorschutz-Leistungsschalter PKZM 3, Klöckner-Moeller-Post 1967, H. 1, S. 1—11.

— (2) NZMH 9 — Hochleistungs-Selbstschalter, NZM 9 — Leistungsschalter, N 9 — Leistungstrenner, Klöckner-Moeller-Post 1968, H. 1, S. 21—31.

HILGARTH, G.: Über die Grenzstromstärken ruhender Starkstromkontakte, ETZ-A 78 (1957) 211—217.

HILLEBRAND, G.: Die erste vollständige Reihe strombegrenzender Drehstrom-Leistungsschalter von 16 A bis 2000 A, ein Wendepunkt im Anlagenschutz, AEG-Mitt. 57 (1967) 68—71.

HILLEBRAND, G., u. A. REISS: (1) Leistungsschalter und Steigerung des Schaltvermögens mit neuem Kontaktsystem, AEG-Mitt. 48 (1958) 169—173.

— (2) Leistungsschalter Typ MC 200 mit strombegrenzender Schnellausschaltung bei höheren Kurzschlußströmen, AEG-Mitt. 53 (1963) 120—123.

HÖFT, H.: (1) Kontakthärte und wahre Berührungsfläche, Elektrie 17 (1963) 258 bis 261.

— (2) Das Messen der Abhebekraft an elektrischen Kontakten, Elektrie 20 (1966) 224—228.

HOLFERT, W., u. L. LOJAK: Der Kurzschließer KS 9 — ein Schutzgerät für Silizium-Leistungsgleichrichter, Elektrie 18 (1964) 353—367.

HOLM, R.: Electric Contacts, 4. Aufl., Berlin/Heidelberg/New York: Springer 1967.

HORN, W.: Schaltleistungsprüfungen an Hochspannungsschaltern, Conti-Elektro-Ber. 5 (1959) 169—181.

HORST, H. A., H. H. JOHANN u. W. SCHULZE-BUXLOH: Schutz von Silizium-Gleichrichtern in Elektrolyseanlagen, ETZ-B 13 (1961) 334—338.

HUESMANN, H. J.: Der rushträge magnetische Auslöser als Kurzschlußschutz in grubengasgefährdeten Grubenbauen, Glückauf 101 (1965) 58—60.

JOHANN, H. H., u. G. STUTZ: NH-Sicherungseinsätze mit Sondercharakteristik für Leitungsschutz und Kurzschlußentlastung, Siemens-Z. 38 (1964) 271—273.

KANNEBERG, H., u. A. TREPTOW: Gearapid S-Schnellschalter jetzt für Spannungen bis 3800 V, AEG-Mitt. 57 (1967) 59—61.

KEDERS, Th.: Die Ermittlung der Einstellwerte von Schutzeinrichtungen mit di/dt-Auslösung in Drehstromnetzen, Calor-Emag-Mitt. H. I/II 1963, S. 42—59.

KESSELRING, F.: Theoretische Grundlagen zur Berechnung der Schaltgeräte, 3. Aufl. (Sammlung Göschen Bd. 701) Berlin: de Gruyter 1950.

KIRSTEIN, H.: Niederspannungsverteilungen in Einschubtechnik Typ NCK 14, Conti-Ber. 12 (1966) 97—104.

KLOEPPEL, F. W., u. H. FIEDLER: Zur genaueren Bestimmung von Stoßkurzschluß-strömen unter Berücksichtigung zusätzlicher Einflußgrößen, Elektrie 15 (1961) 284—287.

KOCH, B.: Niederspannungs-Schaltgeräte und -Anlagen, VDI-Z. 107 (1965) 996 bis 999.

KOCH, H., u. F. EISERLO: Druckluft in elektrischen Schaltanlagen, Essen: Vulkan 1963.

KÖHNEN, H., u. H. NEDESS: Schutzeinrichtungen für das offen betriebene Niederspannungsnetz einer westdeutschen Großstadt, Calor-Emag-Mitt. 1966, H. 1, S. 33—38.

KÖNIG, E.: Niederspannungs-Leistungsschalter, Dt. Elektro-Handw. 1963, H. 15, S. 518—519.

KUHN, H. D., u. W. RIEDER: Der Einfluß natürlicher Hautschichten auf Kontaktwiderstand und Kontaktschweißen, E & M 79 (1962) 493—497.

KUHNERT, E.: Über die Lichtbogenwanderung im engen Isolierstoffspalt bei Strömen bis 200 kA, ETZ-A 81 (1960) 401—404.

KULMER, O.: Ein Leitungs- und Geräteschutzautomat für den brasilianischen Markt, Conti-Ber. 10 (1964) 136—138.

KUMMER, H., u. K. VOIGTLÄNDER: Überstromauslöserelemente für neue Selbstschalter 200 bis 1000 A, CEG-Ber. 2 (1956) 175—179.

LAGOWITZ, U., u. D. BAHRS: Neue Schaltprinzipien und ihre Perspektive, Elektrie 18 (1964) 274—278.

LATOUR, A.: Les disjoncteurs secs, Rev. Gen. de L'Électricité 62 (1953) 371—377

LOEPER, B., u. H. VOLAND: Einfluß von Asynchronmotoren auf den Kurzschlußstrom in Drehstromanlagen bis 1000 V, Elektrie 21 (1967) 321—324.

LOH, O.: (1) Die Länge des Lichtbogens hoher Stromstärke, E & M 72 (1955) 477—483.

— (2) Eine Theorie des Wechselstromkreises mit Lichtbogen, Arch. Elektrotechn. 44 (1959) Teil 1, S. 203—233.

MACHAT, St.: (1) Schaltgerätereihen durch Normung, Standardisierung und Bausteintechnik, AEG-Mitt. 48 (1958) 146—149.

— (2) Indirekte Antriebe für Schaltgeräte, AEG-Mitt. 48 (1958) 187—190.

— (3) Sicherungstrenner und Sicherungslasttrenner, Bausteine moderner Anlagentechnik, AEG-Mitt. 56 (1966) 139—141.

MANGOLD, W. v., u. H. WILHELMS: Energieübertragung und Energieverteilung in „Die Entwicklung der Starkstromtechnik bei den Siemens-Schuckertwerken" (1953) 155—156.

MARDERWALD, E.: Nullimpedanzen von Vierleiterkabeln 0,6/1 kV, Conti Elektro-Ber. 10 (1964) 138—140.

MARX, E., u. L. SCHMITZ: Starkstrom-Schalteinrichtungen mit Sprengkapseln für sehr kurze Schaltzeiten, ETZ-A 76 (1955) 765—769.

MAU, H. J.: Schnellschalter für Wechselstrom, ihre Wirkungsweise und ihr Verhalten in der Anlage, Elektrie 14 (1960) 418—423.

MERL, W.: Abbrand und Schweißverhalten von Ag-CdO und anderen Metall-Metalloxid-Werkstoffen, Elektrie 22 (1968) 115—117.

METZGER, F.: (1) Neue stromrichtungsempfindliche Auslöseeinrichtung für Schnellschalter, ETZ- 55 (1934) 1123—1126.

— (2) Internationale Kennzeichnung und Bewertung von Wechselstrom-Leistungsselbstschaltern für Niederspannung, Elektro-Technik 47 (1965) 455—457 u. 500—503.

MÖLLER, J.: Entwicklungslinien im Bau kleiner Installationsselbstschalter, BBC-Nachr. 42 (1960) 374—379.

MÜLLER, A.: Neuzeitliche Selbstschalter für hohe Nennströme, Siemens-Z 14 (1934) 73—76.

MÜLLER, A. L.: Die Charakteristik des elektrischen Lichtbogens großer Leistung, Z. f. techn. Physik 12 (1931) 399—406, Ref. ETZ 54 (1933) 1102.

MÜLLER, L.: Wanderungsvorgänge von kurzen Lichtbögen hoher Stromstärke im eigenerregten Magnetfeld, Elektrizitätswirtschaft 57 (1958) 196—200.

MÜLLER, O.: Dielektrische Wiederverfestigung von Gasentladungsstrecken bei Wechselstromlichtbögen nach dem Stromnulldurchgang, Elektrie 20 (1966) 413—417.

MÜLLER, B., u. Th. SCHMELCHER: Niederspannungs-Selbstschalter für 630 A, 30 kA, Siemens-Z. 37 (1963) 804—808.

NÉMEČEK, L., u. G. WINKLER: Die Bestimmung einiger Einflußgrößen auf den Kurzschlußstrom in Niederspannungsnetzen, Elektrie 20 (1966) 428—432.

PAETOW, H.: Kontaktschmelzbrücken und Feinwanderung, ETZ 70 (1949) 227—232.

PARVANOW, P., u. H. M. WEDELL: Über das Verhalten gerader flexibler Bänder beim Durchgang großer Ströme, Elektrie 17 (1963) 253—258.

PAUKERT, J.: Begrenzungsselbstschalter (tschech.) Elektrotechn. Obz. 52 (1963) 553—558.

PEACH, N.: Protect low-voltage systems from arcing-fault damage, Power 108 (1964) H. 4, S. 61—65.

PELENC, M.: Kurzschließer zum Schutz von Germanium- und Siliziumgleichrichtern, Elektrie 14 (1960) 180—182.

PETERS, K.: Netzgestaltung in Großbauten, ETZ-B 9 (1957) 420—423.

PFEIFFER, A. u. A. Reiss: (1) Kurzschlußselektivität in Niederspannungs-Verteilungsanlagen, ETZ-B 6 (1954) 205—209.

— (2) Schnellschalter und flinke Leistungsschalter als Streckenschalter in Gleichstrom-Bahnanlagen, AEG-Mitt. 48 (1958) 173—181.

PFEIFFER, A., u. C. WEHRLE: Schalt- und Schutzeinrichtungen für Niederspannungsnetze, AEG-Mitt. 44 (1954) 49—61.

PFEILER, V., M. STEUBER u. H. VOLAND: Widerstandswerte für die Berechnung der Kurzschlußströme in Drehstrom-Niederspannungsanlagen, Elektrie 18 (1964) 150—154.

PLATH, W.: Die Niederspannungs-Schaltanlagen, München: Oldenbourg 1960.

RAMMELSBERG, G.: Der Einfluß von Leitungsschutzschaltern auf die Lichtbogenenergie an einer Kurzschlußschadenstelle, BBC-Nachr. 47 (1965) 302—306.

REINHARDT, G.: Die Gitterschnellabschaltung in Quecksilberdampf-Stromrichter-Anlagen, AEG-Mitt. 41 (1951) 240—243.

REISS, A.: (1) Neuerungen an Leistungsschaltern Typ M, AEG-Mitt. 43 (1953) 140—144.

— (2) Niederspannungs-Leistungsschalter in Kompaktbauweise, AEG-Mitt. 51 (1961) 91—94.

RIEDER, W.: (1) Die Beurteilung der Kontaktwerkstoffe für elektrische Schaltgeräte, Bull. SEV 53 (1962) 830—840, Ref. ETZ-B 15 (1963) 262.

— (2) Plasma und Lichtbogen, Braunschweig: Vieweg 1967.

RIEDER, W., u. P. SOKOP: Probleme der Lichtbogendynamik, rasche Strom- und Längenänderungen von Lichtbögen, Scientia electr. 5 (1959) H. 3, S. 93—112.

ROTH, A.: Hochspannungstechnik, 5. Aufl., Wien: Springer 1965.

RÜDENBERG, R.: Elektrische Schaltvorgänge, 4. Aufl., Berlin/Göttingen/Heidelberg: Springer 1953.

RÜHLEMANN, E.: Der Einfluß der wiederkehrenden Spannung auf das Schaltvermögen von Drehstrommotorschaltern bei Niederspannung, BBC-Nachr. 41 (1959) H. 2, S. 47—54.

RUFF, H.: Stations-Fehlerstrom-Schutzschalter, Siemens-Z. 31 (1957) 129—130.

SANDIN, J.: Enclosed Low-Voltage „De-ion" Air Circuit Breaker of High Interrupting Capacity, Transactions 57 (1938) 657—661.

SCHAPER, J.: Kurzschlußstrom-Begrenzung durch hohe Lichtbogenspannung in Flüssigkeiten, ETZ-A 84 (1963) 140—144.

SCHARHAG, W.: Energie- und Steuerungsverteiler mit unter Spannung veränderbaren Abgängen, Klöckner-Moeller-Post 1967, H. 1, S. 15—21.

SCHIEFERENZ, M.: Niederspannungsschaltschränke mit Kippschalteinheiten, Calor-Emag-Mitt., H. I/II (1964) 35—41.

SCHMELCHER, Th.: (1) Selbstschalter für selektive Staffelung, Siemens-Z. 30 (1956) 159—160.

— (2) Selektivität in Niederspannungsnetzen, Siemens-Z. 31 (1957) 207—216.

— (3) Neue Hochstromtrenner für Niederspannungsanlagen Siemens-Z. 32 (1958) 204—206.

— (4) Bausteine für Niederspannungs-Gleichstrom-Selbstschalter, Elektro-Technik 44 (1962) 632—635.

— (5) Selektivität und Unterspannungsschutz, Elektro-Technik 45 (1963) 668—669.

— (6) Die Lichtbogenlöschung in Niederspannungs-Schaltgeräten, Teil 1, Konstruktive Maßnahmen, Elektro-Technik 45 (1963) 620—624; Teil 2 Natürliche Löschung und zusätzliche Löschmittel, Elektro-Technik 46 (1964) 17—19.

SCHMELCHER, Th., u. F. SCHALLER: Maschennetzschalter mit normalem Arbeitsstromauslöser, Siemens-Z. 35 (1961) 677—678.

SCHMITT, E., u. H. MARKERT: Neue Niederspannungs-Schaltanlagen in Trennblockweise, BBC-Nachr. 45 (1963) 408—412.

SCHMITZ, L.: Schaltgeräte mit extrem kurzen Abschaltzeiten, Deutsche Elektrotechnik 12 (1958) 148—151.

SCHREYER, L.: Fehlerstrom-Schutzschalter, Siemens-Z. 39 (1965) 391.

SCHÜTTE, H. G.: Über den Einfluß von Strömungsvorgängen auf die Lichtbogenwanderung in engen Spalten, ETZ-A 83 (1962) 16—22.

SCHULZE, H.: (1) Technik der Wechselstrom-Hochspannungsschalter, Berlin: VEB-Verlag Technik 1961.

— (2) Der Schutz von Silizium-Leistungsgleichrichtern, Elektrie 16 (1962) 181 bis 184, Ref. ETZ-A 84 (1963) 300.

SCHWETZKE, R.: Verwendung von detonierenden Sprengmitteln in der Starkstromtechnik, ETZ-A 76 (1955) 187—190.

SECK, A.: (1) NZM-Kaskade, Ein neuer Weg, die Vorteile der sicherungslosen Kraftinstallation mit wirtschaftlichem Aufwand zu verwirklichen, Klöckner-Moeller-Post 1962, H. 1, S. 7—15.

— (2) Sicherungslose und sicherungsarme Steuerungen, ETZ-B 17 (1965) 317—321.

SECK, A., u. H. WIERNY: Schmelzsicherungslose Niederspannungsnetze, ETZ-B 15 (1963) 280—285.

SEGATZ, U.: Der Einfluß der Lichtbogenspannung auf den Kurzschlußstrom, ETZ-B 14 (1962) 520—527.

SEYSEN, R.: Neue NH-Sicherungseinsätze Typ SNU für 500 V, 6... 630 A, Conti-Elektro-Ber. 11 (1965) 48—53.

SITTNIK, G.: Kurzschlußstromprobleme beim Einsatz von Siliziumgleichrichtern auf Lokomotiven, Elektrie 16 (1962) 310—317, Ref. ETZ-B 15 (1963) 454.

SLEPIAN, J.: Extinction of an A-C. Arc, Transactions AIEE 47 (1928) 1398—1408.

STÖWE, F.: MEL — eine neue Leistungsschalterreihe für den Schiffbau, El. App. Mitt., H. 3 (1966) 16—20.

STOLPP, H.: Selektiver Zeitschutz mit Kurzunterbrechung in Niederspannungsanlagen der Petrochemie, ETZ-B 19 (1967) 713—715.

STOTZKE, G.: Der Einfluß der Kontaktform auf die Schweißgrenze bei Niederspannungsgeräten, Deutsche Elektrotechnik 12 (1958) 152—158.

STREUBER, M.: Beitrag zur indirekten Messung der Kurzschlußströme in Drehstrom-Niederspannungsanlagen der Industrie, Elektrie 22 (1968) 217—220.

STUTZ, G.: (1) Niederspannungs-Schutzschalter R 920 für 100 A Nennstrom, Siemens-Z. 38 (1964) 268—270.

— (2) Niederspannungs-Leistungsselbstschalter R 920 für 100 bis 1000 A Nennstrom, Siemens Z. 39 (1965) 381—383.

— (3) Überwachung von NH-Sicherungen mit Schaltzustandsgebern R 1230 und Motorschutzschaltern R 920/10 A, Siemens-Z. 40 (1966) 315—316.

SZENTE-VARGA, H. P.: Einsatzmöglichkeiten und Schaltleistungsprüfung moderner Leistungstrennschalter, BBC-Mitt. 49 (1962) 463—472.

TAEV, J. S.: Über den Kathodeneffekt im Wechselstrom-Lichtbogen, Vestnik Elektropromischlennosti 10 (1960) 48—55 (russ.).

THIEME, E.: Warum zwei AEG-Leistungsschalterreihen für Niederspannung? Techn. Mitt. AEG-Telefunken 58 (1968) 99—101.

THORING, H.: Moderne Niederspannungsanlagen und -Verteilungen, Industrie-Elektrik/Elektrowelt 7 (1962) 110—113.

TITZE, H.: Die Beherrschung der Kurzschlußströme in Niederspannungsanlagen, E & M 69 (1952) 112—120.

TONIOLO, S. B., u. G. CANTARELLA: Das Ausschaltvermögen von Niederspannungs-Selbstschaltern für Wechselstrom (ital.), Elettrotecn. 53 (1966) 802—806.

TREPTOW, A.: (1) Selektiv-gestaffelte strombegrenzende Leistungsschalter, ein optimaler Schutz für Anlagen und Verteilungen, AEG-Mitt. 56 (1966) 133—138.

— (2) Selektive Verteilertechnik mit strombegrenzenden Drehstrom-Leistungsschaltern, Elektrotechnik 49 (1967) 584—587.

— (3) AEG-Rapid-Schalter, ein neues System für strombegrenzenden, selektiven Anlagenschutz, Techn. Mitt. AEG-Telefunken 58 (1968) 36—38.

— (4) Leistungsschalter Typ ME, ein Fortschritt auf bewährter Grundlage, Techn. Mitt. AEG-Telefunken 58 (1968) 104—106.

— (5) Gearapid S und My-Rapid, das Schnellschalterprogramm der AEG, Techn. Mitt. AEG-Telefunken 58 (1968) 106—108.

TREPTOW, A., u. O. WULF: (1) Strombegrenzende Ausschaltungen mit den neuen AEG-Leistungsschaltern Typ MY, AEG. Mitt. 54 (1964) 275—280.

— (2) MY-Rapid, ein neuer AEG-Gleichstrom-Schnellschalter für Spannungen bis 1200 V, AEG-Mitt. 57 (1967) 62—64.

TRÜMPER, R.: (1) Fabrikfertige Schaltschränke für die Erdöl-Industrie, AEG-Mitt. 53 (1963) 155—202.

— (2) Motorenschaltschränke für alle Industriezweige, Elektro-Anz. 17 (1964) 41 bis 46.

TURNER, W., u. C. TURNER: Contact Wear by Arc Erosion, El. Times 149 (1966) 363—365.

UNGER, G.: Verharrungszeit der Fußpunkte von Gleichstromschaltlichtbögen und Abbrand bei verschiedenen Kontaktwerkstoffen, ETZ-A 88 (1967) 33—39.

VOIGTLÄNDER, K.: (1) Ausrüstung und Anwendung der Niederspannungs-Leistungsschalter CL, Conti-Elektro-Ber. 8 (1962), S. 117—128.

— (2) Neue Überstromauslöser für Niederspannungs-Leistungsschalter CL und ihre Einstellung bei verschiedenen Schutzaufgaben, Conti-Elektro-Ber. 12 (1966) 73—80.

— (3) Auswahl, Anwendung und Ausrüstung der Niederspannungs-Leistungsschalter Bauform CLS, Conti-Elektro-Ber. 14 (1968) 61—70.

WALTER, A.: Festigkeitswiederkehr hinter wandernden Gleichstrombögen ETZ-A 85 (1964) 880—881.

Wangerin, A.: Elektrotechnische Probleme auf Schiffen und im Hafen, VDE-Fachber. 24 (1966) 33—46.

Webs, A.: Sonderprobleme bei Kurzschlüssen in Drehstromnetzen, VDE-Fachber. 24 (1966) 138—148.

Weddendorf, W.: Evidence of Need for Improved Coordination and Protection of Industrial Power Systems, Inst. Electr. & Electronics Eng. Trans. on Ind. & Gen. Applic. 1 (1965), S. 393—396.

Wegesin, H.: Über die Schnellausschaltung von Gleichstrom mit Hilfe neuartiger Lichtbogenlöscheinrichtungen, ETZ-A 79 (1958) 808—813.

Wegmann, F.: Untersuchungen an Lichtbögen in neuartigen Löschkammern für Gleichstrom-Schnellschalter, ETZ-A 80 (1959) 289—295.

Westphal, W. A.: Physik, 12. Aufl., Berlin/Göttingen/Heidelberg: Springer 1947.

Wierny, H.: (1) Sicherungsarme Kraftinstallation in industriellen Niederspannungsnetzen, Klöckner-Moeller-Post 1961, H. 1, S. 15—23.

— (2) Schutzisolierung durch Isolierumhüllung, ETZ-B 16 (1964) 465—469.

— (3) Selektivität in Niederspannungs-Strahlennetzen, Klöckner-Moeller-Post 1965, H. 1, S. 44—53.

Winkler, G.: Einflußgrößen bei der Berechnung von Fehlerströmen in Niederspannungsanlagen, Elektrie 17 (1963) Teil I: S. 187—191, Teil II: S. 245—248.

Wollenek, A.: Kontakterosion und Grenzstromwerte ruhender Starkstromkontakte, Arch. f. Elektrotechn. 45 (1960) 357—367.

Wrana, J.: Vorgänge in Schalterkontakten bei Kurzschlußstrombeanspruchung, Dtsch. Elektrotechnik 10 (1956) 207—211.

Zühlke, M.: Hochspannungsgeräte, in Rziha: Starkstromtechnik Bd. II, 8. Aufl., 1960. Berlin: Ernst & Sohn 1960.

Sachverzeichnis

MIX
Papier aus verantwortungsvollen Quellen
Paper from responsible sources
FSC® C105338

If you have any concerns about our products,
you can contact us on
ProductSafety@springernature.com

In case Publisher is established outside the EU,
the EU authorized representative is:
Springer Nature Customer Service Center GmbH
Europaplatz 3, 69115 Heidelberg, Germany

Printed by Libri Plureos GmbH
in Hamburg, Germany